Ferdinand von Hochstetter

Reise der österreichischen Fregatte Novara um die Erde

Geologische Teil: Erster Band - 1.Abteilung

weitsuechtig

Ferdinand von Hochstetter

Reise der österreichischen Fregatte Novara um die Erde

Geologische Teil: Erster Band - 1.Abteilung

ISBN/EAN: 9783956561214

Auflage: 1

Erscheinungsjahr: 2013

Erscheinungsort: Bremen, Deutschland

@ weitsuechtig in Access Verlag GmbH. Alle Rechte beim Verlag und bei den jeweiligen Lizenzgebern.

weitsuechtig

REISE

DER

ÖSTERREICHISCHEN FREGATTE NOVARA

UM DIE ERDE

IN DEN JAHREN 1857, 1858. 1859

UNTER DEN BEFEHLEN DES COMMODORE

B. VON WÜLLERSTORF-URBAIR.

GEOLOGISCHER THEIL

ERSTER BAND:

ERSTE ABTHEILUNG, GEOLOGIE VON NEU-SEELAND.

ZWEITE ABTHEILUNG, PALÄONTOLOGIE VON NEU-SEELAND.

Herausgegeben im Allerhöchsten Auftrage unter der Leitung der kaiserlichen Akademie der Wissenschaften.

WIEN

AUS DER KAISERLICH-KÖNIGLICHEN HOF- UND STAATSDRUCKEREI.

1864.

IN COMMISSION BEI KARL GEROLD'S SOHN.

ERSTE ABTHEILUNG:

GEOLOGIE VON NEU-SEELAND.

Gletschergebiet um Mount Cook,

Charakterbild aus den südlichen Alpen von Neu-Seeland.

Nach Skizzen von Dr. Jul. Haast entworfen und gemalt von Professor Friedrich Simony in Wien.

GEOLOGIE VON NEU-SEELAND.

BEITRÄGE ZUR GEOLOGIE

DER

PROVINZEN AUCKLAND UND NELSON

VON

Dr. FERDINAND von HOCHSTETTER

RITTER DES KAIS. OSTERR. ORDENS DER EISERNEN KRONE III. CLASSE UND DES KÖN. WÜRTTEMB. KRONORDENS, PROFESSOR DER MINERALOGIE UND GEOLOGIE AM K. K. POLYTECHNISCHEN INSTITUTE ZU WIEN, VICE-PRÄSIDENT DER K. K. GEOGRAPH. GESELLSCHAFT IN WIEN, MITGLIED DER KAIS. LEOPOLD.-CAROL.-DEUTSCHEN AKADEMIE DER NATURFORSCHER, CORRESPONDIRENDEM MITGLIED DER MATH.-PHYSIK. CLASSE DER KÖN. BAYER. AKADEMIE DER WISSENSCHAFTEN, DER BRITISH ASSOCIATION FOR THE ADVANCEMENT OF SCIENCE, DER GESELLSCHAFT FÜR KÜNSTE UND WISSENSCHAFTEN ZU BATAVIA, DER ROYAL SOCIETY OF ARTS AND SCIENCES AUF MAURITIUS etc., EHRENMITGLIED DER NEW ZEALAND SOCIETY IN WELLINGTON, UND DES PHILOSOPHICAL INSTITUTE ZU CANTERBURY, AUSWÄRTIGEM MITGLIED DER GESELLSCHAFT FÜR ERDKUNDE IN BERLIN etc. etc.

MIT 6 GEOLOGISCHEN KARTEN IN FARBENDRUCK, 6 LITHOGRAPHIEN, 1 KUPFERSTICH, 1 PHOTOGRAPHIE UND 66 HOLZSCHNITTEN.

Novara-Expedition. Geologischer Theil. I. Band, 1. Abtheilung.

INHALT.

	Seite
Historische Einleitung und Literatur	XVII
Neu-Seeland, allgemeine Übersicht: die auf Neu-Seeland auftretenden Formationen und Formationsglieder in chronologischer Reihenfolge	XXVII

Die Nordinsel.

Der südöstliche Theil:

Umgegend der Hawke's-Bay nach Triphook	1
Umgegend von Wellington nach J. Crawford	2
Küsten-Plattformen	4
Erdbeben	6

Der nordwestliche Theil:

Landsend oder Muriwhenua	8
Kaitaia-District	8
Ostküste von der Doubtless- oder Lauriston-Bay bis zum Waitemata oder Hafen von Auckland	9
Die vulkanischen Bildungen der Inselbai-Zone	10
Halbinsel Wangaparoa	13
Die nördlichen Inseln des Hauraki-Golfes	14
Die Westküste vom Reef-Point bis zum Manukau-Hafen (vulcanische Breccie)	14

Der mittlere Theil:

Oberflächen-Verhältnisse	18
Die im südlichen Theile der Provinz Auckland auftretenden Formationen	20
I. Paläozoische (primäre) Bildungen	21
Das Coromandel-Goldfeld	24
II. Mesozoische (secundäre) Bildungen	27
1. Waikato-Southhead	28
2. Westküste, südlich von der Waikato-Mündung	29
3. Kawhia-Hafen, Südseite	32

	Seite
III. Känozoische (tertiäre) Bildungen	33
A. Braunkohlenführende Schichten	34
1. Das Hunua-Kohlenfeld im Drury- und Papakura-District	34
2. Das Kohlenfeld des unteren Waikato-Beckens	38
3. Braunkohlen-Ablagerungen des mittleren Waikato-Beckens	39
B. Marine Schichten	39
1. Waitemata-Schichten	39
2. Cooper's und Smith's Kalksteinbrüche bei Papakura	42
3. Die Tertiärablagerungen an der Westküste, Whaingaroa-Hafen, Aotea-, Kawhia-Hafen	43
4. Die Höhlenkalke der oberen Waipa- und Mokau-Gegend	47
IV. Posttertiäre (quartäre und noväre) Bildungen	49
1. Lignitformation der Manukau-Flats	49
2. Basaltische Conglomerate und Breccien zwischen dem Manukau- und Aotea-Hafen	54
3. Ablagerung von bunten Thonen bei Drury	57
4. Terrassenbildungen	58
Terrassen im mittleren Waikato-Becken	59
am oberen Wanganui	63
„ im oberen Waikato-Becken	46
5. Strandbildungen, Aestuarien und Dünen	66
Titanhaltiger Magneteisensand	67
6. Verschiedenartige Ablagerungen von recentem Alter	71
a) Ablagerungen von Kauriharz	71
b) „ „ Moa-Resten	72
c) Anhäufungen, welche durch Zuthun von Menschenhand entstanden sind	74
V. Vulcanische Bildungen	76
Erhebungstheorie und Aufschüttungstheorie	78
Tuff-, Lava- und Schlackenkegel, combinirte Kegelbildungen	79
Petrographischer Charakter der Laven	80
Tabellarische Übersicht der gemengten krystallinischen Massengesteine	83
Vulcanische Perioden und Zonen	84
A. Ältere vulcanische Periode	87
Das vulcanische Tafelland zwischen dem mittleren und oberen Waikato-Becken	87
B. Jüngere vulcanische Periode	92
1. Die Taupo-Zone	92
Ruapahu	95
Tongariro	96
Whakari oder White Island	102
Petrographische Untersuchungen über rhyolithische Gesteine der Taupo-Zone von Dr. Ferdinand Zirkel	109
Vulcanische Nachwirkungen auf der Taupo-Zone: heisse Quellen, Solfataren und Fumarolen	124
1. Taupo-Gebiet	126
2. Orakeikorako am Waikato	130
3. Die Pairoa-Quellenspalte	133
4. Das Quellengebiet des Rotomahana	134
Chemische Untersuchung des Wassers und Absatzes einiger Quellen an den Ufern des Rotomahana	142
5. Die warmen Bäder und Springquellen am Rotorua	142

	Seite
6. Die Solfataren am Rotoiti	147
Quellentheorie	149
2. Das Gebiet des Taranaki-Berges oder Mount Egmont	152
3. Die Aucklandzone	160
a) Tuffkegel	161
b) Schlackenkegel und Lavaströme	162
c) Lavakegel	168
Beschreibung der einzelnen Eruptionspunkte der Aucklandzone	169
Vertheilung der Eruptionspunkte auf dem Isthmusgebiete	182

Anhang — 187

Verzeichniss von Höhen im südlichen Theile der Provinz Auckland	187
Wassertemperaturen	193

Die Südinsel.

Die südlichen Alpen	195
Oberflächen-Verhältnisse	195
Geologischer Bau nach Dr. J. Haast	198
Geologische Zusammensetzung des nördlichen Theiles der Provinz Nelson	206
1. Das krystallinische Schiefergebirge der Westketten	207
a) Granit- und Gneisszone	208
b) Hornblendegneiss und Urkalkzone	209
c) Glimmerschiefer und Thonschieferzone	209
d) Die Nelson-Goldfelder	210
Das Sandstein- und Thonschiefergebirge der Ostketten	214
Awtere-Thal	215
A. Paläozoische Gruppe: Grauwackenartige Sandsteine und Thonschiefer des Wairau-Districtes	216
B. Mesozoische Gruppe:	217
1. Der Serpentinzug des Dun Mountain	217
Dunit (Olivinfels)	218
Die Kupfer- und Chromerzlagerstätten am Wooded Peak	221
Das Hypersthenvorkommen am Wooded Peak	225
2. Der Kalkstein des Wooded Peak	226
3. Die rothen und grünen Maitai-Schiefer	227
4. Der Richmond-Sandstein	227
5. Die diabasartigen Eruptivgesteine im Bookstreet-Thale und der Syenit von Wakapuaka	229
3. Das Kohlenfeld von Pakawau	231
4. Tertiäre Bildungen	233
Die Cliffs bei Nelson	234
Kalksteinbruch bei Stock	235
Jenkin's Braunkohlenbau bei Nelson	236
Braunkohlenlager bei Motupipi	237
Rangiheta Point	240
Die tertiären Höhlenkalke des Aorere-Thales	240
Cap Farewell	241
Ausgrabungen von Moa-Resten in den Knochenhöhlen des Aorere-Thales, von Julius Haast	242
1. Stafford's Höhle	242

		Seite
2. Hochstetter's Höhle		243
3. Moa-Höhle		244
5. Drift, Terrassen und alte Gletscherspuren		253
Driftablagerungen		253
Terrassen		255
Alte Gletscherspuren		257
Gletscherperiode		262
Driftperiode		262
Terassenperiode		263
Anhang. Maori-Wörter zur Bezeichnung von Gesteinen, Mineralien, Erdarten, heissen Quellen u. s. w.		269

ILLUSTRATIONEN.

Karten.

Geologisch-topographischer Atlas von Neu-Seeland, bearbeitet von Dr. Ferdinand Hochstetter und Dr. A. Petermann.

Tafel 1. Neu-Seeland, zur Übersicht der Mineralbefunde, 1 5.000.000.
mit: der Isthmus von Auckland, 1 500.000.

Tafel 2. Der südliche Theil der Provinz Auckland, 1 : 700.000.
mit: der Taupo-See, 1 350.000,
der Seedistrict, 1 350.000.

Tafel 3. Der Isthmus von Auckland mit seinen erloschenen Vulcankegeln, 1 120.000.

Tafel 4. Die Häfen und Buchten Aotea und Kawhia an der Westküste der Provinz Auckland 1 : 120.000.

Tafel Rotomahana oder der warme See mit seinen heissen Quellen, 1 : 120.000.

Tafel 6. Geologische Übersichtskarte der Provinz Nelson, nach den Aufnahmen von Hochstetter und Haast, 1 : 300.000.

Lithographien.

Tafel 7. Nr. I. Das Pirongia-Gebirge am Waipa.
Nr. II. Das Ongaruhe-Thal bei Katiaho, mit Terassenbildung.

Tafel 8. Thätige Vulcane.
Nr. III. Tongariro und Ruapahu.
Nr. IV. Whakari oder White Island.

Tafel 9. Nr. V. Rotomahana oder der warme See mit seinen heissen Quellen.
Nr. VI. Rotomakariri oder der kalte See.

Tafel 10. Erloschene Vulcane.
Nr. VII. Das Northshore von Auckland und der Rangitoto.
Nr. VIII. Mount Egmont oder der Taranaki-Berg.

Kupferstich.

Tafel 11. Nr. IX: Ansicht der südlichen Alpen von der Spitze des Black Hill, Provinz Nelson, nach einer Skizze von Dr. J. Haast, 1860.

XIV

Seite

Chromolithographie.

Moturoa, Trachytfelsen an der Mercury-Bay, Ostküste der Nordinsel	zu pag. 89
Die heissen Quellen von Orakei korako am Waikato	zu pag. 130

Photographie.

Das Gletschergebiet um Mount Cook; Charakterbild aus den südlichen Alpen von Neu-Seeland, nach Skizzen von Dr. J. Haast entworfen und gemalt von Professor Friedrich Simony in Wien, als Titelbild und zu pag. 197

In den Text eingeschaltete Holzschnitte.

Durchschnitt von Kidnappers Point über Ahuriri (Scinde-Eiland) bis Petane	
Tetera Ekupe, Ausläufer der Aorangi-Kette beim Cap Palliser, nach einer Skizze von Capt. Smith	3
Castle Point an der Ostküste der Provinz Wellington, nach einer Skizze von Capitän Smith	4
The old hat (der alte Hut) in der Bay of Islands	5
Durchschnitt an der Nordküste der Halbinsel Wangaparoa	13
Vulcanische Breccie	16
Profil längs der Westküste, nördlich von den Manukau-heads, vulcanische Breccie mit basaltischen Gangmassen	16
Durchschnitt an der Nordküste der Halbinsel Puponga	17
Durchschnitt am Waikato-Southhead	28
Durchschnitt an der Westküste, südlich von der Waikato-Mündung	31
Durchschnitt durch die Taupiri-Kette	38
Judges Point zwischen St. George-Bay und Judge-Bay bei Auckland	42
Matengarahi oder Cap Horn an der Nordküste des Manukau-Hafens	42
Kalksteinfelsen am Rakaunui-Fluss (Kawhia-Hafen) nach einer Photographie	46
Kalksteinblock Tainui am Kawhia-Hafen	47
Skizze des Waikato bei Aniwhaniwha	60
Terrassen am unteren Waipa	61
Terrassen im oberen Waipathale	62
Das Ongaruhe-Thal bei Katiaho	63
Durchschnitt vom Manukau-Hafen nach der Westküste	69
Sandsteinbänke mit doppelter Schichtung, durch Flugsand gebildet	69
Sidney-Sandstein mit doppelter Schichtung	69
Verschiedene Steinwerkzeuge der Maoris in $\frac{1}{6}$ natürlicher Grösse	76
Vulcansiche Kegelbildung	80
Patapata Point am Coromandel-Hafen, Trachytbreccie (nach einer Skizze von Ch. Heaphy)	88
Ansicht des Coromandel-Hafens mit dem Castle Hill (nach einer Skizze von Ch. Heaphy)	89
Das Pirongiagebirge am Waipa, ein erloschener Andesitkegel (nach einer Skizze des Verfassers)	90
Kakepuku, Andesitkegel am Waipa, mit der Missionsstation Kopua (nach einer Skizze des Verfassers)	91
Karioi, erloschener Vulcankegel am Waingaroa-Hafen (nach einer Skizze des Verfassers)	91
Durchschnitt der Taupo-Zone von Südwest nach Nordost	94
Durchschnitt der Taupo-Zone von Nordwest nach Südost	95
Gipfel des Ngauruhoe im April 1859	99
Tauhara, erloschener Vulcankegel am See Taupo (nach einer Skizze des Verfassers)	102
Berg Horohoro	106
Die Puias von Tokanu am Taupo-See	127

	Seite
Die Dampfquelle Karapiti	129
Durchschnitt durch das Bassin und die Sinterterrassen der Tetarata-Quelle	137
Schlammkegel	139
Ansicht des Rotorua (nach einer Skizze von Koch)	144
Waikite, intermittirende Springquelle zu Whakarewarewa am Rotorua (nach einer Photographie)	146
Pohutu, Solfatare und intermittirender Sprudel zu Whakarewarewa am Rotorua (nach einer Photographie)	147
Die Solfatare Ruahine am Rotoiti	148
Sugarloaf Islands (die Zuckerhut-Inseln), Trachytbreccie (nach einer Skizze von Ch. Heaphy)	153
Tuffkegel	161
Vulcanische Bomben	162
Tuffkegel, Schlackenkegel und Lavastrom	163
Grotto und Pond bei Onehunga	166
Rangitoto	168
Durchschnitt vom Rangitoto nach dem Pupuke-See	169
Northhead, Takapuna	170
Mount Eden bei Auckland, von der Domain aus gegen Süd (nach einer Photographie von Revd. Kinder in Auckland)	172
Mount Wellington oder Maungarei bei Auckland	175
Waitomokia-Krater am Manukau-Hafen	180
Mangere oder Mount Elliot	182
Idealer Durchschnitt der südlichen Alpen nach Dr. J. Haast	199
Durchschnitt durch die westlichen Gebirgsketten von Nelson	208
„Quartz-Ranges", Durchschnitt	211
Ansicht des Dun Mountain vom Abhange des Wooded Peak	219
Ansicht des Wooded Peak mit den Kupferminen der Dun Mountain Comp.	221
Der Kupferbergbau am Dun Mountain (Karte)	222
Erzlinse in Serpentin auf Sulliwan's Lode	223
Die Geröllbank (Boulderbank) am Hafen von Nelson	230
Durchschnitt der Boulderbank bei Nelson	234
Jenkin's Kohlenbergbau bei Nelson	236
Höhlen mit Moa-Knochen im Aorere-Thale (Provinz Nelson)	242
Durchschnitt durch die Moa-Höhle	247

Verbesserungen und Druckfehler.

Seite 32. Zeile 9 von unten lies: des Waikato, statt: der Waikato.
 83. In der Tabelle lies: Miascit, statt: Miasoit.
   „   „   „   „   Hyperit,   „   Hypperit.
 128. Zeile 17 von oben lies: pag. 347, statt: pag. 1853.
 205. Letzte Zeile von unten: die nachträgliche chemische Analyse hat ergeben, dass die Krystalle nicht Andesin, sondern Labrador sind. Was im Texte (Linie 8 von unten) Andesitlava genannt wurde, ist daher als Doleritlava zu bezeichnen.

HISTORISCHE EINLEITUNG.

Die Entdeckung und erste Erforschung Neu-Seelands durch Cook und seine Begleiter zu Ende des vorigen Jahrhunderts fällt in eine Zeit, in welcher die Geologie als Wissenschaft kaum erst ihren Anfang genommen hatte. So fruchtbar diese frühesten Entdeckungsreisen für Zoologie und Botanik geworden sind, so konnten sie in Bezug auf Geologie und Paläontologie der neuentdeckten Länder und Gebiete kaum nennenswerthe Resultate bringen. Auch die späteren wissenschaftlichen Expeditionen der Franzosen, Engländer und Nordamerikaner, welche nach Cook Neu-Seeland berührt haben, fanden an den Küsten und den häufig besuchten Hafenplätzen des Nordens und Südens nur geringe geologische Ausbeute.

White Island, Whakari der Eingeborenen, an der Ostküste der Nordinsel war der erste Vulcan, den man auf Neu-Seeland erkannte. Im Jahre 1839 aber brachte Mr. Rule das erste Fragment eines auf der Nordinsel gefundenen fossilen Knochens nach London, aus dessen Structur Prof. Richard Owen bewies, dass derselbe von einem grossen Vogel herstammen müsse.

Dies sind die ersten Thatsachen, welche in Bezug auf die Geologie und Paläontologie Neu-Seelands bekannt geworden sind, und bis in die letzten Jahre haben die Mittheilungen von Missionären, Colonisten und Reisenden sich fast ausschliesslich auf die Vulcane und vulcanischen Erscheinungen der Nordinsel oder auf neue Funde von „Moa-Knochen", die Reste der ausgestorbenen Riesenvögel Neu-Seelands, bezogen.

In ersterer Beziehung verdanken wir das Meiste dem unternehmenden deutschen Reisenden Dr. Ernst Dieffenbach, welcher 1839 die von der Neu-Seeland-

Compagnie zur Gründung einer Colonie an der Cooks-Strasse abgesandte Expedition als Naturforscher begleitete. Dieffenbach lernte die Ufer der Cooks-Strasse kennen, bestieg im December 1839 zum ersten Mal den 8300 Fuss hohen Mount Egmont oder Taranakiberg und durchwanderte 1840 die Nordinsel vom Cap Reinga bis zu den vulcanischen Regionen des Taupo-Sees. Sein gehaltreiches Werk über Neu-Seeland ist noch heute auch für geologische Thatsachen und Beobachtungen eine wahre Fundgrube, und namentlich eine Menge der wichtigsten vulcanischen Erscheinungen wurden in einem Zusammenhange beobachtet und geschildert, den man früher nicht ahnte. Es waren zwei der vulcanischen Zonen, welche die Nordinsel durchziehen, richtig erkannt. Auch die auf der Nordinsel weit verbreiteten tertiären Ablagerungen mit zahlreichen Versteinerungen erwähnt Dieffenbach an vielen Stellen seines Werkes.

Owen's Entdeckung, durch welche die Anfangs ungläubig aufgenommenen Aussagen der Eingeborenen, welche von Riesenvögeln — „Moa" — erzählten, die einst die Inseln bevölkert haben sollten, bestätigt wurden, regte zu neuen Nachforschungen an. Durch den Sammeleifer von Missionären, Colonisten und Eingeborenen auf der Nord- und Südinsel waren bald Tausende von einzelnen Knochen, und auch mehr oder weniger vollständige Skelete zusammengebracht, welche R. Owen das reiche Material zu seinen berühmten Arbeiten über die erst in der jüngsten Erdperiode ausgestorbenen Riesengeschlechter *Dinornis* und *Palapteryx* (in den Transactions der zoologischen Gesellschaft zu London 1843 — 1856) gaben.

In Walter Mantell, dem ältesten Sohne des berühmten Verfassers der Denkmünzen der Schöpfung, war nach Neu-Seeland ein Ansiedler gekommen, der neben grossem Sammeleifer auch schätzenswerthe geologische Kenntnisse besass, und in den Mittheilungen an seinen Vater G. A. Mantell sehr anziehende Beiträge zur Geologie und Paläontologie von Neu-Seeland geliefert hat. 1848 gab G. A. Mantell im Quaterly Journal der geologischen Gesellschaft zu London Nachrichten über die grosse Sammlung von Moa-Resten, welche sein Sohn zu Stande gebracht hatte und über die wahrscheinlich sehr jungen, wenn nicht ganz recenten Ablagerungen, in welchen jene Reste gefunden worden waren. Er knüpfte daran allgemeine Bemerkungen über den Naturcharakter von Neu-Seeland und verglich dieses merkwürdige Inselland wegen des Vorherrschens von Farnkräutern, Lycopodiaceen und anderen Kryptogamen, wegen seiner Riesenvögel und der Abwesenheit aller Säugethiere mit dem Zustand europäischer Länder in der Zeit der Steinkohlen- und Triasperiode, in ähnlicher Weise, wie Australien mit seinen Cykadeen. Araukarien und marsupialen Säugethieren an die Oolithperiode, die Galapagos-Inseln mit ihren pflanzenfressenden Land- und Seesauriern, mit ihren Reptilien und Schildkröten an das Zeitalter des *Iguanodon* oder an die Wealdenperiode erinnern.

1849 gab James Dana in dem bewundernswürdigen Bande, welcher die Geologie der grossen nordamerikanischen Expedition (United States Exploring Expedition unter Ch. Wilkes 1839—1842) umfasst, eine kurze Beschreibung der geologischen Verhältnisse der Umgegend der Bay of Islands und machte uns darin mit der dritten vulcanischen Zone der Nordinsel, der Inselbai-Zone, bekannt.

1850 veröffentlichte G. A. Mantell im Quaterly Journal eine geologische Skizze der Ostküste der Südinsel von der vulcanischen Banks-Halbinsel an bis zum Molyneux River, auf welcher W. Mantell vulcanische Bildungen, Thonschiefer, Quarzconglomerate und verschiedene fossilienführende Sedimentformationen unterschieden hat. In dieser Abhandlung werden auch zum ersten Mal Versteinerungen beschrieben und abgebildet, und nach den Versteinerungen verschiedene Schichtengruppen unterschieden. Der „Otatara-Kalkstein", den Gesteinen von Faxoe und Mastricht ähnlich, mit *Terebratula Gualteri* Mant., mit einem belemniten-ähnlichen Körper (der jedoch kein Belemnit ist), und einer Reihe von Foraminiferen, die von R. Jones theilweise mit Arten aus der Kreideformation identificirt wurden, sollte nach Mantell's Ansicht der oberen Kreide oder der Eocänformation entsprechen. Die thonigen Schichten von Onekakara und Wanganui (Nordinsel) dagegen, welche grösstentheils noch jetzt lebende Arten, wie: *Turritella rosea* Quoy, *Struthiolaria straminea* Sow., *Fusus australis* Quoy, *Murex Zealandicus* Quoy, *Venus mesodesma* Gray, *Pecten asperrimus* Lam. u. s. w. enthalten, wurden zur Pleistocän-Formation gerechnet. Als Bildungen jüngsten Alters beschreibt Mantell Alluvionen verschiedener Art und titaneisenhaltige Sande der Küste mit häufigen Überresten von *Dinornis, Palapteryx, Notornis* u. s. w. Auch der Infusorienerden von Taranaki und vom See Waihora bei Banks Peninsula voll von Diatomaceen und Polycistinen wird Erwähnung gethan.

Der Abhandlung von Mantell ist eine kurze Notiz beigefügt, worin Prof. E. Forbes zwei Localitäten der Südinsel: Banks River und die Cliffs bei Nelson erwähnt und über die von Mr. Cuming dem Museum für praktische Geologie geschenkten Versteinerungen von diesen Localitäten bemerkt, dass dieselben mit keiner lebenden Art identificirt werden können, dass aber ihr allgemeiner Habitus sehr an Eocänconchylien aus den Bognor-Schichten erinnere.

1854 und 1855 veröffentlichte Ch. Heaphy in Auckland geologische Bemerkungen über den Coromandel-District bei Auckland und über die Goldgräbereien am Coromandel-Hafen. Die trachytischen Gesteine der dortigen Gegend wurden aber mit Granit verwechselt.

Im XI. Band des Quaterly Journal 1855 gibt Ch. Forbes, Schiffsarzt an Bord des englischen Kriegsschiffes Acheron, eine anziehende Beschreibung der geologischen Verhältnisse längs den Küsten der Nord- und Südinsel und knüpft daran Bemerkungen über die Kohlenvorkommnisse auf Preservation Island, bei Motupipi, unweit der Mündung des Waikato an der Westküste der Nordinsel, und vom Saddle Hill bei Dunedin.

Daran schliesst sich in demselben Bande eine kurze Notiz von James C. Crawford über die geologischen Verhältnisse der Umgegend von Port Nicholson, wo steil aufgerichtete grauwackenartige Schiefer die Gebirgsketten, jüngere und ältere Tertärschichten nebst Alluvionen das niedere Land bilden. Crawford erwähnt auch, dass bei Port Nicholson und eben so bei Whakapuaka unweit Nelson Anzeichen vorhanden seien, dass die Küste sich in jüngster Zeit gehoben habe.

1859 gab Th. H. Huxley Nachricht über einzelne Knochenreste von *Palaeudyptes antarcticus*, eine zur Pinguin-Familie gehörige Art, und eine Cetacee *Phocaenopsis Mantelli* aus angeblich tertiären Schichten.

1861 überraschte Owen die geologische Section der British Association zu Manchester mit der Nachricht, dass ihm durch Mr. Hood in Sidney Knochenreste, vom Waipara-Fluss in der Provinz Canterbury auf der Südinsel herstammend, eingeschickt worden seien, die einem plesiosaurusartigen Reptile *Plesiosaurus australis* angehören, und auf das Vorhandensein von jurassischen Ablagerungen schliessen lassen.

Der Zufall mehr als wissenschaftliche Forschung hat zur Entdeckung der Mineralschätze geführt, welche schon seit mehreren Jahren ausgebeutet werden, zur Entdeckung von Kohlen, Gold, Kupfer, Eisen, Chromerzen und Graphit. Wo sich fast ungesucht so Vieles darbot, was durfte man sich da von einer systematischen Durchforschung der unbekannten Gebirge des so mannigfaltig gestalteten Landes versprechen?

Die einsichtsvolle und gebildete Classe von Colonisten, durch welche sich Neu-Seeland vor vielen anderen Colonien so sehr auszeichnet, erkannte die volle Wichtigkeit physikalisch-geographischer und geologischer Forschungen durch Fachmänner, um dadurch eine wissenschaftliche Grundlage für die verschiedenartigsten öffentlichen Unternehmungen zu gewinnen. Die Provinzial-Regierungen scheuten keine Mittel solche Kräfte an sich zu ziehen, mit deren Hilfe die geologische und die mineralogische Erforschung des Landes durchgeführt werden konnte.

Wenn es mir durch ein Zusammentreffen glücklicher Umstände, wie ich an einem andern Orte ausführlich dargelegt habe,[1] vergönnt war, als Gast im Jahre 1859 in den Provinzen Auckland und Nelson diese Forschungen zu beginnen und die ersten geologischen Karten einzelner Theile von Neu-Seeland zu entwerfen, so hatte mein Reisebegleiter und Freund Dr. Julius Haast die Ehre, der erste officielle Regierungs-Geologe in Neu-Seeland zu sein. Er wurde, nachdem er 1860 in den westlichen Districten der Provinz Nelson geographische und geologische Forschungen mit dem besten Erfolge durchgeführt hatte, 1861 durch die Provinzial-Regierung von Canterbury als Geologe angestellt.

Diesem Beispiel folgten bald andere Provinzen. Zu Ende des Jahres 1861 wurde Dr. James Hector, der frühere Reisebegleiter Capitän Palliser's auf seiner Expedition durch die Rocky Mountains (1857—1859), als Geologe nach Otago berufen und 1862 J. C. Crawford zum Provinzial-Geologen von Wellington ernannt. Damit hat eine neue Periode begonnen, in welcher die geologische Erforschung Neu-Seelands rasch und in systematischer Weise fortschreitet.

In Bezug auf die Geschichte und Entwickelung der geographischen und kartographischen Kenntniss Neu-Seelands darf ich auf die Bemerkungen hinweisen, welche Dr. A. Petermann in den Erläuterungen zu dem „geologisch-topographischen Atlas von Neu-Seeland" gegeben hat.

Es bleibt mir nur noch übrig, einen kurzen Überblick über den Verlauf und Umfang meiner eigenen Arbeiten zu geben.[2]

---

[1] Vergl. Hochstetter: Neu-Seeland. Cap. I.
[2] Vergl. auch: Hochstetter, Neu-Seeland. Cap. I. In diesem Werke habe ich den Plan und Zweck meiner Aufnahmen und Arbeiten dargelegt und eine ausführliche Reisebeschreibung gegeben.

Ich begann meine Arbeiten im Jänner 1859 in der Umgegend von Auckland mit einer Untersuchung der Braunkohlenablagerungen im Drury- und Hunua-District. wandte mich dann den merkwürdigen Vulcankegeln in der Umgegend von Auckland zu und hatte Ende Februar eine detaillirte geologische Karte des Isthmus-Gebietes vollendet. Nun entstand für mich die Frage. sollte ich den Norden oder Süden der Provinz zum Gegenstand und Ziel meiner weiteren Forschungen machen. Ich entschied mich für den damals auch geographisch fast unbekannten, durch seine vulcanischen Phänomene so höchst ausgezeichneten Süden und brach am 6. März mit zahlreicher Begleitung und auf's Beste ausgerüstet mit Allem, was für eine grössere Fussreise in wenig bevölkerten Gegenden und für nächtliches Campiren im Freien nothwendig war, von Auckland auf. Ich folgte der Great South Road und erreichte bei Mangatawhiri den Waikato. Diesem Hauptflusse der Nordinsel folgte ich aufwärts bis zum Einfluss des Waipa bei Ngaruawahia. Von da ging ich den Waipa hinauf bis zu der Missionsstation beim Kakepuku und wandte mich von hier aus westlich, um die Häfen Whaingaroa, Aotea und Kawhia an der Westküste zu besuchen. Am Kawhiahafen endeckte ich neben Belemniten auch die ersten Ammoniten auf Neu-Seeland. Von Kawhia aus zog ich mich wieder landeinwärts durch die oberen Waipa-Gegenden nach dem Mokau-Districte. Von da zahlreiche Urwaldketten übersteigend, kam ich nach dem Quellengebiet des Wanganui und erreichte am 14. April den majestätischen, von den grossartigsten Vulcankegeln umgebenen See Taupo. Nachdem ich die Karte des Sees entworfen. und die vielen heissen Quellen an seinen Ufern untersucht hatte. folgte ich von dem Ausflusse des Waikato dem höchst merkwürdigen Zuge kochender Quellen. Solfataren und Fumarolen, welche in nordöstlicher Richtung zwischen dem thätigen Krater des Tongariro und dem Inselvulcane Whakari an der Ostküste liegen. Zu längerem Aufenthalt gab die auf dieser Linie liegende „Seegegend" Veranlassung, wo am Rotorua, Rotoiti und Rotomahana die Ngawhas und Puias von Neu-Seeland, kochende Sprudel und Geysire ähnlich denen auf Island. ihre grossartigste Entwickelung erreichen. Anfangs Mai erreichte ich die Ostküste bei Maketu, folgte der Küste bis zum Tauranga-Hafen, ging von da landeinwärts nach dem Waiho-Thal und kam bei Maungatautari wieder zurück zum Waikato. Ich durchwanderte noch die fruchtbaren Gefilde des mittleren Waikato-Beckens bei Rangiawhia, dem Mittelpunkt der Maori-Niederlassungen. stattete dem Maorikönig Potatau te Wherowhero in seiner Residenz Ngaruawahia einen

Besuch ab und kehrte auf dem Waikato über Mangatawhiri Ende Mai wieder nach Auckland zurück.

Ein ansehnliches Material von geographischen, geologischen, botanischen, zoologischen und ethnographischen Beobachtungen und Sammlungen war in meinen Händen. Mein Hauptaugenmerk war jedoch stets auf die Geographie und Geologie des Landes gerichtet gewesen. Um geologische Aufzeichnungen machen zu können, war ich genöthigt, gleichzeitig topographisch zu arbeiten. Die Kartenskizze, welche ich in Auckland zu meiner Orientirung mitbekommen hatte, war schon wenige Meilen von der Hauptstadt nicht viel mehr als ein weisses Stück Papier. Ich hatte desshalb schon vom Beginn der Reise an ein Triangulationssystem mittelst des prismatischen Compasses adoptirt und führte dieses, basirt auf die Küstenaufnahme, unter thatkräftiger Mitwirkung des Herrn Drummond Hay von der Westküste nach der Ostküste durch; die Terrainverhältnisse skizzirte ich immer gleich an Ort und Stelle, und so brachte ich ein Material von der Reise zurück, nach welchem ich noch in Auckland die topographische Karte der südlichen Theile der Provinz in grossem Maassstabe provisorisch entwarf. Diese Karte wurde von Herrn Dr. A. Petermann mit Benützung aller meiner Originalskizzen und Beobachtungen neu bearbeitet und reducirt, und ist in dieser neuen Form diesem Werke beigegeben.

Den Schluss meines Aufenthaltes in der Provinz Auckland bildete ein Ausflug nach dem Hauraki-Golf und der Cap Colville-Halbinsel, hauptsächlich zu dem Zwecke, um das Goldvorkommen in der Nähe des Coromandelhafens zu untersuchen.

Nach siebenmonatlichem Aufenthalt auf der Nordinsel hatte ich in Folge einer freundlichen Einladung des Superintendenten der Provinz Nelson Gelegenheit, weitere zwei Monate (August und September 1859) geologischen Untersuchungen in der Provinz Nelson widmen zu können. Ich betrat auf der Südinsel ein neues, von der Nordinsel gänzlich verschiedenes geologisches Feld, höchst ausgezeichnet durch das Vorkommen mannigfaltiger Mineralschätze, wie Kupfer, Gold und Kohlen, welche der Provinz Nelson den Ruf der Hauptmineral- und Metallgegend Neu-Seelands verschafft haben. Bei dem herrlichen gemässigten Klima Nelsons war es mir möglich, selbst mitten im Winter die an der Cooks-Strasse auslaufenden Gebirgsketten zu übersteigen und zu durchforschen.

In die höheren und entfernteren Regionen der südlichen Alpen dagegen war mir nicht mehr vergönnt einzudringen. Aus weiter Ferne sah ich vom See Rotoiti

(Lake Arthur), dem südlichsten Punkt, welchen ich erreicht habe, die gewaltigen, mit ewigem Schnee und Eis bedeckten Hochgipfel der südlicheren Gebirgsketten mir entgegenschimmern, welche mein Freund Dr. Julius Haast seither unter vielen Schwierigkeiten und Entbehrungen, aber mit muthiger Ausdauer so erfolgreich durchforscht hat. In der geologischen Übersichtskarte der Provinz Nelson sind die Resultate seiner und meiner Beobachtungen zu einem übersichtlichen Bilde zusammengefasst, das den geologischen Bau des nördlichen Theiles der Südinsel in den Grundzügen erläutert.

Literatur zur Geologie von Neu-Seeland.

1843. E. Dieffenbach: Travels in N. Z. 2 Bände. London. (Enthält zahlreiche geologische Bemerkungen, namentlich in Bezug auf die Nordinsel.)

1844. Notice of some New-Zealand and Antarctic Minerals. Philosoph. Magazine, Vol. XXV, p. 495. (Enthält Analysen von Blaueisenerde, Öcher, Obsidian und Kieselsinter, die von Dieffenbach und Dr. Hooker gesammelt worden.)

1845. L. v. Buch: Vulcanische Erscheinungen auf Neu-Seeland, in den Monatsberichten über die Verhandlungen der Gesellschaft für Erdkunde zu Berlin. 2 Bde. p. 273—275.

1848. G. A. Mantell: On the fossil Remains of Birds collected in various parts of N. Z. by W. Mantell of Wellington, with additional remarks on the geological position of the deposits in N. Z. which contain Bones of Birds. (Quaterl. Journal of the Geolog. Soc. Vol. IV. p. 225 u. 238.)

1849. James Dana: United States Explor. Expedit vol. X. Geology, Chap. VIII. p. 437. (Umgegend der Inselbai.)

1850. W. Mantell: Notice of the Remains of the Dinornis and other Birds, and of Fossils and Rock Specimens, recently collected in the Middle Island of N. Z. with additional Notes by E. Forbes. Quat. Journ. of the Geolog. Soc. London VI. p. 319 u. 343.

1852. Fr. S. Peppercorne: Geological and topographical Sketches of the prov. of New-Ulster. Auckland.

1854. Arthur S. Thomson M. D.: Description of two caves in the North-Island of N. Z. containing bones of the Moa. Edinb. New. philos. Journ. Vol. LVI. p. 268—295.

1854. Ch. Heaphy: On the Coromandel Gold-Diggings in New-Zealand. Quat. Journ. X. p. 322.

1855. Ch. Heaphy: On the Gold-bearing District of Coromandel Harbour. N. Z. Quat. Journ. of the Geolog. Soc. London XI. p. 31.

1855. The Geology of New-Zealand Ch. XVI. p. 219—244 in Rich. Taylor's: Te Ika a Maui or N. Z. and its Inhabitants. London.

1855. Ch. Forbes: on the Geology of N. Z. with Notes on its carboniferous Deposits Quat. Journal Vol. XI. p. 521.

1855. James C. Crawford: on the Geology of the Port Nicholson District. N. Z. Ebendaselbst. Vol. XI. p. 530.

1856. Ch. Forbes: Notes on the Geology of New-Zealand especially in reference to the Province of Wellington, im New-Zealand Almanack for 1856. Wellington.

Prof. R. Owens berühmte Abhandlungen „On Dinornis" sind in den „Transactions of the Zoological Society of London" erschienen:

    1839. „Notice of a Fragment of the Femur of a Gigantic Bird of New-Zealand. Vol. III. p. 29—32.

    1843. „On Dinornis. Part I. Vol. III. p. 235—275. Beschreibung der Skelettheile von 5 Arten: *Din. didiformis, struthioides, dromioides, ingens, giganteus;* alle von der Nord-Insel.

    1846. — — Part. II. Vol. III. p. 307—338. Aufstellung von drei weiteren Arten: *Din. crassus, curtus, casuarinus,* und eines neuen Geschlechtes Palapteryx.

    1848. — — Part. III. Vol. III. p. 345—378. *Palapteryx geranoides, Aptornis oditiformis.*

    1850. — — Part. IV. Vol. IV. p. 1—20. (*Dinornis rheides* u. *Palapteryx.*)

    1850. — — Part. V. Vol. IV. p. 59—68. Schädelfragmente von Dinornis.

    1854. — — Part. VI. Vol. IV. p. 141—147. *Din. struthioides* und *Din. gracilis.*

    1856. — — Part. VII. Vol. IV. p. 149—157. *Din. elephantopus.* Fuss.

    1856. — — Part. VIII. (Vol. IV. p. 159—164.) Skelet von *Din. elephantopus.*

    Vergl. auch: Descriptive and illustrated catalogue of the fossil organic remains of Mammalia and aves in the Museum of the R. College of Surgeons of England. London 1845.

1859. Th. H. Huxley: On a fossil bird and a fossil Cetacean from New-Zealand. Ann. of nat. hist. 3 Ser. Vol. 3 p. 509—510.

1859. Dr. F. Hochstetter: Report of a Geolog. Exploration of the Coalfield in the Drury and Hunua District, Prov. of Auckland. Gen. Governm. Gazette 14. Jan.

1859. Dr. F. Hochstetter: Lecture on the Geology of the Province of Auckland. — In der N. Z. Gov. Gazette. Nr. 23 vom 14. Juli.

1859. Dr. F. Hochstetter: Lecture on the Geology of the Province of Nelson. In der N. Z. Gov. Gazette Nr. 39 vom 6. December.

1859. Dr. F. Hochstetter: Bericht über geolog. Untersuchungen in der Provinz Auckland. Sitzungsber. der mathem.-naturw. Classe der kaiserl. Akademie der Wissenschaften zu Wien. XXXVII. S. 123.

1860. Ch. Heaphy: On the Volcanic Country of Auckland. Quat. Journ. XVI. p. 242.

1861. Jul. Haast: Report of a topogr. and geological Exploration of the Western Districts of the Nelson Province. Nelson.

1861. Jul. Haast. Report of a geological Survey of Mount Pleasant (Canterbury), Lyttelton.

1861. Jul. Haast: On the Physical Geography and Geology of N. Z. principally in reference to the Southern Alps.— In den Proceedings of the Melbourne Royal Soc.

1861. R. Owen: On the remains of a Plesiosaurian Reptile *(Plesiosaurus australis)* from the oolitic Formation in the Middle Island of N. Z. — Report of the Brit. Association, Manchester 1861. p. 122.

1862. Note on the Coexistence of man with the Dinornis in New-Zealand. Nat. History Review VII. p. 343.

1862. W. Lauder Lindsay: On the Geology of the Goldfields of Auckland. Proceed. of the Geol. Sect. of the British Associat. at Cambridge. (Eine kurze Notiz.)

1862. W. Lauder Lindsay: On the Geology of the Goldfields of Otago. Proceed. of the Geol. Sect. of the British Association at Cambridge.

1863. Dr. Ferd. v. Hochstetter: Neu-Seeland, mit vielen Illustrationen und 2 Karten. Bei J. G. Cotta, Stuttgart.

1863. Dr. J. Haast: On the coal measures and lignitiferous beds of the River Kowai, Prov. of Canterbury, N. Z. Christchurch.

1863. Dr. J. Hector: Geological Expedition to the West Coast of Otago. Otago Provincial Gov. Gazette Nr. 274. Nr. 5.

1863. Dr. F. v. Hochstetter und Dr. A. Petermann: Gelogisch-topographischer Atlas von Neu-Seeland. 6 Karten, hauptsächlich Gebiete der Provinzen Auckland und Nelson umfassend, mit kurzen Erläuterungen. Gotha, Justus Perthes.

1864. Dr. J. Haast: On the Southern Alps of Canterbury. Proceed. Royal. Geograph. Society. Febr.

NEU-SEELAND.

Allgemeine Übersicht.

Neu-Seeland besteht aus zwei grossen und mehreren kleineren Inseln, welche einen breiten Streifen Landes bilden, der sich von Südwest nach Nordost erstreckt, und an seinem nördlichen Ende durch eine schmale halbinselartige Landzunge in nordwestlicher Richtung verlängert ist. In den äusseren Umrissen ist beinahe die Gestalt von Italien nur in umgekehrter Lage wiederholt. Auch die geographische Position Neu-Seelands entspricht der Breite nach nahezu der Lage der italienischen Halbinsel. Es liegt zwischen den Parallelkreisen $34\frac{1}{4}°$ und $47\frac{1}{2}°$ südlicher Breite und den Meridianen $166\frac{1}{2}°$ und $178\frac{3}{4}°$ östlicher Länge von Greenwich und würde, bei einer Längenausdehnung von 800 Seemeilen (200 deutsche Meilen) von Süd nach Nord, auf den Boden Europa's gelegt gedacht von der äussersten Südspitze Italiens bis über die Alpen in die Gegend von München reichen. Die mittlere Breite von Ost nach West beträgt 120 Seemeilen (30 deutsche Meilen), und der ganze Flächeninhalt der Inselgruppe ist auf 99.969 englische oder 4703 deutsche Quadratmeilen berechnet. Neu-Seeland ist demnach beinahe so gross, wie Grossbritannien und Irland.

Zwei Meeresarme, die Cooks-Strasse nördlich in 41° Breite und die Foveaux-Strasse südlich in 46° 40′ Breite trennen Neu-Seeland in drei der Grösse verschiedene Theile: zwei grosse Inseln, welche man in Ermangelung anderer Namen als Nordinsel und Südinsel zu bezeichnen sich angewöhnt hat, und eine kleine dritte Insel, welche sich des besonderen Namens Stewart-Insel erfreut.

Die von dem ersten englischen Gouverneur, Capitän Hobson, officiell eingeführte Eintheilung in Neu-Ulster, Neu-Munster und Neu-Leinster (nach

XXVIII

den drei Provinzen Irlands), welche mitunter noch auf den Landkarten figurirt, hat bei den Colonisten nie rechten Eingang gefunden und ist als antiquirt zu betrachten. Die ursprünglichen Namen der Eingebornen aber: Te Ika a Maui, d. h. der Fisch des Maui (der Name hat eine mythische Bedeutung) für die Nordinsel, Te Wahi Punamu,[1] d. h. der Ort des Grünsteins für die Südinsel, weil die Eingebornen hier den von ihnen so hochgeschätzten „neuseeländischen Grünstein" (Nephrit) fanden, endlich Rakiura für die Stewarts-Insel, — diese Namen sind für europäische Hör- und Sprachwerkzeuge zu fremdartig, um von den Ansiedlern beibehalten worden zu sein.

Die drei Inseln gehören geologisch zu einem Ganzen, sie sind nur Theile eines und desselben Systems, das von Südwest nach Nordost gerichtet eine ausgezeichnete Hebungslinie im stillen Ocean bildet. Diese longitudinale Richtung ist durch eine zweite beinahe unter einem rechten Winkel gekreuzt, welche sich in der Richtung der Foveaux- und Cooks-Strasse, am deutlichsten aber in der Richtung der langgestreckten nordwestlichen Halbinsel der Nordinsel kundgibt; diese nordwestliche Halbinsel entspricht der Linie, welche nach N. 52° W. streichend von Dana[2] als die Axe der grössten Depression im pacifischen Ocean bezeichnet wird.

Dana hat nämlich darauf aufmerksam gemacht, dass eine Linie, die man von der Pitcairns-Insel (in der Paumotu-Gruppe) aus in westlicher Richtung nördlich an den Gesellschafts-, Samoa- und Salomons-Inseln vorbei nach den Palaos-Inseln (östlich von den Philippinen) zieht, ziemlich die Grenze bildet zwischen den Atoll-Inseln oder niederen Inseln nördlich und den hohen Inseln südlich. Er bezeichnet den weiten Meeresarm zwischen dieser Linie und den nächsten hohen Inseln im Nordost, den Sandwichinseln — eine Fläche, die nahezu 2000 Seemeilen breit, 6000 Seemeilen lang und mit gegen 200 Atoll-Inseln gleichsam besäet ist — als ein grosses Senkungsfeld. Fast sämmtliche Inselgruppen dieses Senkungsfeldes haben eine nordwestliche Streichungsrichtung und eine Linie, welche man sich von der Pitcairns-Insel in nordwestlicher Richtung nach N. 52° W. bis zu den japanischen Inseln gezogen denkt, würde die Mittellinie dieses Senkungsfeldes oder die Axe der grössten Depression sein. Verzeichnet man sich jedoch diese Linie auf eine Karte nach Merkator's Projection, so wird man finden, dass eine von der Pitcairns-Insel nach N. 45° W. gezogene Linie, welche in ihrer nordwestlichen Verlängerung gerade die nördliche Küste der japanischen Insel Jeso trifft, vielleicht noch genauer die Mittellinie jenes Senkungsfeldes bildet. Nimmt man dann gemäss der mittleren Streichungsrichtung der südlichen Alpen, der höchsten Gebirgskette auf den Südsee-

---

[1] Cook schrieb: Ea heino mauwe und Tavai Poenammoo.
[2] United States Expl. Exped. Vol. X, p. 394—95.

Inseln, eine nach N. 45° O. gerichtete Linie als die mittlere Längenrichtung der neuseeländischen Inseln an, so schneiden sich sich diese beiden Linien, jene Senkungslinie und diese Hebungslinie, unter einem rechten Winkel. Es ist bemerkenswerth, dass die allgemeine geologische Bedeutung dieser beiden Richtungen für den pacifischen Ocean sich auch in dem Verlaufe der östlichen Küstenlinie des australischen Continentes kund gibt. Die Ostküste Australiens und die Westküste Neu-Seelands bilden nahezu Parallellinien, deren Abstand circa 1000 Seemeilen beträgt. Der nordöstlichen Richtung der Hebungslinie entsprechen auf Neu-Seeland auch die Haupterhebungen, plutonische sowohl, wie vulcanische; der nordwestlichen Senkungslinie aber die grossen Querspalten, durch welche die Foveaux- und die Cooks-Strasse gebildet wurden, und eine dritte Dislocationsspalte, welcher die nordöstliche Küstenlinie der Nordinsel ihren Ursprung verdankt.

Den Hauptcharakterzug Neu-Seelands bildet eine grosse, longitudinale Gebirgskette, welche durch die Cooks-Strasse gebrochen die beiden Hauptinseln in der Richtung von Südwest nach Nordost, vom Südcap bis zum Ostcap, durchstreicht. Diese Gebirgskette von echt alpinem Charakter, aus plutonisch gehobenen Zonen geschichteter und massiger Gebirgsglieder von verschiedenem Alter bestehend, bildet das gewaltige Rückgrat der Inseln. Sie ist an ihrem Fusse — auf der Südinsel am östlichen Fusse, auf der Nordinsel am westlichen (vielleicht theilweise auch am östlichen Fusse — von vulcanischen Zonen begleitet, auf welchen abyssodynamische Kräfte bis in die allerjüngsten Erdperioden mächtig gewirkt haben. Die theils plateauförmig ausgebreiteten, theils in isolirten Kegelbergen hoch aufragenden Bildungen der vulcanischen Zonen und junge, tertiäre und quartäre Sedimentbildungen haben den Inseln erst in der jüngsten Zeit ihre heutige Gestalt gegeben, die jedoch durch Erderschütterungen, so wie durch fortdauernde säculare Hebungen und Senkungen auch jetzt noch mannigfachen instantanen und säcularen Veränderungen unterworfen ist.

Schon die ausserordentliche Mannigfaltigkeit der Oberfläche, wie sie sich in verticaler Richtung einerseits in langen schroffen Kettengebirgen, in isolirten Berggruppen und in einem vielgestaltigen Hügelland, andererseits in ausgedehnten Hochebenen und weiten Niederungen, in horizontaler Richtung in der reichen Gliederung der Küstenlinie darstellt, lässt auf eine sehr mannigfaltige geologische Zusammensetzung des Bodens schliessen. Die Anfänge einer geologischen Erforschung der Nordinsel und Südinsel haben dies in vollem Masse bewiesen.

Die geologischen Karten grösserer Gebiete beider Inseln, wie sie nach meinen und meines Freundes J. Haast's Beobachtungen in diesem Werke vorliegen, deuten, wiewohl die Karten der Provinzen Auckland und Nelson im Vergleich zu den geologischen Detailkarten westeuropäischer Länder kaum als geologische Übersichtskarten bezeichnet werden können, dennoch einen äusserst mannigfaltigen Wechsel von Formationen und Gesteinen an. Und wiewohl es bis jetzt noch nicht möglich ist, die auf Neu-Seeland auftretenden Formationen nach ihrem paläontologischen Charakter den Gliedern der europäischen Schichtenreihe im Einzelnen zu parallelisiren, so geht doch so viel aus den durch die bisherigen Beobachtungen gewonnenen Thatsachen hervor, dass die geschichteten Gebirgsglieder von den ältesten metamorphosischen Bildungen an bis zu den jüngsten Sedimentbildungen, die Eruptivformationen aber von den ältesten plutonischen Gesteinen bis zu den jüngsten vulcanischen Laven vertreten sind.

In die Übersicht der auf Neu-Seeland auftretenden Formationen und Formationsglieder, welche ich in diesem Abschnitt gebe, habe ich zunächst die Resultate meiner eigenen Beobachtungen auf der Nord- und Südinsel aufgenommen, damit aber auch das Wichtigste von dem verknüpft, was bis zum Abschlusse dieses Werkes durch die Beobachtungen Dr. Haast's in den Provinzen Nelson und Canterbury, so wie durch die Untersuchungen Dr. Lindsay's und Dr. Hector's in der Provinz Otago festgestellt wurde. Bei der chronologischen Anordnung der einzelnen Schichten und Formationen waren vor Allem die beobachteten Lagerungsverhältnisse massgebend. Die Paläontologie, welche in Europa für nahe bei einander gelegene, gründlich erforschte Gebiete den sichersten Führer zur Bestimmung des Alters der einzelnen Schichten und Formationen abgibt, bietet auf Neu-Seeland noch wenig Anhaltspunkte; die Versteinerungen, welche man in dem weiten Gebiete, in welchem geologische Forschungen eben erst begonnen haben, wo der Boden nur durch natürliche Aufschlüsse, wie sie die Meeresküsten, Auswaschungen von Flüssen, Bergstürze u. dgl. bieten, blossgelegt ist, an günstigen Localitäten gefunden und gesammelt hat, lassen bei dem jetzigen Standpunkt der Wissenschaft keine anderen Folgerungen zu als solche, welche sich auf die grossen Hauptperioden in der Entwickelungsgeschichte der Erde beziehen. Noch sind die Forschungen auf Neu-Seeland, auf dem australischen und südamerikanischen Continent nicht so weit gediehen, dass sich nach paläontologischen Kriterien genauere Parallelisirungen zwischen den Formationen und Formationsgliedern der ausgedehnten Gebiete auf der südlichen Hemisphäre durchführen liessen, und noch besitzt die Paläontologie keine Methode, nach der sich für so entfernte Gebiete, wie Australien und Europa der Synchronismus zweier Schichten beweisen liesse. Es muss erst eine Pflanzen- und Thiergeographie auch für die früheren geologischen Perioden wenigstens in den Grundzügen feststehen; man muss die paläozoischen Provinzen erst eben so kennen, wie man nach und nach die neozoischen Verbreitungsgebiete kennen gelernt hat, dann erst wird sich entscheiden lassen, wie weit eine Parallelisirung nach rein paläontologischen Principien überhaupt möglich ist. Glaubt doch Agassiz[1] schon aus der Vergleichung der Fossilien Amerika's mit denen Europa's schliessen zu dürfen, dass zwischen den Thieren, die in einer grossen Entfernung von einander gelebt haben, keine specifische Identität nachzuweisen sei, auch wenn sie Genossen von gleichem Alter gewesen sind, dass vielmehr Arten derselben Familien, die aber verschiedenen geologischen Epochen angehören, einander näher verwandt sein werden, wenn sie nur aus gleichen Breitegraden herstammen, als Arten desselben geologischen Alters aus verschiedenen geographischen Zonen. Ist dem so, so darf man behaupten, dass die Identität oder nahe Verwandtschaft der Überreste einer und derselben geologischen Periode, wie sie die heutige Geologie lehrt, hauptsächlich der Thatsache zu verdanken ist, dass diese Überreste in denselben geographischen Zonen gesammelt worden sind. Wie aber die Faunen der gegenwärtigen Periode in entfernten Continenten wesentlich von einander abweichen, so glaubt Agassiz annehmen zu dürfen, dass dasselbe auch für die Faunen der älteren Perioden der Fall gewesen sei.

Die Geologie und Paläontologie der Länder der südlichen Hemisphäre wird wohl am meisten dazu beitragen können, diese Ansichten des berühmten Zoologen und Paläontologen zu bestätigen oder zu widerlegen und auf ihr richtiges Maass zurückzuführen. Und gerade Neu-Seeland mit seiner höchst eigenartigen, jetzt lebenden Flora und Fauna, die selbst mit den nächstliegenden Gebieten, mit Australien, den Südseeinseln und Süd-Amerika, so wenig Übereinstimmung zeigt, ist ein Gebiet, welches in seinen fossilen Pflanzen- und Thierresten Beweise für oder wider liefern könnte.

Weit entfernt, aus dem Wenigen, was man bis jetzt kennt, allgemeine Schlüsse ziehen zu wollen, kann ich doch nicht umhin, die Thatsachen, wie sie bis jetzt vorliegen, einfach anzuführen.

---

[1] L. Agassiz: Ann. Rep. of the Museum of Comparative Zoolog. Boston 1862.

XXXII

Die auffallendste Erscheinung, wenn man die lebende Landfauna Neu-Seelands mit den Faunen der nächstliegenden Gebiete vergleicht, ist der fast gänzliche Mangel an Vierfüsslern. Neu-Seeland mit seinen zwei, vielleicht drei einheimischen Arten[1] wird in der Anzahl der Säugethiere von vielen weit kleineren Inseln der Südsee übertroffen. Den Ersatz für die Säugethiere bilden höchst merkwürdige Formen flügelloser Vögel, die *Apteryx*-Arten, wie sie sonst nirgends nachgewiesen sind. Man könnte nun vermuthen, dass vielleicht in der untergegangenen Landfauna älterer Perioden sich mehr Verwandtschaft mit den Faunen der benachbarten Gebiete Australiens und Süd-Amerika's zeige. Allein was man von ausgestorbenen Thierresten bis jetzt kennt, spricht keineswegs für eine solche Vermuthung.

Freilich kennt man bis jetzt noch nichts, als die der Quartärperiode angehörigen Reste von Riesenformen flügelloser Vögel: *Dinornis* und *Palapteryx*. An diese schliessen sich die jetzigen Repräsentanten dieses Geschlechtes, die *Apteryx*-Arten, eben so an, wie die heutigen Beutelthiere Australiens an die Riesenformen der ausgestorbenen Marsupialier *Nothotherium (Zygomaturus Macleay)* und *Diprotodon*, welche in den Knochenhöhlen und posttertiären Südwasser-Ablagerungen Australiens gefunden wurden, oder wie die jetzigen Edentaten Süd-Amerika's an die ausgestorbenen Riesenfaulthiere *Megatherium* und *Mylodon*, deren Reste man in den Diluvialablagerungen der Pampas ausgräbt. Aus älteren, als posttertiären Bildungen kennt man auf Neu-Seeland bis jetzt noch keine Reste von warmblütigen Wirbelthieren. Die fossile Landfauna in Neu-Seeland ist also, so weit man sie bis jetzt kennt, von der fossilen Landfauna der am nächsten liegenden Gebiete Australiens und Süd-Amerika's eben so verschieden, wie die lebende Landfauna.

Was die Meeresfauna betrifft, so ergibt sich aus den Resultaten, welche mein Freund Dr. Zittel bei der Untersuchung der von mir mitgebrachten Versteinerungen gewonnen hat, dass sich die Molluskenfauna der jungtertiären Ablagerungen sehr nahe an die jetztlebende Molluskenfauna anschliesst und zu dieser etwa in demselben Verhältnisse steht, wie die Fauna der Subapennin-Formation Italiens zur Mittelmeer-Fauna. Dieselben Genera finden sich fossil und lebend und nicht selten sind sogar die Species identisch. Zugleich aber zeigt sich eine auffallende Ähnlichkeit mit den von Sowerby und d'Orbigny beschriebenen Tertiärversteinerungen aus

---

[1] Eine Fledermaus, eine Ratte und ein noch unbeschriebenes an den Seen der Südinsel lebendes, vielleicht otterartiges Thier. Vergl. Neu-Seeland. Cap. XX, S. 447.

Chili und Patagonien, also mit einer gleichaltrigen fossilen Fauna aus derselben Breitenzone.

Betrachten wir nun aber die Reste, welche älteren Formationen angehören, so haben schon die Ammoniten, Belemniten, Inoceramen u. s. w. der Nordinsel, welche jüngeren Schichten der mesozoischen Periode (Jura- oder Kreideschichten) angehören, so viel Ähnlichkeit mit europäischen Formen derselben Periode, dass man versucht ist, sie europäischen Arten gleich zu stellen. Namentlich zeigen die Belemniten, zur Gruppe der *Canaliculati* d'Orb. gehörig, so grosse Übereinstimmung mit dem *Belemn. canaliculatus* Schloth., dass es beinahe schwer fällt, genügende Unterschiede aufzufinden, um einen neuen Namen zu rechtfertigen.

Die ältesten versteinerungsführenden Schichten endlich, welche ich auf der Südinsel bei Richmond unweit Nelson aufgefunden habe, enthalten Monotis- und Halobia-Arten, welche von den europäischen Formen *Monotis salinaria* Br. und *Halobia Lommeli* Wissm. aus der Trias der Alpen nicht zu unterscheiden sind.

Dürfte man diese wenigen Thatsachen schon für beweisend halten, so würde sich der Schluss ergeben, dass die Faunen früherer Perioden auf der nördlichen und südlichen Hemisphäre eine Übereinstimmung und Verwandtschaft zeigen, welche der jetzt lebenden Fauna nicht mehr zukommt; ein Schluss, welcher obige von Agassiz ausgesprochene Ansicht keineswegs zu bekräftigen geeignet erscheint, aber ganz in Übereinstimmung ist mit der herrschenden Ansicht, dass, je älter die Formationen, um so mehr Übereinstimmung ihrer Überreste auch in von einander weit entfernten Gebieten sich zeige.

Übersicht der auf Neu-Seeland auftretenden Formationen und Formationsglieder in chronologischer Reihenfolge.

I. Metamorphische Bildungen. (Krystallinisches Schiefergebirge.)

Auf der Nordinsel bis jetzt nicht nachgewiesen.

Auf der Südinsel grossartig entwickelt:

- a) in den westlichen Gebirgsketten der Provinz Nelson als Gneiss-, Glimmerschiefer- und Phyllit-Formation mit steiler, zum Theil fächerförmiger Schichtenstellung (Mount-Olymp); auch Granit und Syenit tritt in Zonen von bedeutender longitudinaler Erstreckung auf. — Dieses krystallinische Schiefergebirge bildet die ursprüngliche Lagerstätte des Goldes in der Provinz Nelson.
- b) An der Westküste der Provinz Canterbury als schmale, aus den verschiedenartigsten krystallinischen Schiefern und aus Granit bestehende Zone, mit steiler Schichtenstellung. (Haast.)
- c) Im südlichsten Theile der Südinsel in der Provinz Otago. Gneiss, Glimmer-, Chlorit-, Talk-, Quarz- und Thonschiefer setzen den grössten Theil der Provinz, namentlich die grossen centralen Gebirgsketten von 5000—9000 Fuss Höhe zusammen und werden als das Muttergestein des Goldes betrachtet. Dr. Lindsay vergleicht die Gesteine mit den metamorphischen Schiefern der schottischen Grampians. Am Preservation Inlet ist Granit herrschend. Die Schichtenstellung ist im Süden flacher als im Norden.
- d) Die Stewart-Insel besteht nach Dr. Hector ganz aus Granit.

II. Paläozoische (primäre) Bildungen.

Auf der Nordinsel dunkelgefärbter quarziger Thonschiefer, grauwackenartiger Sandstein, Kieselschiefer und Jaspis, mit Durchbrüchen und Zwischenlagerungen von dioritischen Gesteinen (Aphanit). Versteinerungen bisher nicht aufgefunden, daher das Alter unbekannt.

- a) An der Bay of Islands. (Dana.)
- b) Auf den Inseln des Hauraki-Golfes: auf Great-Barrier-Island und der Kawau-Insel mit Kupfererz-Lagerstätten (Kupferkies, Kupferschwärze und wenig Rothkupfererz), die seit mehreren Jahren ausgebeutet werden. Auf Waiheki bei Auckland mit mächtigen Schichten von Jaspis und mit Psilomelan-Adern.
- c) Auf der Cap Colville-Halbinsel (Provinz Auckland) mit Goldquarzgängen („Quartz reefs"), die seit 1862 zu Bergbauunternehmungen Veranlassung gegeben haben. (Coromandel Goldfeld.)

- *d)* In den Gebirgsketten an der Westseite des Firth of Thames (Wairoa-Ketten) und von da südlich in der Taupiri- und Hakarimata-Kette.
- *e)* In den Gebirgsketten zwischen Port Nicholson und dem Ostcap. Hier noch ganz ununtersucht.

Auf der Südinsel in den Alpengebirgen:

Thonschiefer und grauwackenartiger Sandstein, nur wenige Punkte lassen eine nähere Altersbestimmung zu.
- *a)* In den Westketten der Provinz Nelson, am Mount Arthur Schiefer mit Trilobiten, Leptaena, Orthis und Korallen von wahrscheinlich silurischem Alter. (Haast.)
- *b)* In den Ostketten der Provinz Nelson grauwackenartiger, von Quarzadern durchzogener Sandstein und Thonschiefer, bis jetzt ohne Petrefacten.
- *c)* In den südlichen Alpen Conglomerate, grauwackenartiger Sandstein und Thonschiefer in steiler Schichtenstellung, die Hauptmasse des Gebirges und die höchsten Gipfel zusammensetzend. — In einem nördlichen Seitenthale des Clyde am oberen Rangitata hat Haast Petrefacten entdeckt, die auf devonisches Alter hindeuten.

Älteste Kohlenformation Neu-Seelands im östlichen Theile der südlichen Alpen an den Quellen des Flüsschens Hinds, am Mount Harper, in den Malvern Hills, am oberen Ashburton River (Provinz Canterbury); die Pflanzenreste, hauptsächlich Glossopteris-Arten, deuten auf gleiches Alter mit den Kohlenfeldern von New-Castle am Hunter-River in New-South-Wales. (Haast.) Vielleicht zur Trias gehörig.

Eruptive Bildungen in Gangzügen von langer Erstreckung. Diorite und Diabase. (Haast.)

III. Mesozoische (secundäre) Bildungen.

Ich bringe dieselben nach dem wahrscheinlichen Alter und nach den einzelnen Localitäten in folgende Reihe:

1. Trias.

Auf der Südinsel:

- *a)* Maitai-Schichten, in den östlichen Gebirgsketten bei Nelson vorherrschend rothe und grüne Thonschiefer in mächtigen, steil aufgerichteten Schichtenzonen entwickelt, im Liegenden mit Kalksteineinlagerungen (z. B. am Wooded Peak, im Croixelles-Hafen und Current-Bassin bei Nelson). Versteinerungen bis jetzt nicht aufgefunden.
- *b)* Richmond-Sandstein bei Richmond unweit Nelson, ein eisenschüssiger Sandstein mit:

    Monotis salinaria var. *Richmondiana* Zitt. ganze Bänke erfüllend.
    Halobia Lommeli Wissm.
    Mytilus problematicus Zitt.
    Spirigera Wreyi Suess.

Steinkernen von Astarte, Turbo etc. und verkieselten Hölzern (*Damnara fossilis* Ung.).

2. Jura.

Auf der Südinsel:

a) Waipara-Schichten, Thonmergel mit Resten von *Plesiosaurus australis* Owen.

b) Im Amuri-District (südöstlicher Theil der Provinz Nelson) ein weitverbreiteter Schichtencomplex mit Saurier-, Fisch- und zahlreichen Molluskenresten (Haast).

c) „Shaw's Bay Series" an der Mündung des Clutha-Flusses in der Provinz Otago mit *Spirifer, Ammonites, Mytilus*-artigen Muscheln u. s. w. (nach Lindsay).

3. Untere Kreide.
A. Ammoniten- und Belemniten-Schichten.

Auf der Nordinsel:

a) Am Waikato-Southhead, graue Thonmergel mit
Belemnites Aucklandicus v. Hauer.
Aucella plicata Zitt. etc.

b) Am Kawhia-Hafen, graue Thonmergel mit
Belemnites Aucklandicus var. *minor*
Ammonites Novo-Seelandicus v. Hauer.
Inoceramus Haasti Hochst. etc.

B. Kohlenführendes Schichtensystem.

Auf der Nordinsel:

a) An der Westküste der Provinz Auckland, südlich von der Mündung des Waikato-Flusses, Sandstein, Mergel und Schieferthon mit dünnen, unbauwürdigen Kohlenflötzen und zahlreichen Pflanzenresten, besonders schön erhaltenen Farnkräutern:
Polypodium Hochstetteri Ung.
Asplenium palaeopteris Ung.

Auf der Südinsel:

b) Das Pakawau-Kohlenfeld an der Golden-Bay, Provinz Nelson, mit mehreren bauwürdigen Flötzen sehr bitumenreicher Schwarzkohle und undeutlichen Pflanzenresten (*Neuropteris, Equisetites, Phönicites*) in einem grobkörnigen Sandstein.

Hierher rechne ich vorderhand auch die von Dr. J. Haast untersuchten Kohlenfelder der Westküste der Provinz Nelson:

c) Das Buller-Kohlenfeld, 8 englische Meilen aufwärts von der Mündung des Flusses Buller (Kawatiri), mit Flötzen von 8 Fuss Mächtigkeit.

d) Das Grey-Kohlenfeld, 7 Meilen aufwärts von der Mündung des Flusses Grey (Mawhera), mit Flötzen von 12—17 Fuss Mächtigkeit.

Unter den Pflanzenresten erwähnt Haast: *Zamites, Pecopteris, Equisetum* und dikotyle Blätter.

e) Das von Ch. Forbes (Quat. J. V. XI. p. 528) erwähnte Vorkommen von guter bituminöser Schwarzkohle in dünnen Flötzen am Preservation-Harbour (Provinz Otago) auf Chalky Island. Nach Dr. Hector gehören diese Kohlen zu derselben Classe wie diejenigen, welche am Petterson's Point in Australien vorkommen.

4. Eruptive Bildungen der mesozoischen Periode.

Auf der Südinsel:

a) Der Serpentinzug des Dun Mountain bei Nelson, mit Kupfererz- und Chromerzlagerstätten, mit Dunit (Olivinfels) und Hyperit.
b) Der Syenit von Wakapuaka und der Augitporphyr des Brookstreet-Thales bei Nelson.
c) Felsitporphyre und Melaphyre der südlichen Alpen (Provinz Canterbury). Haast.
d) Die Hyperite des Mount Torlesse (Provinz Canterbury). Haast.

IV. (Känozoische (tertiäre) Bildungen.

1. Aeltere Tertiärablagerungen.

A. Braunkohlenführendes Schichtensystem. — Unteres Glied.

Auf der Nordinsel:

a) Das Hunua-Kohlenfeld im Drury- und Papakura-District, südlich von Auckland, 1858 von Rev. Punchas entdeckt, seit 1859 von der Waihoihoi-Company ausgebeutet. Die Kohlen sind Braunkohlen (Glanz- und Pechkohlen) und enthalten ein fossiles Harz, den Ambrit (Haidinger), das vielfach mit Kauri-Harz verwechselt wird. Preis einer Tonne Braunkohle in Auckland 30—32 Schillinge. Die die Kohle begleitenden Schieferthone und Sandsteine enthalten undeutliche Zweischaler und Blätter von Dikotyledonen:

Fagus Ninnisiana Ung.
Fagus dubium Ung.
Myrtifolium lingua. Ung. etc.

b) Das Kohlenfeld des unteren Waikatobeckens (Provinz Auckland). Ein sehr mächtiges Braunkohlenflötz ist bei Kapakupa am nördlichen Abhange der Taupiri-Kette aufgeschlossen.
c) Die Kohlenablagerungen an der westlichen und südlichen Grenze des mittleren Waikato-Beckens, noch gänzlich unaufgeschlossen.

Hierher rechne ich auch:

d) Verschiedene, noch wenig untersuchte Braunkohlenvorkommnisse im Norden der Provinz Auckland am Parengarenga-Hafen, am Monganui-Hafen (Doubtless-Bay), bei Rodney Point, auf der Cap Collville-Halbinsel in der Nähe des Coromandelhafens u. s. w.; im Süden am Mokau-Fluss und am Wanganui-Fluss.

XXXVIII

Auf der Südinsel:

e) Jenkin's Kohlenbau bei Nelson. Die Lagerungsverhältnisse sind hier sehr gestört, die Kohlenflötze verdrückt. Im eisenschüssigen Sandstein liegen Blattabdrücke dikotyler Pflanzen:

Phyllites Nelsonianus Ung.
" *Brosinoides* Ung.
" *querciodes* Ung.
" *eucalyptroides* Ung.
" *leguminosites* Ung.

f) Motupipi-Kohlenfeld an der Golden-Bay (Provinz Nelson), seit 1854 aufgeschlossen, und die Braunkohlenlager am Rangiheta-Point westlich Motupipi. In den Kohlen kommt Ambrit vor wie bei Drury.

Hieher gehören vielleicht auch:

g) Zahlreiche Braunkohlen- (zum Theil Lignit?) Vorkommnisse der Provinz Otago bei Fairfield, am Saddle-Hill, am Tokomairiro, Clutha, auf den Waitahuna- und Wetherstone-flats etc. Marktpreis dieser Kohle in Dunedin 2 Pfund Sterling per Tonne (nach Dr. Lindsay).

B. Marine Schichten. — Oberes Glied.

Zu unterst häufig foraminiferenreiche thonige Schichten, abwechselnd mit sandigen Bänken, — diese Schichten vielleicht gleichzeitig mit den Braunkohlenbildungen — nach oben plattige Kalksteine und feinkörnige Sandsteine, reich an Petrefacten.

Echinodermen: *Brissus, Schizaster, Hemipatagus, Nucleolites* etc.
Brachiopoden: *Waldheimia, Terebratula, Terebratulina.*
Conchiferen: *Ostrea, Lima, Pecten, Cucullaea.*
Gastropoden: *Neritopsis, Scalaria.*
Haifischzähne, Foraminiferen und Bryozoen.

Auf der Nordinsel:

a) Waitemata-Sandstein und Thonmergel auf dem Isthmus von Auckland und am North-shore, im Allgemeinen arm an Versteinerungen. — An der Orakei-Bay bei Auckland sandige glauconitreiche Schichten, voll von Foraminiferen und Bryozoen, nebst kleinen Arten von Pecten (*P. Aucklandicus, P. Fischeri* Zitt.), Bivalven und belemnitenartig gestalteten Körpern, die vermuthlich Steinkerne von Vaginella-Schalen sind. Bei Auckland am North-shore, an der St. Georges-Bay mit in Braunkohle verwandelten Treibholzstücken.

b) Kalkstein bei Papakura, foraminiferen- und bryozoenreiche Mergel und plattiger Kalkstein, in Steinbrüchen aufgeschlossen mit:

Turbinolia, Schizaster, Waldheimia gravida, Pecten Fischeri, Neritopsis etc.

c) Feinkörniger Sandstein (Quadersandstein ähnlich) am Waikato-Southead, ungleichförmig über den Belemnitenschichten lagernd, und an der Westküste südlich von der Waikato-Mündung, mit

Cidaris, Nucleolites, Schizaster, Fasciculipora
Retepora, Cellepora, Waldheimia, Pecten etc.

d) Die Thonmergel- und plattigen Kalksteine an der Westküste der Provinz Auckland (Whaingaroa-, Aotea- und Kawhia-Hafen) mit zahlreichen Foraminiferen und anderen Versteinerungen.

e) Die Höhlenkalke der oberen Waipa- und Mokau-Gegend mit Höhlen, trichterförmigen Erdlöchern und unterirdischen Wasserläufen.

Auf der Südinsel:

f) Motupipi- und Rangiheta-Kalkstein an der Golden-Bay (Provinz Nelson), plattiger Kalkstein über den braunkohlenführenden Schichten lagernd, mit

Brissus eximius Zitt.
Pecten athleta Zitt.
 „ *Burnetti* Zitt.
Waldheimia lenticularis Desh.

g) Die sandigen Höhlenkalke des Aorere-Thales, und die sandigen Kalksteine am Cap Farewell (Provinz Nelson). Am Cap Farewell mit einem grossen Reichthum an Seeigeln,.

Hemipatagus formosus und *tuberculatus* Zitt., ferner
Pecten Hochstetteri Zitt.

h) Die goldführenden Conglomerate des Aorere-Thales, hauptsächlich an den „Quartzranges" entwickelt, zum Theil vielleicht auch diluvial (der Driftformation angehörig). Anfang der Goldgräbereien auf dem Aorere-Goldfeld 1857.

Hieher rechne ich auch:

i) Weisse und gelbe, foraminiferenreiche Sandsteine und Grünsande, welche von englischen Geologen mit den Kreidetuffen von Mastricht und Faxö verglichen wurden:

Mataura und *Shag Valley-Series* (nach Dr. Lindsay).

Ototara (Oamaru) Series (Provinz Otago) sehr foraminiferen- und bryozoenreich; mit *Cythereis, Terebratula, Cereopora, Textularia, Bairdia, Eschara* u. s. w. (nach W. Mantell, Quat. Journ. Vol. VI. p. 329).

Woodburn Series (am Saddle Hill bei Dunedin) mit *Ostrea* und Echinitenstacheln (nach Dr. Lindsay).

Green Island Series (Dunedin), sandige glaukonitreiche Schichten voll von Foraminiferen, ferner mit *Terebratula*, Echinodermen und Haifischzähnen (nach Dr. Lindsay).

2. Jüngere Tertiärablagerungen.

Conglomerate, Sandsteine, Kalksteine und Thone auf der Nord- und Südinsel mit einer Fauna, die sich an die jetzt lebende Molluskenfauna von Neu-Seeland anschliesst. Die Schichten zum Theil bis auf 2000 Fuss Meereshöhe gehoben und mitunter (an den Cliffs bei Nelson) steil aufgerichtet.

Auf der Nordinsel:

a) Kohuroa bei Rodney Point nördlich von Auckland, dunkle Thonschieferbreccie mit lebenden und ausgestorbenen Arten:

Terebratella dorsata Gmel.
Rhynchonella nigricans Sow.
Purpura textiliosa Lam.
Turitella rosea Quoy.
Turbo superbus Zitt.
Crasatella ampla Zitt.

b) Hawkes Bay Series; Kalksteine, Sandsteine und Thonmergel. Die Kalksteine und Thonmergel reich an Versteinerungen. In den Kalksteinen schlecht erhaltene Steinkerne von *Venus, Mytilus, Pectunculus, Trochita* u. s. w.; mit Schale erhalten ist
Pecten Triphooki Zitt.

c) Wanganui-River-Schichten; blauer Thon mit Seeconchylien, bedeckt von vulcanischem Conglomerat; in den Thonen viele recente Arten, wie im Awatere-Thal auf der Südinsel, *Fusus nodosus* Quoy, *Murex Zealandicus* Quoy, *Venus mesodesma* Gray, *Venericardia Quoyii* Lam., *Pecten asperrimus* Lam. (W. Mantell Q. J. IV. 239 und Q. J. VI. p. 332) und Sande mit grossen Austern
Ostrea ingens Zitt.

Auf der Südinsel:

d) Steil aufgerichtete, glaukonitreiche Schichten an den Cliffs bei Nelson mit vielen schlecht erhaltenen Schalen von *Cardium, Pectunculus, Trochosmilia, Bulla, Cerithium, Buccinum* u. s. w.

e) Blaue Thone im Awatere-Thal (Provinz Marlborough), bis zu 400 Fuss Meereshöhe erhoben, mit reichen Fundstellen sehr zahlreicher, vortrefflich erhaltener Schalen von *Arca* (eine sehr grosse Species), *Pectunculus, Voluta, Struthiolaria, Trochita* u. s. w.

Hieher rechne ich auch:

f) Die Waitaki-Schichten am Waitaki-Fluss, Grenzfluss der Provinzen Otago und Canterbury, mit Knochen von *Cetaceen*. (Haast.)

g) Die Moeraki Series (Onekakara) an der Ostküste der Provinz Otago, von Mantell als Pleistocän beschrieben (Quat. Journ. VI. p. 330), mit *Pustulopora, Struthiolaria, Ancillaria, Fusus* u. s. w. Die Schalen in einem vortrefflichen Zustande der Erhaltung gleichen lebenden, die nur die Farben verloren; bei Moeraki mit Septarien.

V. Post-tertiäre (quartäre und noväre) Bildungen.

1. Lignitführende Schichten.

Plastischer Thon und Sand mit Lignitflötzen, welche die Reste noch jetzt lebender Pflanzenarten enthalten.

Auf der Nordinsel:

a) Die Lignitformation der Manukauflats mit buntfarbigen, plastischen Thonen und mächtigen Ablagerungen von Bimssteinstaub.

b) Die Lignitformation des unteren Waikato-Beckens.

Auf der Südinsel:

Lignitablagerungen der Provinzen Canterbury und Otago an verschiedenen Localitäten.

2. Gletscherdrift.

Auf der Südinsel:

Die alten Moränen der gewaltigen Gletscher der Gletscher-Periode in den südlichen Alpen, namentlich an den Alpenseen Rotoiti, Rotoroa (Provinz Nelson), Tekapo, Pukaki (Provinz Canterbury) u. s. w.

3. Marine und fluviatile Driftablagerungen.

Gerölle-, Sand- und Lehmablagerungen mit höchst ausgezeichneter Terrassenbildung auf Hochebenen und in Flussthälern.

Auf der Nordinsel:

Vulcanische Gesteine, namentlich Bimsstein haben das Material geliefert.

a) Das Bimsstein-Diluvium des mittleren Waikato-Beckens (Provinz Auckland).
b) Das terrassirte Bimssteingeschütte des oberen Waikato-Beckens oder des Taupo-Plateaus.
c) Das terrassirte Bimssteindiluvium des Wanganui-Districtes.

Auf der Südinsel:

Marine und fluviatile Driftablagerungen der Driftperiode und Terrassenperiode, zu welchen die verschiedenartigsten Gesteine der südlichen Alpen das Material geliefert haben.

a) Die Mutere-Hills, Buller-, Grey-Ebenen u. s. w. in der Provinz Nelson, zum Theil goldführend (am Aorere, Wangapeka, Buller.)
b) Die Canterbury-Ebenen und die Driftausfüllung der Alpenthäler der Provinz Canterbury.
c) Der goldführende „Drift" der Provinz Otago (Otago-Goldfelder).

Man unterscheidet hier:

α) einen oberen aus conglomeratischen Thonen *(boulder clays)* und Gerölle bestehend und
β) einen unteren, charakterisirt durch Lignitablagerungen.

Der Haupt-Golddistrict der Provinz Otago ist das von den Seen Hawea, Wanaka und Wakatip und dem Clutha-Fluss mit seinen verschiedenen Armen entwässerte Gebiet (Tuapeka- und Dunstan-Goldfeld, Lindis und Arrow-Diggings). Goldführende Ablagerungen finden sich aber auch an den Zuflüssen des Mataura (Nokomai-Goldfeld), Tokomairiro (Woolshed-Goldfeld), Shag und Taeri (Mount Highlay Diggings), Waikouaiti und an anderen Flüssen und Bächen in verschiedenen Theilen der Provinz und eben so an der Küste (Moeraki Beach), und in und um die Hauptstadt Dunedin (Saddle-Hill), so dass der grösste Theil der Provinz Otago goldführend ist. Mit Gold zusammen wird Iserin, Zinnober, Cassiterit, Aquamarin (Beryll), Aventurin gefunden. Nach Dr. W. L. Lindsay.

Beginn der Goldgräbereien auf dem Tuapeka-Goldfeld 1861, erste Goldescorte 12. Juli 1861, Erzeugung bis 31. März 1862 — 359.639 Unzen oder 1,393.600 Pfund Sterling.

4. Recente Strandbildungen längs der Meeresküste.

Auf der Nordinsel:

- *a)* Dünenbildungen; am entwickeltsten längs der Westküste und an der Küste der Bay of Plenty.
- *b)* Ablagerungen von titanhaltigem Magneteisensand längs der Westküste, bei New-Plymouth ausgebeutet; liefert einen vortrefflichen Stahl, „Taranaki-Stahl."
- *c)* Aestuarien-Schlamm mit brackischen Seethieren in den Aestuarien der Ost- und Westküste.
- *d)* „Unterseeische Wälder" an der Küste der Provinz Taranaki (Dieffenbach).

Auf der Südinsel:

- *a)* Dünenbildungen, sehr grossartig auf dem 20 englische Meilen langen Cap Farewell Sandspit (Provinz Nelson).
- *b)* Geröllablagerungen in den Sunden und Fjorden der Nordost- und Südwestküste. Ein grossartiges Beispiel die Bildung der „Boulderbank", Geröllbank, welche den Hafen von Nelson bildet.
- *c)* Nephrit- (Punamu der Eingebornen) führendes Gerölle der Westküste.

5. Recente Inlandbildungen und Alluvionen.

Auf der Nordinsel:

- *a)* Ausgedehnte Sümpfe und Torfmoore längs der Ostküste im mittleren und unteren Waikato-Becken und vor der Waikato-Mündung.
- *b)* Ablagerungen von Kauriharz in den nördlichen Theilen der Provinz Auckland; an der Oberfläche überall da, wo früher Wälder der Kauri-Fichte *(Dammara australis)* bestanden.
- *c)* Goldführendes Alluvium in einzelnen Bächen der Cap Collville-Halbinsel, namentlich in der Umgegend des Coromandel-Hafens. 1852 erste Waschversuche, Ausbeute gering, neuestens etwas besser.
- *d)* Bimsstein-Alluvium am Taupo-See und am Waikato-Flusse.
- *e)* Kieselguhr-Ablagerungen („Infusorienerden") an der Bay of Islands, bei Auckland im Cabbage Tree Swamp, bei Onehunga, bei Newplymouth (W. Mantell, Quat. J. Vol. VI. p. 332).

Auf der Südinsel:

- *a)* Goldführendes Alluvium der Flüsse und Bäche der Nelson und Otago-Goldfelder.
- *b)* Till-Ablagerungen (Gletscherschlamm) in den Alpenseen.
- *c)* Kieselguhr am Waihora-See bei Banks Peninsula (W. Mantell Quat. J. VI. p. 333).

6. Verschiedenartige recente (zum Theil wohl auch diluviale) Ablagerungen mit Moa-Resten.

Die wichtigsten bis jetzt bekannt gewordenen Fundorte von Moa-Resten in Sümpfen, Flussalluvionen, in Höhlen und am Meeresstrande auf beiden Inseln sind:

Auf der Nordinsel:

- *a)* Die Kalksteinhöhlen am oberen Waipa und Mokau, darunter die Höhlen Te ana ote moa und te ana ote atua, in welchen 1852 Dr. Thomson sammelte.

b) Der Tuhua-District oder das Quellengebiet des Wanganui westlich vom Taupo-See, und der Berg Hikurangi in derselben Gegend. Rev. Taylor und ich haben in dieser Gegend manche interessante Skelettheile bekommen.

c) Die Hochebenen der Taupogegend im Centrum der Nordinsel.

d) Opito zwischen Mercury-Bay und Wangapoua. Cormack fand hier im Jahre 1849 Moaknochen neben den Kochplätzen und zwischen den Kochsteinen der Maoris.

e) Die östlichen Küstendistricte zwischen dem Ostkap und der Hawkes-Bay, namentlich im Alluvium kleiner Flüsse und Bäche (Wairoa, Waiapu u. s. w.); Rev. Williams und Colenso haben hier gesammelt.

f) Die Umgegend des Tarawera-Sees. Hier wurde eine Fläche, als die Bäume darauf niedergebrannt waren, ganz besäet mit Moaknochen gefunden.

g) Der Ngatiruanui-District bei Rangatapu an der Waimatebucht, südöstlich vom Cap Egmont, namentlich an dem Flusse Waingongoro, wo W. Mantell einen grossen Theil seiner berühmten Sammlung zusammenbrachte und einen Hügel auffand, in welchem Moaknochen mit Menschen- und Hundsknochen als Reste von grossen Schmausereien zusammengescharrt waren.

h) Die Ebenen des Wanganuiflusses.

Darnach scheinen die Moas über den ganzen südlichen Haupttheil der Nordinsel verbreitet gewesen zu sein, dagegen der schmalen nordwestlichen Halbinsel nördlich von Auckland, auf der bis jetzt meines Wissens Nichts von Moaresten gefunden wurde, gefehlt zu haben. Daraus würde sich dann auch erklären, warum in den Traditionen der Ngapuhis, welche diese nördliche Halbinsel bewohnten, nichts von Moa's vorkommt.

Auf der Südinsel:

a) Die Kalksteinhöhlen des Aorerethales in der Provinz Nelson, besonders die Moa-Höhle und Hochstetters Höhle. Ganze Skelete von *Din. elephantopus, didiformis* und *Palapteryx ingens* stammen aus diesen Höhlen. Die tieferen Schichten mit *Din. elephantopus* sind wohl diluvial.

b) Die Ebenen von Canterbury; etwa 35 Meilen nördlich von Christchurch liegt ein grosser Sumpf, der mit Moaknochen buchstäblich gespickt ist, und in jenen Ebenen wird selten ein längerer Graben ausgestochen, ohne dass man Knochen findet, die hauptsächlich den Arten *Din. dromioides, struthioides* und *robustus* angehören. Auch beim Pflügen findet man die Knochen in der Dammerde. (Nach Mittheilungen von Jul. Haast.)

c) Die Gegend von Timaru südwestlich von Banks-Peninsula; Höhlen in der Nähe dieses Küstenpunktes und Sümpfe sollen voll von Moaresten sein.

d) Bei Ruamoa, 3 Meilen südlich von Oamaru; Pt. („First Rocky Head") im Sand der Küste fand W. Mantell ein Skelet von *Din. elephantopus* und in der Nähe kreisförmige Löcher mit Holzkohlen, angebrannten Moaknochen und runden Steinen, wie sie die Eingebornen zum Kochen benützen, also förmliche Moaköchöfen (Hangi Maori), daneben auch alte Steinmesser aus Obsidian.

e) Beim Ausfluss des Waikouaiti, 17 Meilen nördlich von der Otago-Halbinsel, ist ein bei Fluth vom Meer bedeckter Sumpf der berühmte Fundort, welchen Percy Earl, Dr. Mackellar und W. Mantell ausgebeutet haben.

f) An der Mündung des Cluthaflusses südlich von der Otago-Halbinsel und der Moa-Hill 15 Meilen landeinwärts.

7. Anhäufungen, entstanden durch Zuthun von Menschenhand.

In den verschiedensten Gegenden der Nord- und Südinsel zerstreut.

a) Haufen von Muschelschalen, analog den Kjökkenmöddings von Dänemark.
b) Kochsteine, Holzkohle und Holzasche an Kochplätzen der Maoris.
c) Allerlei Steinwerkzeuge der Maoris.
d) Menschenknochen, Knochen von Hunden, Seesäugethieren, Fischen und verschiedenen Vögeln in der Nähe von Kochplätzen.

VI. Vulcanische Bildungen.

1. Aeltere vulcanische Bildungen

der Tertiär- und älteren Quartärperiode (pluto-vulcanische Periode). Geschlossene oder durchklüftete Kegelberge ohne deutliche Kratere und Lavaströme, zum Theil Masseneruptionen mit mächtigen und weit ausgedehnten Ablagerungen von Breccien, Conglomeraten und Tuffen.

Auf der Nordinsel:

a) Nördlich von Manukau-Hafen (Provinz Auckland) längs der Westküste mächtig entwickelte Andesit- und Dolerit-Breccien, landeinwärts zu bunten conglomeratischen Thonen zersetzt, mit Gangmassen von Anamesit und Basalt.
b) Südlich vom Manukau-Hafen zu beiden Seiten des Waikato und von da bis zum Aotea-Hafen Basalt-Conglomerate und Basalt; ohne deutliche Kegel- und Kraterbildung.
c) Das vulcanische Tafelland zwischen dem oberen und mittleren Waikato-Becken; mächtige Ablagerungen von Trachyt- und Bimssteintuffen, mit welchen alte erloschene Vulcankegel aus trachytischen, andesitischen und doleritischen Gesteinen bestehend in Verbindung stehen. Beispiele: Karioi, Pirongia, Kakepuku, Maunga Tautari, Aroha etc.

Auf der Südinsel:

a) Masseneruptionen von Quarztrachyt am Fusse der südlichen Alpen (Provinz Canterbury), geschlossene Dome und Kegelberge wie Mt. Sommers (5240'), Mt. Misery, Survey Peak, Mt. Grey u. s. w. in Verbindung mit mächtigen Tuffablagerungen. Vielleicht gehören hieher auch die Inland-Kaikoras.
b) Die centrale Gruppe der erloschenen Trachyt- und Andesitvulcane der Bank's Peninsula.
c) Die vulcanischen Gesteine („Traps") von Dunedin (Provinz Otago), nach Dr. Lindsay Basalte mit säulenförmiger, sphäroidaler und plattenförmiger Absonderung am Stoneyhill, Mount Cargill, Saddle Hill, Signal-Hillrange, Flagstaff und Kaikorai-Hill u. s. w. Trachyte und vulcanische Tuffe, letztere als Baustein benützt (Steinbrüche an der Anderson's Bay).

2. Jüngere vulcanische Bildungen

der jüngeren Quartärperiode mit sauren (kieselerdereichen) und basischen Eruptionsproducten. Kegelberge mit geöffnetem und ungeöffnetem Gipfel, zum Theil noch thätig, deutliche Lavaströme.

Auf der Nordinsel:

a) Taupo-Zone. Rhyolitische und trachytische Lava-Formation, Obsidian und Bimsstein in mächtigster Entwickelung. Zwei thätige Vulcane, Tongariro 6500 Fuss hoch und Whakari oder Whibe Island (863 Fuss hoch) im Zustand von Solfataren; zahlreiche erloschene Vulcane, darunter der höchste Berg der Nordinsel Ruapahu mit ewigem Schnee bedeckt, gegen 10.000 englische Fuss hoch. Reihenvulcane.

b) Das Taranaki-Gebiet mit Mt. Egmont (8270 Fuss), einem erloschenen Trachytvulcane. Gehört möglicherweise der älteren Vulcanperiode an.

c) Auckland-Zone. Jüngste basaltische Lavaformation auf dem Isthmus von Auckland. 63 Eruptionspunkte. Tuffkegel, Lavakegel und Schlacken- oder Aschenkegel mit deutlich erhaltenen Kratern und Lavaströmen, alle erloschen. — Centralvulcane.

d) Inselbai-Zone zwischen dem Hokianga-Hafen und der Bay of Islands; basaltische Lavaformation wie auf dem Isthmus von Auckland, eine Anzahl kleiner erloschener Schlackenkegel, aus welchen basaltische Lavaströme geflossen.

Auf der Südinsel:

a) Basaltische und doleritische Kegel mit Lavaströmen am östlichen Fusse der südlichen Alpen, unter den Malvern-Hills (Provinz Canterbury). Palagonittuff am Fusse des Mount Sommers.

b) Einzelne Theile des vulcanischen Systems von Bank's Peninsula, z. B. die Basalteruptionen von Quail Island.

3. Vulcanische Nachwirkungen.

Auf der Nordinsel:

a) Die heissen (intermittirenden und nicht intermittirenden) Quellen, kochenden Schlammkessel, Solfataren und Fumarolen der Taupo-Zone, oder die ngawha's und puia's der Eingeborenen mit Ablagerungen von Kieselsinter, Alaun, Gyps und Schwefel. Bildung kleiner Schlammkegel.

b) Die heissen Quellen der Inselbai-Zone.

Auf der Südinsel:

Die heissen Quellen der Inland-Kaikoras.

Aus dieser Zusammenstellung ergibt sich, dass die geologische Entwickelungsgeschichte Neu-Seelands bis in die ältesten Perioden der Erdgeschichte zurückgeführt werden kann.

Zur Zeit, als das benachbarte Australien, seiner Bildung nach — wenigstens, was die östliche und westliche vorherrschend aus paläozoischen Schichtensystemen bestehende Hälfte betrifft — einer der ältesten Continente der Erde, aus den Tiefen des Oceans emporstieg, ragten auch schon einzelne Theile Neu-Seelands als starre Landmasse über das Wasser; freilich in anderer Gestalt, als sie der Archipel jetzt zeigt und möglicherweise in Verbindung mit grösseren Festlandtheilen, welche längst wieder in die Tiefen des Meeres versunken sind. Während aber Australien in seinen östlichen und westlichen Theilen schon seit dem Schlusse der paläozoischen Periode ein ruhiger wenig gestörter Boden ist, auf welchem Pflanzen und Thiere gedeihen und sich fortpflanzen konnten in ununterbrochener Reihenfolge bis heute, so war dagegen Neu-Seeland bis in die neuesten Zeiten ein Schauplatz grossartiger Erdrevolutionen und gewaltiger Erdkämpfe, welche, die ursprüngliche Form des Landes stets verändernd, ihm erst nach und nach seine heutige Gestalt gaben.

Zahlreiche Beobachtungen auf der Nord- und Südinsel führen zu dem Schlusse, dass sich grosse Theile dieser Inseln erst in der jüngsten Periode der Erde, nach der Tertiärzeit, wahrscheinlich mit dem Beginn und während der Dauer der vulcanischen Thätigkeit auf beiden Inseln, noch um volle 2000 Fuss, ja einzelne Punkte sogar um 5000 Fuss über das Meer erhoben haben; nicht mit einem Male, sondern in langsamen säcularen Hebungen, vielleicht mit längeren und kürzeren Zeitintervallen vollkommener Ruhe. Bis zu jener Höhe nämlich reichen auf der Nord- und Südinsel tertiäre Schichten mit zahlreich eingebetteten Conchylien, und eben so hoch gehen die massenhaften Geröllablagerungen der Drift-Formation und die merkwürdigen Terrassenbildungen in allen grösseren Flussthälern beider Inseln, so wie die Geröllstufen auf den weiten Ebenen an der Ostseite der Südinsel.

Indem aber das Land durch Hebung, durch Anschwemmung und durch das Hervorbrechen der Vulcane einen nicht unbedeutenden Zuwachs erhielt, versanken andere Theile gleichzeitig in die Tiefe. Einem solchen Ereignisse mag die Bildung der Cooks- und Foveaux-Strasse ihren Ursprung verdanken.

Ob Neu-Seeland vor diesen letzten Katastrophen, welche dem Archipel seine jetzige Gestalt gaben, einen Zusammenhang mit anderen Festlandmassen hatte, diese Frage, so interessant ihre bejahende Beantwortung, gestützt auf geologische Gründe, für den Nachweis mancher Eigenthümlichkeiten der Flora und Fauna der Inseln wäre, lässt sich kaum bejahen. Angenommen, eine solche Verbindung hätte existirt, sei es mit Australien oder Amerika, oder mit einem untergegangenen Continente der Südsee, so müsste die Trennung schon in einer Zeit erfolgt sein, zu welcher auch die mittelbaren Zeugnisse geologischer Thatsachen nicht mehr zurückreichen.

Wenn man aus der Identität fossiler Pflanzenreste, die auf Island, auf Madeira, auf den Azoren, Canaren und den Cap Verde'schen Inseln gefunden wurden, auf einen früheren Zusammenhang aller atlantischen Inseln, auf ein grosses Land Atlantis schloss, welches einst Europa, Afrika und Amerika verband, so fehlen zu ähnlichen Schlüssen auf einen früheren Zusammenhang Neu-Seelands mit den nächsten Continenten bis jetzt alle Thatsachen. Weder die fossile Flora und Fauna, so weit man sie bis jetzt kennt, noch der geognostische Bau Neu-Seelands deuten auf einen solchen Zusammenhang hin, vielmehr sprechen manche geologische Thatsachen dafür, dass Neu-Seeland, das in der Mitte eines ringsum sehr tiefen Meeres liegt, schon seit uralten Zeiten eine Insel war und entfernt von grösseren Continenten in isolirter Lage existirte, wenn auch nicht in seiner heutigen Gestalt.

DIE NORDINSEL.

Die Nordinsel zerfällt nach ihren orographischen Verhältnissen in drei Theile: einen südöstlichen, mittleren und nordwestlichen Theil.

I. Der südöstliche Theil.

Der südöstliche Theil ist vorherrschend Gebirgsland. Er umfasst die Gebirgsketten, welche parallel der Südostküste von der Cook-Strasse nach dem Ostcap streichen und als die nördliche Fortsetzung der Alpen der Südinsel betrachtet werden müssen. In den Provinzen Wellington und Hawkes-Bay, d. h. in der südlichen Hälfte, besteht das Gebirge aus einzelnen longitudinalen Ketten, die bei den Eingebornen besondere Namen haben, wie Tararua, Rimutaka, Ruahine, Aorangi, Maungaraki, Kaimanawa, Tehawera, Tewhaiti u. s. w.; an Höhe bleiben diese Bergketten weit hinter den südlichen Alpen zurück, indem die höchsten Spitzen nur 5000—6000 Fuss Meereshöhe erreichen. Der Pass oder der Weg, welcher vom See Taupo über zahlreiche niedere, dichtbewaldete Bergrücken nach Ahuriri an der Hawkes-Bay führt, trennt die südliche Hälfte von der nördlichen. In der nördlichen Hälfte scheinen sich die Bergketten in Plateaus mit einzelnen Seen, wie der Waikari-See, und in mehr isolirte Berggruppen aufzulösen, unter welchen der in den Sagen der Eingebornen so berühmte, spitzkegelförmige Hikurangi-Berg (5535 Fuss hoch) nahe dem Ostcap die Hauptrolle spielt. Übrigens ist dieser ganze südöstliche Theil der Nordinsel sowohl geographisch wie geologisch noch sehr wenig durchforscht und muss als die eigentliche *terra incognita* Neu-Seelands bezeichnet werden. Mir selbst blieb dieses Gebiet, welches für die Geographie und Geologie der Nordinsel noch die interessantesten Resultate verspricht, gänzlich fremd, und nur den freundlichen Mittheilungen des Herrn J. Crawford (seit 1862 Provinzialgeologe) in Wellington und Triphook in Ahuriri, so wie meinem Freunde Dr. J. Haast, der nach meiner Abreise von Neu-Seeland einen kurzen Besuch in Wellington machte, verdanke ich einige Nachrichten über die geologischen Verhältnisse der nächsten Umgegend von Wellington und Ahuriri, aus welchen ich hier kurz das Wichtigste mittheile.

An der Hawkes-Bay setzen junge Tertiärablagerungen das der Küste zunächst liegende Gebiet zusammen.

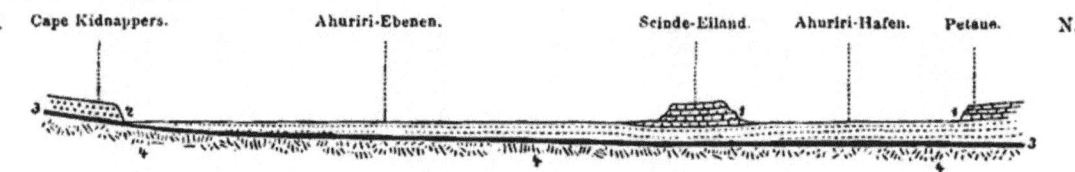

Durchschnitt von Kidnappers Point über Ahuriri (Scinde-Eiland) bis Petane.

Bei Petane und auf Scinde-Eiland tritt tertiärer Kalkstein (1) auf, ungefähr 400 Fuss mächtig und voll von Versteinerungen. Unter den von Herrn Triphook an mich eingesendeten Stücken waren enthalten:

Mytilus sp.
Venus sp. } nur in Steinkernen.
Pectunculus sp.
Pecten Triphooki Zitt.
Trochita dilatata Quoy (eine lebende Species).
Waldheimia lenticularis (eine lebende Art).

Dieselben Kalksteine sollen am Long Point auf der die Hawkes-Bay nördlich abschliessenden Halbinsel Mahia in einer Meereshöhe von 1180 Fuss gefunden werden.

Unter dem Kalksteine liegt eisenschüssiger Sandstein und Conglomerat (2) ohne Versteinerungen in einer Mächtigkeit von ungefähr 300 Fuss, und darunter tritt am Cape Kidnappers im Meeresniveau ein 8 Zoll dickes Lignitflötz (3) zu Tage. Das Liegende des Lignits bildet Thonmergel (4); die in einzelnen Schichten dieses Thonmergels sehr häufig vorkommenden Molluskenschalen sind so zerreiblich, dass sie sich kaum sammeln lassen.

Diese Schichtenreihe scheint eine ziemlich weite Verbreitung zu haben; man findet sie wieder in der Maunga Haruru-Kette nordwestlich von Ahuriri, und eben so am Waipunga-River 40—50 englische Meilen von Ahuriri in der Richtung nach dem Taupo-See. Hier tritt unter den tertiären Schichten in conformer Lagerung ein compacter kieseliger Sandstein von grünlicher Farbe auf, ohne Versteinerungen, der wohl einer älteren Formation angehört. Ungefähr 30 Meilen nordwestlich von Scinde-Eiland erscheint viel Bimssteinsand an der Oberfläche. Dieser Bimsstein stammt aus der Taupo-Gegend. An der Hawkes-Bay selbst kennt man keine vulcanischen Bildungen.

Die Gebirgsketten in der Umgegend von Wellington sind als die Fortsetzung der Gebirgsketten auf der Südinsel zwischen dem Wairau-Flusse und der Ostküste zu betrachten, also hauptsächlich als die Fortsetzung der Awatere- und Kaikora-Ketten. Sie bestehen wie diese aus steil, oft senkrecht aufgerichteten Schichten, die ohne Zweifel der paläozoischen Periode angehören. Unter den von Herrn Crawford an mich eingeschickten Gesteinsproben befanden sich:

Quarziger Thonschiefer von Evans-Bay (Port Nicholson).
Grauwackenartiger harter Sandstein vom Ruruhaui Water Tunnel.
„   „   von krystallinischen Quarzadern durchzogen vom Ruruhaui Water.
Dunkelrother jaspisartiger Kieselschiefer von der Rimutaka Mountain Road.
Graue und schwarzgraue Thonschiefer von der Ngahauranga Road.

Der Grauwacken-Sandstein bildet nach Haast dicke Bänke von 10—50 Fuss Mächtigkeit, welche mit dünneren Thonschieferbänken wechsellagern. Unter den Flussgeröllen finden sich einzelne Serpentingeschiebe. Neuerdings sollen in der Provinz Wellington auch Spuren von Gold entdeckt worden sein. Die Längenthäler, welche die einzelnen Bergketten trennen, wie das Thal des Hutt-River und das Wairarapa-Thal sind bis zu einer beträchtlichen Höhe von diluvialem Gerölle und Lehm erfüllt, ähnlich wie die Thäler der Südinsel, und Herr Crawford schliesst mit Recht, dass in der Quartärperiode diese Thäler tief einschneidende Sunde und Fjords, die Bergketten aber Inseln und langgestreckte mannigfaltig gestaltete Halbinseln bildeten.

Die östlichen Gebirgstheile, die im Cap Palliser enden, bestehen nach Crawford aus tertiären Schichten: Kalkstein, Sandstein und Thon.

Tetera Ekupe, Ausläufer der Aorangi-Kette beim Cap Palliser, nach einer Skizze von Capt. Smith.

Dem Chief Surveyor der Provinz Wellington, Herrn Robert Nork, verdanke ich die hier in Holzschnitt wiedergegebenen Skizzen von zwei Punkten der Ostküste, an welchen bemerkenswerthe Schichtenstellungen zu beobachten sind.

Die Skizze vom Castle Point zeigt in höchst ausgezeichneter Weise die Bildung einer Küstenterrasse oder Küsten-Plattform, wie man sie an den Steilküsten von Neu-Seeland und Australien so häufig beobachtet; die auf der Skizze dargestellten, dem Lande zugeneigten Schichten sind vermuthlich abwechselnde Sandstein- und Mergelbänke. Die Schichten-

Castle Point an der Ostküste der Provinz Wellington, nach einer Skizze von Capt. Smith.

köpfe der einzelnen Bänke treten auf der Plattform unterhalb des Steilabsturzes der Klippen in longitudinalen Rippen hervor und geben der Plattform ein Ansehen, als ob man mit dem Pfluge Furchen gezogen hätte. Die Plattform mag eine Breite von 50—100 Fuss haben; ihre Bildung ist auf die zerstörende, abnagende Wirkung der Brandung zurückzuführen. Solche Küsten-Plattformen liegen nämlich stets zwischen Ebbe- und Fluth-Niveau, gewöhnlich in $1/2 - 2/3$ der Höhe des Fluth-Niveaus über dem niedersten Wasserspiegel. Bei Ebbe liegt die Plattform trocken, und nur ihr äusserer Rand wird dann von der Brandung bespült. Bei Fluth ist die Plattform von Wasser bedeckt, und die Brechwogen rollen mit all ihrer zerstörenden Gewalt über die Plattform hinweg bis an den Fuss der Uferklippen, die mehr und mehr unterspült werden. Die Plattform ist somit durch die Brechwogen während der Fluthzeit gebildet und bezeichnet die untere Grenze, bis zu welcher die Fluthwellen zerstörend und fortschaffend wirken, oder die untere Grenze der grössten Wellenwirkung, die, wie die Erfahrung lehrt, stets zur Fluthzeit stattfindet. Die weniger heftigen Brandungswogen zur Ebbezeit wirken nur auf den äusseren Rand der Plattform, und die Breite der Plattform entspricht daher dem Unterschied in der zerstörenden Kraft der Wellen zur Fluth- und zur Ebbezeit.

Auch an den Ufern des Waitemata bei Auckland habe ich solche Uferterrassen beobachtet. An der Mechanics-Bay bei Auckland z. B. liegt am Fusse der circa 30 Fuss hohen Tertiärklippen etwas unter dem Fluth-Niveau stets eine 6 — 8 Fuss vorspringende Terrasse oder Plattform, die nach der Wasserseite mit einem circa 4 Fuss hohen Steilrand endet, unter welchem dann erst das Niveau des niedrigsten Wasserstandes bei Ebbe liegt.

Dana, welcher Ähnliches an der Bay of Islands beobachtet hat, hat diese Wellenwirkungen ausführlich erörtert[1] und zugleich ein merkwürdiges Beispiel von der Bay of Islands abgebildet, welches ich hier wiedergebe.

The Old Hat (der alte Hut) in der Bay of Islands.

Ich darf nicht unerwähnt lassen, dass die Provinzen Hawkes-Bay und Wellington die von Erdbeben am meisten heimgesuchten Gegenden Neu-Seelands sind. Nach den Beobachtungen der letzten 22 Jahre muss man hier etwa alle 7 Jahre auf ein heftigeres Erdbeben gefasst sein. Das erste starke Erdbeben seit der Gründung der Stadt Wellington fand am 16. — 19. October 1848 statt und richtete grossen Schaden an den Gebäuden an. Ein zweites heftiges Erdbeben am 23. Jänner 1855 war mit höchst merkwürdigen Erscheinungen verknüpft und wurde über ganz Neu-Seeland verspürt. Eine gewaltige Meereswoge wälzte sich aus der Cook-Strasse in den Hafen von Wellington. Mukamuka Point bei Wellington wurde um 9 Fuss gehoben, während die Hebung in der Stadt selbst nur 2 Fuss betrug und an der gegenüberliegenden Seite der Cook-Strasse, an der Mündung des Wairau-Flusses, Senkungen stattfanden. Im Awatere-Thale (Prov. Marlborough) bekam der Boden gewaltige Risse und Sprünge, die 40 englische Meilen weit sich verfolgen liessen, und noch im Jahre 1859 zum Theil mehrere Fuss weit klafften. Beim Cap Campbell fanden Bergabrutschungen statt, die weisses Gestein blosslegten, so dass die Küstenfahrer meldeten, es sei frischer Schnee gefallen, und in der Cook-Strasse sah Capitän Kennedy zwei Tage nach dem Erdbeben die Oberfläche des Meeres mit todten Fischen bedeckt. Alle beobachteten Erscheinungen deuten auf ein Centrum in der Cook-Strasse hin, und es ist eine bei den Colonisten allgemein verbreitete Ansicht,

---

[1] Dana, Unit. St. Expl. Exp. Geology. P. 109.

dass hier ein unterseeischer Vulcan liege, mit dessen Ausbrüchen die Erdbeben in Verbindung stehen. In der That ergab sich aus den von englischen Marineofficieren ausgeführten Tiefenmessungen,[1] dass vor der Einfahrt in den Hafen von Wellington in 41° 25′ südlicher Breite und 147° 37′ östlicher Länge von Greenwich auf dem Meeresgrunde ein tiefes kraterförmiges Loch sich befindet, über welchem das Meer stets unruhig auf- und abwogt. Ein drittes heftiges Erdbeben wurde, wie die Zeitungen meldeten, am 23. Februar 1863 an der Hawkes-Bay verspürt. Mehrere Häuser wurden zerstört und lange Risse öffneten sich im Boden.

Schwächere Erdbeben scheinen jedoch viel häufiger zu sein, wie das folgende von Herrn Triphook entworfene Verzeichniss von Erdbeben in den Jahren 1856 bis 1859 beweist:

Datum	Zeit	Anzahl der Stösse	Ort	Bemerkungen
1856. December 11.	6ʰ 45′ a. m.		Wellington	Wind SW.
„ 13.	8ʰ 45′ p. m.	1	Hutt Valley bei Wellington	
1857. Februar 21.	3ʰ 20′ p. m.	1	Wellington	Wellenförmige Bewegung.
März 18.	5ʰ 15′ p. m.	1	Pourua-Hafen	
April 9.	10ʰ 0′ a. m.	2	Wellington	Wellenförmige Bewegung.
Juli 30.	12ʰ 55′ a. m.	2		Heftiger verticaler Stoss.
August 23.	9ʰ 50′ a. m.	1		Schöner windstiller Tag.
September 6.	1ʰ 20′ a. m.	1		Eben so.
„ 27.	12ʰ 25′ a. m.	1		Nasser Tag.
October 8.	8ʰ 10′ a. m.	2	„	Wind SO., regnerisch und kalt.
December 27.	1ʰ 20′ a. m.	1	Port Napier	Veränderliches Wetter.
1858. Jänner 6.	4ʰ 15′ a. m.	1		
April 16.	2ʰ 0′ a. m.	1		Regenschauer.
„ 18.	1ʰ 0′ a. m.	1		Eben so.
Juli 20.	1ʰ 0′ p. m.	1		Schönes Wetter.
August	2ʰ 0′ p. m.	1		Eben so, hochgehende See.
October 23.	6ʰ 10′ p. m.	1		Zitternde Bewegung, Wind SO., hochgehende See.
1859. Juli 1.	0′ a. m.	1		Regenschauer.

Die Stösse sollen meist in der Richtung von Nord nach Süd erfolgen, in nördlicher Richtung jedoch jenseits der Gebirgsketten, in südlicher Richtung jenseits der Kaikoras auf der Südinsel nur wenig fühlbar sein.

---

[1] Vgl. Nr. 2054 der englischen Admiralitätskarten.

II. Der nordwestliche Theil.

Der nordwestliche Theil der Nordinsel — die Halbinsel, welche sich vom Isthmus von Auckland bis zum Cap Maria van Diemen und Cap Reinga erstreckt — ist zum grössten Theil ein Hügelland, das nur in einzelnen Bergspitzen sich noch bis zu 2000 Fuss Meereshöhe erhebt. Ein Blick auf die Karte (Taf. 1) zeigt die höchst eigenthümliche Gestaltung dieser Halbinsel und den auffallenden Gegensatz von Wetterseite und Leeseite in der Küstenbildung an der West- und an der Ostseite. Die Küstenlinie an der Ostseite ist ausserordentlich gebrochen; steile Vorgebirge und Halbinseln wechseln mit zahlreichen Felsklippen und Eilanden. Bucht reiht sich an Bucht, Bai an Bai, und die besten auch für grosse Schiffe leicht zugänglichen Häfen liegen an dieser Küste. Die Westküste dagegen bildet eine fast ununterbrochene gerade Linie. Der vorherrschende Westwind hat aus Flugsand lange Dünenreihen aufgehäuft und die tief in das Land einschneidenden Meeresbuchten (Kaipara, Hokianga) zu Aestuarien abgeschlossen, die nur kleinen Fahrzeugen Einlass gestatten. Diese eigenthümliche Gestaltung der Halbinsel macht den Eindruck, als ob hier ein Land, das einst eine weit grössere Ausdehnung besessen, nur noch mit seinen höheren Theilen, mit seinen Bergrücken und Bergspitzen aus dem Meere hervorrage, während die Niederungen und Thäler überfluthet sind und nur bei Ebbe in seichten Schlammflächen noch zum Theil hervortreten. Die Annahme, dass ein vormals viel grösserer Inseltheil durch Senkung des Bodens zu der Halbinsel umgestaltet wurde, findet eine weitere Begründung in der Thatsache, dass man in dem sonst inselfreien tiefen Meere rings um Neu-Seeland gerade nur in der Richtung der Halbinsel gegen Nordwesten auf Inseln trifft: die Three Kings-Inseln und die Norfolk-Insel, und dass man nach Capitän King überall zwischen dem Cap Maria van Diemen und der Norfolk-Insel Grund findet.[1]

Auch der nordwestliche Theil der Nordinsel blieb mir, die Auckland zunächst gelegenen Gegenden am North-shore abgerechnet, fremd; dagegen hat man gerade von diesem Theil der Nordinsel, an dessen Küsten die ersten europäischen Niederlassungen (an der Bay of Islands) gegründet wurden, durch frühere Beobachter, namentlich Dieffenbach, der die ganze nördliche Halbinsel bis zum Cap

---

[1] Für den ehmaligen Zusammenhang sprechen auch viele Eigenthümlichkeiten der Flora und Fauna der Norfolk-Insel, wie das Vorkommen des neuseeländischen Flachses und der Neu-Seeland sonst ganz eigenthümlichen Nestor-Arten.

Reinga bereist hat, und durch Dana, der die Umgegend der Bay of Islands beschrieben hat, auch in geologischer Beziehung mehr Kenntniss, als man sie bisher von irgend einem anderen Theile Neu-Seelands besass.

Ich gebe in Folgendem eine kurze Zusammenstellung dessen, was über die geologische Zusammensetzung des nordwestlichen Theiles der Nordinsel bis jetzt bekannt ist.

Geologische Bemerkungen über den nordwestlichen Theil der Nordinsel.

Landsend oder Muri-whénua.

Cap Maria van Diemen; Felsen eines harten Conglomerates, das aus Geröllen von Basaltlava, Basaltmandelstein, Grünstein und lydischem Stein besteht. Dieff. I. 198.

Cap Reinga; Klippen von demselben vulcanischen Conglomerat. Von da zieht sich eine Hügelkette gegen den Parenga-renga Hafen, die an der Oberfläche aus weissem und röthlichem Thon besteht (vielleicht bunte, conglomeratische Thone, durch Zersetzung des Conglomerates entstanden). Der höchste Punkt dieser Hügelkette ist der Kohuroanaki-Berg 960 Fuss. D. I. 200.

Hooper Point an der Spirits Bay; vulcanisches Conglomerat. Hairoa-Berg bei Hoopers Point 1012 Fuss. D. I. 203.

North Cap; hohe steile Klippen aus vulcanischem Conglomerat, wechselnd mit Klippen von rothem Lehm. D. I. 205.

Parengarenga-Hafen (Ostküste); nördlich vom Hafen der Küste entlang und landeinwärts bis zu dem Aestuarium des Hafens fester grauer Sandstein in Schichten, darin bei Coal Point Nester von guter Braunkohle; am Northhead des Hafens schwarzes Conglomerat mit Fossilien: *Turritella, Ostrea*. D. I. 205—206.

Mit Ausnahme der genannten Punkte und einiger Sumpfstrecken ist die nördliche Landzunge bis zum Mount Camel (Houhoura) südlich fast ganz bedeckt mit weissem Dünensand, der Hügel von 100—300 Fuss Höhe bildet. Nur einzelne von Flugsand freie Hügel zeigen an ihren Steilseiten Schichten von röthlichem Lehm, der recente Lignitbildungen (mehr oder weniger verkohltes Holz von *Dammara australis* (Kaurifichte) und von *Metrosideros tormentosa* (Pohutukaua-Baum) einschliesst. D. I. 206.

Kaitaia-District.

Mount Camel (oder Mt. Carmel) am Ohora-Fluss, 500 Fuss hoch, besteht an seiner Basis aus Basalt und Klingstein (Trapp) (vermuthlich schwarze thonschieferartige Gesteine der paläozoischen Gruppe, wie an der Bay of Islands); darüber grauer Sandstein, der unregelmässig mit Pfeifenthon, Steatit und dichtem grünlichem Quarz wechselt. D. I. 211.

Missionsstation Kaitaia am Awaroa- (Awanui-) Fluss; feinkörniger fester Sandstein von weisser Farbe, als Baustein verwendbar, an den Gehängen der Hügel Thonmergel; die Hügel am linken Ufer des Awaroa nahe der Westküste bestehen aus basaltischen Massen; die Hügel am rechten Ufer, welche in höheren Bergketten (Maunga taniwa 2151 Fuss) ins Innere der Insel fortsetzen, bestehen an ihrer Basis aus harten vulcanischen Felsarten, Phonolith oder

Klingsteine, und compactem Basalt, die nach oben in weichen Thonschiefer übergehen (wahrscheinlich wieder nichts anderes als quarziger Thonschiefer wie an der Bay of Islands, nach oben zersetzt und zum Theile von grünsteinartigen Gesteinen durchbrochen); längs dem Awaroa fruchtbare Alluvialflächen. D. I. 219—220 und 224.

Ostküste von der Daubtless- oder Lauriston-Bay bis zum Waitemata oder Hafen von Auckland.

Doubtless-Bay, mit dem Mangonui- (Monganui) Hafen. Die Nordseite des letzteren ist hügelig und besteht aus gelbem und rothem eisenschüssigem Lehm, bisweilen unterbrochen von Basalt und lydischem Stein (quarzigem Thonschiefer). D. I. 220. Auf den Seekarten ist eine kleine Bucht östlich vom Monganui-Hafen als Coal-Bay bezeichnet.

Wangaroa-Hafen, nördlich von der Bay of Islands. Vom Point Surville bis zum Eingang des Hafens ist die Küste schroff und steil, sie besteht aus hartem vulcanischem Conglomerat. Am Eingange des Hafens zu beiden Seiten senkrechte Felswände von vulcanischem Conglomerat, darunter vulcanische Aschenschichten, die carbonisirte Farne und Holz einschliessen. Waihi oder St. Peter an der Westseite des Hafens und Hakiri oder St. Paul an der Ostseite, sind zwei domförmige Felskegel, letzterer aus zersetztem Trachyt bestehend. Die Südseite des Hafens ist gleichfalls felsig und besteht aus Wacke und Basalt. D. I. 235—236. — Zwei Meilen südlich vom Hafen kommt an der Küste ein schöner bunter Marmor von feinem Korn vor, ohne Fossilien, in Verbindung mit Chloritschiefer und Thonschiefer. D. I. 237—238.

Die Cavalli-Inseln bestehen aus Basalt, der in regelmässigen Säulen abgesondert erscheint. D. I. 238.

In der ersten Bucht südöstlich vom Wangaroa-Hafen, bei Dieffenbach als Tauranga-Bay, auf den Seekarten als East-Bay bezeichnet, tritt an der Seite der Hügel mergeliger Kalkstein in horizontalen Schichten zu Tage, der in zolldicken plattenförmigen Stücken bricht. Gegen Norden an einem senkrechten Absturz der Hügel zeigt der Kalkstein das interessante Phänomen einer Gangmasse von „whinstone" (Lydian stone), in deren Contact der Kalkstein verändert und mit 40 Grad geneigt ist. Wenige Schritte davon sind die Schichten wieder horizontal. D. I. 254.

An der Mataute-Bay, am Abhange der Hügel, welche die Bay umgrenzen, tritt fester grauer Marmor von ausgezeichneter Beschaffenheit zu Tage. D. I. 254.

Längs der Küste zwischen dem Wangaroa-Hafen und der Bay of Islands kommt an mehreren Stellen ausgezeichneter röthlicher und bunter Marmor vor, wechselnd mit „whinstone" (Basalt oder lydischer Stein) und Schiefern. D. I. 255.

Bay of Islands. Das Grundgebirge in der Umgegend wird nach Dana von einem compacten sandig-thonigen Gesteine mit undeutlicher Schichtung gebildet; es ist von gelblich-grauer oder graubrauner Farbe, an der Oberfläche lehmig zersetzt und weich, wo es frisch ansteht hingegen dunkler gefärbt und äusserst hart. Es wechselt mit rothen und braunen Kieselschieferlagen (chert) und ist überdies von zahlreichen mehr oder weniger eisenhaltigen Quarzadern durchzogen. An einzelnen Punkten erscheint das Gestein zu Chloritschiefer metamorphosirt. Fossilien sind darin bis jetzt nicht aufgefunden, und wahrscheinlich ist dasselbe von hohem geologischen Alter, vielleicht der silurischen Periode angehörig. Dana, Unit. St. Expl. Exp. Geology. p. 439—441.

In dem Bette eines Baches, welcher durch den Pakaraka-District in den Waitangi-Fluss sich ergiesst, findet man grosse Blöcke eines plattigen Kalksteines, der voll von Echinitenstacheln ist. Mündliche Mittheilung von Rev. Purchas.

Das Hauptinteresse in der Gegend der Bay of Islands nehmen jedoch die vulcanischen Bildungen in Anspruch; diese mögen daher nach den Angaben Dieffenbach's (I. 243—249), Dana's (a. a. O. p. 442—446) und Taylor's (Te Ika a Maui. p. 222), so wie nach Mittheilungen meines Freundes Rev. A. G. Purchas, welcher jene Gegend während meines Aufenthaltes in Auckland besucht hat, etwas ausführlicher beschrieben werden.

Die vulcanischen Bildungen der Inselbai-Zone.

Die Inselbai-Zone umfasst eine Anzahl vulcanischer Kegelberge, welche auf dem Plateau zwischen dem Hokianga-River westlich und der Inselbai (Bay of Islands) östlich liegen. Sie verdanken ihren Ursprung basaltischen Eruptionen, welche in die jüngste Zeit der Quartärperiode fallen.

Schon an der Westküste, am Hokianga-Flusse trifft man Basalt-Conglomerate, welche dort die niederen Theile der Gegend zusammensetzen; der eigentliche Herd der früheren vulcanischen Thätigkeit liegt jedoch weiter östlich in der Gegend von Waimate, ungefähr 12 englische Meilen östlich vom Hokianga-Fluss. Weit ausgebreitete Aschen- und Lavaschichten bilden hier ein vulcanisches Tafelland, auf welchem sich zahlreiche Schlackenkegel mit mehr oder weniger vollkommen erhaltenen Kratern erheben.

Der Pukenui (d. h. grosser Berg), etwa drei Meilen von Waimate entfernt, ist ein solcher Kegelberg mit einem alten Krater, dessen westliche Seite eingebrochen ist. An seinem Fusse liegt ein hübscher, zum Theil von Basaltlaven umschlossener Süsswassersee, von den Eingebornen Mapere genannt, und wahrscheinlich gleichfalls ein früherer Krater, über dessen Bildung die Eingebornen eine merkwürdige Sage haben. An der Stelle des Sees soll nämlich früher eine Ebene gewesen sein, auf welcher fünf Dörfer lagen. In einem derselben, nahe einem Gehölze, lebte ein stolzer Häuptling, der es mit seiner Würde nicht verträglich fand, dass seine Nachbarn sehen, wie er, wenn seine Weiber und Sclaven gerade nicht zu Hause waren um das Wasser zu holen, solches aus dem öffentlichen Brunnen schöpfte. Er beschloss daher, an einem entlegenen Orte einen eigenen Brunnen für sich zu graben; aber kaum hatte er ein kleines Loch gemacht, als Flammen aus der Erde schlugen, welche sich rasch ausbreitend Wald und Dorf zerstörten. Auch grosse Steine wurden ausgeworfen. Nach kurzer Zeit erlosch jedoch das Feuer wieder und statt dessen quoll nun Wasser empor, welches den jetzigen See bildete. Viele Menschen kamen bei diesem Ereigniss um; die Überlebenden bewahrten die Namen der untergegangenen Ortschaften und Familien, indem sie Punkte am Ufer des Sees nach denselben nannten.

Zwei alte Häuptlinge, welche noch vor wenigen Jahren in Mawe, einem Dorfe am Ufer des Sees lebten, erzählten dazu noch folgende Geschichte: Als Knaben zur Zeit eines Krieges waren sie einst mit ihrem Stamme beim See auf der Wache und liefen einer Wette halber den Hügel Putaia hinan. Dieser Hügel, der sich dem Pukenui gegenüber am Mapere-See erhebt, hatte mehrere tiefe Spalten und in eine derselben warfen sie Steine hinab. Erschrocken über das, was sie gethan hatten, da der Berg sehr heilig gehalten war, liefen sie davon, als plötzlich ein schreckliches, donnerähnliches Getöse entstand und die Erde unter ihren Füssen zitterte. Nach einiger

Zeit sahen sie eine Insel in der Mitte des Sees emporsteigen, welche fast von einem Ufer zum andern reichte. Die Insel blieb den ganzen Tag und sank dann allmählich wieder hinab. An ihrer Stelle ist bis heut zu Tage der See in der Mitte seicht, während das Wasser rings am Ufer sehr tief ist.

Taylor, welcher diese Erzählungen mittheilt,[1] ist der Ansicht, dass dieselben auf wirklichen Thatsachen beruhen, da man am Boden des Sees und im Wasser noch alte Baumstämme und Reste des versunkenen Waldes wahrnehmen könne, und erwähnt von dem Hügel Putaia,[2] dass derselbe aus dem Absatz heisser Quellen gebildet sei, dass am Gipfel sich Öffnungen von ansehnlicher Tiefe befinden, durch welche ohne Zweifel das heisse Wasser ausgeworfen wurde, und dass am Fusse unzählige Klüfte und Sprünge verlaufen, aus welchen heute noch Gas ausströme. Dass sich in jenen Erzählungen die Erinnerung an wirklich miterlebte vulcanische Ereignisse ausspricht, daran zweifle ich um so weniger, als meine Untersuchung der erloschenen Vulcankegel bei Auckland, die in ihrer Bildung vollständig übereinstimmen mit den Vulcankegeln in der Nähe der Inselbai, ergab, dass die vulcanischen Ausbrüche, welchen diese Kegelberge ihre Entstehung verdanken, erst in der allerjüngsten Erdperiode stattgefunden haben müssen, zu einer Zeit, in welcher alle die kleinen Thalrinnen in den weichen tertiären Schichten der Gegend von Auckland schon so gebildet waren, wie sie heute noch verlaufen. Auch zeigt die Gegend von Auckland zahlreiche Beispiele von Eruptionskegeln in der Mitte kleiner Seen in allen Stadien der Versenkung: Kegel, die sich noch hoch über die Wasserfläche erheben, Kegel, welche halb versunken sind, und Kegel, welche nur noch mit ihrer obersten Spitze aus dem Wasser hervorragen. (Vgl. die vulcanischen Bildungen der Auckland-Zone.)

Wenige Meilen östlich von Waimate, im Taiamai-Districte, erhebt sich eine Gruppe von vier Kegelbergen. Ahuahu der grösste derselben steigt gegen 900 Fuss über die Ebene an, Turoto ist etwa 300 Fuss hoch und Poerua mit einem kleineren Kegel zur Seite etwa 600 Fuss hoch; die Weite des Kraters am Gipfel des Poerua schätzt Dana zu 1500 Fuss. Die Lavaströme und Auswürflinge dieser vier Eruptionskegel sollen eine Fläche von 10 englischen Meilen im Durchmesser bedecken.

Ein weiterer Eruptionskegel liegt bei Pakaraka. Seine Lavaströme, theils zersetzt, theils noch in sehr frischem Zustande, bilden am Fusse des gegen 400 Fuss hohen Kegels, der nach Taylor einen gegen 300 Fuss tiefen Krater enthält, ein weit ausgedehntes Lavafeld, auf welchem sich zahlreiche kleinere Kegel von nur 20 — 30 Fuss Höhe, aus Aschen und Schlacken bestehend, erheben. Auch grosse Platten von weisslich-grauem Chalcedon- und Hornstein sollen in der Ebene liegen und Stengel so wie andere Pflanzentheile eingeschlossen und in kieselige Masse verwandelt enthalten. Offenbar rühren diese Bildungen gleichfalls von heissen Quellen her, die jetzt versiegt sind.

Zwischen dem Taimai-District und der Inselbai begegnet man noch mehreren grösseren und kleineren vulcanischen Gebieten. Ein solches liegt etwa fünf Meilen östlich vom Poerua, ein zweites südlich vom Waitangi-Fluss, der über schwarze Basaltfelsen fallend sich in die Inselbai

---

[1] Taylor, Te Ika a Maui p. 122.
[2] a. a. O. p. 222. Taylor schreibt an dieser Stelle Putai. Puta bedeutet in der Maorisprache eine Öffnung, eine Höhle.

ergiesst, ein drittes zwischen dem Waitangi- und Kerikeri-Fluss und an diesem Flusse selbst, der in einem grossartigen Wasserfall über 90 Fuss hohe Basaltfelsen stürzt. Nördlich erstrecken sich die Spuren vulcanischer Thätigkeit bis zum Wangaroa-Hafen. St. Paul's Cupola an der Ostseite dieses Hafens wird von Dieffenbach als ein Trachytdom beschrieben, und verdankt dieser domförmigen Gestalt den Namen. Endlich sollen auch einzelne Inseln an der Ostküste, wie die Cavalli-Inseln zwischen Wangaroa und der Inselbai, und die Black Rocks in der Inselbai selbst aus schön säulenförmig abgesondertem Basalt bestehen.

Die vulcanische Thätigkeit muss auf der Inselbai-Zone als erloschen betrachtet werden. Einige heisse Quellen und Solfataren, welche wenige Meilen südlich von Waimate in einer merkwürdigen kraterförmigen Einsenkung des Terrains im Otaua-District am Ufer von zwei kleinen Seen liegen, sind die letzten Nachwirkungen. Schwefelkrusten und Efflorescenzen von Alaun und Salmiak bedecken hier den Boden, heisse Wasserdämpfe entströmen an vielen Punkten der Erde und zahlreiche warme Quellen und Schlammpfuhle von 130°—168° Fahr. umgeben die Ufer des Ko-huta-kino, des kleineren jener beiden Seen. Die Eingebornen haben diese Quellen bei mannigfachen Krankheitsfällen mit gutem Erfolge zu Bädern benützt, und obwohl die nächste Umgebung landschaftlich nicht die geringsten Reize bietet, so bringt doch vielleicht eine spätere Zeit die heilsamen Eigenschaften dieses Waiariki — so nennen die Eingebornen die natürlich warmen Bäder — auch bei den europäischen Colonisten in Ehren.

Wangari (Wangarei)-Hafen. Von Herrn J. Stephens bekam ich aus dieser Gegend Kalkstein von Limestone Island, feinkörnigen kalkigen Sandstein, gelbe Hornsteine und rothen Jaspis eingeschickt.

Mangawai und Arai-District zwischen Bream Tail und Rodney Point; an verschiedenen Punkten findet man Kalkstein, Braunkohlen, Erdpech und gute Eisenerze. Southern Cross vom 9. Mai 1862.

Rodney Point. Vom Kohuroa (Mahe Point) südlich vom Rodney Point stammt eine Sammlung von Petrefacten her, welche Herr Ch. Heaphy aus Auckland gesammelt und mir überlassen hat. Die Versteinerungen, zum grössten Theile schlecht erhalten, sind in einer mehr oder weniger grobkörnigen Breccie eingeschlossen. So sehr dieses Trümmergestein dem Aussehen nach an die auf der Nordinsel weit verbreiteten vulcanischen Breccien erinnert, so zeigt doch die nähere Untersuchung, dass die Bruchstücke einem compacten quarzigen Thonschiefer-Gestein von dunkel blauschwarzer Farbe (wahrscheinlich identisch mit dem Gesteine an der Bay of Islands) angehören. Unter den Versteinerungen befinden sich nach den Bestimmungen von Herrn Dr. K. Zittel (vgl. II. Abth. Paläont.) die folgenden theils lebenden, theils ausgestorbenen Arten:

Retepora sp.	*Purpura textiliosa* Lam. (lebend).
Terebratella dorsata Gmel. (lebend).	*Turritella rosea* Quoy.
Rhynchonella nigricans Sow.	*Turbo superbus* Zittel.
Ostrea sp.	*Fissurella* sp.
Pecten sp.	*Balanus* sp.
Teredo Heaphyi Zittel.	*Cidariten*-Stacheln.
Crassatella ampla Zittel.	*Lamna*-Zähne.

Nach diesen Versteinerungen gehören die Schichten den jüngeren Tertiär-Ablagerungen an.

Mr. Mac Millan sandte mir von Rodney Point auch Proben von einer guten Sorte Braunkohle ein, welche in der Hochwasserlinie begleitet von braunem schieferigem Sandstein zu Tage treten soll.

Matakana- und Mahurangi-District; nach Gesteinsproben, welche mir Herr Milton von Matakana einschickte, kommen in diesem Districte plattige Kalksteine von tertiärem Alter vor, ähnlich den alttertiären Kalksteinen am Whaingaroa- und Kawhia-Hafen, ferner feinkörnige graugrüne Sandsteine mit in Braunkohle verwandelten Stamm- und Astheilen und anderen undeutlichen Pflanzenresten, feste vulcanische Tuffe, die als Baustein benützt werden können, und verschiedenartige eisenschüssige Sandsteine und Erden.

Zwischen dem Mahurangi-Hafen und der Halbinsel Wangaparoa brechen an der Küste aus einem vulcanischen Trümmergesteine warme Quellen hervor.

Die Halbinsel Wangaparoa, welche ich von Auckland aus besuchte, besteht vorherrschend aus denselben tertiären Schichten, welche den Isthmus von Auckland zusammensetzen (Waitemata-Schichten). Die steilen Uferklippen zeigen die horizontal liegenden Schichten schön entblösst: zu unterst gewöhnlich feinkörniger Sandstein in 6—8 Fuss mächtigen Bänken, und darüber dünn geschichteter Thonmergel. Sehr häufig sind Einlagerungen von vulcanischem Tuff, der bald feinkörnig als Sandstein, bald grobkörnig als eine aus Trachyt-, Dolerit- und Basalt-Fragmenten bestehende bunte Breccie ausgebildet ist. Wo solche grobkörnige Breccien und Conglomerate auftreten, da beobachtet man mitunter sehr auffallende locale Schichtenstörungen. Ein sehr instructives Profil bietet die Nordküste der Halbinsel:

(*a*) ist eine Tuffmasse, die ein sehr feinkörniges, stellenweise ein sehr grobkörniges Conglomerat von Bruchstücken verschiedener vulcanischer Gesteine darstellt, und viel Augit in kleinen glänzenden wohlausgebildeten Krystallen, neben Augit auch kleine Zwillingskrystalle eines glasigen triklinoëdrischen Feldspathes enthält. Die Masse erscheint als ein eruptives Gebilde, das zwischen die Sandsteine (*c*) und Thonmergelschichten (*d*) eingedrungen, diese aus einander gerissen, zerbrochen und durch einen Seitendruck gegen Westen aus ihrer ursprünglich horizontalen Lage gebracht hat. Bei (*b*) ist der Tuff feinkörnig und stellenweise voll von Foraminiferen und Bryozoen; auch eine glatte Terebratel (*Waldheimia lenticularis* Desh.) fand ich hier in dem Tuff eingeschlossen, so dass also kein Zweifel obwalten kann, dass wir in diesen vulcanischen Tuffen Producte submariner Ausbrüche haben, mit welchen in der Tertiärperiode die vulcanischen Bildungen auf der Nordinsel begonnen haben. Damit stimmen auch mehrere Beobachtungen an den Ufern des Manukua-Hafens, die ich später anführen werde, vollkommen überein.

Noch ein zweites Vorkommen an der Nordseite der Halbinsel ist bemerkenswerth: zahlreiche grössere und kleinere eckige Bruchstücke einer schönen glänzenden Braunkohle nämlich, die man am Fusse der Klippen auf der Fluthterrasse in einem feinkörnigen thonigen Sandsteine eingeschlossen findet. Dieses Vorkommen hat zu der irrigen Ansicht Veranlassung gegeben, als ob hier ein Kohlenflötz zu Tage komme. Neben den Kohlenfragmenten trifft man auch einzelne in Kohle verwandelte Treibholzstücke. Es lagert hier nicht ein zusammenhängendes Kohlenflötz, sondern es sind nur Stücke eines zertrümmerten Flötzes in jüngere marine Schichten eingebettet.

Die nördlichen Inseln des Hauraki-Golfes.

Kawau-Eiland besteht zum grössten Theil aus alten (paläozoischen) thonschieferartigen Gesteinen, die von Quarzgängen durchsetzt sind. An der Südwestküste der Insel Kupfererzlagerstätten (Kupferkies mit Kupferschwärze), auf welchen schon seit mehreren Jahren Bergbau betrieben wird. In der südlichen Hälfte der Insel auch tertiäre Ablagerungen. Mündliche Mittheilung von Herrn Theoph. Heale in Auckland.

Motuketaketa, eine kleine Insel bei Kawau, besteht wie Kawau selbst aus paläozoischen Schichten, überlagert von 100 Fuss mächtigen sandigen und kalkigen Schichten, welche viele Fossilien, hauptsächlich grosse Austern, enthalten. Theoph. Heale.

Little Barrier-Eiland (Houturou), mit dem Mount Many Peako (2383 Fuss), dicht bewaldet und schwer zugänglich, ist wahrscheinlich ein alter Trachytvulcan.

Great Barrier-Eiland (Otea) hat eine sehr mannigfaltige geologische Zusammensetzung. Die Bergkette, welche die Insel durchzieht und im Mount Hobson 2330 Fuss Meereshöhe erreichte, soll an ihrem Fusse hauptsächlich aus vulcanischem (trachytischen) Trümmergestein bestehen, die höchsten Piks aber aus sehr dünn geschichtetem, weissem und grauem Thonschiefer und Talkschiefer. An der Nordwestseite treten in einem schwarzen Thonschiefergestein Quarzgänge mitunter von 30 Fuss Mächtigkeit auf, welche Kupfererze (Kupferkies) und als seltenere Begleiter auch Bleiglanz und Zinkblende führen. Auf Lettenklüften kommen sehr niedliche, um und um ausgebildete und rubinroth durchscheinende Würfel (von 1 Millimeter Durchmesser) von Rothkupfererz vor. Die Kupferkiesgänge werden seit mehreren Jahren ausgebeutet. Herrn Whitaker in Auckland verdanke ich Proben dieser Kupfererzvorkommnisse, so wie Handstücke eines lichten Hornsteines („Chert"), der gewissen Kieselsinterbildungen von den heissen Quellen der Seegegend so völlig ähnlich ist, dass man vermuthen muss, auch diese Hornsteine seien durch Absatz von früheren heissen Quellen gebildet worden. Ausserdem sollen alle möglichen Trachytvarietäten auf der Insel gefunden werden. Theoph. Heale.

Aride-Eiland an der Ostküste von Great Barrier besteht in seiner nördlichen Hälfte, wie ich beim Vorüberfahren bemerken konnte, aus horizontal geschichteten Sandstein- und Mergelbänken, in der südlichen Hälfte aus einem dunklen, stark zerklüfteten, mehr massigen Gestein.

Die Westküste vom Reef Point bis zum Manukau-Hafen.

Bei Reef Point einzelne Basalthügel.

Hokianga-Hafen; nach Dieffenbach (I. 241) bestehen die Hügel in der Nachbarschaft des Hokianga aus thonigem Schiefer, der von weissem steifem Thon bedeckt ist, wie er für Kauriland charakteristisch ist. An mehreren Punkten bilden basaltische Felsarten die Unterlage des Schiefers. — Nach einer mündlichen Mittheilung von Rev. Purchas treten am Hokianga-Hafen als unterstes steil aufgerichtete secundäre Thonmergel auf, identisch mit den Belemniten- und Ammoniten- führenden Schichten an der Mündung des Waikato und am Kawhia-Hafen. Darüber liegen, zum Theil gleichfalls aufgerichtet, schwarze Conglomerate, die aber nicht aus vulcanischen Gesteinen, sondern aus einem alten thonschieferartigen Gesteine bestehen. Die höheren Berge am Hokianga bestehen alle aus denselben (wahrscheinlich paläozoischen) Gesteinen, die das Grundgebirge an der Bay of Islands bilden. In den Niederungen treten basaltische Gebilde auf, die einen äusserst fruchtbaren Boden erzeugen.

Am South-head des Hokianga 4 Fuss mächtige Lignitlager, bedeckt von weichem Sandstein. D. I. p. 270.

Wairoa-River und Kaipara-Hafen. Zwischen der Bay of Islands und dem Kaipara-Hafen, im Waiomio-Thale auf dem Weg von Kawakawa nach dem Wairoa, liegen pittoreske Felspartien von (tertiärem) Kalkstein. — Die Hügel am oberen Theil des Wairoa-Flusses bestehen aus steifem weissem Thon, wie er für Kauriland charakteristisch ist, hier und dort tritt darunter ein harter thonschieferartiger Fels zu Tage; weiter abwärts am linken Ufer finden sich steile Basalthügel, am rechten Ufer gegen die Seeküste tritt weicher eisenschüssiger Sandstein auf. Am North-head sieht man Lignitlager entblösst, die im Allgemeinen 4 Fuss Mächtigkeit haben und von weissem, nur weniger härtetem Sand bedeckt sind, welcher aus zersetztem Bimsstein besteht. Man findet in dem Sand auch noch einzelne compacte Bimssteingerölle. Der Lignit besteht aus halbverkohlten Pflanzenresten: Holz von Kauri *(Dammara australis)* und Pohutukaua *(Metrosideros tomentosa)*, Baumfarne, undeutliche Abdrücke von Farnkräutern und Sumpfgräsern. D. I. 269 — 270.

Westküste zwischen dem Kaipara- und Manukau-Hafen. Südlich vom Kaipara-Hafen tritt unter der Flugsandbedeckung ein vulcanisches Trümmergestein zu Tage, dessen rauhe Felsmassen etwa von dem durch die kleine Felsinsel Oaia bezeichneten Punkte an in einer Mächtigkeit vielleicht von mehr als 1000 Fuss den schroffen Felsabsturz der Westküste bis zum Manukau-Hafen bilden, durch den Einlass dieses Hafens aber wie abgeschnitten erscheinen und an der Südseite desselben nicht mehr erscheinen. Diese vulcanische Breccie hat auch landeinwärts eine ziemliche Ausdehnung; sie setzt die ganze, von den Eingebornen Titirangi genannte Küstenkette zusammen, bildet in dieser Kette Berge von 1000—1500 Fuss Meereshöhe und tritt auch auf der in das Manukau-Becken weit vorspringenden Halbinsel Puponga auf.

Der petrographische Charakter des Gesteins ist der einer Trümmerbildung, zusammengesetzt aus den Fragmenten zerbrochener Tertiärschichten und aus unförmlichen Fragmenten vulcanischer Gesteine, cementirt durch Schlamm und Sand. Die zertrümmerten Tertiärschichten sind theils weiche Sandsteine, theils lichte Thonmergel, übereinstimmend mit den Waitemata-Schichten, mit welchen sie auch in unmittelbarem Zusammenhange stehen. Oft sieht man ganze Schollen, an welchen man noch verschiedene Schichten wahrnimmt, eingeschlossen. Die vulcanischen Gesteinstrümmer gehören vorherrschend basischen Gesteinen an: Trachydolerit (Andesit), Dolerit, Anamesit und dichte phonolith- und basaltartige Gesteine sind darin vertreten. Blöcke von der verschiedenartigsten Grösse und Gestalt, oft von 4—6 Fuss Durchmesser, und von allen Farben, roth, grün, braun und schwarz, sind zu einer bunten Breccie zusammengekittet. Aus der Breccie von der Puponga-Halbinsel habe ich in meiner Sammlung braunschwarze und braunrothe, feinkörnige Anamesite, und feldspathreiche grauschwarze Andesite (oder Trachytdolerit), deren zahlreiche kleine Poren einen feintraubigen Überzug von Grünerde haben, und in deren Grundmasse kleine scharfkantige Augitkrystalle ausgebildet sind. Diese Augitkrystalle sind sämmtlich Zwillinge von einer Grösse von circa 3 Linien. Das Gesetz, nach welchem diese Krystalle verwachsen sind, ist das beim Augit gewöhnliche: die Zwillingsaxe ist die Hauptaxe, die Zusammenwachsungsfläche die Querfläche (das Orthopinakoid Naum). Während jedoch sonst meistentheils in Folge dieser Zwillingsverwachsung an dem einen Ende der Krystalle sich ein tiefer einspringender Winkel befindet, ist dieser bei diesen Zwillingen fast gänzlich ausgefüllt, so dass oft nur ein feiner Streifen den Verlauf der Zwillingsgrenze anzeigt. Auf den Längsflächen (dem Klinopinakoid) findet sich gar keine Andeutung einer Demarcationslinie. Indem so beide Enden nahezu gleich ausgebildet sind, entsteht ein vollkommen rhombischer Habitus der Krystalle. An manchen dieser Krystalle zeigen sich bestimmte Andeutungen einer Geradendfläche, deren Ausbildung an demjenigen Ende, an welchem der einspringende Winkel auftreten sollte, vielleicht die Ausfüllung desselben bewirkt hat.

Auch rothe Wacken mit Grünerde-erfüllten Hohlräumen sind äusserst häufig. Hornblendeführende Trachyte oder noch kieselerdereichere Quarz-Trachyte fehlen ganz. Die Breccie wird häufig von gröberen und feineren Spalten durchsetzt, die theilweise oder vollständig mit weissem oder gelblichem Kalkspath ausgefüllt sind. Ausserdem zeigt das Profil, welches längs der Westküste von den Manukau-heads bis zu der Mündung des Waitakeri-Flusses entblösst ist, zahlreiche Gesteinsgänge in der Breccie.

Schon an einer kleinen, aus einem Flugsandhaufen am Strande unterhalb der Piloten-Station hervorragenden Felsklippe bemerkt man eine Gangmasse von 1½ Fuss Mächtigkeit, die sich nach oben in zwei dünnere Adern zertheilt. Das Gestein dieser Gangmasse ist ein schwarzer dichter Basalt, jedoch ohne Krystalleinschlüsse.

Grossartiger sind die Gänge, welche man an dem steilen Felsabsturz der Küste selbst beobachtet. Die vorherrschende Streichungsrichtung der Gänge ist von S 15° O — N 15° W, das Verflächen aber ein sehr verschiedenes. Das Ganggestein ist stets ein dunkler

Vulcanische Breccie.

sehr feinkörniger, braunschwarzer Anamesit oder Basalt ohne erkennbare Krystalle, aber häufig mit blau angelaufenen Hohlräumen.

Piloten-Station.

Profil längs der Westküste nördlich von den Manukau-heads: vulcanische Breccie mit basaltischen Gangmassen.

Eine Schichtung in dicken Bänken ist überall deutlich; an der Westküste sind die Schichten schwach gegen Nord geneigt. Sehr eigenthümlich ist aber, dass diese vulcanische Breccie

---

[1] Durch die reibende Wirkung des feinen Flugsandes, welchen der Wind aufwirbelt, erscheinen die äusseren Flächen der einzelnen Gesteinsfragmente gleichsam polirt, in ganz ähnlicher Weise, wie man dies an den Stücken verkieselten Holzes (von den sogen. versteinerten Wald) in der ägyptischen Wüste bei Kairo bemerkt.

nur an der Küste, so weit sie dem Einfluss des Salzwassers ausgesetzt ist, harte fest cementirte Felsmassen bildet, die jedem Sturm der Brandung Trotz bieten zu können scheinen, während weiter landeinwärts und von der Küste entfernter dieselben Schichten durch und durch zu einer weichen eisenschüssigen thonigen Masse zersetzt sind, die nur in ihrem bunten conglomeratartigen Charakter die ursprüngliche Natur noch erkennen lässt. Ausscheidungen von Brauneisenstein auf geradlinig streichenden Kluftflächen oder in Form von Geoden sind in dem zersetzten Gebirge äusserst häufig.

Die bunten conglomeratischen Thone, welche den Ostabhang der Titirangi-Kette bilden und auch weiterhin zwischen dem Aestuarium des Kaipara und der Ostküste eine weite Verbreitung zu haben scheinen, sind nichts anderes, als zersetzte vulcanische Breccie. Während diese Trümmerbildung an der Küste schroffe Felswände bildet und in spitzen Felspyramiden, wie Paratutai, Pukchuhu, Omanawanui am Eingang des Manukau-Hafens, hoch aufragt, bildet sie entfernter von der Küste abgerundete Hügel, auf deren weichem thonigen Boden die Kaurifichte am üppigsten gedeiht.

Über die Lagerungsverhältnisse der Breccie gibt das nördliche Ufer des Manukau-Hafens den besten Aufschluss.

An einer zwischen dem Littel und Big Muddy Creek vorspringenden Landzunge zeigt der Küstenabsturz zu unterst über der Wasserlinie in horizontalen Bänken die gelblich-weissen thonigen Sandsteine und Mergel der tertiären Waitemata-Schichten, darüber liegen 20 Fuss mächtige Bänke vulcanischer Breccie, die aus eckigen Fragmenten der verschiedenartigsten Gesteine in allen Farben, hauptsächlich rothbraun und schwarz, zusammengesetzt ist. Die Fragmente sind jedoch hier nur klein und zum Theil stark zersetzt. Man bemerkt, wie diese Schichten vulcanischer Breccie und vulcanischen Tuffes nach oben in eisenschüssigen rothen Thon übergehen.

Noch deutlicher sind die Verhältnisse an der Puponga-Halbinsel. Die südöstliche Hälfte dieser in den Manukau-Hafen weit vorspringenden Halbinsel besteht vom höchsten Punkt an ganz aus der ihrem petrographischen Charakter nach schon oben beschriebenen groben vulcanischen Breccie. Geht man aber an der Nordseite der Halbinsel dem Strand entlang in nordwestlicher Richtung nach der Karangahapi-Bay, so kommt man der Reihe nach zu tieferen Schichten, wie es beistehendes Profil zeigt.

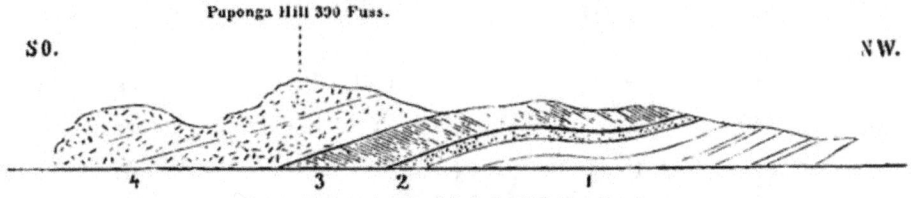

Durchschnitt an der Nordküste der Halbinsel Puponga.

Die vulcanische Breccie (4) geht nach unten zunächst in eisenschüssige thonige Schichten über, die ganz den Charakter von zersetzten Tuffen haben (3). Darunter folgt ein rostfarbiger sehr mürber Sandstein (2) von feinem Korn. Bei näherer Betrachtung findet man, dass dieser Sandstein ganz und gar aus titanhaltigem Magneteisensand besteht, dessen Körner an der Oberfläche in Limonit verwandelt sind. Die Schichte ist circa 10 Fuss mächtig, und von ihr scheint ein grosser Theil des schwarzen Magneteisensandes herzurühren, der am Strande rein ausgeschlemmt liegt. Das tiefste Glied endlich bilden dünngeschichtete Bänke von mürbem, weissem Sandstein, lichtem Thonmergel, und einem aus haselnussgrossen Thonmergelgeröllen mit einzelnen eisenschüssig rothen Stücken bestehenden Conglomerate (1), das seiner Natur nach identisch zu sein scheint mit den weiter nördlich am Ostabhang der Titirangi-Kette mächtig entwickelten conglomeratischen Thonen.

Man überzeugt sich hier so wie noch an mehreren Punkten, dass einzelne Tuffe und Conglomeratschichten mit den tertiären Sandsteinen und Thonmergeln der Waitemata-Formation wechsellagern, dass aber die Hauptmasse des Trümmergesteines theils in der Form einer harten rauhen Breccie, theils in der Form von bunten conglomeratischen Thonen jene tertiären Bildungen überlagert und die über das tertiäre Hügelland emporragenden Bergrücken und Bergspitzen bildet. Wir müssen daher annehmen, dass die gewaltsamen eruptiven Vorgänge, welche jene kolossalen Massen vulcanischen Trümmergesteines bildeten, schon während der Ablagerung der Waitemata-Schichten ihren Anfang genommen haben, dass sie unterseeisch stattgefunden und an Intensität gegen den Schluss der Tertiärperiode zugenommen haben. Übrigens sind diese vulcanischen Breccien der Westküste nördlich vom Manukau-Hafen nur ein kleiner durch die jüngeren Veränderungen in der Oberflächengestaltung des Landes isolirter Theil eines höchst ausgedehnten vulcanischen Gebietes im mittleren Theile der Nordinsel, zu dessen Beschreibung ich erst später kommen werde.

Hier mag noch erwähnt werden, dass man in den Bächen, die in der Titirangi-Kette entspringen, häufig verkieselte und in Holzopal verwandelte Holzstücke findet, die ohne Zweifel aus der vulcanischen Breccie ausgeschwemmt sind. Eben so findet man allenthalben im Gebiet dieser Breccie am Meeresstrand, an Bach- und Flussufern viel titanhaltigen Magneteisensand abgelagert. Aller Flugsand der Küste vom Kaipara-Hafen bis zu den Manukau-Heads ist magneteisenhaltig. Auf den Höhen über der Steilküste ist er in mächtigen Schichten abgelagert und oft zu Sandsteinbänken erhärtet. Am Strand findet man das Magneteisen oft rein ausgeschlemmt, eben so wie an der südlicher gelegenen Taranaki-Küste, wo dasselbe seit neuerer Zeit gewonnen und zur Erzeugung des vortrefflichen Taranaki-Stahles nach England verschifft wird.

III. Der mittlere Theil.

Der mittlere Theil der Nordinsel von den südöstlichen Gebirgsketten an bis zum Isthmus von Auckland, die Provinz Taranaki, Theile der Provinz Wellington und den grössten Theil der Provinz Auckland umfassend, stellt ein Stufen- und Plateauland dar, welches zwischen dem südöstlichen Gebirgsland und dem Hügelland der nordwestlichen Halbinsel in der Mitte liegt. Vom Centrum der Nordinsel aus der Taupo-Gegend, wo dasselbe seine höchste Erhebung hat, dacht es in drei Richtungen nach dem Meere ab. Jede dieser Richtungen ist durch einen grösseren Fluss bezeichnet, der ihr folgt. Es sind dies die drei Hauptflüsse der Nordinsel, die sämmtlich in der Taupo-Gegend ihren Ursprung haben und: der

Waikato in nordwestlicher, der Wanganui in südwestlicher, der Wakatane in nordöstlicher Richtung nach dem Meere fliessen.

Dieses Stufenland gewinnt durch einzelne Bergketten, welche dasselbe durchstreichen, durch zahlreich eingesenkte Seebecken, durch Ebenen und Niederungen, durch tief ausgerissene Thalfurchen, namentlich aber durch eine grosse Anzahl vulcanischer Kegelberge, welche sich auf demselben zum Theile zu sehr beträchtlicher Höhe erheben, eine ausserordentliche Mannigfaltigkeit der Oberflächengestaltung, so dass gerade dieser Theil horizontal und vertical den am reichsten gegliederten Theil der Nordinsel bildet. Der höchste Berg der Nordinsel, der Ruapahu, ein erloschener Vulcankegel gegen 10.000 Fuss hoch und weit über die Grenze des ewigen Schnees emporragend, gehört nebst zwei anderen Vulcankegeln von 6500 Fuss (Tongariro) und 8200 Fuss (Mount Egmont) Meereshöhe diesem mittleren Theile an.

Nach orographischen und topographischen Verhältnissen lässt sich derselbe in folgende Gebiete eintheilen:

1. Der Isthmus von Auckland.
2. Die Cap Colville Halbinsel mit den Inseln des Hauraki-Golfes.
3. Die Westküste vom Manukau-Hafen bis zum Mokau-Fluss.
4. Die Ostküste, das Gebiet der Bay of Plenty.
5. Das untere Waikato-Becken (erste Stufe).
6. Das mittlere Waikato-Becken mit den Piako- und Waiho-Niederungen (zweite Stufe).
7. Das obere Waikato-Becken oder die Taupo-Gegend mit Tongariro und Ruapahu (dritte Stufe).
8. Die Seegegend.
9. Die obere Waipa- und Mokau-Gegend.
10. Das vulcanische Plateauland zwischen dem mittleren und oberen Waikato-Becken.
11. Mount Egmont oder der Taranaki-District.
12. Der Wanganui-District.

Meine Untersuchungen und Reisen während eines siebenmonatlichen Aufenthaltes in der Provinz Auckland (Ende December 1858 — Ende Juli 1859), so wie ein kurzer Besuch von New-Plymouth haben mir Gelegenheit gegeben, alle diese Gebiete zu berühren und in geologischer Beziehung je nach Zeit und Umständen theils eingehender, theils nur in raschester Übersicht zu durchforschen. Es kann jedoch hier nicht meine Aufgabe sein, die Resultate, wie ich sie gewonnen, in einer geographisch-geognostischen Schilderung der einzelnen Gebiete wiederzugeben. Eine solche Schilderung ist in meinem Reisewerk über Neu-Seeland[1] in der Reihen-

---

[1] Neu-Seeland. Stuttgart, Cotta'scher Verlag 1863.

folge, wie ich die einzelnen Gebiete berührt und durchwandert habe, freilich zumeist ohne das geognostische Detail nur in den Hauptzügen gegeben. Ich darf in dieser Beziehung auf den Inhalt der Capitel:

    V. Der Isthmus von Auckland.
   VI. Das Nordufer.
  VII. Ausflug nach dem Manukau-Hafen und der Mündung des Waikato-Flusses.
   IX. Am unteren Waikato, von Auckland zum Taupiri.
    X. Der Waipa und die Westküste.
   XI. Vom Waipa durch den Mokau- und Tuhua-District nach dem Taupo-See.
  XII. Der Taupo-See, Tongariro und Ruapahu.
 XIII. Ngawhas und Puias; Kochbrunnen, Solfataren und Fumarolen.
 XIV. Die Ostküste bei Maketu und Tauranga.
XVIII. Gold. (Das Coromandel-Goldfeld auf der Cap Colville-Halbinsel.)
verweisen.

Hier handelt es sich um die detaillirtere Ausführung dessen, was in der allgemeinen Übersicht nur angedeutet wurde, um die Beschreibung der einzelnen Formationen in der Reihenfolge ihres geologischen Alters.

Geologie des mittleren Theiles der Nordinsel, oder die im südlichen Theile der Provinz Auckland auftretenden Formationen.

(Hiezu Taf. 2. des Atlas. Der südliche Theil der Provinz Auckland.)

Es ist ein auffallender Charakterzug in der Geologie der Nordinsel, dass die ältesten geschichteten Formationen: die krystallinischen (oder metamorphischen) Schiefergesteine und eben so die ältesten plutonischen Bildungen: Granit. Syenit u. s. w., welche auf der Südinsel eine so grosse Rolle spielen, gänzlich zu fehlen scheinen. Wenn diese ältesten Bildungen nicht etwa in den unbekannten Regionen der südöstlichen Gebirgszüge vielleicht noch entdeckt werden, was immerhin möglich aber unwahrscheinlich, so fehlen sie in der That ganz; denn in dem Gebiete, dessen Beschreibung ich mich in diesem Abschnitt zuwende, ist mir keine Spur von Gneiss, Glimmerschiefer, Phyllit oder verwandten krystallinischen Schiefern, und eben so wenig von Granit oder Syenit vorgekommen. Es sind nur Sedimentformationen und vulcanische Bildungen, welche wir dem Alter nach in aufsteigender Reihenfolge zu betrachten haben:

    1. Paläozoische (primäre) Bildungen.
    2. Mesozoische (secundäre) Bildungen.

Känozoische (tertiäre) Bildungen.
4. Post-tertiäre (quartäre und noväre) Bildungen.
5. Vulcanische Bildungen.

Ein Blick auf die geologische Karte des südlichen Theiles der Provinz Auckland zeigt die Verbreitung der einzelnen Formationen in dem orographisch sowohl, als auch geologisch reich gegliederten Lande.[1]

I. Paläozoische (primäre) Bildungen.

Die ältesten Bildungen, welche im mittleren Theile der Nordinsel auftreten, sind bis jetzt petrefactenleer gefunden worden. Auch der petrographische Habitus derselben gibt nur schwache Anhaltspunkte für eine Altersbestimmung; eben so wenig lassen sich aus den Lagerungsverhältnissen sichere Schlüsse ziehen; nur das Vorkommen von goldführenden Quarzgängen spricht nach den bisherigen Erfahrungen über goldführende Formationen für älteste paläozoische Zeit, und zwar für silurisches Alter.

Die Gesteine, um welche es sich hier handelt, sind theils mehr sandig (grauwackensandstein-ähnlich), theils mehr thonig (thonschieferartig), theils kieselig (Kieselschiefer und Jaspis). Den besten Aufschluss geben in der Nähe von Auckland die südlichen Inseln des Hauraki-Golfes, namentlich Waiheki und Punui, so wie die gegenüberliegenden Ufer der Tamaki-Strasse; auch die Insel Motutapu besteht zur Hälfte noch aus thonschiefer- und kieselschieferartigen Gesteinen.

Waiheki (oder Waiheke) ist eine vielbuchtige, hügelige Insel, deren jetzt zum grössten Theil ausgerotteten Wälder der Stadt Auckland das Brennholz geliefert haben. Die Ufer sind von Felsklippen begrenzt, die theils aus grauem quarzigem Thonschiefer, theils aus rothem Jaspis bestehen. Ein bemerkenswerther Punkt ist die Matuku- oder Manganese-Bay (Mangan-Bai) an der Südostseite der Insel. Die Schichten, die hier mit grosser Regelmässigkeit in nordnordwestlicher Richtung streichen mit theils östlichem, theils westlichem Verflächen von 60—70°, bestehen in einer Mächtigkeit von mehreren hundert Fuss aus gemeinem Jaspis, von schöner intensiv rother Farbe (rother Kieselschiefer), der von weissen Quarzadern und schwarzen Psilomelan-Adern durchzogen ist. Dieses Manganerz kommt hier in grosser Menge vor auf dicken Adern, welche die Schichten senkrecht von Ost nach West durchsetzen. Man hielt es früher fälschlich für Pyrolusit und hat ganze Ladungen davon nach Sydney verschifft. Daher auch der Name Manganese-Bay. Merkwürdig ist, wie der sonst stahlharte, beim Schlag mit dem Hammer in die schärfsten Splitter zerspringende Fels stellenweise gänzlich zersetzt ist zu einer

---

[1] In Betreff der topographischen und geologischen Ausführung dieser Karte verweise ich auf das, was ich darüber in Neu-Seeland S. 20—21 bemerkt habe.

speckigen, roth oder gelb gefärbten Thonmasse, die man mit dem Messer schneiden kann, jedoch mit vollständiger Beibehaltung der Schichtenstructur. Auch die nahe liegenden Inseln Panni und Pakihi bestehen vorherrschend aus rothem Jaspis.

Gehen wir in unserer Betrachtung von diesen Inseln aus, so haben wir die Fortsetzung der alten Thon- und Kieselschiefer-Schichten in nördlicher Richtung auf der Kawau-Insel und an der Bay of Islands, in südlicher Richtung aber in den Bergketten zu beiden Seiten des Wairoa-Flusses. Die Kupfererzlagerstätten der Kawau- und der Great Barrier-Insel gehören ohne Zweifel dieser Formation an, und eben so die von Dana beschriebenen Felsarten, welche das Grundgebirge der Bay of Islands bilden.

Am südlichen Ufer der Tamaki-Strasse ist die sehr markirte Grenze zwischen dem niedereren Hügelland der Umgegend von Howik und den höheren Waldbergen am linken Ufer des Wairoa-Flusses, zugleich die Grenze zwischen den Tertiärablagerungen und dem älteren Thonschiefergebirge. An der Küste unweit Maraitai Point[1] sieht man die tertiären Sandsteine und Thonmergel der Waitemata-Formation unmittelbar auf dem älteren Gebirge auflagern, das hier als thonig-quarziges, sehr klüftiges Gestein, meist ohne deutliche Schichtung und ohne ausgesprochenen petrographischen Charakter in schwarzen Felsklippen am Strande zu Tage tritt. Wo man Schichtung wahrnimmt, ist das Streichen nach N 15° W, das Verflächen steil mit 70° — 80° gegen W 15° S. Die tertiären Schichten fallen mit 5 — 10° flach gegen SW. Man könnte das schwarze Gestein leicht für Basalt oder Aphanit (Trapp) nehmen; aber die feinen weissen Quarzadern, welche dasselbe durchziehen, sind stets ein sicherer Führer. Der Weg von Maraitai nach dem Wairoa führt über die alten Thonschieferrücken — ich nenne das Gestein so, um ihm überhaupt einen Namen zu geben — über steile Gehänge auf und ab. Die Bergformen sind hier steiler und schroffer als in dem flachwelligen Tertiärland; allein nirgends tritt auch nur ein Stück Fels zu Tage. Das Gestein ist, wie dies Dana von der Bay of Islands erwähnt, an der Oberfläche ganz und gar zersetzt und bildet einen gelben eisenschüssigen Lehmboden; nur in den Wasserläufen sieht man da und dort anstehende Felsen.

Gegen Süden jenseits der Niederung, welche sich von dem Papakura-Fluss nach dem Wairoa hinzieht, bilden dunkle thonschieferartige Gesteine ohne Zweifel das Grundgebirge in den Hunua- und Maungaroa-Bergen. Im Gebiet des Braunkohlenfeldes bei Drury wenigstens treten diese Gesteine in den tiefen Thaleinschnitten vielfach zu Tage, und häufig bilden die Bäche Wasserfälle über die harten Felsbänke. Die unzugängliche Waldwildniss der Gegenden im Quellengebiet des Wairoa-Flusses war freilich für weitere geologische Untersuchungen ein unüberwindliches Hinderniss. Die Beschäftigung des blossen Gehens nimmt in

---

[1] Am Strande unterhalb der verlassenen Missionsstation, wo jetzt eine Farmerhütte steht.

solcher Wildniss auf engen Durchhauen über das gewaltige Wurzelwerk der Bäume hinweg alle Kraft in Anspruch, und die Oberfläche ist so tief mit einer lehmigen Verwitterungskruste überzogen, dass man auf tagelangen Wanderungen keinen Stein sieht. Da hört alle Geologie auf.

Bei Cooper u. Smith's Kalksteinbruch (tertiärer Kalkstein) östlich von Papakura tritt auf der Grenze des tertiären und des älteren Gebirges ein sehr feinkörniger, fast aphanitischer Diorit auf, ein Gestein, welches die Eingebornen vielfach zu ihren Steinwerkzeugen benützt haben.

So weit ich aus den Beobachtungen, welche ich an der Meeresküste östlich von der Mündung des Wairoa-Flusses gemacht habe, zu schliessen berechtigt bin, bestehen auch die höheren Bergketten (Mt. London 2087) zwischen dem Wairoa-Fluss und dem Golf der neuseeländischen Themse aus alten primären Felsarten. Bei der Maori-Niederlassung Taupo der Insel Pakihi gegenüber hat das Gestein den Charakter eines harten Granwackensandsteines, der nach verschiedenen Richtungen von dünnen Quarzadern durchzogen ist, aber keine deutliche Schichtung zeigt. Der Pukorokoro-Pass trennt dieses nördliche Waldgebirge von den südlicher gelegenen Bergketten Puke Tionga-, Pateroa- und Piako-Ranges, welche zwischen dem unteren Waikato-Becken und den Piako-Niederungen liegen. Von dem Gipfel Hapuakohe an nimmt die Bergkette eine südwestliche Richtung, und wird vom Waikato durchbrochen. Bei diesem Durchbruch erhebt sich am rechten Flussufer der Taupiri 983 Fuss hoch, ein kegelförmig gestalteter Berg mit schief abgeplattetem Gipfel, der namentlich vom mittleren Waikato-Becken aus stets ein sehr markirt hervortretendes Object am Horizonte bildet. Der Taupiri, den ich am 12. März 1859 bestiegen habe, besteht vom Fuss bis zum Gipfel aus einem schwarzgrauen polyedrisch zerklüfteten, harten, thonschieferartigen Gestein. Dem Taupiri gegenüber erhebt sich der von den Eingebornen Hakarimata genannte Gipfel. Nach diesem Gipfel nenne ich die südliche Fortsetzung der Bergkette am linken Waikato- und Waipa-Ufer die Hakarimata-Kette. Beim Übergang über diese Bergkette vom Waipa nach dem Whaingaroa-Hafen konnte ich mich überzeugen, dass dieselbe aus demselben Gestein, wie der Taupiri besteht, während beiderseits jüngere Formationen angelagert erscheinen. Weiter südlich verdeckt die vulcanische Masse des Pirongia-Gebirgsstockes alle älteren Formationen.

Von den Ufern des Hauraki-Golfes bis zu dem vulcanischen Pirongia-Stock zieht sich also in fast nordsüdlicher Richtung eine Bergkette, die zwar von unbedeutender Höhe ist, aber auf ihrer ganzen Erstreckung eine charakteristische Wasserscheide bildet und geologisch einen der ältesten Gebirgsrücken der Nordinsel darstellt.

Es ist nur eine Vermuthung, wenn ich auf der Karte die Hauturu-Kette südlich von der Pirongia als weitere Fortsetzung bezeichnet habe. Dagegen tritt das alte Thonschiefer-Gestein unter tertiärer Bedeckung wieder am oberen Mokau in der Nähe der Pa Pukewhau zu Tage und bildet hier den hohen Felsdamm, über welchen der Fluss in grossartigen Wasserfällen (Wairere) stürzt. Die Schichten haben hier dasselbe nordnordwestliche Streichen wie an der Tamaki-Strasse bei Auckland und verflächen mit 70° gegen O 15° N. Südöstlich von diesem Punkte sah ich mitten in dem waldreichen vulcanischen Plateauland am Tuhua- und Puketapu-Berg zum letzten Male das alte Grundgebirge hervortreten.

Ein zweites östlicher gelegenes Gebiet, in welchem Gesteine von demselben petrographischen Charakter wie die oben beschriebenen auftreten, ist die Cape Colville-Halbinsel und auf dieser namentlich die Umgegend des Coromandel-Hafens am östlichen Ufer des Hauraki-Golfes. Die paläozoischen Schichten gewinnen hier ein bedeutendes Interesse, weil denselben goldführende Quarzgänge angehören, von deren Reichhaltigkeit es abhängt, ob die Hoffnungen, die man sich von einem reichen, die Ausbeute lohnenden „Auckland-Goldfeld" schon seit Jahren macht, erfüllt werden oder nicht.

Das Coromandel-Goldfeld.

Ich habe im Gegensatz zu früheren ganz irrigen Ansichten[1] zuerst[2] nachgewiesen, dass das Gold, welches aus dem Quarzgrus und dem Gerölle der Bäche, die von der Coromandelkette fliessen, ausgewaschen wird, aus Quarzadern von krystallinischem Gefüge herstammt, die einer alten paläozoischen (oder primären) Thonschieferformation angehören, welche unter einer mächtigen Decke von Trachyttuff und vulcanischem Conglomerat das Grundgebirge der Cape Colville- (oder Coromandel-) Halbinsel bildet, aber am Fusse und am Abhang der Bergketten nur an wenigen Punkten in den tieferen Bacheinrissen zu Tage tritt. Ich hob hervor,

---

[1] Ch. Heaphy: On the Gold-bearing District of Coromandel Harbour. N. Z. Quat. Journ. of the Geol. soc. London 1855. XI. p. 31.

[2] In meiner Lecture on the Geology of the Province of Auckland vom 24. Juni 1859, die fast in allen neuseeländischen Zeitungen erschienen, und von da auch in europäische Blätter übergegangen ist.

dass die alluvialen Ablagerungen in den Bachrinnen von beschränkter Ausdehnung und Mächtigkeit seien, dass aber die in dem Thonschiefergebirge auftretenden Quarzgänge, aus denen die reichen Goldquarzstücke herstammten, vor Allem die Aufmerksamkeit zukünftiger Golddigger verdienen würden.

Zur Zeit als ich das Goldfeld besuchte, im Juni 1859, waren alle Arbeiten eingestellt;[1] nur die Eingebornen, die mit Misstrauen jeden Europäer betrachteten, der das ihnen gehörende Goldland betrat, machten einzelne Versuche und brachten von Zeit zu Zeit kleine Quantitäten von Waschgold zum Verkaufe nach Auckland. Erst die Entdeckung der reichen Goldfelder auf der Südinsel in der Provinz Otago gab 1861 einen neuen Anstoss. Man wandte sich abermals dem Coromandel-Goldfeld zu und hat seit 1862 viel Mühe und Arbeit auf die Aufschliessung desselben verwendet. Zahlreiche Golddigger-Partien und Compagnien haben es unternommen, sowohl die „Alluvialdiggings", als auch die „Quarzriffe" auszubeuten, aber, wie es scheint, ohne dass der bisherige Erfolg den Erwartungen vollständig entsprochen hätte und die Entwickelung des Goldfeldes eine so rasche und glänzende wäre, wie man gehofft. Nur so viel hat sich mit Sicherheit ergeben — und ich sehe darin eine Bestätigung meiner schon in Neu-Seeland ausgesprochenen Ansicht —, dass die Alluvialdiggings unbedeutend sind, und dass nur auf die Goldquarzgänge eine grössere Hoffnung zu setzen ist. Thatsache ist, dass auf den verschiedenen „Claims" einzelne ausserordentlich reiche Goldquarzstücke gefunden wurden. Am Matawai-, Tiki- und Kopotauki- (oder Paul's) Creek wurden, wie die Zeitungen berichteten, Quarzstücke von 30 — 40 Unzen, ja selbst von 11 Pfund Gewicht gefunden, die 50 — 70 Perc. Gold enthielten. Murphy & Comp., welche am Kapanga ein Quarzriff abzubauen begannen, sollen — so wurde im Mai 1862 berichtet — aus einer Tonne (22 Centner) Goldquarz $2\frac{1}{2}$ Unzen Gold, im April 1863 aus vier Tonnen Quarz sogar 27 Unzen Gold gewonnen haben; also nahezu 7 Unzen per Tonne. Ein solcher Erfolg, wenn er anhält, wäre allerdings brillant; denn nach den Erfahrungen auf den Goldfeldern in Victoria wirft das Quarzstampfen noch einen Gewinn ab, selbst wenn die Tonne Quarz nicht mehr als eine Unze, ja bei guten Einrichtungen, wenn sie nicht mehr als $4\frac{1}{2}$ dwts[2] Gold enthält. Einzelnen glänzenden, die

---

[1] Über die Entdeckung des Goldes, Geschichte des Coromandel-Goldfeldes und weitere Details siehe Neu-Seeland Cap. XVIII. p. 382 — 387.

[2] dwt = Penny-Gewicht, 20 Penny-Gewichte = 1 Unze, 12 Unzen = 1 Pfund Gold.

Goldgräber stets wieder neu ermuthigenden Funden und Erfolgen stehen freilich wieder andere weniger günstige Resultate gegenüber. So hat eine von Mr. G. S. Graham zur Untersuchung nach Europa geschickte Probe von Goldquarz nach einem Berichte des Herrn Dudderidge Gibbs im Southern Cross (Mai 1862) per Tonne nur 1 dwt Gold und 5 dwts Silber ergeben.[1] Eben so fiel der Versuch, welcher mit der ersten von der Keven's Reef Company aufgestellten Quarzstampfmaschine im Jänner 1863 gemacht wurde, wenig befriedigend aus. Nur fortgesetzte weitere Versuche und Arbeiten werden das Schicksal des Coromandel-Goldfeldes entscheiden. Bis jetzt war die Ausbeute eine geringe und blieb namentlich hinter der der südlichen Provinzen Nelson und Otago weit zurück. Die Identität der Formation hat auch zu Nachforschungen im Hunua-Districte Veranlassung gegeben, die, wie die Zeitungen meldeten, nicht ganz ohne Erfolg geblieben. Man hat auch in den Hunuabergen, im Gebiet der oben beschriebenen alten Thonschieferformation, Spuren von Gold entdeckt.

Was ich über die geologischen Verhältnisse der Coromandel-Halbinsel und das Vorkommen des Goldes schon in meiner „Auckland Lecture", ausführlicher in Cap. XVIII meines „Neu-Seeland" mitgetheilt habe, finde ich in einem kleinen Aufsatz von dem bekannten schottischen Botaniker W. Lauder Lindsay,[2] der im Februar 1862 das Goldfeld besucht hat, fast wörtlich bestätigt und wiederholt.

Das Goldvorkommen auf der Coromandel-Halbinsel hat, wenn man von den gänzlich verschiedenen Terrain- und Oberflächenverhältnissen absieht, rein geognostisch betrachtet jedenfalls mehr Ähnlichkeit mit dem Vorkommen in der Colonie Victoria (Australien), als mit dem in den Provinzen Nelson und Otago auf der Südinsel. Das australische Gold stammt aus Quarzadern und Quarzgängen von sehr verschiedener Mächtigkeit, welche in fein geschichteten, weichen Thonschiefern (sog. Faulschiefern, mudstones) auftreten, die der unteren Abtheilung der silurischen Formation angehören und den „Balaschichten" englischer Geologen entsprechen. Bei Castlemaine und Bendigo sind diese Thonschiefer, die keine Spur von krystallinischer Metamorphose zeigen, voll von Versteinerungen, namentlich von merkwürdigen Doppel-Graptolithen: *Diplograpsus*, *Phyllograptus*, dem zweiaxigen

---

[1] Das Coromandel-Gold ist silberhaltig, und neben Gold kommt in den Quarzen auch Schwefelkies und Arsenikkies vor.

[2] W. Lauder Lindsay, On the Geology of the Goldfields of Auckland. Proceed. of the Geolog. Section of British Association of Cambridge. Oct. 1862. 3. pp.

Didymo grapsus, den strahlig zusammengesetzten Formen von *Graptolites Logani*, *Gr. quadribrachiatus*, *Gr. octobrachiatus* etc. und von Krebsen (*Hymenocaris Salteri*). Mit diesen Thonschiefern haben nun zwar die petrefactenleeren thonschieferartigen Gesteine der Coromandel-Halbinsel entfernt keine petrographische Ähnlichkeit; allein das Vorkommen der goldführenden Quarzgänge ist in beiden Goldgegenden ein ähnliches. Sogar die Streichungsrichtung der Gänge von Nord nach Süd stimmt überein; und die Annahme, dass die Thonschiefergebirge der Coromandel-Halbinsel und der Colonie Victoria trotz der petrographischen Verschiedenheit der Gesteine demselben Alter angehören, dürfte unter allen Annahmen die wahrscheinlichste sein. In den Provinzen Nelson und Otago dagegen gehört das Gold, das als Waschgold aus jüngeren sedimentären Ablagerungen gewonnen wird, ursprünglich metamorphischen Schiefern von deutlich krystallinischer Structur an, und von Goldquarzgängen ist bis jetzt aus diesen reichsten Golddistricten Neu-Seelands so gut wie Nichts bekannt geworden.

II. Mesozoische (secundäre) Bildungen.

Eine weite Lücke zeigt sich zwischen den eben beschriebenen paläozoischen Schichten und dem nächst jüngeren Gliede in der aufsteigenden Reihenfolge der Formationen, welches ich auf der Nordinsel beobachtet habe. Auf der Südinsel scheint diese Lücke durch weit verbreitete Schichten, welche der Steinkohlenformation, der Trias, und dem Lias angehören, fast vollständig ausgefüllt zu sein; auf der Nordinsel sind die entsprechenden Bildungen aber noch nicht nachgewiesen, wir steigen vielmehr mit einem Mal auf zu Belemniten und Ammoniten führenden Schichten an der Westküste der Provinz Auckland, durch deren Entdeckung ich den ersten unumstösslichen Nachweis liefern konnte,[1] dass die mesozoischen Bildungen in den australischen Ländergebieten in der That nicht fehlen, wie man vielfach geglaubt hatte. Ich gebe eine kurze Beschreibung der drei Localitäten an der Westküste, wo ich das Auftreten von mesozoischen Bildungen beobachtet habe.

---

[1] Vgl. die Auckland-Lecture. Auf der Rückreise nach Europa machte mich der verdienstvolle Erforscher Westaustraliens, Herr F. T. Gregory, mit der interessanten Thatsache bekannt, dass auch er in West-Australien Ammoniten gefunden habe. Im Juni 1860 sah ich diese Stücke in London, es waren unvollständige Exemplare von *Ammonites* und *Crioceras*, die am ehesten auf Neocomien hindeuten. Seither sind nun auch in New South Wales bei Wollumbilla Belemniten und andere Versteinerungen entdeckt worden, die keinen Zweifel darüber lassen, dass jurassische Formationsglieder in Australien entwickelt sind. Vgl. die Colonie Victoria in Australien. Melbourne 1861. p. 174.

1. **Waikato-Southead.** Wenn man von der alten Missionsstation (Rev. Maunsell), welche am linken Ufer des Waikato nahe seiner Meeresmündung liegt, über die durch Flugsand gebildeten Dünen hinweg zum Meeresufer geht, so hat man zur Linken schroffe, bei Hochwasser von der Brandung bespülte Felsen, welche das Southhead des Waikato bilden. Die erste Felsecke besteht aus einem gelblichweissen, sehr kalkreichen Sandstein von feinstem Korn, der in unvollkommen plattenförmigen Stücken bricht und dem Ansehen nach ganz und gar an böhmischen oder sächsischen Plänersandstein erinnert. (Vgl. den Durchschnitt bei A.) Die Schichten liegen nahezu horizontal, nur mit 5° gegen Westen geneigt. In den tieferen etwas eisenschüssigen Bänken findet man Versteinerungen, namentlich Echinodermen und Brachiopoden. Die hier von mir gesammelten Arten sind:

Brissus eximius Zitt.
Schizaster rotundatus Zitt.
Cidaris sp.
Waldheimia lenticularis Desh. (eine lebende Art).
Terebratulina sp. (eine feingestreifte kleine Art).
Pecten polymorphoides Zitt.
Haifischzähne.

Diese Schichten halte ich für tertiär. Eine breite Verwerfungsspalte, welche von fettem schwarzem Thon und darüber von glaukonitreichem feinem Sand erfüllt ist, schneidet die tertiären Schichten ab. In dem Thon und Sand der Verwerfungsspalte liegen zahlreiche Schalen noch lebender Arten eingeschwemmt, wie:

Venus Stutchburgi Gray.
Ostrea.
Dazu kommen Haifischzähne und kalkige Knollen, die ihrer Structur nach an Nulliporen erinnern.

Unmittelbar an diese Verwerfungsspalte stösst dann ein sehr mächtiger Complex wohlgeschichteter Mergel- und Sandsteinbänke (B), die mit 35° gegen West einfallen,

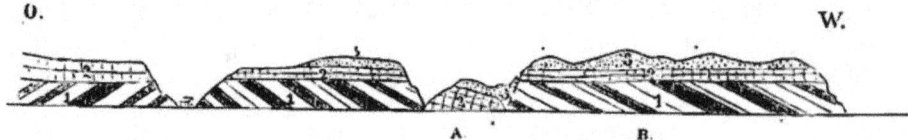

Durchschnitt am Waikato-Southhead.
1. Belemniten-Schichten. 2. Tertiärer Sandstein. 3. Flugsand.

und ungleichförmig von den oben beschriebenen plänerähnlichen Gesteinen überlagert sind. In dem aufgerichteten Schichtencomplex liegt mit ausserordentlicher Regelmässigkeit Bank über Bank. Grünlicher feinkörniger Sandstein mit undeutlichen Pflanzenresten und kohligen Theilen wechselt mit grauen Kalkmergelbänken, die von weissen Calcitadern durchzogen sind. Der Kalkmergel enthält kleine Pyritwürfel und kalkige Concretionen von kugeliger und cylindrischer Gestalt hier war es, wo ich zu meiner grossen Überraschung die ersten Belemniten auffand, fingerlange und fingerdicke Belemniten mit einem Canal auf der Bauchseite, ausgezeichnete Repräsentanten der Gruppe der *Canaliculati* d'Orb. Ich dachte zuerst an *Belemnites canaliculatus* Schloth. des oberen braunen Jura; allein auch in der unteren Kreide, im Neocomien, sind Canaliculaten noch sehr häufig und namentlich ist *Belemnites semicanaliculatus* Blainv. aus dem Neocomien eine der neuseeländischen Art so nahe stehende Form, dass man nach diesem Vorkommen allein in der Deutung der Schichten stets zwischen Jura und Kreide schwankt. Alle Bemühungen, auch Ammoniten zu finden, waren vergeblich. Es fanden sich neben:

Belemnites Aucklandicus v. Hauer.

nur noch die folgenden Arten:

Aucella plicata Zitt.

Placunopsis striatula Zitt. und kleine unbestimmbare Bivalven.

Ich empfehle diese interessante und petrefactenreiche Localität aufs Nachdrücklichste späteren Sammlern, die hier noch Vieles finden werden, was mir bei der kurzen Zeit, die mir zu Gebote stand, entgangen ist.

2. **Westküste südlich von der Waikato-Mündung.** Folgt man von der verlassenen Missionsstation bei der Mündung des Waikato der sogenannten Queens Road, welche in südlicher Richtung über die Anhöhen des Küstenplateaus nach Whaingaroa führt, so gelangt man nach etwa dreistündigem Marsche zum ersten Mal wieder herab an den Meeresstrand. Versucht man es nun von dem Punkte aus, wo man den Strand erreicht hat, in nördlicher Richtung dem Strand entlang zu gehen, so muss man bald über grosse Felsblöcke klettern, und kommt dann an eine senkrechte Felswand, an welche die Brandung anschlägt, so dass man nicht weiter kann. Diese Felswand zeigt folgendes Profil.

Zu unterst, noch im Bereich des höchsten Hochwassers, liegen grünliche, theils feinkörnige theils grobkörnige, regelmässig geschichtete Sandsteinbänke mit Kohlenresten und vielen versteinerten Stamm- und Aststücken mit verkohlter Rinde. Darüber sind an der gegen 40 Fuss hohen senkrechten Felswand in fast horizontalen, nur schwach mit 10° — 12° gegen Nord geneigten Schichten grünlichgraue Kalkmergel entblösst, mit welchen noch einzelne Sandsteinbänke von verschiedener Mächtigkeit wechsellagern. Dieser Schichtencomplex erinnert petrographisch ganz und gar an die aufgerichteten Schichten beim Waikato-Southhead. Allein von Belemniten ist hier keine Spur; dagegen enthalten die Kalkmergel prachtvoll erhaltene Farnkräuter. Zerschlägt man die am Fusse der Felswand liegenden Blöcke, so wird man bald eine reiche Sammlung der schönsten Exemplare beisammen haben; denn das Gestein ist ganz voll von Abdrücken. Es ist jedoch zum grössten Theile ein und dieselbe Art. In der feinen, vollkommen homogenen Gesteinsmasse ist die Erhaltung eine so vollkommene, dass an den einzelnen Fiederblättchen die Nervatur bis in ihre feinsten Verzweigungen sichtbar ist. Die fossile Art stimmt mit keiner der auf Neu-Seeland lebenden Arten überein, sondern ist ein neues Polypodium, dem Herr Prof. Unger meinen Namen gegeben hat:

Polypodium Hochstetteri Ung.

Eine zweite unbestimmbare Form hat lange, schmale Blätter. So weit halte ich die Schichten für **mesozoisch**.

Die höheren **tertiären** Schichten sind der directen Beobachtung nicht zugänglich; jedoch kann man sich überzeugen, dass die gewaltigen Blöcke eines aus Bryozoen, Foraminiferen, Echinodermen und anderen Seethierresten bestehenden Kalksteines, die unten am Strande liegen, den nächst höheren Schichten angehören. An der verwitterten Oberfläche tritt die zoogene Natur des Kalksteines sehr deutlich hervor. Bestimmbar waren jedoch nur folgende Bryozoen:

Fasciculipora mammillata Zitt.
Cellepora sp.
Retepora sp.

Über dem Kalksteine scheinen glaukonitische Conglomerat-Schichten zu liegen, ebenfalls reich an Bryozoen und anderen Versteinerungen. Meine Sammlung enthält Exemplare von:

Cidaris sp.
Brissus eximius Zitt.
Nucleolites papillosus Zitt.
und ein vorzüglich aus Stäben einer Isis-Art zusammengesetztes Conglomerat.

Das oberste Glied endlich bildet ein in mächtigen Bänken abgelagerter feinkörniger Sandstein, mit pfeilerförmiger Absonderung, der ganz und gar an Quadersandstein erinnert.

Verfolgt man von dem oben bezeichneten Punkte aus den Strand in **südlicher** Richtung, so sieht man da und dort aus dem magneteisenhaltigen Sand des Strandes in Streichungslinien, welche mit der Küste parallellaufen (S 30° O), die

Schichtenköpfe von festeren Sandstein- und Conglomeratbänken hervorragen, die mit thonigen Mergelschichten wechsellagern. In dem aus Mergel-Sandstein- und Thonschiefergeröllen bestehenden Conglomerate und in dem grünlich-grauen Sandsteine liegen viele kurze, aber dicke Baumstammstücke, vollständig verkieselt. An anderen Stellen findet man ähnliche Stammtheile mit verkohlter Rinde, kleine Nester einer glänzenden „Gagatkohle", dünne Zwischenlagen von bituminösem Schieferthon und endlich da, wo sich die Küste zum ersten Mal wieder zu einem höheren steilen Felsabsturz erhebt, auch reine Kohlenschichten.

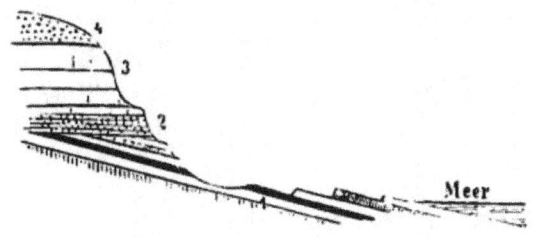

1. Kohlen und Pflanzen führende Schichten.
2. Tertiärer Kalkstein.
3. „ Sandstein.
4. Flugsand.

Durchschnitt an der Westküste südlich von der Waikato-Mündung.

Diese Kohlenschichten, nur wenige Zoll mächtig, liegen gerade in der Hochwasserlinie mit 10 — 15° Neigung nach dem Meere zu.

Die Kohle ist eine schöne Glanzkohle mit muscheligem Bruch, sie ist wesentlich verschieden von der Braunkohle bei Drury und nähert sich mehr einer Schwarzkohle. Das Stück, welches ich von einem der aus dem Sand hervorragenden Schichtenköpfe abschlug und mitnahm, ist in zwei aufeinander senkrechten Richtungen von papierdünnen Kalkspathlamellen durchzogen und dadurch in kleine Würfel von 1—2 Linien Dicke zertheilt. Die Flötze sind jedoch nicht mächtig genug, um von praktischer Wichtigkeit zu sein.

Hier hat man nun auch Gelegenheit, theils an der Felswand selbst, theils an den abgestürzten Blöcken die Natur der höheren Schichten, welche die Küstenterrasse bilden, zu studiren.

Über den kohlenführenden Schichten zunächst liegen graue Thonmergelbänke voll merkwürdiger Pflanzenreste. Das Gestein ist aber an der Oberfläche so sehr zerklüftet und zerbröckelt, dass es mir nur mit grosser Mühe gelang, einige etwas deutlichere Stücke mit sehr niedlichen Farnkräutern zu sammeln. So verschieden auch die einzelnen Exemplare, je nachdem sie besser oder schlechter erhalten sind, auf den ersten Blick sich ausnehmen, so ergab doch die nähere Untersuchung, dass sie zum grössten Theile einer Art angehören, welche Prof. Unger *Asplenium palaeopteris* nannte. Die davon abweichenden Formen waren für eine specifische Bestimmung zu unvollständig erhalten.

Wie an der zuerst beschriebenen, nördlicher gelegenen Localität folgen nun über den pflanzenführenden Mergeln noch weitere Schichten, welche ich den älteren Tertiärbildungen zurechne, und zwar zunächst wieder Kalkstein mit plattenförmiger Absonderung (2), der ein halbkrystallinisches Aussehen hat, bei näherer Betrachtung aber ganz aus Bryozoen, Foraminiferen und Echinitenstacheln besteht und im Handstück von dem Kalkstein von Papakura nicht zu unterscheiden ist. Nach oben geht der Kalkstein in mächtige Bänke eines feinkörnigen, gelblich-weissen Sandsteines (3) über, der an sächsischen oder böhmischen Quadersandstein erinnert, in grossen Quadern bricht und einen vortrefflichen Baustein abgeben würde. Damit ist jedoch die Reihenfolge der Schichten, welche die Küstenterrasse bilden, noch nicht geschlossen, sondern über den tertiären Kalk- und Sandsteinen lagern noch jüngere eisenschüssige Thone und Sande (4), letztere nichts anderes, als mehr oder weniger erhärtete, magneteisenhaltige Flugsandschichten.

Was schliesslich das Alter der kohlen- und pflanzenführenden Mergel an den beiden beschriebenen Localitäten anbelangt, so ist es schlechterdings unmöglich, aus den beiden Farnkräutern bestimmte Schlüsse zu ziehen. Allein die Schichten liegen unter tertiären Kalk- und Sandsteinen, wie die Belemnitenschichten am Waikato und sind wie diese wahrscheinlich von mesozoischem Alter. Man könnte, wenn man parallelisiren will, an Wealden denken, und wäre damit wieder auf der Grenze von Jura und Kreide, wie bei der Deutung der Belemnitenschichten.

3. Kawhia-Hafen, Südseite. (Vgl. Atlas Taf. 4.) Weiter südlich der Westküste entlang bis zum Whaingaroa-Hafen treten die mesozoischen Schichten nicht mehr zu Tage. Dagegen kam ich auf dem Weg vom Waipa nach dem Whaingaroa-Hafen, wo man den Waitetuna-Fluss überschreitet, wieder auf Kalkmergelbänke von derselben petrographischen Beschaffenheit, wie die Belemniten-Schichten an der Mündung der Waikato, und ich glaube, dass diese Formation sich von hier durch die Whawharoa- und Moeatoa-Ketten bis zum Kawhia-Hafen erstreckt.

An der Südseite dieses Hafens ist sie an den steilen Uferwänden wieder schön aufgeschlossen und ziemlich reich an Petrefacten.

Als ich von Takatahi aus dem Strand entlang in der Richtung nach der Rangitaiki-Bucht gegen das Southhead ging und die felsigen Uferwände näher untersuchte, die aus steil aufgerichteten gegen Ost mit 40 — 70° verflächenden Kalkmergel- und Sandsteinbänken bestehen, hatte ich die Freude, die ersten neuseeländischen Ammoniten zu entdecken. Trotz langen Suchens musste ich mich jedoch mit zwei Exemplaren begnügen, die beide derselben Art:

Ammonites Novo-Zelandicus Hauer (Pal. Abth. Taf. VIII. Fig. 1)

angehören und ihrer Form nach am meisten an die Planulaten des weissen Jura erinnern. Eine zweite häufigere Versteinerung war ein grosser, stark gerippter Inoceramus, welchen ich nach meinem Freunde Haast *Inoceramus Haasti* nannte. Die Versteinerungen finden sich hauptsächlich in festen kalkigen Concretionen (Geoden) von 1 — 2 Fuss Durchmesser, die in den leicht zerbröckelnden Mergelbänken zerstreut liegen. Wie am Waikato enthalten die Mergelbänke auch hier Pyritknollen und sind vielfach von Kalkspathadern durchzogen, während die sandigen, mitunter conglomeratischen Bänke kohlige Spuren zeigen.

Es war klar, dass dieser Schichtencomplex von Mergel, Schieferthon, Sandstein und Conglomerat derselben Formation angehöre, wie die Belemniten-Schichten am Waikato; allein ich suchte vergebens nach Belemniten. Um so überraschender war mir, einen reichen Belemniten-Fundort auf einem zweiten Ausflug zu entdecken, welchen ich in entgegengesetzter Richtung, den Waiharakeke-Canal aufwärts, unternahm, nämlich bei der Landspitze Ahuahu an der Südseite des Canals unweit der Wesleyanischen Missionsstation. Die Uferklippen sind hier gegen 40 Fuss hoch und bestehen aus graubraunen, nach oben stark zersetzten und eisenschüssigen Thonmergelbänken, die in steil aufgerichteten Schichten mit harten Kalkmergelbänken wechsellagern. Auf der Schlammfläche am Fusse dieser Klippe lagen in grosser Anzahl Bruchstücke von Belemniten zerstreut, und nach einigem Suchen fand ich auch zahlreiche vollständige Exemplare in den anstehenden Mergeln. Die Art stimmt bis auf die Grösse vollständig überein mit den Belemniten am Waikato und kann desshalb als eine kleinere Varietät jener Art aufgefasst werden:

Belemnites Aucklandicus var. minor.

Neben den Belemniten war aber an dieser Localität kein einziges anderes Petrefact zu entdecken.

III. Känozoische (tertiäre) Bildungen.

Die Tertiärperiode ist auf der Nordinsel durch weit ausgedehnte Ablagerungen von sehr verschiedenartigem Charakter repräsentirt, deren horizontale Verbreitung sowohl die der paläozoischen, als auch die der mesozoischen Periode übertrifft. Die tertiären Schichten liegen zum grössten Theile horizontal — eine bemerkenswerthe

Thatsache, weil sie beweist, dass selbst die überaus zahlreichen vulcanischen Eruptionen, welche nach ihrer Ablagerung statt fanden, nicht Kraft genug hatten, das ganze System zu disloeiren, sondern nur locale Störungen verursachten. Freilich sind andererseits seit der Tertiärperiode durch säculare Hebungen und Senkungen so grossartige Veränderungen in den Niveauverhältnissen dieser Ablagerungen eingetreten, auch sind dieselben durch jüngere Sedimente vulcanischen Ursprunges so sehr verdeckt, dass es schwer wird, sich eine Vorstellung von der Gestalt und der Ausdehnung der einstigen tertiären Wasserbecken zu machen.

Die Tertiärablagerungen der Nordinsel (und eben so auch die der Südinsel) lassen sich unschwer in ältere und jüngere trennen, die namentlich paläontologisch dadurch scharf charakterisirt sind, dass unter den fossilen Mollusken der älteren Ablagerungen keine recenten Arten sich vorfinden, während diese in den jüngeren Ablagerungen eine grosse Rolle spielen. So entschieden dieser Altersunterschied aber auch ist, so fehlen für eine Parallelisirung mit europäischen Tertiärablagerungen doch wieder alle Anhaltspunkte. Wäre man berechtigt, europäische Formationsnamen anzuwenden, so könnte man jene beiden Abtheilungen etwa als älteres und jüngeres Miocän bezeichnen.

Die jüngeren Ablagerungen kommen jedoch in dem Gebiete, welches wir in diesem Abschnitte betrachten, nicht vor; wir haben es hier nur mit der älteren Abtheilung zu thun, welche in zwei verschiedenen Facies auftritt, als eine **braunkohlenführende Süsswasser-Bildung** und als eine **kalkreiche Meeres-Bildung**. Wo beide Facies zusammen auftreten, sind die braunkohlenführenden Schichten das ältere, die marinen Schichten das überlagernde jüngere Glied. An anderen Localitäten, und zumal in der Provinz Auckland, erscheint die Braunkohlenformation als eine Randbildung, welche die alten Ufer eines einstigen Tertiärbeckens begleitet, in dessen Mitte rein marine Schichten abgelagert wurden, welche Meeresconchylien und nur da und dort einzelne in Kohle verwandelte Treibholzstücke enthalten.

A. Braunkohlenführende Schichten.

Das Hunua-Kohlenfeld im Drury- und Papakura-District. Südlich von Auckland am östlichen Ufer des Manukau-Hafens liegen die Drury- und Papakura-Plains, Niederungen, welche östlich und südlich von dicht bewaldeten Hügel- und Bergketten begrenzt sind, die eine Meereshöhe von 1000 — 1500 Fuss erreichen. In den höheren Theilen dieser Bergketten treten in tiefen Wasserrissen stets die bei den paläozoischen Bildungen beschriebenen primären Thonschiefer wechselnd mit grauwackenartigen Sandsteinen und dioritischen Aphaniten zu Tage. Am westlichen Abhang aber, in den Hunuabergen bei Drury, lagern auf diesem Grundgebirge in einer Meereshöhe von 200 — 300 Fuss kohlenführende Schichten. Rev. Purchas hat das Verdienst, 1858 hier zuerst das Vorhandensein von Kohlen nachgewiesen zu haben. Natürliche Aufschlüsse in den Einrissen der Waldbäche führten zu der Entdeckung. Zur Zeit meines Besuches im Jahre 1859 waren die Kohlen bereits an mehreren Punkten[1] von den Ansiedlern auch in Schurfschächten blossgelegt.

Bei der Untersuchung der Punkte, an welchen die Kohle aufgeschlossen war, konnte ich mich von der Existenz mehrerer Kohlenflötze nicht überzeugen. Es schien mir vielmehr an den verschiedenen Punkten stets ein und dasselbe Flötz mit einer durchschnittlichen Mächtigkeit von 6 Fuss zu sein, welches jedoch durch Störungen nach Ablagerung der tertiären Schichten in einzelne Schollen zerbrochen erschien. Diese Schollen liegen jetzt, meist mit einem Verflächen von 10—20° gegen Südwest oder West, in verschiedenem Niveau am Abhang der Hügel und Berge, die man sich von zahlreichen Dislocationsspalten durchsetzt denken muss.

Der instructivste Aufschluss in Bezug auf den Charakter des Flötzes war 1859 in einem Schurf am nördlichen Abhang des Hügels, auf welchem Mr. Fallwell's Haus steht, gegeben. Man konnte hier den folgenden Durchschnitt beobachten:

An der Oberfläche steifer Thonboden mit Geoden von thonigem
    Brauneisenstein   3 Fuss
Weicher Schieferthon, mehr oder weniger sandig, mit Blätter-
    abdrücken   30
Kohlenflötz   6

Dieses Kohlenflötz bestand aus drei Bänken. Die obere Bank war Schieferkohle von geringer Qualität, 1 Fuss mächtig, dann 2 Zoll Schieferthon; die Mittelbank war Kohle von besserer Qualität, $1\frac{1}{2}$ Fuss mächtig, dann wieder 6 Zoll Zwischenmittel von bituminösem Schieferthon; die Unterbank bestand aus $2\frac{1}{2}$ Fuss guter Kohle. Die Gesammtmächtigkeit der Kohle beträgt also hier 5 Fuss. Das Liegende des Flötzes bildete bituminöser Schiefer, der in gelben Thonmergel überging, mit Pflanzenresten.

Die Kohle, deren Beschaffenheit in den verschiedenen Theilen des Flötzes an einer und derselben Localität, und eben so an den verschiedenen beobachteten Localitäten nur wenig wechselt, trägt je nach dem stärkeren oder geringeren Glanz

---

[1] Ich habe diese Punkte in meinem Report of a Geological Exploration of the Coalfield in the Drury-District. New Zealander Extra Jan. 14. 1859. beschrieben.

auf den Bruchflächen den Charakter bald mehr von „Glanzkohle", bald mehr von „Pechkohle". Sie ist dicht, von unebenem ins Muschlige gehendem Bruch und von schwarzer Farbe, verräth aber durch die braune Farbe des „Striches" oder des Pulvers alsbald den Braunkohlen-Charakter. Sie ist nur wenig verunreinigt durch Eisenkies oder durch Zwischenschichten von bituminösem Schiefer, hat frisch gebrochen eine ziemliche Consistenz, ist aber spröde und zerfällt an der Luft, namentlich, wenn der Sonne ausgesetzt, leicht in kleine Stücke.

Eine im Laboratorium des Museums of Practical Geology in London von Mr. Ch. Tookey ausgeführte Elementaranalyse der Braunkohle von Drury (die Stücke waren von Mr. Turnbull eingesendet) gab folgende Resultate:

Kohlenstoff	55·57	sp. Gew. 1·48
Wasserstoff	4·13	
Sauerstoff	15·67	
Stickstoff	1·15	
Schwefel	0·36	
Asche	9·00	
Wasser	14·12	(ausgetrieben bei 120° C.)
	100·00	
Coke	50·78 Percent.	

Eine dokimastische Probe derselben Kohle, ausgeführt im Laboratorium der k. k. geologischen Reichsanstalt von Herrn Karl Ritter v. Hauer, ergab:

Asche 2·9, Wasser bei 100° C. ausgetrieben 8·0, reducirte Gewichtstheile Blei 19·57, Wärmeeinheiten 4423, Äquivalent einer 30zölligen Klafter weichen Holzes 11·8 Ctr., sp. G. 1·38.

Vergleichen wir die von Herrn K. v. Hauer entworfenen Tabellen: „Über das Verhältniss des Brennwerthes der fossilen Kohlen der österreichischen Monarchie",[1] so ergibt sich, dass diese Braunkohlen von Drury in ihrem Brennwerthe den besseren Sorten von Braunkohle der österreichischen Monarchie, den Kohlen aus Eocän- und älteren Miocän-Schichten gleichkommen, welchen sie auch in ihren physikalischen Eigenschaften am nächsten stehen.

Sehr interessant erscheint das häufige Vorkommen von fossilem Harz in der Kohle, so wie von Pflanzenresten in den die Kohle begleitenden Schieferthonen und Sandsteinen. Das fossile Harz kommt bisweilen in faust- bis kopfgrossen Stücken, gewöhnlich aber nur in kleineren Partien in der Kohle selbst eingebettet vor. Es ist durchscheinend, sehr spröde und hat einen muscheligen, stark glänzenden Bruch. Die Farbe wechselt von einem lichten Weingelb bis zu einem dunklen Kolophoniumbraun. Es lässt sich leicht entzünden, viel leichter als Kauriharz, brennt

---

[1] Jahrb. der k. k. geol. Reichsanstalt XIII. Bd. 1863. p. 299.

mit ruhiger, aber stark russender Flamme und entwickelt einen mehr bituminösen, als aromatischen Geruch. Es löst sich weder in Alkohol noch in Äther. Obwohl dasselbe wahrscheinlich von einer der Kaurifichte verwandten Conifere herstammt, so hat man es doch mit Unrecht für Kauriharz gehalten.

Herrn Hofrath W. Haidinger verdanke ich über eine chemische Untersuchung dieses fossilen Harzes brieflich folgende freundliche Mittheilung:

„Herr Richard Maly fand im Mittel aus drei Analysen:

Kohlenstoff	76·53	berechnet:	76·65
Wasserstoff	10·58		10·38
Sauerstoff	—		12·78
Asche	0·19		0·19
			100·00

woraus sich die Formel $C_{32}H_{26}O_4$ ergibt.

Durch Reiben wird es elektrisch. Härte 2. Specif. Gew. 1·034 bei 12° R. Es unterscheidet sich genügend, um einen besonderen Namen zu verdienen; steht aber so nahe dem wirklichen Bernstein, dass ich Ambrit — nach dem englischen Amber (Bernstein) — vorschlagen möchte."

Ich möchte hier noch daran erinnern, dass dieses Harz sehr viel Ähnlichkeit hat mit dem fossilen Harze, welches auf der Insel Java in tertiären Schichten[1] vorkommt und welches ich dort selbst in grosser Menge gefunden habe.

Die Pflanzenreste bestehen aus mehr oder weniger vollständig erhaltenen Blattresten dikotyler Pflanzen, welche ein tertiäres Alter der Braunkohlenablagerung andeuten. Leider blieb jedoch meine Sammlung dieser Blattreste, da die dieselben enthaltenden Schieferthone und Sandsteine nur wenig aufgeschlossen waren, sehr klein.

Mein geehrter Freund Herr Prof. Dr. Unger hatte die Güte, diese Pflanzenreste zu untersuchen und zu beschreiben[2] und das Resultat war, dass kein einziger der Pflanzenreste mit europäischen Tertiärpflanzen übereinstimmte, und dass auch die neuseeländische Flora der Gegenwart unter denselben keine deutlich erkennbaren Repräsentanten hat.

Es waren in meiner Sammlung hauptsächlich zwei Localitäten repräsentirt:

a) Mr. Pollock's Spring Hill Shaft mit folgenden in einem festen, eisenschüssigen Sandsteine von feinstem Korn und brauner Farbe enthaltenen Arten:

Myrtifolium lingua Ung.
Fagus Ninnisiana Ung.

---

[1] Vgl. Göppert: Tertiärflora auf der Insel Java. Elberfeld 1857.
[2] Vgl. die Paläontol. Abth. dieses Werkes.

Phyllites ficoides Ung.
" *laurinium* Ung.

b) Mr. Fallwell's Place; in einem kaffehbraunen, weichen und dünnschiefrigen Schieferthon: *Fagus Ninnisiana* Ung. (sehr häufig);

in einem lichtgrauen, sehr fetten Schieferthon:
Loranthophyllum dubium Ung.
Phyllites Purchasi Ung.
Phyllites Norae Zelandiae Ung.

An Thierresten fand sich nichts als undeutliche Abdrücke eines grossen Zweischalers, wahrscheinlich *Anodonta*.

Bei den wenigen Aufschlüssen, welche die Gegend bot, und bei der dichten Waldbedeckung liess sich die Ausdehnung des Drury-Kohlenfeldes nicht genau feststellen. Indess ist an einer solchen Ausdehnung des Kohlenfeldes, dass nachhaltige Bergbau-Unternehmungen möglich sind, nicht zu zweifeln. Noch zur Zeit meines Aufenthaltes in Auckland bildete sich unter dem Namen „Waihoihoi Coal Company" eine Gesellschaft, die es unternahm, den Bergbau zu eröffnen, und durch die Anlage eines Schienenweges von den Gruben nach dem Slippery-Creek dieses Kohlenfeld mit dem Manukau-Hafen zu verbinden. Jedenfalls ist das Kohlenfeld von Drury wegen der günstigen Lage in der Nähe der Hauptstadt von grosser Wichtigkeit.

Über den praktischen Werth der Kohlen habe ich mich an anderem Orte[1] ausgesprochen.

Das Kohlenfeld des unteren Waikato-Beckens. Völlig übereinstimmend mit dem Vorkommen von Braunkohlen-Ablagerungen an der Hunuakette ist ein südlicheres Vorkommen an der nordwestlichen Abdachung der Taupiri- und Hakarimata-Kette im mittleren Waikato-Becken. Die Braunkohlen-Formation lagert hier gleichfalls auf alten Thonschiefern und Grauwacken.

Durchschnitt durch die Taupiri-Kette.

[1] Vgl. Neu-Seeland. S. 379.

Der Name des Platzes, wo ein mächtiges Kohlenflötz zu Tage tritt, heisst Papahora-hora und liegt am linken Waikato-Ufer etwa eine englische Meile südlich von Kupakupa am Abhange des hinter der Maori-Niederlassung sich erhebenden Hügelzuges in einer Höhe von etwa 180 Fuss über dem Flusse. Der natürliche Aufschluss ist gebildet durch eine Abrutschung am obern Ende einer kleinen Bachschlucht, welche zu einem westlich vom Dorfe liegenden Teich führt. Unmittelbar unter der drei Fuss dicken, gelben Lehmschichte, welche den Abhang des Hügels bedeckt, ist hier ein mächtiges Braunkohlenflötz bis auf 15 Fuss Tiefe entblösst; das ganze Flötz ist jedoch wahrscheinlich noch um mehrere Fuss dicker, da die Sohle desselben nicht zu Tage liegt. Es erscheint ganz ohne Zwischenmittel und lagert, nach der bankförmigen Absonderung zu schliessen, nahezu horizontal mit einem sanften Verflächen von 3 Grad gegen Nordost. Die Lage des Flötzes ist so günstig für Bergbau, als man nur wünschen kann. Die Beschaffenheit der Kohle ist vollkommen dieselbe, wie die der Drurykohlen; dieselbe enthält gleichfalls Ambrit, und da das Flötz auch nahezu in demselben Niveau liegt, wie die Kohlenflötze bei Drury, so ist kein Zweifel darüber, dass wir es hier mit derselben über die Nordinsel weit verbreiteten Braunkohlenformation zu thun haben, welche zuerst bei Drury aufgeschlossen und ausgebeutet wurde. Weitere Nachforschungen werden zeigen, dass dasselbe Kohlenflötz auch gegenüber auf dem rechten Waikato-Ufer lagert, und wahrscheinlich noch eine weitere Verbreitung hat ringsum an dem das untere Waikato-Becken einschliessenden Hügellande. Zwischen dem Waugape-See und der Westküste soll ein Punkt liegen, wo fortwährend Rauch aus der Erde aufsteigt. Vielleicht ist dies nichts anderes, als ein Kohlenflötz, das sich selbst entzündet hat und nun seit Jahren brennt. Jedenfalls liegt hier ein Schatz von Brennmaterial begraben, der dann gehoben werden wird, wenn europäische Ansiedlungen sich über das schöne Land am unteren Waikato ausdehnen und Dampfer den Fluss befahren. Es ist ein reicher Schatz für künftige Generationen der am Eingang des Thores liegt, welches ins Innere der Nordinsel führt.

Braunkohlen-Ablagerungen des mittleren Waikato-Beckens. Ein drittes, wahrscheinlich sehr ausgedehntes, aber derzeit noch ganz unaufgeschlossen daliegendes Braunkohlenfeld findet sich in den Hügelketten, welche die fruchtbaren Alluvialebenen oberhalb der Vereinigung des Waikato und Waipa westlich und südlich begrenzen. Die Punkte, an welchen Kohlen vorkommen, wurden mir von den Eingebornen bezeichnet, und zwar in der Hohinipanga-Kette westlich von Karakariki am Waipa, bei Mohoanui und Waitaiheke in der Houturu-Kette am oberen Waipa; endlich in den Whawharua- und Parepare-Bergen am Nordabhang der Rangitoto-Kette. Ich hatte jedoch keine Gelegenheit, diese Gegenden zu untersuchen.

B. Marine Schichten.

Waitemata-Schichten. Die steilen Uferwände des vielbuchtigen Waitemata-Hafens (Hafen von Auckland) zeigen allenthalben Durchschnitte durch einen

Complex von meist horizontal gelagerten, sehr regelmässigen Schichten, die aus einer Abwechslung lichter thoniger Mergel und schiefrig-sandiger Lagen bestehen. Dieser Schichtencomplex, welchen ich unter dem Namen „Waitemata-Schichten" zusammenfasse, bildet das von jüngeren vulcanischen Eruptionen so vielfach durchbrochene Grundgebirge des Isthmus von Auckland. Er tritt in sehr charakteristischen Profilen auch am nördlichen Steilufer des Manukau-Hafens zu Tage, bis er weiter westlich von den Andesitbreccien der Westküste (vgl. S. 16, 17) verdeckt wird. In nördlicher Richtung hat er eine Verbreitung weit über die Halbinsel Wangaparoa hinaus, und ist östlich durch die höheren paläozoischen Bergketten am Wairoa-Flusse begrenzt.

Die tiefsten Schichten, welche an den Ufern des Waitemata sichtbar sind, sind gewöhnlich mehr oder weniger feinkörnige Sandsteinbänke, welche in den meisten Fällen eine sehr charakteristische, zwischen dem Ebbe- und Fluthniveau liegende Küstenterrasse von 6—10 Fuss Breite bilden (vgl. S. 5). Über den Sandsteinbänken bemerkt man an der Mechanics Bay, bei Britomarts Point, am Northshore u. s. w. gerade in der Hochwasserlinie eine thonige Bank, welche in Braunkohle umgewandelte Treibholzstücke einschliesst. Die höheren Schichten bestehen aus dicken Bänken thonigen Mergels, die mit schiefrig-sandigen Lagen wechseln. Diese Thonmergel sind stets von lichter Farbe, grau oder gelb, oft rein weiss, und bilden, wo sie als oberste Schichte an der Oberfläche erscheinen, den äusserst unfruchtbaren Thonboden, welchen die Colonisten „pipeclay", d. h. Pfeifenthon nennen. Grosse Strecken im Norden von Auckland sind solcher steriler Pfeifenthonboden, auf welchem nichts gedeiht, als ein kümmerliches Gestrüppe von Farnkraut *(Pteris)* und Manuka *(Leptospermum)*.

Die Gesammtmächtigkeit der Waitemata-Schichten ist nicht bekannt. Eine Bohrung, welche Mr. John Brigham am Waitemata-Creek ausführte, hat eine Tiefe von 230 Fuss erreicht, ohne dass die Sandsteinbänke durchbohrt worden wären.

Sehr charakteristisch sind für die Waitemata-Schichten mehr oder weniger mächtige Zwischenlagerungen von vulcanischem Tuff. Ich erinnere an das instructive Profil auf der Halbinsel Wangaparoa, welches ich Seite 13 beschrieben habe, so wie an die Beobachtungen am nördlichen Ufer des Manukau-Hafens Seite 17.

Auch am Slippery Creek, in der Nähe von Papakura, ist ein Punkt, wo man die Zwischenlagerung von vulcanischer Asche, die aus den verschiedenartigsten (weiss, roth, braun, grünlich, violett, schwarz) Fragmenten vulcanischer Gesteine besteht, beobachten kann. Die Aschenschichte geht hier allmählich in einen feinen tuffartigen Sandstein über, der den grünlichen tuffartigen Sandsteinen an den Klippen des Hafens von Auckland ausserordentlich ähnlich ist. Indessen dürfen diese zwischengelagerten vulcanischen Schichten nicht verwechselt werden mit den mächtigen Ablagerungen von Basalttuff, welche die Tuffkrater des Isthmus der Gegend von Auckland bilden und viel jüngeren, recenten Ursprungs sind, daher wo sie auftreten, wie an der Orakei-Bai, bei Britomarts Point u. s. f. auch stets die oberste Decke der Tertiärschichten bilden.

An Versteinerungen sind die Waitemata-Schichten trotz ihres unzweifelhaft marinen Ursprungs äusserst arm. Ich habe nur einen einzigen Punkt aufgefunden, wo solche überhaupt vorkommen, das ist an der von einem Ring von Basalttuff eng umschlossenen Orakei-Bai östlich von Auckland. Eine sehr glaukonitreiche, thonig-sandige Schichte von ½ Fuss Mächtigkeit, welche hier zwischen mächtigeren Sandsteinbänken lagert, ist ganz erfüllt von Foraminiferen, Bryozoen und anderen, aber stets sehr kleinen Resten. Das Gestein spaltet sehr leicht nach den Schichtungsflächen, auf welchen dann die kleinen Reste mit ihren weissen Schalen deutlich hervortreten. Unter den Molluskenresten ist am häufigsten ein kleiner Pecten mit zehn deutlich und scharf eingeschnittenen Rinnen und verhältnissmässig starken ungleichen Ohren: *Pecten Aucklandicus* Zitt.; weniger häufig ist eine zweite schmälere Form mit zahlreichen feinen Rippen und kleineren Ohren: *Pecten Fischeri* Zitt. Ausserdem finden sich undeutliche Reste von *Nucula, Cardium, Turbo, Nerita* und ganz kleine Brachiopoden. Ein häufig, aber stets ohne Schale nur als zerbrechlicher Steinkern auftretender kleiner, belemnitenähnlich gestalteter Körper rührt wahrscheinlich von einem Pteropoden-Geschlechte (*Vaginella*) her. Unter den Bryozoen sind in grösserer Zahl *Idmonea, Hörnera* und *Retepora* vertreten; seltener *Pustulopora, Leparia, Salicornaria, Flustra, Eschara.*

Von Foraminiferen hat Mr. T. R. Jones aus Stücken meiner Sammlung, welche Mr. Heaphy nach London eingeschickt hat, die folgenden Arten bestimmt:[1]

Nodosaria Raphanistrum Linn. (Fragmente).
Vaginulina Legumen Linn. (häufig).
Polymorphina lactea W. & J.
Cristellaria rotulata Lam. (häufig).

[1] Quat. Journal. XVI. 1860. p. 254.

Amphistegina vulgaris d'Orb. (häufig).
Rotalia Schroeteriana P. & J.
Miliola (Triloculina).

Jones bemerkt, dass diese Arten eine späte tertiäre Ablagerung andeuten.

Damit ist jedoch der Reichthum an Foraminiferen in diesen Schichten noch lange nicht erschöpft. Ich verweise auf die schöne Arbeit, welche darüber Herr Felix Karrer für die paläontologische Abtheilung dieses Werkes geliefert hat.[1]

Was schliesslich noch die Lagerungsverhältnisse der Waitemata-Schichten betrifft, so gebe ich in den beiden folgenden Profilen Beispiele von localen Schichtenstörungen, wie sie an den Ufern des Waitemata und des Manukau ausnahmsweise vorkommen. Diese Profile bedürfen keiner weiteren Erklärung.

Judges Point zwischen St. George B. und Judge B. bei Auckland.   Matengarahi oder Cap Horn an der Nordküste des Manukau-Hafens.

Cooper's und Smith's Kalksteinbrüche in den Hunuabergen bei Papakura. Diese Localität südlich von Auckland vermittelt die mehr thonigen und sandigen Tertiärbildungen der Gegend von Auckland mit den kalkreichen Tertiärschichten der Westküste. Sie ist der der Hauptstadt am nächsten gelegene Punkt, an welchem Kalkstein aufgefunden wurde, und daher nicht blos von geologischer Bedeutung. Die Brüche sind am nordwestlichen Abhange der Hunuaberge, fünf bis sechs englische Meilen von Papakura entfernt, eröffnet.

Unter einer 3—4 Fuss mächtigen Lehmdecke waren 1859 durch Abgrabung folgende Schichten entblösst:

1. Eine 3—4 Fuss mächtige Bank eines weichen und feinkörnigen Sandsteines von grauer Farbe mit wenigen Versteinerungen.

2. Blaugrauer, an der verwitterten Aussenseite gelber, stark kalkhaltiger Thonmergel, voll von Foraminiferen, Bryozoen, einer grossen glatten *Waldheimia* und anderen Seethierresten.

3. Plattiger Kalkstein, 4—5 Fuss mächtig, von halbkrystallinischer Structur, voll von Bryozoen, Foraminiferen, Stacheln von Echinodermen und Schalentrümmern. Dieser Kalkstein erinnert ganz und gar an die Leithakalke des Wiener Beckens. Dieses Kalkbett wird gewonnen.

4. Weicher thoniger Sandstein von brauner und grauer Farbe, mit grossen Bivalven (*Cardium*), Brachiopoden u. s. w. und neben den Seethierresten auch mit einzelnen Blattabdrücken dikotyler Pflanzen.

---

[1] Vgl. Paläontolog. Abth. III. Die Foraminiferenfauna des tertiären Grünsandsteines der Orakei-Bay bei Auckland von Felix Karrer, mit 1 Tafel (XVI).

Dieser Schichtencomplex verflächt mit 8 — 10° gegen NW.

Ich konnte mich überzeugen, dass diese Kalksteinformation von der Ecke, welche das Bergland bei Papakura macht, sich in nordöstlicher Richtung bis zum Wairoa-Thale hinzieht. Es sind mir auch noch von mehreren anderen Localitäten im Hunua-District, z. B. von Warner's Place bei Symonds Creek Proben von thonig-sandigen Schichten voll von marinen Versteinerungen (*Lucina, Turritella* und viele andere undeutliche Reste) zugeschickt worden, die auf eine weitere Verbreitung dieser Schichten hindeuten.

Das Vorkommen von Blättern neben Seethierresten, so wie einzelne in den sandigen Schichten eingebettete Thonschieferstücke deuten darauf hin, dass diese Bildung eine Rand- und Strandbildung ist, vielleicht gleichzeitig mit den benachbarten Braunkohlenbildungen bei Drury. Das Grundgebirge, beziehungsweise das Ufer war hier wie dort das primäre Thonschiefergebirge der Hunua-Berge.

Die Liste der Versteinerungen von dieser Localität mit Ausnahme der Bryozoen und Foraminiferen ist folgende:

Waldheimia gravida Suess.
* *Pecten Fischeri* Zitt.
* *Pecten* aus der Gruppe des *P. Pleuronectes* sehr häufig, vielleicht nur grössere Exemplare von *P. Aucklandicus* Zitt. der Orakei-Bay.
Ostrea sp.
Cardium (eine sehr grosse Art).
Lucina sp.
† *Pholadomya* sp.
Nucula sp.
Neritopsis sp.
* Steinkerne von Pteropoden (*Vaginella*).
† *Turbinolia* sp.
† *Schizaster rotundatus*.
Flossenstachel.
Lamnazahn.
Blattabdrücke.

Die mit * bezeichneten Arten hat diese Localität gemeinschaftlich mit den tertiären Schichten der Orakei-Bay, so dass an der Äquivalenz der Waitemata-Schichten und der Kalksteine bei Papakura nicht gezweifelt werden kann. Da ferner die mit † bezeichneten Arten auch in den Tertiärablagerungen der Westküste, zu deren Beschreibung ich nun komme, sich finden, so ist auch über die Identität dieser Schichten kein Zweifel.

Die Tertiärablagerungen an der Westküste der Provinz Auckland. Zwei Localitäten, welche hierher gehören: die eine am Waikato-Southhead, die zweite an der Westküste südlich von der Mündung des Waikato habe ich bereits früher (Seite 28 und Seite 30—31) im Zusammenhang mit den mesozoischen Bildungen der Westküste beschrieben. Verfolgen wir die Westküste jetzt weiter in südlicher Richtung, so geben uns die Ufer der drei nahe bei einander gelegenen Aestuarien des Whaingaroa-, Aotea- und Kawhia-Hafens wieder vielfach Gelegenheit, marine Schichten der Tertiärperiode zu beobachten.

Die Tertiärablagerungen zerfallen hier deutlich in zwei Etagen, in eine untere thonige und in eine obere bald mehr sandige, bald mehr kalkige Etage, welch letztere je weiter südlich um so mächtiger entwickelt erscheint.

Am Whaingaroa-Hafen treten beide Etagen nicht über einander, sondern nur neben einander auf. Die östlichen Ufer des Aestuariums, namentlich die Ufer des Waitetuna-Creek's in der Nähe von Capt. Johnston's Haus bestehen aus lichtgrauem, etwas sandigem Thonmergel, der, wiewohl sparsam, Fossilien führt. In Gemeinschaft mit meinem Freunde Haast gelang es mir, hier folgende Arten zu sammeln:

Pholadomya sp.; dieselbe wie in den Kalksteinbrüchen bei Papakura.
Natica sp.
Turbinolia sp.; dieselbe wie in den Kalksteinbrüchen bei Drury.
Cirrhipeden-Schalen; dieselben wie am Aotea-Hafen.

Sehr reich sind diese thonigen Schichten an Foraminiferen, darunter die grosse und schöne *Cristellaria Haasti* Stache. Mein Freund Dr. Guido Stache hat diese Foraminiferen untersucht, und die Resultate seiner Arbeit in der paläontologischen Abtheilung dieses Werkes mitgetheilt.[1]

Die höhere Kalkstein-Etage sieht man sehr schön und eigenthümlich entwickelt nahe dem Hafeneingang an der Nordseite, der europäischen Niederlassung Raglan gegenüber. Es sind plattige, zum Theil etwas sandige, in horizontalen Bänken geschichtete Kalke, die säulenförmig zerklüftet sind und vom Meere unterspült und abgenagt die eigenthümlichsten Formen bilden: Thürme von 60—70 Fuss Höhe, Mauern, Felstische u. dgl. — Dieser Kalkstein ist voll von Versteinerungen, die jedoch schwer herauszuschlagen sind.

Geht man dagegen vom Northhead aus der Westküste entlang in nördlicher Richtung einige Meilen weit, so kommt man hinter einer basaltischen Felsecke zu

---

[1] Vgl. Palaeontol. Abth. IV. Die Foraminiferen der tertiären Mergel des Whaingaroa-Hafens von Dr. Guido Stache, mit 4 Tafeln (XVII—XX).

einem sehr reichen Petrefactenfundort in denselben, hier nur noch mehr sandigen Kalken. Die Felsen sind voll von grossen Austern, Terebrateln, Pecten u. s. w. Herr Dr. Zittel hat aus meiner Sammlung von dieser Localität folgende Arten bestimmt:

Ostrea Wüllerstorfi Zitt.
Pecten Hochstetteri Zitt.
Waldheimia lenticularis Desh. (eine lebende Art).
Balanus.
Membranipora.

Am Aotea-Hafen (vgl. Atlas Taf. 4) kann man die beiden Glieder der Tertiärformation, welche am Whaingaroa-Hafen aus einander liegen, über einander gelagert beobachten. Den besten Aufschluss gibt eine an der Südseite gelegene, weithin sichtbare, hohe weisse Klippe, von den Eingebornen Orotangi genannt, was so viel bedeutet, als dass hier Steine mit Getöse herabfallen.

Zu unterst liegen an dieser Stelle, etwa 40 Fuss mächtig, dieselben grauen, etwas sandigen Thonmergel, wie am Whaingaroa-Hafen, aber mit wenig Petrefacten. Ich fand nur:

Panopaea sp. ind., *Cucullaea singularis* Zitt. und einige Pectens.

Über diesen Mergeln liegen kalkige Sandsteinbänke mit vielen Petrefacten, die aber doch schwer ganz zu erhalten sind. Dieser Sandstein entspricht dem plattigen Kalkstein von Whaingaroa. Die Schichten sind hier nur mehr sandig, und an anderen nahegelegenen Punkten wieder mehr kalkig, wie am Taranaki Point nördlich vom Hafeneingang. An der der Orotangi-Klippe nahe gelegenen Puketoa-Klippe stehen die kalkigen Sandsteinbänke im Niveau des Meeres an, und aus diesen Sandsteinbänken habe ich folgende Arten gesammelt:

Waldheimia lenticularis Desh.
Pecten Hochstetteri Zitt. (glatte Art).
    Williamsoni Zitt. (gefaltete Art, sehr häufig).
Velates sp.
Scalaria lyrata Zitt.
    Browni Zitt.
Cirrhipeden-Schalen.
Schizaster rotundatus Zitt.

Diese tertiäre Mergel- und Sandsteinformation bildet rings um die östlichen Ufer des Aotea-Hafens ein von unzähligen kleinen Schluchten durchrissenes Hügelland.

Die Landenge zwischen dem Aotea- und Kawhia-Hafen besteht gleichfalls aus tertiären Schichten, die jedoch grösstentheils von Flugsand bedeckt sind und erst an den Steilufern, welche die Tewharu-Bay und den Puti-River begrenzen, wieder ganz mit demselben Charakter, wie am Aotea-Hafen zu Tage treten und hier grosse Austern: *Ostrea Wüllerstorfii* Zitt. und glatte Terebrateln führen. Weit interessanter sind jedoch die tertiären Schichten an der Südostseite des Kawhia-Hafens. (Vgl. Atlas Taf. 4.) Der Waiharakeke-River bildet hier eine scharfe Grenze zwischen den Ammoniten und Belemniten führenden Schichten, welche das südliche Ufer zusammensetzen und den tertiären Schichten, welche sich mit nahezu horizontaler Lagerung über die ganze südöstliche Seite des Hafens bis zum Awaroa-River ausdehnen. Das tiefere Glied, die Thonmergelschichten treten jedoch nur am Waiharakeke-River über das Wasserniveau. Vom Rangiora Point an

Kalksteinfelsen am Rakaunui-Fluss (Kawhia-Hafen).

erreichen die oberen Kalksteinbänke die Wasserlinie und bilden von hier an eine Steilküste mit den mannigfaltigsten Felsformen. Am ausgezeichnetsten ist der eigenthümliche landschaftliche Charakter der Kalksteinformation am Rakaunui-Fluss entwickelt. Die malerischen, zu den mannigfaltigsten Formen zerklüfteten und verwitterten Felspartien, bald lange und hohe senkrechte Uferwände bildend, bald pittoreske Inseln und Vorgebirge, oder in Form von Thürmen, Mauern und Ruinen, bieten in dem gewundenen Creek stets neue überraschende Ansichten. Dieser Theil des Kawhia-Hafens führt desshalb bei den Ansiedlern den Namen „Neuseeländische Schweiz."

Auch durch zahlreiche Höhlen ist diese Kalksteingegend ausgezeichnet. Te ana hohonu, die tiefe Höhle, liegt auf der Halbinsel zwischen dem Rakaunui- und Awaroa-Fluss. Nachdem wir das Gebüsch weggeräumt, fanden wir ein stollenförmiges Loch, das in nordöstlicher Richtung etwa 100 Yards weit führte, dann aber so nieder wurde, dass man nur kriechend weiter kommen konnte. Die Eingebornen versicherten mich, dass die Höhle sich nach innen wieder erweitere, schöne Tropfsteinbildungen habe, und dann in drei Arme sich theile. Indess schien eine weitere Untersuchung Zeit und Mühe nicht zu lohnen. Eine zweite Höhle soll in der Nähe liegen; der Eintritt war jedoch verboten, weil sie als Begräbnissplatz eines Maori-Stammes diente; sie soll voll von zu Mumien eingetrockneten Maori-Leichen sein.

Kalksteinblock Tainui am Kawhia-Hafen.

Besondere Erwähnung verdient noch ein isolirter Felsblock von plattigem Kalkstein, welcher an der Nordseite des Kawhia-Hafens am Abhange eines sonst ganz mit Flugsand bedeckten Hügels schief aus dem Boden hervorragt. Dieser Block spielt in der Maori-Tradition eine grosse Rolle und ist nach der Maori-Sage ein Theil des Canoes Tainui, auf welchem die ersten Einwanderer von Hawaiki nach dem Kawhia-Hafen gekommen sein sollen.

Die Höhlenkalke der oberen Waipa- und Mokau-Gegend. Die Kalksteinformation, welche die malerischen Ufer der Südostseite des Kawhia-Hafens bildet, hat in südöstlicher Richtung landeinwärts eine sehr weite Verbreitung und erreicht wahrscheinlich ihre grösste Mächtigkeit in den Gegenden am oberen Waipa und Mokau zwischen der Rangitoto-Kette und der Westküste. An der südöstlichen Seite des Kawhia-Hafens erhebt sich das Terrain stufenweise bis zu 600 und 1000 Fuss Meereshöhe. Überall sieht man aus Wald und Busch weisse Felsmauern und Felskronen hervorragen; daher der europäische Name „Castle Hills" für diese Berge, welche die Eingebornen Whenuapu nennen. Der Geologe erkennt in dem stufenförmigen Absatz der Kalksteinfelsen leicht eine Reihe von Dislocationsspalten, welche den Abfall nach der Meeresküste bedingen.

Im oberen Waipa- und Mokau-District bildet die Kalksteinformation eine bis zu 1000 Fuss Meereshöhe ansteigende Felsplatte, welche auf der wasserdichten Unterlage der thonigen Schichten aufliegt. Bis zu dieser Unterlage müssen die atmosphärischen Gewässer niedergehen; daher die zahlreichen unterirdischen Wasserläufe, Höhlen und tiefen trichterförmigen Löcher (Kesselstürze), von den Eingebornen tomo[1] genannt, Erscheinungen, wie sie in allen Kalksteingegenden so gewöhnlich sind. Manche dieser Dolinen — um den Ausdruck zu gebrauchen, mit welchem man im Karst die Kesselstürze bezeichnet — sind mit Wasser erfüllt, wie der Rototapu (heiliger See) bei Mangawhitikau, den die bösen Geister gemacht haben, um Menschen zu fangen, wie die Eingebornen sagen. In mehreren Höhlen ruhen die Gebeine verstorbener Geschlechter der Maoris, sie sind darum heilig gehalten und dürfen von Europäern nicht betreten werden. Andere dieser Höhlen wie Te ana o te moa (die Moa-Höhle), Te ana o te atua (die Geisterhöhle) und Te ana uriuri (die dunkle Höhle) in der Gegend von Hangatiki am Mangapu-Flusse (einem Zuflusse des Waipa) sind berühmt nicht blos durch ihre schönen Tropfsteinbildungen,[2] sondern auch als die (freilich jetzt gänzlich ausgebeuteten) Fundstätten von Resten der ausgestorbenen Riesenvögel Neu-Seelands: Dinornis, Moa der Eingebornen.[3]

Der Kalkstein ist derselbe plattige und mehr oder weniger sandige Kalkstein mit denselben Versteinerungen, wie beim Whaingaroa- und am Kawhia-Hafen, erreicht aber hier eine Mächtigkeit von 300—400 Fuss. Er ist jedoch grösstentheils bedeckt von mächtigen Schichten von Trachyt- und Bimsteintuff, und tritt desshalb meist nur in den tief eingeschnittenen Flussthälern an den Thalgehängen zu Tage. Die Flüsse selbst fliessen auf der Grenze zwischen der Kalksteinformation und den darunter liegenden wasserdichten thonigen Schichten, oft wie der Mangapu und der Mangawhitikau und andere Flüsse im Pehiope- und Wairoa-District auf längere Strecken unterirdisch,[4] so dass sie dann mit einem Male aus einer Höhle hervorzubrechen scheinen.

---

[1] Das Wort bedeutet „einfallend" „sich einsenkend" und ist somit ganz bezeichnend.
[2] Vgl. Neu-Seeland. S. 200.
[3] Dr. Thompson: Edinburgh New Philosoph. Journal. Vol. LVI. pag. 268—295.
[4] Vgl. Neu-Seeland. S. 202—203.

Je mehr man sich in südöstlicher Richtung der Wasserscheide zwischen dem Mokau- und Wanganui-Fluss nähert, desto mächtiger wird die Bedeckung von vulcanischen Tuffen, welche aus der Taupo-Gegend herstammen. Zum letzten Male auf meinem Wege nach dem Taupo-See habe ich Sandsteine und kalkige Schichten, welche wahrscheinlich der Tertiärperiode angehören, an den westlichen durch Bergschlüpfe von dem Alles bedeckenden Urwald etwas entblössten Gehängen der Tarewatu- und Tapuaiwahine-Kette beobachtet.

In das Awakino- und untere Mokau-Thal, wo an den Thalwänden höchst instructive Profile aufgeschlossen sein müssen, bin ich leider nicht gekommen.

IV. Posttertiäre (quartäre und noväre) Bildungen.

Die posttertiäre Periode war auf der Nordinsel vorherrschend eine Periode vulcanischer Thätigkeit, durch welche die Umrisse und die Oberfläche dieser Insel gänzlich verändert und allmählich ihrer heutigen Form und Gestalt zugeführt wurden. Nichts desto weniger waren die zerstörenden, fortschaffenden und ablagernden Wirkungen auch anderer Agentien — ich meine des Wassers und der Atmosphäre — in dieser Periode bedeutend genug, um zu einer Reihe von Bildungen Veranlassung gegeben zu haben, die eine besondere Betrachtung verdienen, ehe ich zu der schwierigen Aufgabe weiter schreite, in einem fünften Abschnitt der Mannigfaltigkeit und Grossartigkeit der vulcanischen Phänomene und Producte gerecht zu werden. Die vulcanischen Bildungen sind jedoch vielfach so enge verknüpft mit den Sedimentbildungen dieser Periode, dass ich Manches, was der Natur der Sache nach erst im fünften Abschnitt besprochen werden sollte, des Zusammenhanges halber schon diesem Abschnitt einverleibe. Ich reihe dem wahrscheinlichen Alter nach die jüngeren Bildungen an die älteren, ohne jedoch den vergeblichen Versuch machen zu wollen, nach herkömmlicher Weise ein Diluvium von einem Alluvium zu trennen, und ich werde mich, zumal bei den jüngsten Bildungen, häufig auf die flüchtigste Skizzirung beschränken müssen.

1. Lignitformation der Manukau-Flats.

Die Niederungen am östlichen und südlichen Ufer der Manukau-Bucht, die Manukau-Flats, bestehen aus Schichten von sehr jungem Alter, die von den Waitemata-Schichten zu trennen sind. Die besten Aufschlüsse geben die mit dem Manukau-Becken in Verbindung stehenden, tief in das Land einschneidenden Creeks: der Waiuku- und Papakura-Creek mit ihren zahlreichen Seitenarmen. Dem Tamaki-Creek entlang reichen die Bildungen der Manukau-Flats bis zur Waitemata-Seite, und dem Papakura-Bach entlang bis zum Wairoa und zur Tamaki-Strasse. Ablagerungen von torfähnlichem Lignit, welche in den Creeks nahe der Wasserlinie ausstreichen, sind das bezeichnendste Glied dieser sonst in sehr mannigfaltigen Schichten entwickelten quartären Formation; daher die Bezeichnung Lignitformation.

Am Waiuku-Creek (Wai = Wasser, uku = weisse Erde) zeigen die 10 bis 12 Fuss hohen Uferwände völlig horizontal gelagerte weisse Thon- und Sandschichten ohne irgend eine Spur von organischen Resten. Darunter treten innerhalb der Grenze von Ebbe und Fluth zwei Lignitlager zu Tage. Das obere ist 1—2 Fuss mächtig und von dem unteren, dessen Mächtigkeit nicht sichtbar ist, durch braunen bituminösen Schieferthon von 1 Fuss Mächtigkeit getrennt.

Dieselben Lignitlager treten in verschiedenen kleinen Creeks bei Waiuku und Mauku zu Tage. Im Ngakaroa-Creek bei Drury sieht man ein gegen 5 Fuss mächtiges Lignitlager von blauem sandigem Thon bedeckt, in welchem Farne und andere Pflanzenreste eingebettet liegen.

In der Nähe von Otahuhu, wo der Boden grösstentheils aus Basalttuff besteht, kommt man in 15—20 Fuss Tiefe auf weichen torfähnlichen Lignit. Oft liegen 2 bis 3 Lager von 1—5 Fuss Dicke über einander. Auch dem ganzen Tamaki-Creek entlang tritt das Lignitlager zu Tage zwischen weissen Thonen, die stellenweise von vulcanischen Tuffen bedeckt sind.

Verfolgen wir vom Waiuku-Creek aus das westliche Ufer des Manukau-Hafens, so kommen wir an einer von den Eingebornen Papa-otu-waka genannten Stelle bei Kauri-Point zu einem circa 60 Fuss hohen Steilrand, welcher von unten nach oben folgendes Profil zeigt:

Zu unterst thonige und sandige Mergel der Waitemata-Formation in dünnen Schichten	6 Fuss.
Darüber mächtige Bänke von Magneteisen-Sandstein	18—20
Dann:	
1. Bituminöse Schichten mit Lignit	1
2. Gelber, eisenschüssiger Sandstein, mehr quarzig, als thonig	12
3. Bunte Thone, abwechselnd roth, gelb und weiss in dünnen Lagen	2
4. Weisser, thoniger Sandstein, bisweilen röthlich oder gelblich gefärbt	10—12

Am Strande lagert hier stellenweise Quarzsand, aus kleinen wasserhellen Quarzkörnern bestehend, dessen weisse Farbe von dem schwarzen Magneteisensand grell absticht.

Eine mit diesem Profile beinahe völlig übereinstimmende Schichtenfolge beobachtet man am Southhead des Manukau-Hafens, am Steilabfall der Mahanihani genannten Anhöhe (580 Fuss hoch).

Durch die heftigen Westwinde ist der magneteisenhaltige Flugsand der Küste über den ganzen Abhang bis zum höchsten Punkt hinaufgeweht. Unter der Flugsandbedeckung treten aber da und dort die horizontal gelagerten Bänke, aus welchen der Abhang besteht, zu Tage. Zu unterst im Meeresniveau lagern eisenschüssige, bald gelbbraune, bald rothbraune Sandsteine, welche rings um an der Südseite des Manukau einen charakteristischen Horizont bilden, der die tertiären Waitemata-Schichten von den quartären Schichten trennt. Der Sandstein ist mehr quarzig als thonig, leicht zerreiblich und durch Magneteisen schwarz gesprengelt. Darüber:

1. Bituminöse, sandige Schichten, sehr dünnschieferig, mit Spuren von Lignit 2 — 3 Zoll.
2. Feinkörniger Sandstein, von grünlicher Farbe, feine Magneteisenkörner enthaltend 10—12 Fuss.
3. Weisser und gelber, speckiger Thonmergel; in trockenem Zustande Meerschaum ähnlich 2 Fuss
4. Abwechselnd sandige und thonige Schichten von lichter Farbe, von ansehnlicher Mächtigkeit, nach oben von Flugsand bedeckt.

Höchst eigenthümlich und auffallend sind die Ablagerungen, welche der Papakura-River bei der Papakura-Brücke (auf der Great South Road) entblösst. Unmittelbar unter einer oberflächlichen eisenschüssigen Lehmdecke lagern hier sehr ansehnliche Schichten einer schneeweissen, äusserst feinkörnigen, völlig staub- oder mehlartigen Gebirgsart. Dieser feine weisse Staub kommt in drei Bänken vor, die zusammen eine Mächtigkeit von 8—9 Fuss haben. Die beiden obersten Bänke sind durch eine dünne gelbe, eisenschüssige Lage von einander getrennt, die mittlere von der unteren durch eine 1 Fuss mächtige, mehr sandige Lage von chocoladebrauner Farbe. Zu unterst im Bachbett steht torfähnlicher Lignit an. Was ist nun das fremdartige, schneeweisse Pulver? Zuerst denkt man an Kieselguhr. Die Consistenz der Masse ist ganz dieselbe, sie fühlt sich zwischen den Fingern nicht fett, sondern mager an, wie Kieselguhr, und ist von der weissen Kieselguhr aus dem Cabbage-Tree-Swamp bei Auckland dem Ansehen nach nicht zu unterscheiden. Allein unter dem Mikroskop ist auch keine Spur von Diatomaceen zu entdecken, wie sie in der Kieselguhr von Auckland in so zahlreichen Formen auftreten. Man bemerkt nichts, als durchsichtige oder durchscheinende Theilchen, die als Fragmente einer sehr gleichartigen Substanz erscheinen.

7*

Ausserordentlich viel Ähnlichkeit zeigt das weisse Pulver auch mit gewissen kieseligen Absätzen der heissen Quellen am Rotomahana, die wenigstens im statu nascendi mehlig sind und erst allmählich zu Chalcedon und opalartigen Massen erhärten. Jedoch die Art des Vorkommens widerspricht der Vorstellung, dass diese Substanz ein Niederschlag aus heissen Quellen sei, und auch aus der chemischen Untersuchung ergeben sich wesentliche Unterschiede, indem die reinen Kieselsinterproben vom Rotomahana weit mehr Kieselerde, nämlich 86 — 88 Perc., dagegen nur 1—2 Perc. Thonerde enthalten und ein geringeres specifisches Gewicht von nur 2·008 haben.

Eine in dem Laboratorium des k. k. polytechnischen Institutes unter der Leitung des Herrn Prof. Dr. A. Schrötter ausgeführte Analyse ergab:

A. In Salzsäure lösliche Bestandtheile:		B. In Salzsäure unlösliche Bestandtheile.	
Thonerde } Eisenoxyd }	2·39	Kieselsäure	72·93
Magnesia	0·21	Thonerde } Eisenoxyd } Manganoxydul }	15·15
Kalk	Spur	Kalk	2·05
		Wasser	0·92
		Organische Bestandtheile	6·02

oder anders gestellt:

Kieselsäure	72·93
Manganoxydul } Eisenoxyd } Thonerde }	17·54
Magnesia	0·21
Kalk	2·05
Wasser	0·92
Organische Bestandtheile	6·02
	99·67

Das specifische Gewicht bestimmte Herr Dr. Madelung zu 2·310 und vor dem Löthrohre schmolz die Substanz zu einem weissen emailartigen Glase.

Die chemische Zusammensetzung stimmt recht gut mit der von Bimsstein überein,[1] und so kommt man denn auf den Gedanken, dass man es hier mit fein zer-

---

[1] Eine sehr ähnliche Zusammensetzung haben nach den Untersuchungen von Dr. Madelung die sogenannten Palla-Schichten aus Siebenbürgen, eigenthümliche feinerdige rhyolithische Tuffe. Vgl. v. Hauer u. Dr. Stache, Geologie Siebenbürgens p. 467 und 599.

trümmertem Bimsstein, mit Bimssteinstaub, zu thun habe. Allein wie und woher dieser Bimssteinstaub? Die Reinheit der Lager und die scharfe Abgrenzung gegen die anders gefärbten lehmigen und sandigen Zwischenschichten wäre nicht erklärlich, wenn man annehmen wollte, dass Wasser eben so, wie es ohne Zweifel die ruhige Ablagerung des Staubes vermittelt hat, denselben aus einer entfernter liegenden Bimssteingegend auch herbeigeschwemmt habe. Es bleibt daher kaum eine andere Annahme übrig, als dass diese Substanz auf eruptivem Wege staubartig in die Atmosphäre geführt und dann in einem ruhigen Wasserbecken ruhig abgelagert worden sei. Der Ursprung der Substanz kann dann in keiner anderen Gegend gesucht werden, als in der Taupo-Gegend, wo die jüngeren vulcanischen Eruptionen ungeheure Massen von Bimsstein zu Tage gefördert haben. Der Bimsstein vom Taupo-See hat auch ein sehr nahe übereinstimmendes specifisches Gewicht von 2·388. Dass durch Südwinde solch feiner Staub zwei Breitegrade weit forttransportirt werde, darin liegt durchaus nichts unwahrscheinliches; ist doch schwarze Vesuvasche bei den Ausbrüchen vom Jahre 472 durch die Atmosphäre bis nach Constantinopel und bis nach Tripolis geführt worden.

Dieser Bimssteinstaub hat in den Flats eine ziemliche Verbreitung, wenigstens fand ich auch in der Niederung zwischen dem Papakura- und dem Wairoa-Flusse in der Nähe von der Traveller's Inn dieselben Schichten wieder.

Ist die oben ausgesprochene Ansicht die richtige, so haben wir in der Ablagerung von Bimssteinstaub in den Manukau-Flats zugleich einen Anhaltspunkt für die Bestimmung des relativen Alters der vulcanischen Eruptionen der Taupo-Gegend. Es ist dies ein Punkt, auf welchen ich zurückkommen werde nach der Beschreibung der mit der Lignitformation aufs engste verbundenen Formation von Basaltconglomerat in der Umgebung der Manukau-Flats.

Ich bemerke hier nur noch, dass auch im unteren und mittleren Waikatobecken eine der Lignitformation der Manukau-Flats durchaus ähnliche Bildung eine weite Verbreitung zu haben scheint. Am unteren Waikato tritt sie an den steilen Uferbänken des Flusses da und dort unter dem sandigen Alluvium zu Tage, und eben so habe ich oberhalb Taupiri am Waikato und am Waipa Lignitablagerungen und bituminöse Schichten beobachtet, die bei niedrigem Wasserspiegel unter einer Decke von bald mehr thonigen, bald mehr sandigen Schichten sichtbar werden. Wo die weissgelben, oft kreideweissen Thonmergel in niederen Hügelwellen, welche das mittlere Waikato-Becken durchziehen, zu Tage treten, da bilden sie eben so sterile Farnheiden, wie man sie in den Manukau-Flats hat. Am Waipa oberhalb Karakariki treten an einer Stelle, wo die Uferbänke 30 — 40 Fuss hoch werden, Lager auf, welche durch ihre papierdünne Schichtung an Biliner Polirschiefer erinnern. Es sind weiche, äusserst feinsandige Schiefer von lichtbrauner Farbe, voll von Blattabdrücken, die sich jedoch leider nicht sammeln liessen, da die Stücke in der Hand zerfallen. Sehr charakteristisch waren die zahlreich in diesen Schichten eingebetteten Bimssteingerölle.

2. **Basaltische Conglomerate und Breccien mit eruptiven Basaltmassen ohne deutliche vulcanische Kegel- und Kraterbildung zwischen dem Manukau- und Aotea-Hafen.**
(„Boulder-Formation" der Ansiedler.)

Die Hügelketten zwischen den Manukau-Flats und dem Waikato, welche von der Great South Road auf der Strecke von Drury bis Mangatawhiri durchschnitten werden und eine Meereshöhe von 7 — 800 Fuss, in einzelnen Kuppen auch von 1000 Fuss und darüber erreichen, bestehen aus einem vulcanischen Conglomerat, das wesentlich verschieden ist von der Andesit-Breccie der Küste nördlich vom Manukau-Hafen (vgl. S. 15—18). Diese Meeresbucht bildet in der That in dieser Beziehung eine merkwürdige Grenze. Die Ansiedler nennen jenes vulcanische Conglomerat „Boulder-Formation", weil es aus abgerundeten Blöcken, die wie Gerölle aussehen, besteht. Diese Blöcke, gross und klein, oft bis zu einem Durchmesser von 2 — 3 Fuss, sind echter olivinführender Basalt, der meistens dicht, oft aber auch schlackenartig porös ist, und stets in einem mehr oder weniger vorgeschrittenen Zustande der Zersetzung sich befindet.

Zum ersten Mal traf ich dieses Basaltconglomerat am östlichen Rande der Manukau-Flats bei Drury in der Nähe der Braunkohlengruben, wo am Abhange der Hunua-Range im gelben Lehm der Oberfläche zahllose Basaltblöcke herumliegen. In der kleinen Bachschlucht, die zu dem Kohlenschachte bei Drury führt, findet man sie stellenweise dick über einander gehäuft, aber schon in der Höhe des in der Bachschlucht zu Tage ausstreichenden Kohlenflötzes hören die Basaltgeschiebe auf, so dass es scheint, dieselben gehören einer terrassenförmig an den Abhang angelagerten Bildung an.

Südlich von Drury auf der Great South Road trifft man das Basaltconglomerat wieder, sobald sich die Strasse aus den Flats zu der bewaldeten Hügelkette, welche zwischen Drury und dem Waikato liegt, erhebt. Der sterile Thonmergelboden hört auf, und ein äusserst fruchtbarer, mehr oder weniger eisenschüssiger Lehmboden beginnt, der sich aus verwittertem und zersetztem Basaltconglomerat gebildet hat. In den frischen Strassendurchschnitten sah man mitten in dem rothen oder gelben Lehm noch die unzersetzten Basaltkugeln.

Auch südwestlich von Drury in der Umgegend von Mauku und Waiuku bestehen alle über die Lignitformation der Flats sich erhebenden Hügelreihen und Anhöhen aus Basaltconglomerat und zeichnen sich durch ihre Fruchtbarkeit aus.[1] Die von den Eingebornen Kokowai (d. h. rothe Erde) genannte höhere Klippe am Waiuku-Creek besteht aus zersetztem basaltischem Conglomerat und bei Karaka Point liegen die schwarzen Basaltblöcke zu beiden Seiten des engen Einganges in den Creek unmittelbar im Meeresniveau.

Es fehlt in dem bezeichneten Gebiet nicht an Punkten, wo man direct beobachten kann, dass das Conglomerat über der Lignitformation lagert, so am Waiuku-Creek, im Brown's Creek bei Mauku und an dem Wasserfall bei Mr. Vicker's Farm unweit Mauku. Hier ist es jedoch nicht Basaltconglomerat, sondern wirklicher Basalt mit unvollkommen säulenförmiger Absonderung, der eine 24 Fuss mächtige Decke bildet, unter welcher weisser, thoniger Sand mit feinen weissen Glimmerblättchen, und darunter Lignit zu Tage tritt. Der Brunnen bei Major Speedy's Farm ist 20 Fuss tief durch Basaltconglomerat gegraben, und mit dem Sand der Lignitformation wurde die wasserführende Schichte erreicht (das Wasser zeigte eine Temperatur von 14·2 C.).

An der Waikato-Seite trifft man die basaltischen Gebilde vielfach aufgeschlossen in der Umgegend des Maori-Dorfes Mangatawhiri; bei der Mühle dieses Ortes steht der Basalt in ganzen Felsmassen an, die eigentlichen Basaltströmen anzugehören scheinen. Die malerische Felswand am rechten Waikatoufer unterhalb Mangatawhiri dagegen, welche die Eingebornen Oruarangi nennen, besteht aus einem geschichteten Trümmergestein, mit eckigen Brocken von Olivin und schwarzen Glimmer führendem Basalt. Der kleine Wasserfall Wairere bei jener Felswand rauscht über die harten Felsbänke dieser Basaltbreccie. Auch der äusserst fruchtbare Boden in der

---

[1] Eine Ausnahme machen nur kleinere Flächen im Mauku-District, wo die Oberfläche von haselnussgrossen braunschwarzen, Bohnerz ähnlichen Kügelchen bedeckt ist. Wo diese eigenthümlichen Kugeln sich finden, soll der Boden weniger fruchtbar sein.

Umgegend der Ansiedelung Tuakau ist durch Basalt und basaltische Conglomerate bedingt.

Mit demselben Charakter setzt diese Basaltformation jenseits des Waikato in südlicher Richtung bis zum Whaingaroa- und Aotea-Hafen fort und bildet hier das etwa 800 Fuss hohe Küstenplateau zwischen dem unteren Waikato-Becken und der Westküste. Am Whaingaroa-Hafen besteht namentlich das südliche Ufer aus einer ganzen Gruppe von an einander gereihten Basalthügeln, an welchen man bald schlackigen, bald compacten Olivinbasalt findet. Nördlich vom Hafeneingange an der Westküste bei der von den Eingebornen Rangitoto genannten Felsecke reichen die Basaltklippen weit hinaus in die Brandung. Man beobachtet hier mächtige basaltische Gangmassen, welche die tertiären Schichten der Westküste durchbrochen haben und mit Conglomeraten und Breccien in Verbindung stehen. Der Basalt ist hier theils säulenförmig und concentrisch-schalig abgesondert, theils plattenförmig; die Platten liegen steil mit 70° geneigt und in ihrer Streichungsrichtung fast senkrecht auf die Küstenlinie. Schon Dieffenbach[1] hat diesen Punkt erwähnt.

Zwischen dem Whaingaroa- und Aotea-Hafen am Fuss des Berges Karioi liegen Wald und Heide voll von Basaltblöcken und am nördlichen Ufer des Aotea-Hafens in der Nähe der Missionsschule Beecham Dale ragen überall noch einzelne Blöcke aus dem Flugsand der Küste hervor, während weiter südlich sich keine Spur mehr von solchen Blöcken findet.

Es unterliegt keinem Zweifel, dass diese Basaltformation längs der Westküste zwischen dem Manukau- und Aotea-Hafen, obgleich so jung, dass sie die quartäre Lignitformation der Manukau-Flats überlagert, doch von viel höherem Alter ist, als die vulcanische Basaltzone des Isthmus von Auckland. Während hier die Basaltströme in den jetzigen Thälern geflossen sind, fast gänzlich unzersetzt erscheinen und überall mit den deutlichsten isolirten Schlackenkegeln und Eruptionskratern in Verbindung stehen, hat die Basaltformation der Westküste mehr den Charakter einer älteren Masseneruption, die ein viel ausgedehnteres Gebiet betroffen hat. Die Gesteine sind ausserordentlich zersetzt, und waren durch lange Zeiträume der Erosionsthätigkeit des Wassers ausgesetzt. Bäche und Flüsse haben in den Conglomeraten und Breccien tiefe Furchen gezogen, und der mächtigste

---

[1] a. a. O. Vol. I. p. 308.

Fluss der Nordinsel, der Waikato, welcher vor diesen basaltischen Eruptionen seinen Lauf vielleicht in nördlicher Richtung nach dem Manukau-Becken genommen hatte, durchbricht jetzt das basaltische Küstengebirge bei Mangatawhiri, wo er sich plötzlich westlich wendet, in einem tief und breit ausgerissenen Thale. Die hervorragenderen Kuppen in diesem basaltischen Terrain zeigen, auch wenn sie ganz aus Basalt bestehen, so weit meine Erfahrung reicht, nichts von vulcanischer Kegel- und Kraterbildung, und nur ein einziger Punkt in dem beschriebenen Gebiete ist mir bekannt geworden, wo eine Anhäufung von losen Schlacken einen alten, freilich schon ganz zerstörten Schlackenkegel anzudeuten scheint. Dieser Punkt liegt zwischen Papakura und Drury, östlich seitwärts von der Strasse auf der Nativ-Reserve bei Hay's Creek und wird für Strassenschotter ausgebeutet.

Weit schwieriger ist es, zu bestimmen, in welchem Altersverhältniss diese Basalte zu den vulcanischen Bildungen der Taupo-Zone stehen. Ich habe zur Lösung dieser Frage nur einen einzigen Anhaltspunkt. Wenn nämlich die eigenthümlichen Ablagerungen von schneeweisser mehliger Kieselerde (Kieselstaub), welche in der früher beschriebenen Lignitformation der Manukau-Flats mächtige Schichten bilden und keine Spur von organischen Formen zeigen, als Bimssteinstaub aufgefasst werden dürfen, welcher aus der Taupo-Gegend herstammt, so müssen die Bimssteine der Taupo-Gegend älter sein als die Basaltconglomerate, welche in den Manukau-Flats die ganze Lignitformation überlagern. Dann würde also die Basaltformation der Westküste in eine Zeitperiode fallen, welche zwischen die Eruptionsepoche der kieselerdereichen rhyolithischen Laven der Taupo-Zone und die der basischen Basaltlaven der Auckland-Zone fällt.

3. Ablagerungen von bunten Thonen bei Drury.

Zwei Bohrungen, welche die Provinzialregierung von Auckland auf meine Veranlassung unter der Leitung von Mr. Ninnis auf dem flachwelligen Terrain zwischen dem Drury Hôtel und den Drury Ranges ausführen liess, ergaben insoferne ein überraschendes Resultat, als dadurch weder die gehoffte Braunkohlenformation, noch, wie am ehesten zu vermuthen gewesen wäre, die Lignitformation der Flats erbohrt wurde; vielmehr fanden sich bis zu einer Tiefe von 60 Fuss Ablagerungen von bald mehr fettem, bald mehr magerem plastischem Thone in allen nur möglichen Farbennüancen: grau, blau, ochergelb, intensiv roth und rein weiss, wie Kaolin, so dass hier in der unmittelbaren Nachbarschaft des Kohlenfeldes ein Material zur Erzeugung von Thonwaaren aller Art vorhanden ist, wie man es nur selten finden wird.

Die Bohrresultate waren die folgenden:

| \multicolumn{3}{c|}{Bohrung Nr. 1.} | \multicolumn{3}{c}{Bohrung Nr. 2.} |

Bohrung Nr. 1.

Fuss	Zoll	
2	0	Humus.
8	0	gelber Thon.
1	6	plastischer Thon, blaugrau.
1	6	Gerölle und Sand.
1	0	plastischer Thon, gelb.
3	0	„ „ grau.
6	0	„ „ blau.
11	0	sandiger Thon.
15	0	fetter plastischer Thon, grau.
2	0	plastischer Thon, grünlich.
1	0	plastischer Thon, dunkelgrau.
5	0	„ „ blaugrau.
2	0	sandiger Thon.
5	0	vulcanisches Gerölle und Asche.
5	6	fester Basaltfels.
69	8	

Bohrung Nr. 2.

Fuss	Zoll	
1	0	Humus.
7	0	gelber Thon.
6	6	plastischer Thon, weiss.
7	0	plastischer Thon, gelb und roth.
1	4	braun.
8	0	gelb.
5	0	braun.
4	0	röthlich.
10	0	„ „ braun.
3	6	sandiger Thon.
1	0	vulcanisches Gerölle und Asche.
9	2	fester Basaltfels.
63	6	

Bei 60 Fuss Tiefe kam man auf vulcanische Schichten, die ich für nichts anderes halten kann als für die eben beschriebenen basaltischen Conglomerate und Basalte, die anderweitig die Oberfläche bilden, während die Ablagerungen des plastischen Thon es jünger und von ganz localer Natur sind.

4. Terrassenbildungen.

Zu den auffallendsten Erscheinungen im Innern der Nordinsel gehört die regelmässige Terrassenbildung, welche man in den Flussthälern und auf allen bassin- oder plateauförmigen Ausbreitungen des Landes in einer Meereshöhe von circa 80—2000 Fuss antrifft. Am Waikato, am Waipa, am Piako, am Waiho und allen ihren Zuflüssen, und eben so in den Flussgebieten des Wanganui, Whakatane, Wangaiho und anderer Flüsse, welche in der Taupo-Gegend entspringen, treten zwischen der Thalsohle und den Thalgehängen stets Terrassen als Verbindungsglieder auf, welche doppelt, dreifach, und sehr häufig in noch grösserer Anzahl über einander sich dem Thal entlang ziehen. Es sind gleichsam Riesenstufen, welche vom Grund der mehr oder weniger tiefen Erosionsthäler auf die anliegenden Plateaus führen: die obersten die ältesten, die untersten die jüngsten. Das Material, aus welchem diese Terrassen bestehen, ist meist locker zusammengeschwemmtes Bimssteingerölle, mehr oder weniger vermengt mit anderem Gebirgsschutt, mit Sand und Lehm, während der Untergrund der Thäler und die anliegenden Höhen und Plateaus aus tertiären Schichten oder aus vulcanischem Tuff zusammengesetzt sind.

Im Centrum der Insel, am Fusse der grossen Vulcankegel Tongariro und Ruapahu — in der Taupo-Gegend, in welche wir den Ursprung der ungeheueren Massen vom Bimsstein, welche über die Nordinsel ausgebreitet sind, verlegen müssen, breiten sich diese Terrassen zu ausgedehnten Flächen aus, die, stufenweise über einander liegend, mehr oder weniger hohe Bimssteinplateaus darstellen, in welche zahlreiche Seebecken — das grösste das Taupo-Becken — mit einer Reihe ausgezeichneter Uferterrassen eingesenkt sind.

Ihrem Materiale und ihrer Bildung nach sind diese Flussterrassen, Uferterrassen und Plateaustufen ein merkwürdiges Product grossartiger Feuer- und Wasserwirkungen zugleich. Durch — wahrscheinlich submarine — eruptive Thätigkeit wurden die ungeheueren Massen von Bimsstein geliefert, ein Material, welches vom Wasser leicht nach allen Richtungen fortgetragen und ausgebreitet wurde, und die Erosionsthätigkeit des Wassers hat während der nachfolgenden langsamen, bisweilen vielleicht auch instantanen Hebung des Landes Terrasse um Terrasse gebildet: die höchsten zuerst, die tiefsten zuletzt, bis das Land in der Quartärperiode sich um wenigstens 2000 Fuss gehoben hatte.

Dieselbe Erscheinung, aber in Verbindung mit anderen nicht weniger merkwürdigen Phänomenen einer alten Gletscherperiode und mit anderem Material wiederholt sich in noch grossartigerer Weise auf der Südinsel.

Terrassen im mittleren Waikato-Becken. Im unteren Waikato-Becken zwischen Mangatawhiri und Taupiri sind die Flussufer theils von Hügelketten gebildet, theils von sumpfigen Alluvialflächen ohne eine Spur von Terrassen. Sobald man aber hinter der Taupiri-Kette das mittlere Waikato-Becken erreicht hat, beginnt an beiden Flussufern eine Terrassenbildung, welche schon bei Kiri-Kiroa sehr deutlich ist, aber immer ausgeprägter hervortritt, je weiter man flussaufwärts kommt. Am Waikato selbst beginnen die Terrassen schon unterhalb Kiri-Kiroa.

Die Erscheinung wiederholt sich bei allen Flüssen des mittleren Waikato-Beckens, namentlich am Waipa und dann am Waiho, Waitoa und Piako. Die Terrassen werden höher und höher und vermehren sich auch ihrer Anzahl nach, je tiefer das Erosionsthal des Flusses thalaufwärts wird. Bei Aniwhaniwha am östlichen Fusse des Maungatautari, wo sich der Waikato, in einem grossartigen Erosionsthale von 200—300 Fuss Tiefe fliessend, allmählich aus dem vulcanischen Tafelland, welches zwischen dem mittleren und oberen Waikato-Becken liegt, herausarbeitet, zählte ich nicht weniger als sieben in schönster Regelmässigkeit über einander liegende Terrassen.

Der gewaltige Strom, auf 30 Fuss eingeengt, stürzt hier brausend und schäumend durch eine tiefe Steinrinne, welche von den Eingebornen überbrückt worden ist.

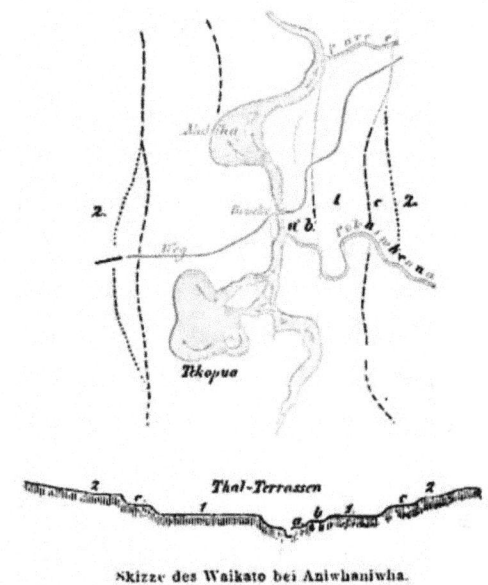

Skizze des Waikato bei Aniwhaniwha.

Die Gestaltung des Flussbettes bei Aniwhaniwha ist auch in anderer Beziehung eine höchst merkwürdige. Oberhalb der Enge, über welche die Brücke führt, macht der Strom einen vergeblichen Versuch, seitwärts zu entweichen. Ein Arm desselben zweigt sich ab und hat in wirbelndem Strudel einen tiefen Kessel, te Kopua genannt, sich ausgebohrt; aber das Wasser findet keinen Ausweg und stürzt über mächtige Felsblöcke brausend zurück nach dem Hauptstrom, um mit diesem vereint sich durch die enge Felsspalte zu zwängen. Auf der von den beiden Flussarmen umschlossenen Felseninsel soll einst ein Maori-Pa gestanden haben.

Die Felsspalte, welche die in reissendem Laufe zuströmende Wassermasse passiren muss, ist 400 Fuss lang, 30—40 Fuss breit, und wahrscheinlich sehr tief.

Das Wasser siedet und schäumt in der tief eingefurchten Steinrinne, und stürzt, einen gewaltigen Strudel bildend, aus dem engen Canal in ein weit und breit ausgearbeitetes Becken Makiha, aus dem es dann ruhig weiter fliesst.

Was im Flussbette ansteht, ist ein gelblicher Tuff, der aus sandigen, mit Bimsstein vermengten vulcanischen Aschen besteht. Das Gestein ist dünn geschichtet in horizontalen Bänken, mürbe und leicht zerreiblich, und es ist merkwürdig genug, dass gerade diese Felsart einem so gewaltigen Andrange des Wassers Stand hält.

Eine höchst auffallende Erscheinung zeigt nun die Felsplatte am linken Flussufer gerade oberhalb der Brücke, so weit sie bei Hochwasser von dem reissenden Strome überfluthet wird.

Man bemerkt nämlich zahlreiche runde Löcher, die 1, oft 2 oder 3, sogar 4 Fuss weit und eben so tief vollkommen kesselförmig, wie künstlich ausgearbeitet erscheinen, und in jedem dieser Löcher liegt eine Kugel, oft auch mehrere von verschiedener Grösse, rund wie Kanonenkugeln. Diese Kugeln bestehen aus einem härterem Gesteine als die Felsplatte, aus trachytischen und doleritischen Gebirgsarten. Ich stand einen Augenblick verwundert, was das zu bedeuten habe; allein die Erklärung ist einfach: der reissende Strom wälzt bei Hochwasser grössere und kleinere Trachytstücke auf die weiche Sandsteinplatte, einzelne dieser Blöcke oder Gerölle bleiben an hervorstehenden Platten oder in flachen Vertiefungen liegen, der reissende Strom bewegt sie hin und her, ohne sie mit fortreissen zu können, dadurch schleifen sie sich in das weiche Gestein ein. Ist aber einmal der Anfang eines Loches da, so wird dieses, indem das wirbelnde Wasser die Gerölle in rotirende Bewegung versetzt, tiefer und tiefer gebohrt, bis die Tiefe des Loches der Wasserwirkung ein Ziel setzt. So schleifen die Gerölle ein rundes Loch ein und werden selbst zu Kugeln abgeschliffen.

Die Terrassen an beiden Flussufern sind von überraschender Regelmässigkeit. Man kann drei Hauptterrassen (1, 2, 3) unterscheiden, zwischen welche sich untergeordnetere Terrassen (a, b, c) einschieben, welche nur local sind, während die grösseren Hauptterrassen thalauf- und thalabwärts sich fortsetzen. Die erste Hauptterrasse am linken Flussufer ist etwa 70 Fuss hoch. Sie bildet eine breite mit Bimssteingerölle bedeckte Fläche, von welcher man über eine Zwischenterrasse auf ein zweites Plateau emporsteigt, welches etwa 90 Fuss höher liegt, als die Plattform der ersten Terrasse, und erst wenn man von dieser Plattform aus über eine dritte weniger scharf begrenzte Hügelterrasse noch etwa 100 Fuss höher gestiegen ist, sich also circa 260 Fuss über dem Flussbett befindet, hat man den Boden der Landschaft erreicht, in welcher sich der Fluss dieses Terrassenthal eingegraben.

Ähnlich sind die Verhältnisse am Waipa, dem vom Süden kommenden Hauptzuflusse des Waikato. Die Terrassen beginnen am Waipa schon unterhalb Karakariki; je weiter man aber flussaufwärts kommt, desto ausgeprägter treten sie hervor.

Terrassen am unteren Waipa.
a. Thonige und sandige Schichten mit Lignit. *b.* Diluviales Bimssteingerölle und Sand. *c.* Recentes Flussalluvium. *d.* Waipa-Bett.

Zwischen Whatawhata und der Missionsstation am Kakepuku, also am östlichen Fusse des Pirongia-Gebirges (vgl. die Ansicht auf Tafel 7, Nr. 1) hat das Waipa-Thal gleichsam zwei Stockwerke; bei niedrigem Wasserstand sind die Uferbänke des Flusses 20—30 Fuss hoch. Hat man diese erstiegen, so befindet man sich auf dem ersten Stockwerke oder der ersten Terrasse, einer fruchtbaren, von den Eingebornen fleissig bebauten Alluvialfläche, die von dem Flusse in zahlreichen Biegungen und Windungen durchschnitten wird und gewissermassen ein zweites breiteres, in einfachen Linien verlaufendes und höher gelegenes Flussbett darstellt, welches der Fluss bei starkem Hochwasser bisweilen überfluthet. Die Eingebornen nennen diese erste Fläche te Kotai. Auf ihr lagert recentes Flussalluvium. Von dieser ersten Terrasse führt ein steiler 30—40 Fuss hoher Rand auf die zweite Terrasse oder das zweite Stockwerk, das sich als eine weite Ebene zu beiden Seiten des Flusses ausdehnt, die allmählich in das flachwellige Hügelland des Waikato-Beckens übergeht. Auch die Ebene der zweiten Terrasse ist fast dem ganzen Fluss entlang bebaut; auf ihr liegen die Hütten und Dörfer der Eingebornen, und da und dort steht noch ein kleiner Rest Wald. Die weiten Ebenen der zweiten Terrasse bestehen aus Geröll- und Sandablagerungen, zu welchen Bimsstein, Obsidian und allerlei vulcanische Gebirgsarten das Hauptmaterial geliefert haben. Der Sand enthält ausserdem viel Magneteisen und kleine wasserhelle Quarzkrystalle, die aus rhyolithischen Gesteinen herstammen.

Charakteristisch ist, dass die zweite Terrasse, da das Flussbett nicht in demselben Verhältnisse gegen Süden ansteigt, wie die Flächen des Waikato-Beckens, flussaufwärts immer höher und höher wird, bis endlich am oberen Waipa statt zwei Terrassen drei auftreten.

Terrassen im oberen Waipa-Thale.
a. Bimssteintuff. *b.* Bimssteingerölle und Sand. *c.* Recentes Flussalluvium. *d.* Waipa-Bett.

In vielfach geschlungenen Windungen durchschneidet der Fluss oberhalb der Waipa-Missionsstation eine breite, 12—15 Fuss über seinem Bett liegende Alluvialfläche. Ein 20—30 Fuss hoher steiler Absatz führt von dieser ersten Terrasse auf eine zweite äusserst fruchtbare, vielfach bebaute Fläche, und eine dritte Stufe endlich, 80—100 Fuss hoch, führt auf ein weit ausgedehntes, aus trachytischem Bimssteintuff bestehendes Plateau, über welches sich altvulcanische Kegelberge erheben. In dieses an das Rangitoto-Gebirge nördlich sich anlagernde Tuffplateau, das sich gegen

Norden senkt, sind die Flussthäler mit ihren Diluvial- und Alluvial-Terrassen eingegraben. Die Terrassenbildung hat in südlicher Richtung ein Ende, sobald man oberhalb des Zusammenflusses des Mangapu und Waipa in das Bergland eintritt.

Alle Anzeichen sprechen dafür, dass das mittlere Waikato-Becken im Zusammenhang mit den terrassirten Ebenen des Waiho, Waitoa und Piako noch in jüngster Zeit eine Meeresbucht war, eine südliche Fortsetzung des Firth of Thames. Bei der allmählichen Hebung des Landes wurden die Terrassen gebildet.

Am oberen Wanganui und seinen Seitenthälern ist die Terrassenbildung fast noch ausgezeichneter, als am Waipa. Auch hier ist Bimsstein das Hauptmaterial, welches auf den Terrassen abgelagert ist, und in um so grösserer Menge, je mehr man sich dem vulcanischen Centralgebiete nähert, von welchem die ungeheueren Massen von Bimsstein herrühren. Der Anblick der breiten Thalfurchen mit ihren stufenweise über einander liegenden Bimssteinflächen ist höchst eigenthümlich. Die Thäler erscheinen wie nach dem Lineal künstlich zugeschnitten.

Ich will nur eine Gegend, das Ongaruhe-Thal bei Katiaho am Fusse des Ngariha-Berges (vgl. das landschaftliche Bild auf Tafel 7, Nr 2) näher beschreiben. Man kann hier fünf Hauptterrassen zählen.

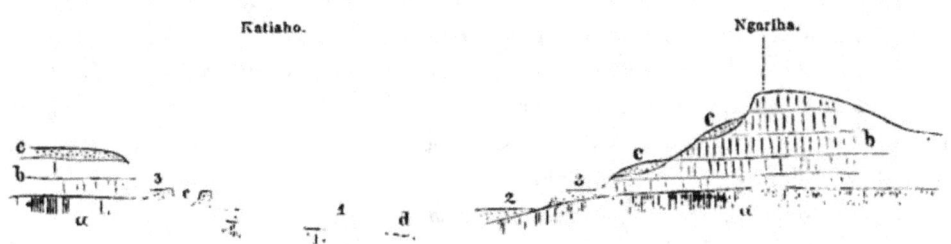

Das Ongaruhe-Thal bei Katiaho.
a. Tertiärer Sandstein und Thon. *b.* Sanidinführender Trachytfluff. *c.* Bimssteingeschütte.

Eine schmale, bei niedrigem Wasserstand etwa 8 Fuss über dem Wasserspiegel liegende Terrasse bezeichnet das Bett des gewöhnlichen Hochwassers zur Winterszeit. 12 Fuss höher liegt die erste Hauptterrasse (1), von den Eingebornen Hapua, d. h. Niederung genannt. Sie entspricht der ersten Waipa-Terrasse, ist wie diese bebaut und wird nur bei seltenen, sehr grossen Überschwemmungen noch überfluthet. Abermals 10 Fuss höher, also ungefähr 30 Fuss über dem Wasserspiegel liegt die zweite Terrasse (2), von den Eingebornen Koranga genannt, auf welcher das Maori-Dorf Katiaho liegt. Diese Terrasse wird niemals überschwemmt. Über (2) erhebt sich mit steilen, fast senkrechten Wänden 25—30 Fus hoch die dritte Terrasse (3), welche mit scharf markirter Linie das Thal einfasst, da von ihrer Plattform die die Thalseiten bildenden Hügelabhänge sich erheben. Diese drei Terrassen sind die eigentlichen Thalterrassen. Das Material, aus welchem sie gebildet sind, besteht aus Bimssteingerölle und Bimssteinsand, jedoch mit einigem Unterschied auf den drei Terrassen. An den Thalterrassen des Mangakahu, eines kleinen Flusses, welcher sich Katiaho gegenüber in den Ongaruhe ergiesst, habe ich Folgendes beobachtet: die oberste und somit die älteste der drei Terrassen (3) besteht aus reinem und sehr grobem Bimssteingeschütte. Kopfgrosse Stücke sind auf dieser Terrasse keine Seltenheit. Bisweilen tritt, wie dies an einer Seite auch auf obigem Profil dargestellt ist, am Fusse der Terrasse unter dem Bimssteingeschütte das Grundgebirge — am Mangakahu weicher (wahrscheinlich tertiärer) Sandstein und Thonmergel — zu Tage. Auf der Grenze entspringen dann zahlreiche Quellen, welche die Terrasse 2 ausserordentlich sumpfig machen. Diese Terrasse besteht übrigens gleichfalls aus Bimsstein, nur schienen mir die Gerölle durchwegs kleiner zu sein, und eben so zeigte sich das Material der jüngsten Terrasse 1 wieder feiner, als dasjenige der Terrasse 2. Diese Unterschiede erklären sich wohl durch das verschiedene Alter der Terrassen, indem die Terrasse 2 aus Material von 3 auf secundärer Lagerstätte, die Terrasse 1 aber aus Material von 2 auf secundärer oder von 3 auf tertiärer Lagerstätte gebildet ist. An engen Thalstellen verschwinden die unteren Terrassen oft ganz und eine hohe ganz aus schneeweissem Bimssteingeschütte bestehende Uferbank führt unmittelbar auf die Fläche der Terrasse 3. An der starken südlichen Biegung des Mangakahu zählte ich acht Terrassen zu beiden Seiten, indem sich zwischen die Hauptterrassen sehr regelmässige Unterterrassen einschieben.

Ich habe bis jetzt nur von den Thalterrassen gesprochen. Überblickt man aber die Thalgehänge, namentlich von einem höheren Punkte aus, so bemerkt man leicht, wie durch eine Reihe fast gleich hoher an den Thalgehängen vorspringender Hügel, die zum Theil noch deutliche Plattformen tragen, etwa 60 — 80 Fuss über der Terrasse 3 eine vierte alte Terrasse angedeutet ist, — eine Bergterrasse, die aber durch die von den Bergen sich herabziehenden Rinnen und Schluchten in ihrem einstigen Zusammenhang zerrissen und grösstentheils zerstört ist. Über dieser ersten Bergterrasse erkennt man am Abhang des Ngariha und der benachbarten Berge aber noch eine zweite Bergterrasse, und vom Gipfel des Ngariha, von dem man eine weite Aussicht Ongaruhe aufwärts geniesst, überzeugt man sich, dass diese rudimentären Terrassen höher thalaufwärts mit den sehr ausgeprägten breiten Terrassen im Zusammenhang stehen, welche die te Taraka-Ebenen bilden. Eben so überzeugt man sich, dass der platte Gipfel des Ngariha selbst endlich ein drittes Niveau darstellt, dem in der Umgegend weit ausgedehnte Plateauflächen in einer Meereshöhe von 1550 Fuss entsprechen, von welchen abermals höhere Stufen sich erheben. Die Terrassenbildung ist eine durchgreifende bis zu einer Meereshöhe von 2000 Fuss und auf sämmtlichen Terrassenflächen ist Bimsstein das Material, welches die Gewässer ausgebreitet haben.

Die Uferterrassen des Taupo-Sees und das terrassirte Bimssteingeschütte des oberen Waikato-Beckens oder des Taupo-Plateaus. Der Taupo-See (vgl. Atlas Taf. 2, die Detailkarte unten links), 1250 Fuss über dem Meere gelegen, 25 englische Meilen lang von Südwest nach Nordost, und an der breitesten Stelle gegen 20 englische Meilen breit, erfüllt ein tiefes, ohne Zweifel durch Einbruch oder Einsturz gebildetes Becken. Er ist rings umgeben von vulcanischen Formationen. Das westliche Ufer ist steil, von senkrechten Felswänden gebildet, die stellenweise eine Höhe von 1000 Fuss erreichen. Das östliche Ufer dagegen ist zum grössten Theil flach und von einem breiten Sandstrand gebildet. Weithin schimmernde weisse Bimssteinklippen begrenzen hier den Strand, und über ihnen breiten sich mit Gras und Buschwerk bewachsene Bimssteinflächen aus, die in mehrfachen Terrassen bis zum Fusse der Kaimanawa-Kette ansteigen. Die Flüsse, welche aus diesem Gebirge dem See zufliessen, der Waiotaka, Waimarino, Tauranga, Hinemaiai u. s. w., haben tief in jene Bimssteinflächen eingegrabene Erosionsthäler mit den ausgezeichnetsten Thalterrassen.

Die südlichen Ufer sind begrenzt von einer Gruppe malerischer Vulcankegel: Pihanga, Kakaramea, Kuharua, hinter welchen die beiden Riesen Tongariro und Ruapahu liegen. Östlich von jener Vulcangruppe mündet der Waikato unter dem Namen Tongariro in den See und bildet ein ausgedehntes, sehr fruchtbares Delta: nordwestlich stürzt der Kuratao, aus einer tiefen vielfach terrassirten Erosionsschlucht hervorbrechend, in welcher er mehrere schöne Wasserfälle bildet, in den See. Die Uferterrassen sind hier an der Südseite besonders deutlich. Die erste Terrasse liegt bei Pukawa etwa 100 Fuss über dem jetzigen Niveau des See's. Auf ihr liegt der Pa Pukawa und das Missionshaus. Sie ist mit Sand- und Geröllalluvium bedeckt und so charakteristisch, dass die Sache sogar den Eingebornen aufgefallen ist. Diese sagen, dass der See früher, ehe der Waikato nördlich durchgebrochen, so hoch gestanden. Die zweite Terrasse liegt 3—400 Fuss über dem See und bildet ausgezeichnete Plateauflächen rings um den See: das untere oder erste Bimssteinplateau. Erst eine dritte Stufe führt von diesem ersten Bimssteinplateau auf das obere circa 7—800 Fuss über dem See liegende zweite Bimssteinplateau, dem z. B. die Hochebenen von Poaru und Moerangi angehören, in welche der Kuratao sein tiefes Terrassenbett eingegraben, und weiter südöstlich die Hochflächen Rangipo oder Onetapu, welche der Waikato in einem breiten Terrassenthal durchströmt. Je nachdem die Ufer des Sees von der untersten Terrasse, oder unmittelbar vom ersten oder zweiten Bimssteinplateau abfallen, sind sie niedriger oder höher. Südlich von der Missionsstation z. B. verschwindet die Alluvialterrasse, und man hat einen hohen Steilabsturz unmittelbar vom ersten Bimssteinplateau, über welchen der Waihi seinen prachtvollen Wasserfall in den See bildet.

Am Nordende des Taupo-Sees bezeichnet der schöne Kegel des erloschenen Tauhara-Vulcans die Gegend, in welcher der Waikato — schon als bedeutender Strom — aus dem See abfliesst. Der Fluss hat nach seinem Austritt aus dem See auf 15 bis 20 englische Meilen eine nordöstliche Richtung und fliesst mit vielfachen Windungen in einem immer tiefer werdenden Terrassenthale. Unterhalb des Pa's Tetakapo wendet sich der Strom in grossem Bogen nordwestlich, und tritt bei Orakeikorako in ein Bergland ein, welches er in enger und tiefer, oft zehnfach terrassirter Erosionsschlucht mit zahlreichen Stromschnellen durchbricht, um bei Maungatautari in die weite Ebene des mittleren Waikato-Beckens auszutreten. Kehren wir jedoch wieder zurück zum Tauhara-Vulcan, so können wir die gegen 2000 Fuss hohe Bimssteinfläche, auf welcher sich die Berggruppe erhebt, in nordöstlicher Richtung weit verfolgen. Unter dem Namen Kaingaroa-Ebene zieht sich diese Fläche — eine wenig fruchtbare fast baumlose Bimssteinheide — mit allmählicher Abdachung nach der Bai des Überflusses. An der Ostseite ist die Ebene begrenzt von der nach dem Ostcap streichenden Te Whaiti- und Wakatane-Kette, an der Westseite von einem in tausend Hügel und Berge zerschnittenen und zerbrochenen vulcanischen Hochplateau, in welchem die zahlreichen Seen der Seegegend eingesenkt erscheinen. Es ist als ob einst ein gewaltiger Wasserstrom über diese breite, mannigfaltig terrassirte Bimssteinfläche seinen Abfluss nach dem Meere genommen hätte.

Der Geologe steht in dieser wunderbaren Gegend vor einer Reihe von Räthseln und Aufgaben, die sich auf einer einmaligen flüchtigen Übersichtsreise unmöglich alle lösen lassen. Erst wenn eine topographische Detailkarte alle Oberflächenverhältnisse dieses so mannigfaltig gestalteten Bodens genau wiedergibt, werden sich Betrachtungen darüber anstellen lassen, woher die Gewässer kamen, deren Wirkungen wir in diesem Lande Schritt für Schritt begegnen, und in welcher Richtung sie ihren Abfluss genommen.

5. Strandbildungen, Aestuarien und Dünen.

Die Westküste. Die den vorherrschenden Westwinden ausgesetzte Westküste der Nordinsel vom Cap Maria van Diemen bis zum Cap Egmont stellt eine einfach verlaufende, nach Osten ausgebogene Linie dar, welche durch eine fast ununterbrochene Reihe von Dünen gebildet ist. Nur an einzelnen hervorragenden Ecken donnert die Brandung unmittelbar an ein felsiges Gestade; gewöhnlich aber trennt ein breiter, flacher Sandstrand, auf welchem die Wogen langsam heranrollen, und eine diesen Strand landeinwärts begrenzende Kette von aus Flugsand gebildeten Hügeln den steilen Felsabsturz der Küste vom Meere. Dieser Sandstrand bildet dann in Ermangelung anderer Wege die natürliche Strasse zur Verbindung der

Küstenpunkte; hinter und zwischen den Dünen liegen zahlreiche kleine Süsswasserbecken und am Fusse der Felsen sieht man häufig tiefe Höhlen ausgewaschen, in deren Hintergrund gewöhnlich massenhaftes Gerölle abgelagert ist. Dies deutet auf Zeiten oder auf Ereignisse, wo die Brandung bis unmittelbar an die Felsen reichte, die Höhlen auswusch und in denselben Gerölle ablagerte.

Die Kraft des neuseeländischen Westwindes ist jedoch mächtig genug, um den leicht beweglichen Flugsand auch über den Felsabsturz der Küste hinaufzutreiben und auf den Küstenplateaus in einer Seehöhe von 400—600 Fuss noch mächtige Schichten davon abzulagern, die sich oft weit landeinwärts ausbreiten und Ansiedelungen und Pflanzungen verheeren.

Durch diese Dünenbildungen sind die Buchten und Baien der Westküste der Art vom offenen Meere abgeschlossen, dass sie nur mehr oder weniger seichte Aestuarien bilden, die durch schmale Öffnungen mit dem Meere im Zusammenhange stehen. Durch diese Einlässe fluthet das Meer aus und ein, und während zur Fluthzeit jene Aestuarien grossen Binnenseen gleichen, werden zur Ebbezeit ausgedehnte von brackischen Schalthieren aller Art übersäete Schlammflächen trocken gelegt, die nur von schmalen Canälen durchzogen sind. An der Westküste sind sechs solcher Aestuarien, drei nördlich von der Mündung des Waikato: Hokianga, Kaipara und Manukau, drei südlich davon: Whaingaroa, Aotea und Kawhia. Alle diese Aestuarien haben überdies das gemeinschaftlich, dass vor ihren Einlässen Sandbänke liegen, die stets ihre Lage und Gestalt verändern und der Schifffahrt daher äusserst nachtheilig sind. In Folge dessen sind auch alle jene Aestuarien nur von kleinen Küstenfahrzeugen benützt und allein der Manukau-Hafen ist bei gehöriger Vorsicht und bei gutem Wetter auch für grössere Schiffe zugänglich. Der Manukau-Hafen ist auf der Karte 1 in der unteren Ecke rechts im Maassstab 1:500 000, der Aotea- und Kawhia-Hafen auf der Karte 4 des Atlas im Maassstab 1:120 000 dargestellt.[1]

Der Flugsand der Westküste ist von graubrauner Farbe und enthält neben Quarz so viel Magneteisen, dass man den ganzen Küstenstrich vom Kaipara-Hafen nördlich bis zur Taranaki-Küste südlich auf ungefähr 180 Seemeilen Länge als ein mächtiges Lager von titanhaltigem Magneteisensand betrachten kann, das jedoch nur an solchen Punkten eine Gewinnung des Magnet-

---

[1] Eine ausführlichere Beschreibung dieser drei Aestuarien habe ich in Neu-Seeland, Cap. VII und Cap. X gegeben.

eisens möglich macht, wo dieses durch Wind und Wellen in einem natürlichen Scheidungs- und Waschprocesse von den leichteren Quarzkörnern rein abgeschieden ist.

Dies ist namentlich an der Küste von Taranaki der Fall, wo der Magneteisensand stellenweise mehrere Fuss tief ganz rein abgelagert vorkommt.

Der Sand ist völlig schiesspulverähnlich, fein gekörnt, wird vom Magnet wie Eisenfeilspäne stark angezogen und gibt sich schon dadurch als Magneteisensand zu erkennen. Wiederholt wurden Proben davon nach England geschickt und dort einer genaueren chemischen Untersuchung unterworfen. Es ergab sich, dass dieser magnetische Eisensand nicht aus reinem Magneteisen bestehe, sondern aus titanhaltigem Magneteisen, dass er nämlich in 100 Theilen 88·45 Theile Eisenoxydoxydul und 11·43 Theile Titanoxyd enthalte, eine Zusammensetzung, wie sie solcher Eisensand, den man im Sande zahlloser Flüsse, die aus vulcanischen Gebirgen herkommen, allenthalben weit verbreitet findet, stets zeigen.

Eine zweite Analyse von Moritz Freitag ergab:

Eisenoxydul	27·53
Eisenoxyd	66·12
Titanoxyd	6·17
	zusammen 99·82.

Nirgends jedoch kannte man bis jetzt diesen titanhaltigen Eisensand in solchen Quantitäten und so rein abgelagert, wie an der Taranaki-Küste und an der ganzen Westküste der Nordinsel von Neu-Seeland.

Schon vor Jahren dachte man an eine technische Benützung dieses vortrefflichen Eisenerzes, jedoch erst in den letzten Jahren wurden Versuche in grösserem Maassstabe angestellt, die so günstige Resultate lieferten, dass man jetzt an eine grossartige Ausbeute des „Taranaki-Stahlsandes" zur Verfertigung von vortrefflichem „Taranaki-Stahl" denkt.

Das Hauptverdienst dabei hat ein Engländer, Capitän Morshead, welcher selbst nach Neu-Seeland ging, um sich an Ort und Stelle von der Art des Vorkommens zu überzeugen, und zu entscheidenden Versuchen mehrere Tonnen Erz nach England zurückbrachte. Diese Versuche sollen die glänzendsten Resultate gegeben haben. Der Sand, wie er an der Taranaki-Küste vorkommt, gibt 61 Percent Eisen von der besten Sorte, und liefert einen Cementstahl von ungewöhnlicher Härte und Zähigkeit, Eigenschaften, die er wie der berühmte indische Stahl der Beimengung des Titans in ähnlicher Weise verdankt, wie der ausgezeichnete Wolframstahl seine besonderen Eigenschaften einem kleinen Wolframgehalt verdankt.

Mssrs. Moseley in London haben das Taranaki-Eisen und den Taranaki-Titanstahl den verschiedenartigsten Proben unterworfen und geben diesen Producten die glänzendsten Zeugnisse. Bestätigt sich, was man nach den ersten Versuchen behauptete, dass der Taranaki-Stahl weitaus alle anderen Stahlsorten an Güte übertrifft, so darf man annehmen, dass der Taranaki-Eisensand eine Quelle reichen Gewinnes für die Colonisten wird, und dass Neu-Seeland, dessen Mineralschätze jetzt erst nach und nach aufgeschlossen werden, neben Gold, Kupfer und Kohlen, künftighin auch Eisen und Stahl produciren wird.

Geschichteter Flugsand.

Eine speciellere Beschreibung verdienen noch die Verhältnisse zwischen dem Manukau-Hafen und der Mündung des Waikato. Die Hügelkette, welche hier den 500—600 Fuss hohen Küstenrand bildet, besteht zum allergrössten Theile aus Flugsand.

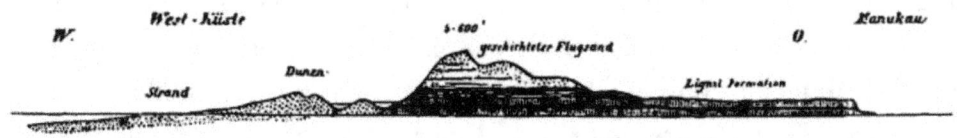

Durchschnitt vom Manukau-Hafen nach der Westküste.

Von der Ferne erscheinen die Gipfel dieser Küstenkette wie scharfe Picks oder wie spitze Kegel. Allein ich war nicht wenig erstaunt zu finden, dass diese oft sehr steil mit einer Neigung von 45° ansteigenden und spitz zulaufenden Kegel, welche sich da und dort auf dem Rücken der Hügelkette erheben, gleichfalls nur aus Flugsand bestehen, welchen der Wind zu steilen Pyramiden zusammengeweht hat. Nicht weniger interessant war mir zu beobachten, wie der Sand nicht blos lockere Haufen bildet, die in fortwährender Bewegung und Veränderung begriffen sind, sondern dass auf grosse Strecken der Flugsand unter dem alleinigen Einfluss der Luftströmungen fast in eben so regelmässigen Schichten abgelagert wird, wie der Triebsand in Bächen und Flüssen. Je nach der Windrichtung und der Anlagerungsfläche nehmen diese Schichten verschiedene Richtung an, und man kann Durchschnitte beobachten, wo solche Flugsandbänke mit doppelter Schichtung erscheinen, die mich lebhaft an die doppelte Schichtung erinnerten, wie sie die paläozoischen Sandsteinbänke an den Heads des Port Jackson bei Sydney in Australien zeigen.

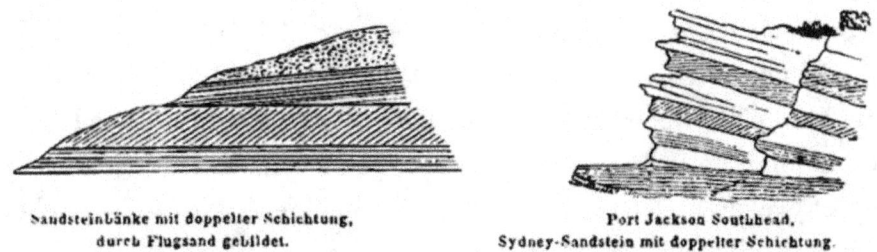

Sandsteinbänke mit doppelter Schichtung, durch Flugsand gebildet.

Port Jackson Southhead. Sydney-Sandstein mit doppelter Schichtung.

Indem endlich durch den Einfluss des Regens und der Atmosphärilien eine allmähliche Zersetzung des in dem Sand enthaltenen Magneteisens zu Brauneisen eingeleitet wird, erhärten die Flugsandschichten nach und nach zu einem mürben eisenschüssigen Sandstein, der sich von den durch Absatz aus Wasser gebildeten Sandsteinen nur dadurch unterscheidet, dass in ihm thierische und pflanzliche Überreste sowohl des Landes wie des Meers unter einander vermengt, eingebettet liegen, eine Erscheinung, welche für die richtige Deutung mancher auffallender Thatsachen in älteren Sandsteinformationen sehr beachtenswerth ist. Auf diese Art scheint mir ein grosser Theil der Sandsteinschichten, welche die Küstenhügelkette zwischen den Manukau- und Waikato-heads zusammensetzen, gebildet zu sein.

Diese mächtigen Ablagerungen von Flugsand erstrecken sich bis an die Nordseite (Northhead) des Waikato. Dieses, fast aller Vegetation beraubt, bietet den öden Anblick von höher und höher hinter einander aufsteigenden Reihen von Sanddünen, deren graue Farbe nur durch einzelne weisse Muschelfelder unterbrochen wird. Die westlichste Ecke des Northheads ist eine reiche Fundstelle von Meereskonchylien, welche die Brandung ausspült. Das weisse Muschelfeld Maraetai gegenüber aber besteht ganz aus den Schalen des Waikato-Unio, der eine sehr beliebte Speise der Eingebornen ist. So nahe liegen in solchen Ablagerungen marine und fluviatile Reste neben einander. Der Flugsand hat am rechten Ufer eine grosse Ausdehnung flussaufwärts und landeinwärts. Wo jetzt alles Sandwüste ist, soll aber vor Generationen ein Maori-Dorf gestanden haben mit üppigen Kumara-Pflanzungen. Die Eingebornen erzählen von einem plötzlichen Ereigniss, von einer ungewöhnlich hohen Fluth und einem heftigen Orkan, die solche Veränderungen hervorgebracht haben, dass der Fluss aus seinem Bette abgelenkt wurde. Noch heute bezeichnet eine breite Alluvialfläche, auf der massenhaftes Bimssteingerölle ausgebreitet liegt, das alte Flussbett am Fusse der steil abfallenden felsigen Südseite.

Die gewiss auffallende Erscheinung, dass an der Waikato-Mündung nicht ein ähnliches Aestuarium besteht, wie am Manukau nördlich oder wie bei Waingaroa südlich, glaube ich durch die Annahme erklären zu dürfen, dass auch der Waikato in früherer Zeit ein solches Aestuarium hatte, und dass die ausgedehnten, zwei Meilen oberhalb der Mündung beginnenden, jetzt zum Theile dicht bewaldeten Sümpfe, durch welche sich der Awaroa-Creek schlängelt, Theile dieses ehemaligen Aestuariums sind, welches der Fluss durch die grossen Massen von Sand, Schlamm und Bimsstein, die er mit sich führt, nach und nach fast ganz ausgefüllt hat.

Zwischen Aotea und Kawhia bildet gleichfalls eine hohe Dünenkette das westliche Ufer.

Die Ostküste an der Bay of Plenty von Maketu bis zum Katikati-River, so weit ich dieselbe kennen lernte, ist gleichfalls von Dünenzügen begrenzt, hinter welchen sich das langgestreckte Aestuarium des Tauranga-Hafens ausbreitet, weiter südlich aber bei Maketu und Matata grosse Sümpfe liegen, die früher vielleicht ähnliche Aestuarien dargestellt haben, wie jetzt der Tauranga-Hafen, im Laufe der Zeiten aber ausgefüllt worden sind.

6. Verschiedenartige Ablagerungen von recentem Alter.

a) Ablagerungen von Kauriharz. In denjenigen Gegenden der Nordinsel, in welchen die Kaurifichte *(Dammara australis)* heimisch ist und heimisch war, findet man sehr häufig in den obersten Erdschichten das Harz derselben: „Kaurigum" der Colonisten, „Kapia" der Eingebornen. Das heutige Verbreitungsgebiet der Kaurifichte, die in ganzen Wäldern nur auf der langgestreckten nordwestlichen Halbinsel der Nordinsel, in kleineren Beständen aber und in einzelnen Exemplaren bis zum Kawhia-Hafen und Tauranga-Hafen südlich vorkommt, bezeichnet genau auch das Verbreitungsgebiet der Harzablagerungen in den Gegenden, welche zwischen $34\frac{1}{2}° - 37\frac{1}{2}°$ südlicher Breite und zwischen $173° - 196°$ östlicher Länge von Greenwich liegen. Rev. Taylor[1] hat aus dem Vorkommen von fossilem Harz in der Braunkohle der Nordinsel, welches er irriger Weise für identisch mit dem Harz der Kaurifichte hielt,[2] mit Unrecht auf ein höheres geologisches Alter des Baumes geschlossen. Eben so vermuthe ich, dass die Angabe Dr. Lindsay's, dass auf der Südinsel in der Provinz Otago am Waitahuna, Tokomairiro, am Clutha u. s. f. diluviale Ablagerungen mit Kauriharz vorkommen, welche eine frühere Verbreitung von Kauriwäldern selbst über einen grossen Theil der Provinz Otago beweisen würden, auf einem Irrthum beruhe. Wenigstens hat die Provinz Otago niemals Kauriharz ausgeführt. Diejenigen Punkte, wo Kauriholz halbfossil in recenten Lignitlagern eingeschlossen vorkommt, wie am Hokianga- und Kaipara-Hafen, liegen innerhalb der oben bezeichneten Grenzen; bis jetzt spricht daher keine sichere Thatsache dafür, dass der Verbreitungsbezirk der Kaurifichte ursprünglich ein anderer gewesen sei, als heut zu Tage.

Das frische Harz, wenn es vom Baume ausschwitzt, ist weich und milchig-trübe, opalartig; mit der Zeit aber wird es fest, mehr oder weniger durchsichtig und bekommt dann gewöhnlich eine schöne gelbe Farbe. Dieffenbach meint, dass

---

[1] Te Ika a Maui pag. 438.
[2] Vgl. pag. 37.

das Kauriharz nur unter dem Einflusse von Seewasser die schöne goldgelbe Farbe bekomme. Allein auch andere Farben kommen vor: alle Töne von Gelb einerseits in Weiss, andererseits in's Braune und Schwärzliche übergehend, wie beim Bernstein. An Harzreichthum mag die Kaurifichte den alten Coniferen der Diluvialperiode, den Abietineen und Cupressineen, welche den Bernstein lieferten, gleichkommen. Zweige und Äste starren von weissen Harztropfen; aber in grösseren Knollen sammelt sich das Harz hauptsächlich unten am Stamme, im Wurzelstock an. Daraus erklärt sich auch, wie das Harz in die obersten Erdschichten kommt, wie es darin nach völliger Vernichtung der Wälder erhalten blieb und so auf den sterilen Farnheiden der Gegend von Auckland häufig das einzige Merkmal ist, dass diese Gegenden, auf welchen jetzt kaum ein Gras oder ein Strauch wächst, einst mit üppigem Waldwuchs bedeckt waren.

Da das Harz ein gesuchter und werthvoller Handelsartikel ist, so wurde es von den Eingebornen stets eifrig gesammelt, und namentlich in der näheren und ferneren Umgegend von Auckland auf unfruchtbaren Farnheiden am Northshore, an den Ufern des Manukau-Hafens u. s. f. in grosser Menge gefunden. Stücke von 20, 30 Pfund Gewicht und selbst darüber waren keine Seltenheit.[1]

b) **Ablagerungen mit Moa-Resten.** Die Knochenreste der ausgestorbenen Riesenvögel Neu-Seelands, zu den Geschlechtern Dinornis und Palapteryx gehörig, welche, wie ich an einem anderen Orte[2] nachzuweisen versucht habe, noch gleichzeitig mit dem Menschen auf den Inseln gelebt haben, finden sich durchaus nur in den allerjüngsten Bildungen: in Sümpfen, in Flussalluvionen, im Lehm der Kalksteinhöhlen, im Dünensand am Meeresstrande. Manche Skelete sind auch gänzlich unbedeckt angetroffen worden unter vorspringenden Felsplatten, in Felsnischen u. dgl. Nach den bisherigen Funden scheinen die Vögel über das ganze mittlere und südöstliche Gebiet der Nordinsel verbreitet gewesen zu sein, dagegen ist nördlich von Auckland, auf der schmalen nordwestlichen Halbinsel, bis jetzt meines Wissens noch Nichts von Moa-Resten entdeckt worden, und vielleicht haben die merkwürdigen Vögel diesen Theil der Nordinsel nie bewohnt. Daraus würde sich dann auch erklären, warum in den Traditionen der Ngapuhis, desjenigen Stammes der Eingebornen, welche ihre Wohnsitze im Norden hatten, nichts von Moa's vorkommt.

---

[1] Vgl. Neu-Seeland. VIII. Kauriwälder, S. 137 u. s. w.
[2] Vgl. Neu-Seeland. Cap. XXI. S. 438.

Die reichsten Fundgruben, aber jetzt gänzlich ausgesucht, waren früher die Kalksteinhöhlen im oberen Waipa- und Mokau-Gebiet, namentlich die Höhlen Te ana o te moa (Moa-Höhle) und Te ana o te atua (Geisterhöhle),[1] in welchen 1852 Dr. A. Thompson Nachgrabungen veranstaltet hat.[2] Im Tuhua-District westlich vom See Taupo, am Wanganui, und in der Taupo-Gegend haben Rev. Taylor und ich selbst manche interessante Skelettheile von den Eingebornen erhalten.[3] Im Seedistrict, am Tarawera-See, soll eine Fläche, als die Bäume darauf niedergebrannt wurden, mit Moa-Knochen ganz besäet gefunden worden sein. Bei Opito zwischen Mercury-Bay und Wangapoua hat Mr. Cormack 1849 Moa-Knochen neben Kochplätzen und zwischen Kochsteinen der Maoris gefunden. Die östlichen Küstendistricte zwischen dem Ostcap und der Hawkes-Bay haben im Alluvium kleiner Flüsse und Bäche, z. B. am Wairoa, Waiapu u. s. w., die Reste geborgen, welche durch Colenso und Rev. Williams zuerst den europäischen Gelehrten bekannt geworden sind. Im Ngatiruanui-District endlich bei Rangatapu an der Waitemate-Bucht südöstlich vom Cap Egmont, namentlich an dem Flusse Waingongoro hat Mr. Walter Mantell einen grossen Theil jener Sammlung zusammengebracht, welche, vom British-Museum angekauft, Prof. Owen das reiche Material zu den berühmten Arbeiten über die ausgestorbenen Geschlechter Dinornis und Palapteryx gegeben. Mantell fand hier auch kleine Hügel auf, in welchen Moa-Knochen mit Menschen- und Hundsknochen als Reste von grossen Schmausereien der Eingebornen zusammengescharrt waren. Ausser Knochen wurden zu wiederholten Malen auf der Nordinsel auch Eierschalen gefunden.

Endlich findet man nicht selten Häufchen von kleinen abgerundeten Steinen, gewöhnlich Chalcedone, Carneole, Opale und Achate, welche von den Eingebornen als „Moa-Steine" bezeichnet werden. Sie liegen zum Theil mit den Vogelskeleten beisammen, zum Theil an Stellen, wo keine Moa-Knochen gefunden wurden. Man nimmt wohl mit Recht an, dass diese Steine aus dem Magen der Riesenvögel stammen, die eben so wie der Strauss und der australische Emeu die Gewohnheit hatten, zur Unterstützung der Verdauung kleine Steinchen zu verschlucken und diese von Zeit zu Zeit wieder auszuwerfen.

---

[1] Vgl. Neu-Seeland pag. 200.
[2] Edinburgh. New Philosophical Journal. Vol. LVI. pag. 268.
[3] Neu-Seeland pag. 419.

c) **Anhäufungen, welche durch Zuthun von Menschenhand entstanden sind.** Es ist bis jetzt gänzlich unbekannt, woher und zu welcher Zeit Neu-Seeland zuerst von Menschen bevölkert worden ist. Die Sagen der Eingebornen über ihre Einwanderung von Hawaiki sind mythischen Ursprungs und lassen sich nicht auf historische Erinnerungen zurückführen. Die Eingebornen, als die Inseln von den Europäern entdeckt wurden, mochten vielleicht 100.000 zählen und lebten, wenn wir vom Cannibalismus absehen, in einem Culturzustand, der etwa demjenigen der Völker des europäischen Steinalters entspricht. Metalle waren ihnen unbekannt, obgleich Kupfer und Gold auf Neu-Seeland gediegen vorkommen und von den Europäern bald aufgefunden waren. Die Werkzeuge der Eingebornen bestanden aus Holz, Knochen, Muschelschalen und Stein, und es ist bewundernswerth was sie alles mit diesen unvollkommenen Werkzeugen auszuführen vermochten: sehr kunstvolle Holzschnitzwerke an Hütten und Canoes, grossartige Erdarbeiten in den Pa's, niedliche Ohrgehänge, Amulets und Waffen aus hartem Stein u. s. w. Daneben waren die Eingebornen sehr geschickt im Zubereiten, Flechten und Weben des neuseeländischen Flachses (*Phormium tenax*), aus welchem sie allerlei Arten von Matten und Mänteln verfertigten, und den sie mittelst Baumrinden und Wurzeln zu färben verstanden. Die Dörfer waren von ausgedehnten Anpflanzungen umgeben, in welchen süsse Kartoffeln, Taro und Melonen gebaut wurden; und neben Ackerbau waren Fischfang und Jagd die Hauptbeschäftigung des Volkes, durch die es seinen Lebensunterhalt gewann. Der Hund war das einzige Hausthier, das es besass.

Bei den wichtigen Schlüssen, welche die Wissenschaft aus alterthümlichen Überresten der Völker des europäischen Steinalters gezogen hat, mag es nicht ohne vergleichendes Interesse sein, auf die Reste und Anhäufungen hinzuweisen, welche von diesen modernen Repräsentanten des Steinalters herrühren und in den verschiedensten Gegenden der Nord- und Südinsel zerstreut vorkommen. Diese Ablagerungen haben ihre Analogon in den „Kjökken möddings" (Anhäufungen von Küchenabfall, „Küchenkehricht") von Dänemark.

Ich rechne auf Neu-Seeland hierher:

1) **Haufen von Muschelschalen.** Es sind dies Schalen essbarer, noch jetzt an den Küsten Neu-Seelands vorkommender Arten von *Cardium, Ostrea, Mytilus, Patella, Venus, Haliotis, Mesodesma, Monodonta, Turbo* u. s. w., auch von den in den Flüssen und Seen lebenden *Unio*-Arten. Die Eingebornen sind grosse Freunde dieser Weichthiere, und verzehren dieselben in grossen Quantitäten. Die Schalen werden

zerstreut oder zu Haufen zusammengeworfen. So traf ich namentlich auf dem Isthmus von Auckland an den Vulcankegeln, welche einst die befestigten Kriegspa's der Eingebornen trugen, überall solche Schalenhaufen als die Reste von den Mahlzeiten der Eingebornen.

2) **Haufen von Kochsteinen** mit Holzkohle und Holzasche an Kochplätzen, Lagerplätzen und Reisestationen der Eingebornen. Die Eingebornen haben nämlich eine ganz eigenthümliche Methode, Fische, Fleisch, Kartoffeln u. s. w. in Dampf zu kochen, bei welcher sie sich runder, etwa faustgrosser Steine, Geschiebe aus Flüssen oder Gerölle vom Meeresstrande, bedienen. Der Hangi-maori oder Kapuramaori, d. h. Maori-Kochofen, besteht aus einem in die Erde gegrabenen Loche von 1 bis 2 Fuss Tiefe, das je nach der Quantität von Fleisch oder Kartoffeln, die darin gedämpft werden sollen, grösser oder kleiner ist. In dieses Loch kommen zu unterst runde Steine, die in einem Feuer vorher glühend heiss gemacht wurden, darüber eine Lage Grünzeug, Phormiumblätter oder Farnkraut, auch Kohlblätter, wenn man solche zur Hand hat. Dann folgt eine Lage Fleisch oder Kartoffeln, wieder eine Lage Grünzeug, und so fort bis das Loch voll ist. Nun wird das Ganze noch einmal mit Blättern sorgfältig überdeckt, Wasser zugegossen, das sich auf den heissen Steinen in Dampf verwandelt, und dann rasch Erde darüber geschaufelt, so dass der Dampf nicht entweichen kann. Auf diese Art werden die Speisen gedämpft. Für Fleisch muss der Ofen $1\frac{1}{2} - 2$ Stunden zugedeckt bleiben, während Kartoffeln schon nach 20 Minuten gut sind.

Man findet die Steine entweder noch in den Kochlöchern, oder sie liegen in der Nähe derselben zerstreut.

3) **Allerlei Steinwerkzeuge**: Ankersteine, Netzsteine, Mahlsteine, steinerne Schlägel, Stösser, Hobel, Äxte u. s. w. aus Grünstein (Diorit, Aphanit), Nephrit, Hornstein, Kieselschiefer, Obsidian und anderen harten Gesteinen verfertigt.[1] Unter diesen Steinwerkzeugen sind namentlich der **Steinhobel** und die **Streitaxt** (mere) Formen, welche den Maoris eigenthümlich sind. Der Holzschnitt gibt in verkleinertem Maassstabe einige der häufigsten Formen von Steinwerkzeugen der Maoris, welche ich in verschiedenen Gegenden der Nordinsel theils selbst gefunden, theils von Anderen acquirirt habe.

---

[1] Über die Art und Weise, wie die Maoris diese Steine bearbeiteten, werde ich Einiges in dem späteren Capitel über Nephrit mittheilen.

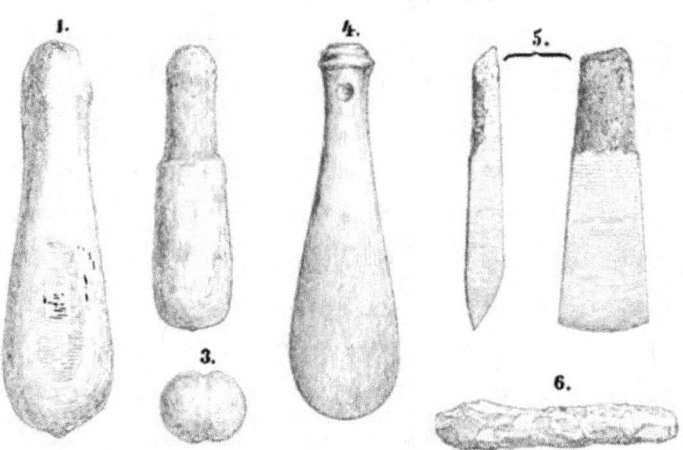

Verschiedene Steinwerkzeuge der Maoris in ¼ nat. Grösse.

Fig. 1. Paoi, Stösser aus feinkörnigem Grauwackensandstein, zum Zerstossen und Mahlen von Farnwurzeln.
Fig. 2. Steinhammer aus Aphanit.
Fig. 3. Ankerstein aus Sandstein, für Fischnetze.
Fig. 4. Mere, Streitaxt aus Aphanit.
Fig. 5. Steinhobel aus grauem Kieselschiefer bei Verfertigung von Canoes verwendet.
Fig. 6. Roh geschlagener, noch nicht abgeschliffener Steinmeissel aus grauem Kieselschiefer.

4) Menschenknochen, Knochen von Hunden, Seesäugethieren (Phoca), Fischen und verschiedenen Vögeln, wie Pinguin, Albatros, Weka (*Ocydromus*), Kiwi (*Apteryx*); namentlich aber Moa-Knochen (*Dinornis*) und Eierschalen. Die Knochen sind häufig angebrannt oder zerbrochen und tragen die Spuren von Steinmessern. Diese Knochenreste finden sich namentlich in der Nähe von Kochplätzen. W. Mantell und Cormack[1] erwähnen solche Überreste von der Nordinsel, welche zum Theil mehrere Fuss tief mit Flugsand bedeckt waren. Mit Recht wurde daraus der Schluss gezogen,[2] dass die Dinornis-Arten noch gleichzeitig mit dem Menschen auf Neu-Seeland gelebt haben und wahrscheinlich durch den Menschen ausgerottet wurden.[3]

V. Vulcanische Bildungen.

Die vulcanischen Erscheinungen und Bildungen der Nordinsel gehören zu dem Grossartigsten und Eigenthümlichsten, was die Natur in dieser Beziehung

---

[1] Owen. Trans. Zool. Soc. Vol. IV. p. 116 und 156.
[2] Nat. Hist. Review. 1862. IX. p. 343.
[3] Vgl. darüber Neu-Seeland. Cap. XXI. Kiwi und Moa.

bietet. Gewaltige Kegelberge, welche ihre Häupter bis in die Regionen des ewigen Schnees erheben, ausgedehnte aus vulcanischen Trümmergesteinen bestehende Plateaus, erloschene und noch thätige Kratere, eine Reihe der allermerkwürdigsten heissen Quellen, die an Grossartigkeit mit den berühmten Springquellen Islands wetteifern, Solfataren, Fumarolen und kochende Schlammpfuhle in buntester Abwechslung — alle diese Erscheinungen bieten dem Geologen einen reichen, aber auch sehr schwierigen Stoff zu den mannigfaltigsten Untersuchungen und Betrachtungen.

Da schon die ersten Ansiedler die eigenthümliche Natur dieser Erscheinungen und Bildungen in den Gegenden, in welchen sie sich zuerst niedergelassen, an der Bay of Islands, auf dem Isthmus von Auckland und an der Küste von Taranaki eben so gut aufgefasst haben, wie die Eingebornen, so darf man sich nicht wundern, dass man von denselben frühe Kunde erhielt und dadurch zu der Ansicht verleitet wurde, als ob die ganze Nordinsel vorherrschend ein vulcanisches Gebilde sei. Wenn nun aber nähere Untersuchungen gezeigt haben, dass Sedimentformationen von verschiedenem geologischem Alter das Grundmassiv der Insel bilden, so bleibt es nichts desto weniger wahr, dass die Nordinsel ihre heutige Form und Bodengestaltung zumeist dem Vulcanismus verdankt.

Es ist ein Grundzug der Geologie der Nordinsel, dass vom Schlusse der Tertiärzeit an und während des ganzen Verlaufes der Quartärperiode der Boden zwischen den südöstlichen Gebirgsketten und der nordwestlichsten Landspitze vorzugsweise unter dem Einflusse vulcanisch eruptiver Kräfte gestanden, und dass dieser Boden in jener Periode grossartigen Oscillationen unterworfen gewesen. Die vulcanische Periode fällt mit der Epoche der grössten orographischen Umgestaltungen auf der Nordinsel zusammen, sie war verbunden mit instantanen und secularen Hebungen, aus welchen nach und nach die heutigen Umrisse des Landes hervorgingen.

Für die Periode der Gegenwart sind die directen Manifestationen der vulcanischen Thätigkeit auf zwei Punkte beschränkt, die noch als thätige Vulcane bezeichnet werden können: Tongariro und White Island; jedoch im Vergleich zu der einstigen vollen Laventhätigkeit dieser Vulcane erscheint die jetzige Solfatarenthätigkeit ihrer Kratere eben so nur als eine schwache Nachwirkung, wie die Phänomene der zahlreichen heissen Quellen, welche aus den Spalten des vulcanischen Terrains hervorbrechen.

Es ist natürlich, dass auf einem solch wahrhaft classischen Boden für vulcanische Phänomene aller Art manche Principienfrage für die Theorie des Vulcanismus eine wesentliche Erläuterung oder neue Beantwortung finden kann, und es sei mir gestattet, ehe ich an geognostische Details gehe, einige dieser Fragen kurz zu berühren.

Erhebungstheorie und Aufschüttungstheorie. Die Streitfrage, in welchem Verhältnisse die Erhebung älterer geschichteten vulcanischen Gesteine und die Aufschüttung jüngerer Laven, Schlacken und Aschen um die Ausbruchsöffnung bei der Bildung der mannigfaltigen Formen vulcanischer Kegelberge zu einander stehen, halte ich, so weit diese Frage die aus wirklichen Eruptivmassen gebildeten, so häufig concentrisch in einander liegenden Kratere und einander aufgesetzten Kegel betrifft, durch die Beobachtungen und Beweisführungen von Junghuhn, Dana, Scrope, Lyell, Hartung und Anderen längst zu Gunsten der Aufschüttungstheorie im Gegensatz zu der Leopold v. Buch'schen Theorie der Erhebungskratere für entschieden.

Es fehlt in den ausgedehnten vulcanischen Gebieten der Nordinsel nicht an bedeutsamen Berggestaltungen, welche klar und überzeugend die mannigfaltige Art der Krater- und Kegelbildung erkennen lassen und für die orographische Formenentwickelung und Reliefgestaltung vulcanischer Gerüste wahre Modelle sind: grosse Vulcansysteme von 6000—7000 Fuss Höhe, wie Tongariro, und ganz kleine, nur von einigen hundert Fuss Höhe, wie die erloschenen Kegelberge auf dem Isthmus von Auckland. Stets lassen sich in der Entwickelungsgeschichte solcher Vulcangerüste zwei oder mehrere Bildungsepochen unterscheiden, in welchen verschiedene Theile des Ganzen, ältere und jüngere, zur Ausbildung gelangt sind — entweder concentrisch in und über-einander, oder excentrisch neben einander — und in welchen die Bergformen in Folge der Volumsvermehrung durch eruptives Empordringen und durch Aufschüttung, die Kraterformen aber durch theilweises Zurücksinken der emporgedrungenen Massen und durch Einbrüche über der Ausbruchsöffnung nach und nach zu ihrer jetzigen Grösse und Gestalt herangebildet wurden.

Eine etwaige Schichtenerhebung des nicht vulcanischen Grundgebirges in der Art, dass dadurch ein erster fundamentaler Kegel gebildet worden wäre, der unter Umständen auch die Form eines Erhebungskraters hätte annehmen können, liess sich nirgends nachweisen. Bei den grösseren Vulcangerüsten entzieht sich das Grundgebirge unter einer Decke von weit ausgebreiteten vulcanischen Schichten der verschiedensten Art gänzlich der directen Beobachtung. Bei den kleinen Vulkankegeln auf dem Isthmus von Auckland sind wohl da und dort an den Steilufern des Waitemata- und Manukau-Hafens in dem tertiären Grundgebirge locale Störungen, mehr oder weniger bedeutende Verwerfungen (vgl. S. 42) bemerkbar, aber nirgends eine gewölbartige Auftreibung oder eine ringförmige Erhebung der Schichten um einen centralen Eruptionspunkt.

Es ist nachgerade an der Zeit, dass die Erhebungstheorie, welche als ein scharfsinnig und geistreich verfochtener Irrthum des grössten deutschen Geologen nur der Geschichte der Wissenschaft angehört, aus den deutschen Lehr- und Handbüchern der Geologie eben so verschwinde, wie dieselbe aus englischen und amerikanischen Lehrbüchern längst verschwunden ist.

Tuff-, Lava- und Schlackenkegel, combinirte Kegelbildungen. Wenn nach dem so eben Gesagten die Unterscheidung von Erhebungs- und Aufschüttungskegel, oder von Erhebungs- und Eruptionskrater keine Giltigkeit mehr hat, da die geognostischen Thatsachen dieser theoretischen Anschauung in keiner Weise entsprechen, so wird für das richtige Verständniss der Reliefgestaltung und Formenentwickelung der vulcanischen Kegelberge eine andere Unterscheidung um so wichtiger, welche sich theils auf die Art der Ausbrüche, theils auf das Material bezieht, aus welchem die einzelnen Theile des vulcanischen Gerüstes aufgebaut sind. Die Ausbrüche können unterseeische oder überseeische gewesen sein, sie können theils nur lose Auswurfsmaterien, Bruchstücke von Laven, Lavagrus, Schlacken, Sand und Asche, theils feurig-flüssige Gesteinsmassen zu Tage gefördert haben, entweder Lava, die zähflüssig emporquoll und rund um die Ausbruchsöffnung zu mantelförmigen Felsbänken erhärtete (Trachyt- und Andesitlaven), oder Lava, die leichtflüssig in Strömen sich ergoss (Basaltlaven). Dadurch ist die Bildung von Kegeln von sehr verschiedenartiger Form und Zusammensetzung bedingt von Tuffkegeln (Schuttkegeln), Schlackenkegeln und Lavakegeln, die an solchen Punkten, wo die vulcanische Kraft in wiederholten Eruptionsperioden durch denselben Canal wirkte, in der mannigfaltigsten Weise sich combiniren. Das merkwürdige vulcanische Gebiet des Isthmus von Auckland, auf welches ich schon hier verweise, wird mir Gelegenheit geben die geognostische Unterscheidung von Tuff-Schlacken- und Lavakegeln als den Producten verschiedener Eruptionsepochen und verschiedenartigen Eruptionsmaterials, genauer zu definiren und an zahlreichen Beispielen zu erläutern. Jedes grössere vulcanische Gerüste aber, welches den obersten Ausgang der Esse aus dem vulcanischen Herde krönt, wird mehr oder weniger eine combinirte Bildung aus jenen einfachen Grundformen sein, und wenn wir dasselbe in vollständigster Regelmässigkeit uns schematisch zusammengesetzt denken, aus drei Theilen bestehen.

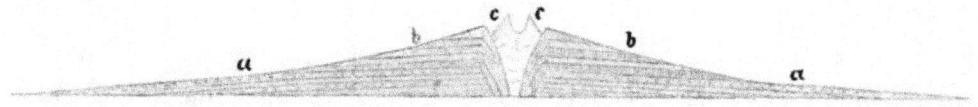

Vulcanische Kegelbildung.
a. Tuffkegel. b. Lavakegel. c. Aschen- und Schlackenkegel.

Die Basis und den Fuss des ganzen Gerüstes bildet ein flach ansteigender Tuffkegel. Seine Bildung bezeichnet die erste, häufig submarine Periode der vulcanischen Action. Auf dem Tuffkegel erhebt sich als zweiter Theil mit steilerem Böschungswinkel der stets supramarin gebildete Lavakegel, das Product einer zweiten Eruptionsperiode, in welcher die vulcanische Thätigkeit ihre grösste Intensität erreichte. In dem durch Einsturz erweiterten Krater des Lavakegels endlich erhebt sich als dritter und jüngster Theil des ganzen Gerüstes ein Aschen und Schlackenkegel, welcher unter sehr steilem Böschungswinkel nur aus losen Auswurfsmassen aufgeschüttet ist, da es der Vulcan bei der allmählichen Abnahme der vulcanischen Kraft in der dritten Periode nicht mehr zu Lavaergüssen, sondern nur zu Aschenausbrüchen gebracht hat.

Petrographischer Charakter der Laven. Die Petrographie der vulcanischen Gebirgsarten hat in der genaueren mineralogischen Trennung der Gesteine der Trachyt-Familie, wie sie von Gustav Rose zum Theil auf Veranlassung Alexander v. Humboldt's im Kosmos durchgeführt worden ist,[1] so wie durch die Resultate, welche bei der Durchforschung der ungarischen und siebenbürgischen Trachytgebirge durch die Geologen der k. k. geologischen Reichsanstalt in Wien gewonnen wurden,[2] einen bedeutenden Schritt vorwärts gethan. Meinem Freunde Baron v. Richthofen vor Allen gebührt das Verdienst, durch Aufstellung der Gruppe der Rhyolithe, welche nach ihm alle saueren Gemenge unter den neueren Eruptivgesteinen, also sämmtliche kieselerdereichen und quarzführenden trachyti-

---

[1] A. v. Humboldt. Kosmos. IV. Bd. pag. 466 etc.
[2] Ferd. Freih. v. Richthofen, Studien aus den ungarisch-siebenbürgischen Trachyt-Gebirgen Wien 1861.

Ch. Brophy del. Carte lchese.

Aus d. k. k. Hof u. Staatsdruckerei.

Motu roa, an der Mercury Bay, Nordinsel
(sackenförmiger Trachyt)

schen Gesteine in den mannigfaltigsten Structurvarietäten umfasst, einem wirklichen petrographischen Bedürfnisse abgeholfen zu haben. Demselben Bedürfnisse Rechnung tragend bezeichnete J. Roth fast gleichzeitig in seiner schätzenswerthen Zusammenstellung der Gesteinsanalysen[1] die kieselerdereichen Laven und Gläser der Liparischen Inseln als Liparit.

Dr. G. Stache (in der Geologie Siebenbürgens)[2] hat aber nachgewiesen, dass v. Richthofen's Rhyolithgruppe in jenem umfassenden Sinne Gesteine von sehr verschiedenem geologischem Alter und Auftreten in sich begreife: „ältere Quarztrachyte", welche plutonischen Masseneruptionen der ältesten Miocänperiode angehören, und „jüngere Quarztrachyte", welche mit vulcanischen Phänomenen in Verbindung stehen. Dr. Stache schlägt für jene den Namen Dacit vor, da dieselben im alten Dacien eine besonders hervorragende Rolle spielen, und beschränkt somit die Bezeichnung Rhyolith auf die jüngeren vulcanischen Quarztrachyte, welche durch eine überwiegend hyaline Ausbildungsweise charakterisirt sind, und auf welche der von Richthofen geschaffene Name auch seiner ethymologischen Bedeutung nach (von dem eigenthümlichen Ansehen geflossener Massen) vortrefflich passt. In dieser Beschränkung ist Rhyolith vollkommen synonym mit Liparit. Beide Namen bezeichnen völlig gleichwerthige Gesteine. Auch ich adoptire, wie mein Freund Dr. Stache, den Namen Rhyolith „sowohl der guten Wahl, als der Priorität wegen".

Ich habe diese Bemerkungen vorausgeschickt, weil unter den vulcanischen Gesteinen der Nordinsel echte Rhyolithe eine ganz hervorragende Rolle spielen. Die durch die merkwürdigsten vulcanischen Phänomene so ausgezeichnete Taupo-Zone ist eine rhyolithische Zone. Die Gesteine der Taupo-Gegend und des Seedistrictes sind vorherrschend Rhyolithe in den mannigfaltigsten und auffallendsten Structursabänderungen, und vielleicht gibt es wenige vulcanische Gebiete der Erde, in welchen diese Gesteinsgruppe in solcher räumlichen Verbreitung und in so grosser Mannigfaltigkeit der petrographischen Entwickelung nachzuweisen ist. Während meiner Untersuchungen in diesen Gegenden, namentlich am Taupo-See, war ich stets in Verlegenheit, mit welchem Namen ich die dort vorherrschenden Gesteine bezeichnen sollte, da der Name Trachyt nur in sehr allgemeinem Sinne für

---

[1] J. Roth, Die Gesteinsanalysen in tabellarischer Übersicht und mit kritischen Erläuterungen. Berlin 1861.
[2] Fr. R. v. Hauer, und Dr. Guido Stache. Geologie Siebenbürgens. Wien 1863.

dieselben passte. Als mir bei meiner Rückkehr v. Richthofen die von ihm gesammelten Rhyolithe aus der Hegyallya zeigte und die Resultate seiner Beobachtungen in Ungarn und Siebenbürgen mittheilte, da hatte ich mit den analogen Vorkommnissen auch gleich den passenden neuen Namen für die Gesteine der Taupo-Gegend.

Alle nicht rhyolithischen vulcanischen Gesteine der Nordinsel lassen sich ohne Schwierigkeit in die eine oder die andere jener sechs Abtheilungen von Trachyten bringen, wie sie nach Gustav Rose im Kosmos unterschieden worden sind. Die erste Abtheilung begreift die Sanidintrachyte, die zweite die Sanidin-Oligoklastrachyte; wir können beide als echte Trachyte zusammenfassen im Gegensatz zu den mehr basischen andesitischen Trachyten oder Andesiten, die gleichfalls in zwei Abtheilungen zerfallen: in Amphibol-Andesite (identisch mit Oligoklastrachyt, Grünsteintrachyt u. s. w.) — G. Rose's dritte Abtheilung, und in Pyroxen-Andesite[1] (Oligoklas-Augitgesteine) — G. Rose's vierte Abtheilung. Die fünfte und sechste Abtheilung enthält basische Gesteine, Dolerite und Leucitporphyre, die wir als Varietäten der Dolerit- oder Basaltfamilie betrachten. Indem wir auf diese Weise den so vielfach zurückgesetzten guten Leopold v. Buch'schen Namen Andesit, ungefähr gleichbedeutend mit Abich's Trachydolerit, wieder aufnehmen, zerfallen uns die vulcanischen Gesteine in vier Typen: erstens Rhyolith; zweitens Trachyt; drittens Andesit; viertens Basalt. Rhyolith bildet das eine saure oder kieselerdereiche Endglied einer Reihe von Gemengen, die durch Übergänge mit einander verbunden sind, Basalt oder Dolerit das andere basische Endglied; Rhyolith und Trachyt zusammen bilden die normaltrachytische Gruppe, Andesit und Basalt die normalpyroxenische Gruppe. Diese vier Typen der jüngsten vulcanischen Eruptivgesteine haben mineralogisch und chemisch ihre Analoga in je vier entsprechenden Typen der alt-, der mittel- und neu-plutonischen Eruptivgesteine, so dass sich sämmtliche Eruptivgesteine oder gemengten Massengesteine übersichtlich in folgende Tabelle gruppiren lassen:

---

[1] Ich adoptire hier die von J. Roth eingeführte speciellere Bezeichnung.

Tabellarische Übersicht der gemengten krystallinischen Massengesteine.

Geologisches Alter		Saure oder kieselerdereiche Gemenge. (Normaltrachytische Gesteine, Bunsen.)		Basische oder kieselerdearme Gemenge. Trappgesteine. (Normalpyroxenische Gesteine, Bunsen.)	
	I. Alt-plutonische Reihe der paläozoischen Periode.	**A. Granitgruppe.**		**B. Grünsteingruppe.**	
		1. Granit. Granitit G. Rose. Protogin. Rother Gneiss. Granitporphyr. Pegmatit.	2. Syenit.* Miasoit G. Rose. Ditroit. Foyait Blum. Syenitporphyr.	3. Diorit.* Dioritporphyr.* Aphanit z. Th. Glimmerdiorit. Kersantit.	4. Diabas. Porfido verde. Uralitporphyr z. Th. Aphanit z. Th. Gabbro z. Th. Hypersthenit z. Th. Variolit.
	II. Mittel-plutonische Reihe der mesozoischen Periode.	**C. Porphyrgruppe.**		**D. Melaphyrgruppe.**	
		5. Quarzporphyr. Felsitporphyr. Euritporphyr. Hornsteinporphyr. Feldsteinporphyr. Thonporphyr. Pechstein.	6. Porphyrit. Porfido rosso. Orthoklasporphyr. Rhombenporphyr. Glimmerporphyr v. Cotta. Hornblendeporphyr v. Cot. Minette Voltz.*	7. Melaphyr. Basaltit v. Raumer. Teschenit Hoh. z. Th. Oligoklasporphyr G. Rose. Schwarzer Porphyr. L. v. B. Spilit z. Th.	8. Augitporphyr. Uralitporphyr z. Th. Labradorporphyr G. Rose. Teschenit z. Th. Spilit Élie de Beaumont. Gabbro z. Th. Hypperit z. Th.
	III. Neu-plutonische Reihe der känozoischen Periode.	**E. Trachytgruppe.**			**F. Basaltgruppe.**
		9. Quarztrachyt. Sanidophyr v. Dechen. Dacit Stache (älterer Quarztrachyt).	10. Trachyt. Sanidintrachyt. Sanidin-Oligoklastrachyt. Grünsteintrachyt v. R.z.Tb.* Grauer Trachyt v. R. z. Th. Domit L. v. B.? Phonolith.	11. Andesit. Oligoklastrachyt. Amphibolandesit Roth. Pyroxenandesit Roth. Grünsteintrachyt v. R. z. Th. Grauer Trachyt v. R. z. Th. Andesitischer Trachyt St. Domit L. v. Buch? Trachydolerit Abich. Timazit Breith.	12. Basalt. Dolerit Haüy. Nepheliudolerit. Noseandolerit. Anamesit Leonh. Eucrit.
		Obsidiane, Bimssteine, Pech- und Perlsteine.			
	IV. Vulcanische Reihe der anthropozoischen Periode.	**G. Trachytische Laven.**			**H. Basaltlaven.**
		13. Rhyolith. Liparit Roth. Jüngerer Quarztrachyt Stache. Lithoidit v. Richth. Trachytporphyr Beud.	14. Trachytlava. Sanidiolava. Piperno.	15. Andesitlava. Amphibolandesit Roth. Tolucagestein A. v. H. Pyroxenandesit Roth. Pichinchagestein A. v. H. Graustein. Trachydolerit Abich.	16. Basaltlava. Doleritlava. Aetnagestein A. v. H. Augitophyr. Leucitophyr. Haüynophyr. Tachylit Breit. Schlacken.
		Obsidiane, Bimssteine, Pech- und Perlsteine.			
Eigenschaften.	Mineralogische Zusammensetzung: die wesentlichen Gemengtheile	Quarz.	Quarz zum Theil.*		kein Quarz.
		Kali-Feldspath: Orthoklas, Sanidin.		Kalk-Feldspath: Anorthit, Labrador.	
			Natron-Feldspath: Andesin, Oligoklas.		
		Glimmer.	Hornblende.		Augit.
	Spec. Gewicht	2·5 — 2·7; Glas 2·3 — 2·4.		2·7 — 3·2; Glas 2·7.	
	Farbe	licht, häufig röthlich.		dunkel.	
	Structur	makro- und mikro-krystallinisch, häufig glasig, selten krypto-krystallinisch.		häufig krypto-krystallinisch und mandelsteinartig.	

	Chemische Zusammensetzung	SiO_2 = 80—60 KO = 6—3
		Al_2O_3 = 8—16 NaO = 1—5
		FeO / Fe_2O_3 = 0·5—1 CaO = 0·5—2
		   MgO = 0·5—2
				SiO_2 = 60—45 KO = 3—0·5
				Al_2O_3 = 10—20 NaO = 6—1
				FeO / Fe_2O_3 = CaO = 2—12
				   MgO = 2—12	

Ich habe keinen Anstand genommen, diese Tabelle, welche zunächst aus einem praktischen Bedürfnisse für Lehrzwecke entstanden ist, hier zu publiciren, weil in ihr die beste Begründung für die Aufstellung von Rhyolith und Andesit als selbstständiger Gesteinstypen gegeben ist. Die Veranlassung zum Entwurf dieser Übersicht gab mir schon im Jahre 1861 eine neue Aufstellung der petrographischen Sammlung des k. k. polytechnischen Institutes, und der Wunsch die gemengten Massengesteine — die für die Schüler schwierigste Partie der Petrographie — in eine naturgemässe, dem jetzigen Standpunkt der Wissenschaft entsprechende und zugleich für den Schüler leicht übersichtliche Ordnung und Aneinanderreihung zu bringen. Ich wurde dazu angeregt hauptsächlich durch die ausgezeichnete Arbeit von Durocher über die chemische und mineralogische Zusammensetzung, so wie über die Classification der Eruptivgesteine,[1] und folgte dabei wesentlich den Ansichten, welche mein Freund Baron v. Richthofen in seinen verschiedenen petrographischen Arbeiten[2] begründet hat. Es handelte sich um eine Anordnung, bei welcher eben sowohl die chemische Zusammensetzung und die physikalischen Eigenschaften der Gesteine, wie ihre mineralogische Zusammensetzung und ihr geologisches Alter berücksichtigt sein sollten. Zugleich mussten die vielfachen, besonders benannten Abarten naturgemäss unter die typischen Normalgesteine subsummirt werden.

Der Hauptunterschied von Durocher's Tabelle beruht auf der Viertheilung sowohl in Bezug auf das geologische Alter, als auch in Bezug auf die chemische und mineralogische Zusammensetzung. Für den Fachmann ist das Detail dieser Übersicht leicht verständlich und bedarf daher hier keiner weiteren Erklärung. Eine nach diesem Schema aufgestellte Sammlung bietet in ihren mineralogisch und chemisch identischen, nur durch das Alter unterschiedenen Reihen ein überraschend übersichtliches und einfaches Bild.

Chronologische Reihenfolge der Eruptionen, locale Sonderung in einzelne vulcanische Zonen. In Bezug auf das geologische Alter der Eruptionen in den verschiedenen vulcanischen Gebieten, welche dem mittleren und nordwestlichen Theile der Nordinsel angehören, lässt sich nach meinen Beobachtungen so viel mit Sicherheit sagen, dass die vulcanischen Eruptionen am

---

[1] Ann. des Mines. Vol. XI. 1857.
[2] Vgl. auch F. Baron v. Richthofen, Über den Melaphyr Zeitsch. der deutsch. geolog. Ges. Jahrg. 1856.

Schlusse der Tertiärperiode begonnen und durch die Quartärperiode bis in die historische Zeit fortgedauert haben, und dass daher ältere und jüngere Bildungen wohl zu unterscheiden sind. Bei dem weiteren Versuche aber, alle verschiedenen Eruptionen chronologisch zu unterscheiden, und ihre Reihenfolge mit Bezug auf die geologische Periode, der sie angehören, im Einzelnen festzustellen, ergeben sich Schwierigkeiten und Zweifel, die nur durch umfassendere Beobachtungen, als sie mir möglich waren, durch ein eingehendes Detailstudium aller Gebiete gehoben werden könnten. Nur unter den jüngeren vulcanischen Bildungen, die eine scharfe locale Sonderung in einzelne Zonen zeigen, und bei welchen überdies mit der Gleichzeitigkeit der Eruptionen auch Übereinstimmung in der mineralogischen Zusammensetzung der Eruptionsproducte in Verbindung steht, ist eine weitere chronologische Trennung noch mit Sicherheit möglich. Die geographische Lage und Verbreitung der jüngeren in Kraterbergen von verschiedener Grösse sehr wohl erhaltenen Eruptionspunkte ergibt vier getrennte Gebiete oder Zonen:

1. Die Taupo-Zone.
2. Das Taranaki-Gebiet.
3. Die Auckland-Zone.
4. Die Inselbai-Zone.

Das vulcanische Material dieser Gebiete ist in chemischer und mineralogischer Beziehung in saure und in basische Mischungen geschieden. Die Taupo-Zone ist höchst ausgezeichnet durch saure Gesteine von der höchsten Kieselungsstufe — durch Rhyolithe, das Taranaki-Gebiet durch echte Trachyte, die Auckland- und Inselbai-Zone aber durch basische Basaltlaven. Die orographischen Verhältnisse, der Erhaltungszustand — wenn ich so sagen darf — der vulcanischen Gerüste und des vulcanischen Materials in den genannten Gebieten, lassen keinen Zweifel darüber, dass die petrographisch gleichartigen und wahrscheinlich auch gleichalterigen basaltischen Eruptionen der Auckland- und Inselbai-Zone viel jünger sind als die Eruptionen des Taranaki-Gebietes und als die Hauptmasse der Eruptionen der Taupo-Zone, obgleich der letzteren die beiden einzigen noch thätigen Krater Neu-Seelands angehören.

Viel grösseren Schwierigkeiten begegnet man, wenn man in ähnlicher Weise die älteren vulcanischen Bildungen geographisch, petrographisch und chronologisch zu trennen versucht. Diese älteren Bildungen sind charakterisirt durch sehr mächtige und weit ausgedehnte Ablagerungen von vulcanischem Trümmergestein, von Breccien, Conglomeraten und Tuffen, die zum grossen Theile submarin gebildet wurden, und jetzt mehr oder weniger erhobene, durch die Erosionsthätigkeit der Gewässer, durch Dislocationen aller Art aufs äusserste veränderte Terrains darstellen, deren ursprüngliche Begrenzung und Ausdehnung kaum mehr festzustellen ist. Die supramarin gebildeten Kegelberge dieser älteren vulcanischen Periode sind nur mehr Ruinen. Mit wenigen Ausnahmen sind die Gipfel zerstört, zerstückelt; die Aschenkegel sind verschwunden, und die alten Krater in den tiefen, oft kesselförmigen, barrankoartigen Thalschluchten, welche von den vielgipfeligen Berghöhen herabziehen, kaum mehr zu erkennen.

In diesen älteren vulcanischen Gebieten herrschen Gesteine von einer mittleren Zusammensetzung, mannigfaltige Mischungen zwischen sauren und basischen Gesteinen, Trachyte und Andesite; aber auch ganz basische Dolerite und Basalte, Gesteine, welchen die Westküste der Nordinsel ihren Reichthum an Magneteisen verdankt (vgl. S. 67). Nur die höchste Kieselungsstufe vulcanischer Gesteine, welche in den plutonischen Masseneruptionen der Quarztrachyte auf der Südinsel, die nach Dr. Haast's Beobachtungen gleichfalls der Tertiärperiode angehören. so ausgezeichnet vertreten ist, ist unter den älteren vulcanischen Bildungen auf der Nordinsel bis jetzt noch nicht nachgewiesen.

Drei ältere vulcanische Gebiete lassen sich auf der Nordinsel unterscheiden, jedoch ohne scharfe Begrenzung und ohne sichere Altersfolge.

1. Das trachytische Tafelland zwischen dem oberen und mittleren Waikato-Becken.
2. Die Andesit- und Doleritbreccien der Westküste nördlich vom Manukau-Hafen (vgl. S. 15).
3. Die Basaltconglomerate der Westküste südlich vom Manukau-Hafen (vgl. S. 54).

Fassen wir die Erscheinungen auf der Nord- und Südinsel zusammen, so ergibt sich etwa folgende chronologische Reihenfolge der vulcanischen Bildungen:

A. **Ältere pluto-vulcanische Periode.** Geschlossene oder durchklüftete Kegelberge; keine deutlichen Lavaströme, keine wohlerhaltenen Kratere; dagegen mächtige und weit ausgedehnte Ablagerungen von wahrscheinlich submarin gebildeten Breccien, Conglomeraten und Tuffen.

1. Masseneruptionen von Quarztrachyt auf der Südinsel machen den Anfang.
2. Trachyt- und Andesiteruptionen folgen nach: auf der Südinsel die Sanidingesteine und Andesitlaven von Banks Peninsula; auf der Nordinsel das vulcanische Tafelland zwischen mittlerem und oberem Waikato-Becken.

3. Eruptive Andesit- und Doleritbreccien mit Gangmassen von Anamesit und Basalt an der Westküste der Provinz Auckland nördlich vom Manukau-Hafen, und

4. Die älteren Basalte und Basaltconglomerate der Provinz Auckland südlich vom Manukau-Hafen bilden den Schluss dieser Periode.

B. **Jüngere vulcanische Periode.** Kegelberge mit geöffnetem und ungeöffnetem Gipfel, zum Theil noch thätig. Deutliche Lavaströme.

1. Rhyolithische und trachytische Eruptionen der Taupo-Zone; die thätigen und erloschenen Vulcane der Taupo-Zone.

2. Mount Egmont, der Taranaki-Berg, ein erloschener Trachytvulcan.

3. Die erloschenen Basaltvulcane
    a) der Auckland-Zone.
    b) der Inselbai-Zone.

Die ältere pluto-vulcanische Periode umfasst einen Theil der Tertiärperiode und die ältere Quartärzeit, die jüngere vulcanische Periode fällt zusammen mit der jüngeren Quartärperiode und reicht bis in die historische Zeit. Vulcanische Nachwirkungen, wie sie sich in heissen Quellen, Solfataren, Kohlensäure-Exhalationen u. s. w. zu erkennen geben, gehören mit wenigen Ausnahmen nur den jüngeren vulcanischen Gebieten, der Taupo-Zone und Inselbai-Zone an.

A. Ältere vulcanische Periode.

Nachdem ich die Andesit-Breccien und die Basaltconglomerate der Westküste bereits früher abgehandelt habe, bleibt an dieser Stelle von den Bildungen der älteren vulcanischen Periode nur noch das **vulcanische Tafelland zwischen dem mittleren und oberen Waikato-Becken** zur Betrachtung übrig.

Geschichtete Trümmergesteine, d. h. trachytische Breccien, Conglomerate und Bimssteintuffe, welche ein wahrscheinlich lange andauernder Eruptionsprocess in grosser Fülle entwickelt hat, bilden das Hauptmaterial, aus welchem die das mittlere Waikato-Becken umschliessenden Höhen bestehen. Diese Höhen setzen sich südlich und südöstlich in ausgedehnten Plateaus fort, welche sich bis in die Taupo-Gegend erstrecken. Der Waikato auf seinem Laufe zwischen Orakeikorako und Maungatautari hat dieses Plateau in einem tiefen, vielfach terrassirten Erosionsthale durchbrochen. Am rechten Ufer des Waikato führt das mit Urwald bedeckte Plateau bei den Eingebornen den Namen Patetere. Gegen die Bay of Plenty dacht dasselbe sanft ab, gegen Norden aber zieht es sich stets mit steilem Abfall gegen die Waiho-Ebenen und das mittlere Waikato-Becken unter sehr verschiedenen Namen bis in die Cap Colville-Halbinsel fort.

An der Küste des Coromandel-Hafens auf dieser Halbinsel stehen Trachytbreccien und Trachyttuffe in den mannigfaltigsten Farben und in den verschiedensten Zersetzungs-Zuständen an.

Patapata-Point am Coromandel-Hafen, Trachyt-Breccie.

Am Patapata-Point ist eine sehr grobkörnige Breccie ganz und gar zu einer weichen thonigen Masse zersetzt, die man mit dem Messer schneiden kann. Dabei hat sich die Form der Fragmente vollständig erhalten und jedes derselben ist von einer dünnen erdigen Schichte von schwarzer Farbe eingefasst. Die Fragmente selbst haben verschiedene Farben und das Ganze stellt daher ein äusserst buntes Bild dar. Die Trachytstücke, welche man an festen, weniger zersetzten Felsen abschlagen kann, gehören den mannigfaltigsten Varietäten an. Meine Sammlung enthält Handstücke, die mit ungarischem „Grünsteintrachyt" zu verwechseln sind; sie enthalten in einer grauen dichten Grundmasse weisse Oligoklaskrystalle, Hornblendenadeln und kleine stark glänzende Pyritwürfel; ferner kommt „grauer Trachyt" vor, mit rother Grundmasse, der Feldspath kaolinisch zersetzt, die Hornblendekrystalle rothbraun. An vielen Punkten sind die trachytischen Tuffe durchbrochen von dunklen Andesit-, Anamesit- und basaltartigen Gangmassen. Wahrscheinlich setzen trachytische Breccien und Conglomerate auch die höheren Gipfel des Waldgebirges zusammen, das rückwärts vom Hafen ansteigt und in dem weithin sichtbaren Castle-Hill (1610 Fuss hoch) mit seinem einer Burgruine ähnlichen Felsgipfel den bemerkenswerthesten Punkt hat.

Ansicht des Coromandel-Hafens mit dem Castle-Hill.

Kieselerdeausscheidungen in der Form von Chalcedon, Carneol, Achat, Jaspis u. dgl., bald als dünne Adern, bald als Mandeln und nierenförmige Concretionen sind in diesen Tuffen und Conglomeraten eine sehr häufige Erscheinung; eben so grosse Blöcke verkieselten und in Holzopal verwandelten Holzes, die ausgewittert an der Küste gefunden werden. Auch dünne kohlige Schichten kommen in den Trachytbreccien vor.

Ähnliche Verhältnisse scheinen sich an der Ostküste der Cap Colville-Halbinsel zu wiederholen. Von den Mercury-Islands brachte mir Mr. Smalfield Handstücke von gelbem Trachyttuff mit eingebackenen Trachyt-, Bimsstein-, Obsidian- und Thonmergelbrocken mit, und eine kleine Insel unter der Gruppe soll aus den regelmässigsten Säulen eines trachydoleritischen oder basaltischen Gesteines bestehen. Ich verdanke Herrn Ch. Heaphy eine schöne Skizze dieser Säulenbildungen, welche von Herrn Grefe in Farbendruck ausgeführt wurde.

An der linken (südwestlichen) Seite des Waikato-Thales erreicht das vulcanische Plateau eine Meereshöhe von 2000 Fuss und steigt in einzelnen Kuppen, wie Rangitoto, Titiraupenga und Hurakia noch höher auf. Am oberen Mokau und Waipa hat man vielfach Gelegenheit zu beobachten, wie der gelbe bimssteinführende Tuff in mächtigen Bänken das tertiäre Kalkgebirge überlagert. Den nordwestlichsten Ausläufer bildet auf dieser Seite das Pirongia-Gebirge, welches westlich die Waipa-Ebenen begrenzt.

Das Pirongia-Gebirge am Waipa,[1] ein erloschener Andesitkegel.

Dieses Gebirge ist ein ausgezeichnetes Beispiel der alten halbzerstörten Kegelberge, welche als die einstigen Mittelpunkte der vulcanischen Thätigkeit betrachtet werden müssen. Die vielgipfelige, von tiefen barrankoartigen Schluchten durchrissene Bergmasse, deren höchster Gipfel 2830 Fuss erreicht, ist ein zerfallenes Vulcangerüste, das, so weit meine Beobachtungen reichen, vorherrschend aus basischen Varietäten der Trachytfamilie, aus Pyroxenandesit (Trachydolerit) zusammengesetzt ist.

Zu derselben Classe von Bergen gehört der am rechten Waipa-Ufer sich erhebende Kakepuku (der Name soll so viel bedeuten wie „angeschwollener Nacken"). Nach der Anschauung der Eingebornen ist Kakepuku das Weib von Pirongia. Es ist ein sehr regelmässiger mit einem Böschungswinkel von 20° ansteigender Kegel, 1531 Fuss hoch. Die grossen Blöcke, welche an seinem Abhange zerstreut liegen, bestehen aus Pyroxenandesit (Trachydolerit). Die

---

[1] Vgl. auch Taf. 7, Nr. I, wo eine Ansicht desselben Gebirgstockes von einer anderen Seite gegeben ist.

Grundmasse des Gesteines ist feinkörnig, grau, feldspathreich, und in derselben sind Augitkrystalle und Olivinkörner eingewachsen. Mehrere tiefe Schluchten ziehen sich vom Gipfel herab, und zwei tiefe, jetzt bewaldete Abgründe auf der Spitze des Berges bezeichnen vielleicht das alte Kraterfeld des erloschenen

Kakepuku, Andesitkegel am Waipa, mit der Missionsstation Kopua.

Vulcans. Südöstlich und östlich vom Kakepuku liegt noch eine ganze Anzahl kleiner Kegel, wie Kawa, Tokanui, Ruahine, Puketarata und andere, mehr oder weniger zerstört, welche alle als ehemalige Eruptionspunkte aufgefasst werden müssen. Hierher gehört auch der vielgipfelige waldige Maungatautari am linken Waikato-Ufer, der Berg, der das ganze mittlere Waikato-Becken beherrscht und

Karioi, erloschener Vulcankegel am Whaingaroa-Hafen.

in kuppigen Bergrücken seine Ausläufer weithin in die Ebenen zwischen dem Waikato und Waipa entsendet; ferner Te Aroha, die dreigipfelige Bergmasse am rechten Ufer der neuseeländischen Themse, die in der Küstenkette so charakteristisch hervorragt, und an deren Fusse warme Quellen entspringen; endlich Karioi an der Westküste, der gewaltige 2800 Fuss hohe Eckpfeiler, welcher das Southhead des Whaingaroa-Hafens bildet.

Der Karioiberg ist, wenn ich nach Blöcken, welche ich an seinem Fusse gefunden, schliessen darf, ein alter Basaltvulcan; seine dicht bewaldeten Gehänge sind von vielen Schluchten durchzogen, und in ein gegen Nord sich öffnendes Kesselthal, welches der breite vielgezackte Gipfel umschliesst, dürfen wir den einstigen Krater versetzen.

Der Karioi gehört jedoch seiner Lage und, wie ich erwähnt habe, wahrscheinlich auch seiner petrographischen Beschaffenheit nach schon dem echt basaltischen Terrain an, welches ich bereits früher (S. 54—57) beschrieben habe.

B. Jüngere vulcanische Periode.
1. Taupo-Zone.

Schon Leopold v. Buch[1] hat diese vulcanische Hauptzone der Nordinsel ganz gut und im Wesentlichen richtig charakterisirt, indem er sagt: „es geht aus Dr. Dieffenbach's Beobachtungen hervor, dass quer durch Neu-Seeland von SW. gegen NO. sich, genau wie in Island, ein trachytisches Band fortzieht, in dem nur allein die vulcanischen Wirkungen sich äussern; eine grosse Spalte, vom Cap Egmont bis im Norden vom Ost-Cap, welche nur unvollkommen verdeckt ist, und daher Ausbrüchen aller Art gar leicht den Ausweg verstattet. Nicht einmal auf der azorischen Insel St. Miguel findet man eine so unglaubliche Menge siedendheisser Bäche wieder, wie sie auf dieser Spalte hervorstürzen, und wie sie Wasserfälle bilden, von Dampf und siedender Hitze umgeben. Und fast in der Mitte erhebt sich der noch immer thätige Vulcan von Tongariro mit einem bodenlosen Krater im Gipfel, eine Viertel englische Meile im Durchmesser und mit dichten Dampfwolken erfüllt. — Am Westende der grossen Spalte erhebt sich der Egmontsberg, das Ostende wird durch die Insel White Island bestimmt." Diese Zone vulcanischer Thätigkeit durchschneidet also die Nordinsel von Meer zu Meer, jedoch nicht als eine „Querspalte" durch ein nordsüdliches Längengebirge, wie

---

[1] Über die vulcanischen Erscheinungen auf Neu-Seeland. Monatsberichte der Gesellschaft für Erdkunde in Berlin. 1845. Neue Folge. II. Bd. pag. 273.

es Alexander v. Humboldt im Kosmos[1] aufgefasst hat, sondern als eine ausgezeichnete Längsspalte, welche mit dem Gebirgszuge längs der Südostküste der Nordinsel vollkommen parallel streicht. Als mittlere Richtung der Taupo-Zone darf desshalb auch nicht die Richtung einer Verbindungslinie des Mt. Egmont und der Insel Whakari, wie es L. v. Buch dargestellt hat, genommen werden, sondern die Richtung einer Linie etwa, welche die Mündung des Wanganui an der Cooksstrasse mit der Insel Whakari verbindet. Diese Linie, welche zwischen Tongariro und Ruapahu hindurchzieht, hat eine Richtung von S. 32° W. nach N. 22° O. und geht parallel mit den aus der Gegend von Wellington nach dem Ost-Cap streichenden Gebirgsketten. Die Taupo-Zone zieht sich also dem westlichen Fusse dieser Gebirgsketten entlang von Meer zu Meer in einer Längenerstreckung von 180 Seemeilen (45 deutschen Meilen). Fassen wir diese Gebirgsketten als ein Erhebungsgebiet auf, den übrigen nicht vulcanischen Theil der Nordinsel aber, wofür zahlreiche Gründe sprechen, als ein Senkungsgebiet der Tertiärperiode, so liegt diese vulcanische Zone auf der Grenze eines Erhebungs- und eines Senkungsgebietes, so wie es Alex. v. Humboldt als ein allgemein giltiges Gesetz des Vulcanismus aufgestellt hat.[2] An dieser Grenze wurden die mächtigen tief eindringenden Spaltungen und Klüfte veranlasst, welche die Reaction des Erdinnern gegen die Oberfläche vermitteln.

Die östliche Grenze der Taupo-Zone ist durch den Fuss des Gebirges oder den Whakatane-Fluss nördlich und den Wangaiho südlich ziemlich scharf gegeben. Gegen Westen aber lässt sich die Grenze zwischen den jüngeren Eruptionen der Taupo-Zone und dem älteren vulcanischen Tafelland, welches zwischen dem Taupo-Becken und dem mittleren Waikato-Becken liegt, nur schwer ziehen. Mount Egmont dagegen muss wohl als ein selbstständiger vulcanischer Mittelpunkt für sich betrachtet werden, welcher ausserhalb der Taupo-Zone liegt.

Die Taupo-Zone, auf diese Weise abgegrenzt, ist, wie ich schon früher erwähnt habe, eine Zone von vorherrschend rhyolithischen, z. Th. aber auch trachytischen Eruptionen. Es wurden hier in der buntesten Mannigfaltigkeit alle jene zahllosen Gesteinsmodificationen zur Ausbildung gebracht, deren das übersaure rhyolithische Gemenge nur immer fähig ist, und welche die verschiedensten Übergänge aus krystallinischen, felsitischen, glasigen und schaumartig aufgeblähten

---

[1] IV. Bd. S. 422. [2] IV. Bd. S. 455.

Felsarten in halbkrystallinische sandsteinähnliche Tuffe und Conglomerate oder Breccien darstellen. Es finden sich diese Gesteine theils als regelmässig geschichtete, theils als stromartig ausgebreitete Gebirgsglieder, theils in gang- und stockförmiger Lagerung, alle zu Einem Formationsganzen verbunden. Jedoch sind diejenigen Massen, welche in mehr oder weniger horizontaler Lagerung vielleicht submarin zur Erstarrung kamen, zu unterscheiden von den jüngeren supramarinen Massen, durch welche die vulcanischen Kegelberge aufgebaut wurden.

Ich bin sehr geneigt anzunehmen, dass die ersten Eruptionen auf einer breit und weit geöffneten Spalte submarin stattfanden, und dass durch dieselben die ungeheuren Massen von glasigen Rhyolithlaven und von Bimsstein zu Tage gefördert wurden, welche von Meer zu Meer die Basis der vulcanischen Kegelberge bilden. Diese selbst gehören dann erst einer späteren Periode an, in welcher die eruptive Thätigkeit sich in einer von Centralpunkten aus wirkenden supramarinen Action äusserte und mehr trachytische Laven zu Tage förderte.

Fassen wir einen Längsdurchschnitt durch die Taupo-Zone, etwa von der Mündung des Wanganui-Flusses an der Cookstrasse südwestlich bis zur Bay of Plenty nordöstlich in's Auge, so werden diese Verhältnisse anschaulich.

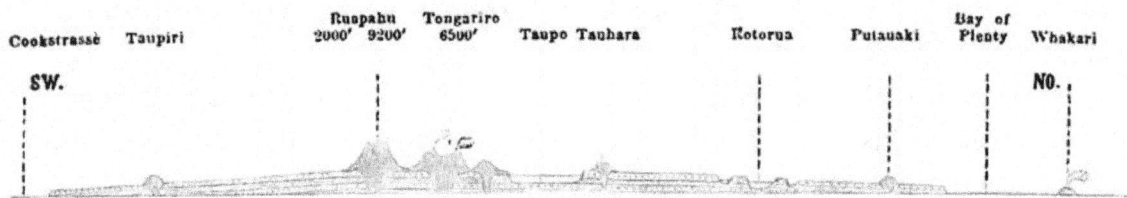

Durchschnitt der Taupo-Zone von Südwest nach Nordost.

Nahezu im Mittelpunkte der Insel am südlichen Ufer des grossen Binnensees Taupo, nach welchem ich der vulcanischen Zone ihren Namen gegeben, erheben sich auf einem sterilen Bimssteinplateau von gegen 2000 Fuss Meereshöhe die beiden Hauptkegel der Taupo-Zone, der Tongariro und Ruapahu. Vom südlichen Fusse des Ruapahu dacht das Land gegen die Cookstrasse allmählich ab, und eben so vom nördlichen Ende des Taupo-Sees gegen die Bai des Überflusses. Es besteht auf beiden Seiten vorherrschend aus Bimsstein, Bimssteintuffen und glasigen Rhyolithlaven, die, wo Durchschnitte entblösst sind, wie an den Ufern des Taupo-Sees, in wohlgeschichteten horizontalen Bänken erscheinen. Man kann somit mit Recht sagen, dass der Fuss jener beiden Vulcankolosse von Meer zu Meer reiche. Sie erheben sich gewissermassen auf einem ungeheuren flachen Kegel, welcher durch die ersten submarinen Ausbrüche gebildet wurde und erst nach und nach durch Hebung des Landes über den Meeresspiegel gehoben wurde. Mit dieser Hebung hängt die Terrassenbildung in allen Flussthälern jenes Kegels zusammen, eine Erscheinung, welche ich schon früher beschrieben habe (S. 58—66).

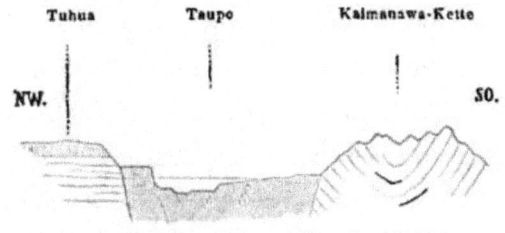

Durchschnitt der Taupo-Zone von Nordwest nach Südost.

Ein Querprofil der Taupo-Zone von SO. nach NW. macht die Spaltennatur dieser Zone zwischen den hohen Gebirgsketten südöstlich und dem tertiären, von älteren vulcanischen Tuffbildungen bedeckten Plateauland nordwestlich anschaulich.

In der geognostischen Detailbeschreibung der Taupo-Zone gehe ich von den Kegelbergen, und zwar vom Ruapahu und Tongariro aus; das Terrain südlich vom Ruapahu kenne ich nicht, und es ist nur Vermuthung, wenn ich auf obigem Längsdurchschnitte den auf den Seekarten am linken Ufer des Wanganui mit 1883 Fuss Meereshöhe angegebenen Tauperi (Taupiri) als einen selbstständigen Eruptionspunkt angegeben habe. Von der Küste an der Cookstrasse hat W. Mantell[1] ein Profil mitgetheilt, aus welchem hervorgeht, dass die vulcanischen Conglomerate über blauem Thon mit Seeconchylien liegen, worunter entsprechend den Fossilien aus den jüngeren Tertiärablagerungen des Awatere-Thales viele recente Arten vorkommen.

Was Tongariro und Ruapahu betrifft, so beziehen sich meine Mittheilungen hauptsächlich nur auf allgemeinere Formverhältnisse, wie sie sich aus der Entfernung auffassen lassen, da es mir wegen vielfach hindernder Umstände[2] nicht möglich war, diese Berge zu besteigen.

Ruapahu.
(Vgl. die Ansicht Taf. 8, Nr. III.)

Der Ruapahu[3] ist eine bis in die Regionen des ewigen Schnees emporragende Bergmasse von der Form eines oben breit abgestumpften Kegels, der

---

[1] Quat. Journ. IV. p. 239.
[2] Vgl. Neu-Seeland S. 234.
[3] Die Eingebornen am Rotaira sagen Ru a pehu. Das Wort scheint eine charakteristische Bedeutung zu haben. Ru, Rua, auch Ruu bedeutet Erschütterung, Erdbeben, pahu aber, Getöse, Lärm; rupahu aber nennen die Eingebornen einen Menschen, der viel Lärm um Nichts macht. Der Name Ruapahu rührt also vielleicht davon her, dass von dem Berge Erschütterungen mit unterirdischem Getöse ausgehen ohne vulcanische Ausbrüche.

höchste Berg auf der Nordinsel. Er wurde nie bestiegen, nie näher untersucht; dennoch kann über seine vulcanische Natur kein Zweifel obwalten. Aber er scheint gänzlich erloschen zu sein, und von Solfataren ist aus der Entfernung weder am Abhange noch am Gipfel eine Spur zu entdecken. Wie es aber oben auf dem breiten Gipfel aussieht, ob dieser ein Plateau bildet oder einen Krater trägt, ist ganz und gar unbekannt. Der Berg ist selten wolkenfrei; aber hat man einmal einen klaren Tag, so sieht man grosse Schneefelder, die von oben herab den Abhang bedecken und in den Schluchten, von welchen derselbe durchfurcht ist, tiefer herabziehen, als ob sie in Gletschern endeten. Die ewige Schneegrenze liegt in der Breite des Ruapahu (39° 20′) ungefähr 7800 Fuss hoch, und nach der kolossalen Ausdehnung der Schneefelder selbst mitten im Hochsommer zu schliessen, muss der Berg eine Meereshöhe von 9000 — 10.000 Fuss erreichen.[1] Ein Theil des Berges führt den Namen Paratetaitonga.

Am östlichen Gehänge des Ruapahu entspringt die südlichste Quelle des Waikato. Sie bildet nach der Aussage der Eingebornen einen Wasserfall, und 50 Yards von der Waikato-Quelle soll die Quelle des Wangaiho liegen, der gegen Süden fliesst, und östlich vom Wanganui-Fluss sich in die Cookstrasse ergiesst. Sein Wasser, sagen die Eingebornen, habe eine milchige Farbe und einen bitteren adstringirenden Geschmack. Vielleicht ist es Gletscherwasser. Nördlich vom Ruapahu erhebt sich der Tongariro. Der Fuss beider Berge fliesst flach ineinander und bildet ein Plateau von ungefähr 10 englischen Meilen Breite bei einer Meereshöhe von 2200 Fuss. Auf diesem Plateau liegen mehrere kleine Seen. Aus einem dieser Seen soll der Wanganui seinen Ursprung nehmen.

Tongariro.
(Vgl. die Ansicht Taf. 8, Nr. III.)

Der Tongariro ist nicht ein einzelner in sich abgeschlossener Kegelberg, wie der Ruapahu, er bildet vielmehr ein sehr complicirtes vulcanisches System, das aus einer ganzen Gruppe von gewaltigen, zum Theil noch thätigen Kegelbergen besteht.

Der alle anderen Theile des Systems weit überragende, in der schönsten und regelmässigsten Kegelform sich erhebende Eruptionskegel, der durch den besonderen Namen Ngauruhoe[2] ausgezeichnet ist und dessen gewaltiger trichterförmiger Gipfelkrater vorzugsweise als der thätige Krater des Tongariro

---

[1] Die englischen Seekarten geben 9195 Fuss an. Arrowsmith's Karte 9000 Fuss, Taylor's Karte 10.236 Fuss.
[2] Am Rotoaira sagt man Auruhoe.

bezeichnet wird, bildet mit dem grossartigen Ringgebirge, aus dessen Mitte er aufsteigt, den südlichen Haupttheil des Tongariro-Systems. Es ist ein Aschen- und Schlackenkegel, dessen Böschungswinkel 30—35° beträgt, und den ich von seiner Basis bis zum Gipfel zu 1600 Fuss Höhe schätze. Er überragt die höchsten Punkte der übrigen Theile des Systems ungefähr um 500 Fuss und dürfte eine absolute Meereshöhe von 6500 Fuss erreichen.[1]

Der äussere Circus, der nach innen mit steilen Wänden abfällt und ein grossartiges Berg-Amphitheater bilden muss mit Felswänden von wenigstens 1000 Fuss Höhe, ist an der Westseite durch eine breite Schlucht geöffnet, und ohne Zweifel fliesst durch diese Schlucht aus dem Atrium zwischen dem Aschenkegel und seiner Umwallung die Hauptquelle des Wanganui-Flusses. Dies scheint auch die einzige Seite zu sein, von welcher der Kegel zugänglich ist, und diesen Weg mussten die Männer einschlagen, welche den Kegel erstiegen haben. Ich habe nicht gehört, dass je ein Eingeborner oben gewesen. Furcht vor dämonischen Mächten der Unterwelt hat sie von einem solchen Unternehmen abgehalten und der Berg war immer tapu. Meines Wissens ist es bis jetzt nur zwei Europäern gelungen, den Ngauruhoe zu ersteigen, dem Mr. Bidwill im März 1839 und dem Mr. Dyson im März 1851. Beide haben ihr Unternehmen beschrieben; Bidwill's Beschreibung, in dessen „Rambles in New Zealand", hat Dieffenbach in sein Werk (I. p. 347—355) aufgenommen; Dyson's Erzählung aber wurde von A. S. Thomson in dem zu Auckland erscheinenden „New Zealander" mitgetheilt. Ich gebe eine Übersetzung dieser Mittheilung.

Mr. Dysons Erzählung von seiner Besteigung des Tongariro:

„Im Monat März 1851, kurz vor Sonnenaufgang brach ich von der Nordwestseite des Rotoaire-Sees auf. Ich durchschritt die Ebene und erstieg die Höhen nördlich vom Whanganui-Flusse. Hier kam ich in ein Thal, bedeckt mit grossen Lavablöcken, die mein Weiterkommen sehr schwierig machten. Auf dem Boden des Thales fliesst der Whanganui. Ich passirte den Fluss, der hier nur 3 Fuss breit ist, und musste an der andern Seite über sehr unebenen Grund mühsam emporsteigen. Ich folgte so gerade als möglich der Richtung nach dem höchsten Gipfel. Endlich kam ich an den Fuss des Kegels, um welchen grosse Lavablöcke lagen, die offenbar von dem Krater ausgeworfen und an dem Kegel herabgerollt waren. Jetzt begann der schrecklichste (most formidable) Theil meiner Reise, ich musste den steilen Kegel ersteigen, der ein Viertel der ganzen Höhe des Berges auszumachen schien. Ich kann nicht sagen, unter welchem Winkel der Kegel ansteigt; allein ich hatte ein gutes Stück mit Händen und Füssen zu klettern, und da

---

[1] Dieffenbach I. pag. 355 schliesst aus Bidwill's Beobachtungen auf eine Höhe von 6200 Fuss. Wirklich gemessen wurde der Tongariro nie. Höhenangaben von mehr als 7000 Fuss sind jedenfalls überschätzt.

der Abhang mit losen Schlacken und mit Asche bedeckt ist, so rutschte ich oftmals wieder mehrere Fuss weit hinab. Es war kein Schnee an dem Kegel oder dem Berge ausser in einigen tiefen Spalten, wo kein Sonnenstrahl hindringen konnte. Nichts, gar nichts wuchs an dem Kegel, nicht einmal das lange steife Gras, das an sparsamen Flecken bis herauf zum Fusse des Kegels reichte.[1] Zur Ersteigung des Kegels brauchte ich, sollte ich glauben, wenigstens vier Stunden, aber da ich keine Uhr bei mir hatte, so ist es möglich, dass mir der Weg bei der Mühe, die er mich kostete, länger vorkam, als er wirklich war. Jedoch ob drei oder vier Stunden, ich begrüsste mit Freuden die Öffnung des gewaltigen Schornsteines, an welchem ich mich so abgemüht hatte. Es mochte 1 Uhr Mittags sein, so dass ich den Berg von Rotoaire aus in ungefähr 8 Stunden erstiegen hatte. Ich muss aber sagen, ich hatte guten Schritt gehalten und mich nirgends aufgehalten."

„Auf dem Gipfel des Tongariro hoffte ich eine grossartige Aussicht zu haben; aber es war jetzt wolkig und ich konnte nicht weit sehen. Der Krater ist beinahe kreisrund, und, wie ich schätzte, 600 Yards (1800 Fuss) im Durchmesser;[2] der Kraterrand war scharf. Die Aussenseite bestand nur aus losen Schlacken und Aschen, an der innern Seite des Kraters aber bemerkte ich grosse überhängende Felsen von blassgelber Farbe, die offenbar von sublimirtem Schwefel herrührte. Der Kraterrand ist nicht von gleicher Höhe rund um, allein ich glaube, es wäre möglich gewesen, rings herum zu gehen. Die Südseite ist die höchste, die Nordseite, wo ich stand, die niederste. In den Krater hinabzusteigen, war keine Möglichkeit. Ich sah hinab in einen furchtbaren Abgrund, der sich gähnend vor mir aufthat, aber gewaltige Dampfwolken, die aufwirbelten, verhinderten den Blick in die ganze Tiefe, ich sah nicht weiter als etwa 30 Fuss tief. Ich liess mehrere grosse Steine hinabfallen, und es machte mich schaudern, wenn ich hörte wie sie von Fels zu Fels springend anschlugen; von vielen Steinen, die ich hineinwarf, hörte ich gar nichts. Während der ganzen Zeit, die ich auf dem Gipfel zubrachte, war ein dumpfes murmelndes Geräusch hörbar, so wie an den kochenden Quellen des Rotomahana und Taupo und nicht unähnlich dem Geräusche in einer Maschinenstube, wenn die Dampfmaschine im Gange ist. Es fand keine Aschen- oder Wassereruption statt, so lange ich oben war, auch waren keine Anzeichen vorhanden, dass eine solche kürzlich stattgefunden hatte. Ich sah keine Lava von frischem Aussehen;[3] trotzdem konnte ich mich bei dem Gedanken der Möglichkeit einer Eruption an dem Platze, wo ich stand, nichts weniger als behaglich fühlen. Die Luft war nicht kalt; freilich hatte mir die Ersteigung warm gemacht, aber ich hatte Zeit mich abzukühlen, denn ich blieb wohl eine Stunde am Krater. Gegen zwei Uhr begann ich auf demselben Wege, auf welchem ich heraufgekommen, wieder hinabzusteigen. Nebel oder Wolken hüllten mich ein, und ich verlor eine Zeit lang meinen Weg. Beim Herabsteigen sah ich zwischen dem Tongariro und Ruapahu einen See liegen, ungefähr eine Meile im Durchmesser. Ich konnte aber keinen

---

[1] Bidwill erwähnt ein kleines Gras und eine schneeweisse Veronica, die am unteren Theil des Kegels noch vorkommen.

[2] Diese Schätzung ist jedenfalls viel zu hoch gegriffen, der Durchmesser des Kraters kann kaum mehr als 500 Fuss betragen.

[3] Bidwill spricht von einem ganz frischen Lavastrome am Fusse des Kegels, ungefähr 3/4 einer Meile lang, der noch nicht von Flechten bedeckt war; er beschreibt die Lava als schwarz, hart und compact.

Fluss bemerken, der an der Westseite aus dem See floss. Ein erloschener Krater liegt nahe am Fusse des Tongariro. Es war schon dunkel, als ich den Whanganui-Fluss erreichte, und obwohl von kräftiger Natur und ein guter Fussgänger, fühlte ich mich doch völlig erschöpft, und sank in einem trockenen Wasserriss in Schlaf. Die Nacht war kalt, aber ich schlief gesund bis zum Morgen. Mit der ersten Morgendämmerung brach ich auf, und um 10 Uhr erreichte ich wieder meine Behausung am Rotoaire mit gänzlich zerfetzten Schuhen, die mir von den Füssen fielen."

Diese Erzählung stimmt in der Hauptsache überein mit der Beschreibung Bidwill's. Der Ngauruhoe-Krater scheint demnach gegenwärtig in dem Zustande einer Solfatare sich zu befinden, der fortwährend grosse Massen von Wasserdampf und anderen Gasarten entströmen. Die Eingebornen wissen nichts von Lavaergüssen, wohl aber soll der Krater von Zeit zu Zeit Asche und heissen Schlamm auswerfen und bei solchen Ausbrüchen soll bisweilen ein feuriger Widerschein über dem Gipfel des Berges sichtbar sein;[1] dies soll namentlich im Februar 1857 der Fall gewesen sein, wo der Aschenwurf 2 — 3 Wochen lang andauerte. Solche Ausbrüche scheinen auf den obersten Kraterrand verändernd zu wirken. Ich sah die Spitze des Kegels stets so, dass es deutlich war, dass der westliche Kraterrand bedeutend niedriger sein musste, als der östliche. Seither scheint aber eine kleine Veränderung vor sich gegangen zu sein, über welche mir mein Freund Haast folgendes brieflich mittheilte:

Gipfel des Ngauruhoe im April 1859.
Von Nord gesehen. Von West gesehen.

„Herr Ch. Smith von Wanganui hielt sich im December 1859 zu Tokanu am Taupo-See auf, um mit dem dortigen Häuptling Te Herekiekie wegen einer Schafweide zu unterhandeln. Er erzählte mir, dass in den ersten Tagen des Decembers bei wolkenlosem Himmel, aber drückend schwüler Luft, gegen 11 Uhr Morgens plötzlich ein unterirdisches donnerähnliches Getöse vernommen wurde, das anderthalb Stunden lang anhielt, dabei war nicht die geringste Bewegung des Bodens, wie bei einem Erdbeben, zu verspüren und der Taupo-See war ruhig, wie zuvor. Nur die heissen Quellen von Tokanu waren in ungewöhnlicher Bewegung und warfen intermittirend mit grosser Gewalt ihre Wassermassen gegen 30 Fuss hoch aus. Die Eingebornen schrieben das Getöse alsbald dem Tongariro zu, dessen Gipfel jedoch von Tokanu aus wegen des vorstehenden Pihanga nicht sichtbar ist. Acht Tage später auf seinem Rückwege über den Onetapu, bemerkte aber Herr Smith zu seinem nicht geringen Erstaunen, dass der Ngauruhoe genannte

---

[1] Taylor (p. 225) erwähnt, dass in früheren Zeiten die Eingebornen, wenn sie am Tongariro Feuer sahen, es als einen Befehl ihres Atua (Gott) betrachteten, Krieg anzufangen, und dass die Bewohner der Küste dann einen Angriff vom Taupo-See her erwarteten.

Eruptionskegel des Tongariro-Systems, der 14 Tage früher von demselben Punkte gesehen eine ungebrochene Spitze zeigte, nun eingebrochen war und zwei scharfe Hörner hatte. Da von einem Aschenfall oder anderem Auswurfe nichts bemerkt wurde, so scheint das Ganze nur ein Ausbruch von Dämpfen und heissem Wasser gewesen zu sein, der mit einer Explosion verbunden den obern Kraterrand zersprengte."

Der Ngauruhoe-Kegel erreicht die ewige Schneegrenze nicht; allein die Eingebornen versicherten mich, dass Winters, wenn die niedrigeren Theile des Systems mit Schnee bedeckt sind, dieser sich an dem Aschenkegel nicht halte, so dass also der ganze Kegel von innen erwärmt zu sein scheint.

Indess der Ngauruhoe ist nicht der einzige Krater am Tongariro-System, Bidwill (Dieffenbach I. p. 355) erwähnt, dass er vom Gipfel des Ngauruhoe gegen Norden auf einem andern Theil des Tongariro einen kreisrunden See bemerkt habe. Ich glaube diese Bemerkung auf den vom Ngauruhoe zunächst nördlich gelegenen, oben flach abgestumpften Gipfel, welchen die Eingebornen als Ketetahi bezeichnen, beziehen zu dürfen, dessen Krater demnach von einem See erfüllt wäre. Es soll dies ein aus alten Zeiten thätiger Krater sein, der jedoch nur periodisch sich bemerkbar macht. Im Jahre 1855, zur Zeit des Erdbebens in Wellington, soll hier ein Aschenausbruch stattgefunden haben und der Berg seither von Zeit zu Zeit dampfen. Ich habe nur einmal, am 21. April, vom Nordende des Taupo-Sees aus, vom Ketetahi Dampfwolken aufsteigen gesehen, die aber damals viel bedeutender waren, als die Dampf-Exhalationen des Ngauruhoe.

Vom Ketetahi gegen Nordwest liegt ein dritter nahe an 6000 Fuss hoher Kegel, gleichfalls oben breit abgestumpft. Über die Beschaffenheit des Gipfels kann ich nichts sagen, ich vermuthe nur, dass auch dieser Gipfel einen tiefen Krater trägt; an seinem Nordabhange in einer Meereshöhe von etwa 4000 Fuss bemerkt man eine Spalte, aus der ununterbrochen, eben so wie aus dem Ngauruhoe-Krater, mächtige Dampfwolken ausströmen. Es scheint dies eine Solfatare zu sein. Die Eingebornen erzählen von den heissen schwefelhaltigen Quellen dieser Solfatare, welche sehr heilkräftige Wirkungen haben und daher häufig von ihnen besucht werden. Der Abfluss dieser heissen Quellen fliesst in den Rotoaira.

Ein vierter Kegel nördlich vom Ketetahi oder nordöstlich von dem zuletzt erwähnten Kegel, zeigt an seinem nordwestlichen Abhange in einer Meereshöhe, die ich zu 3500 Fuss schätze, einen seitlichen, wie es scheint, erloschenen Krater. Von der Ostküste des Taupo-Sees kann man rechts vom Pihanga deutlich das dunkle schwarze Loch erkennen.

Obwohl nun dieser gewaltige Vulcan mit seinen verschiedenen Kratern in den letzten Jahrhunderten, so viel man weiss, keine Lava-Eruptionen gehabt hat, so möchte ich doch nicht behaupten, dass solche nicht wieder plötzlich einmal eintreten könnten. Gegenwärtig ist er im Zustande einer Solfatare. Erdbeben von solcher Heftigkeit, wie sie fern von diesem Mittelpunkte der vulcanischen Thätigkeit auf der Nordinsel an verschiedenen Küstenpunkten (Wellington, Wanganui, Claudy Bay) vorkommen, sind in der Taupo-Gegend unbekannt, dagegen sind leichte Stösse, mit unterirdischem Getöse verbunden, keine Seltenheit.

Am nordöstlichen Fusse des Tongariro jenseits des Sees Rotoaira erhebt sich eine Gruppe von niederen Kegelbergen, welche die Eingebornen sehr hübsch als die Weiber und Kinder jener beiden Riesen bezeichnen. Ihre Namen sind: Pihanga Kakaramea, Kuharua, Pukekaikiore, Rangitukua. Sie bilden das malerische südliche und südwestliche Ufer des Taupo-Sees. Pihanga, der östlichste dieser Kegel, ist zugleich der höchste. Ich schätze seine Höhe auf 3500 Fuss über dem Meere. Nur der oberste von einer tiefen Spalte durchrissene Gipfel ist waldfrei und lässt schon aus der Entfernung einen gegen Nord offenen Krater erkennen. An seinem nördlichen Fusse liegt der kleine Kegel Maunga namu. Auch der Kakaramea, dessen Gipfel in röthlicher Färbung erscheint, trägt wahrscheinlich einen Krater. Beide Krater gelten als erloschen; allein die vulcanischen Kräfte der Tiefe sind noch keineswegs ganz zur Ruhe gekommen, denn zwischen Pihanga und Kakaramea am südlichen Ufer des Sees liegt ein heisses Quellengebiet, welches deutlich genug die innere Hitze beurkundet.

Zur Taupo-Zone rechne ich auch noch einige isolirte Bergkegel nordwestlich vom Tongariro, wie Hauhanga mit felsigem, zerrissenem Gipfel, und Hikurangi zwischen dem Piaua und Ongaruhe-Fluss, dessen Gipfel einen trichterförmigen, von einem See erfüllten Krater tragen soll.

Nordöstlich vom Taupo-See liegen auf der Taupo-Zone nur noch drei Kegelberge, welche als selbstständige Eruptionspunkte zu betrachten sind: Tauhara, Mount Edgcumbe und White Island.

Tauhara ist eine Gruppe von mehreren Bergen. Der höchste centrale Kegel ist von tiefen Schluchten durchfurcht, der Krater scheint zerstört zu sein. Am südlichen Fusse des Tauhara liegt der kleine Kegel Maunga namu. Rings um den Tauhara liegen heisse Quellen, welche später beschrieben werden. Mount Edgcumbe, von den Eingebornen Putauaki genannt, liegt schon nahe der Küste. Im Kosmos[1] hat sich der auffallende Irrthum eingeschlichen, dass dieser erloschene Vulcan

Tauhara, erloschener Vulcankegel am See Taupo, von Roto Ngaio aus gegen Nord.

9053 Fuss hoch, „also wahrscheinlich der höchste Schneeberg auf Neu-Seeland" sei. Ich habe den regelmässigen, echt vulcanischen Kegel aus der Tarawera-Gegend gesehen; er ist im Vergleiche mit Tongariro und Ruapahu nur ein kleiner Berg, nach den Seekarten 2575 Fuss hoch; aber sein Gipfel trägt wahrscheinlich noch einen sehr vollkommen erhaltenen Krater; wenigstens lässt sich dies aus der flach sattelförmigen Einsenkung, welche der Gipfel des steil ansteigenden Kegels im Profil zeigt, schliessen.

Tongariro, Tauhara, Putauaki liegen auf derselben Linie ungefähr in gleicher Distanz von einander, und in derselben Distanz auf derselben Linie liegt der zweite noch thätige Inselkrater Neu-Seelands: Whakari.

Whakari oder White Island (die weisse Insel).
(Vgl. Karte und Ansicht auf Taf. 3, Nr. IV.)

Whakari oder White Island war der erste noch thätige Vulcan, den man auf Neu-Seeland erkannte. Die kolossalen weissen Dampfwolken, welche fortwährend

---

[1] IV. Bd. pag. 422.

aus dem Krater aufsteigen, machen die Insel weithin sichtbar und haben ihr den Namen White Island verschafft, während das Maoriwort Whakari Schwefel bedeuten soll. Um des Schwefels willen, der im Kraterbecken sich findet, jedoch nicht in so ansehnlicher Menge, dass eine Ausbeute in grösserem Massstabe möglich wird, ist sie von Eingebornen und Europäern oftmals besucht worden.

Die Insel liegt 28 Seemeilen vom nächsten Punkte der Küste entfernt, und befindet sich wie der Tongariro-Vulcan im Zustande einer Solfatare. Schwefeldämpfe und Wasserdämpfe entströmen dem Krater. Polack erwähnt, dass er 1837 auch schwarzen Rauch aus dem Krater aufsteigen gesehen und bei Nacht Feuerschein bemerkt habe. Von Lava-Eruptionen indess hat man keine Nachrichten.

Herrn Ch. Heaphy verdanke ich eine Kartenskizze und Ansichten der Aussenseite der Insel, so wie des Kraterbeckens, welche auf Tafel 8, Nr. IV, wiedergegeben sind.

Einem Artikel des New Zealander „A Trip to the East Cape" von Mr. David Burn aber entnehme ich als Erläuterung nachstehende lebendige Schilderung eines Besuches dieses Insel-Vulcans:

„Etwa eine Stunde, nachdem wir Flat Island passirt hatten, erblickten wir die weissen Dampfwolken über White Island. Gegen 1 Uhr erreichten wir die merkwürdige Insel und fuhren ganz nahe an der Südseite hin. Je näher wir kamen, um so seltsamer gestaltete sich ihr Anblick. Mit Ausnahme der Nordspitze, bis zu welcher die Schwefeldämpfe nicht zu reichen scheinen, ist sie ganz bar aller Vegetation; dort sieht man Flecke von niederem Gehölz; sonst ist sie überall dürr, kahl und von zahllosen, tiefen Schluchten durchzogen. Nachdem wir etwas mehr östlich gekommen, öffnete sich das geräumige Kraterbecken mit seinen zahlreichen tosenden und brausenden Geysirn unserem Blicke, und machte sich gleichzeitig mit seinen Schwefeldämpfen unsern Nasen fühlbar. Während die äussere und westliche Seite der Insel bleiche Steinfarbe und tiefe Rinnen zeigt, ist der innere Umkreis in seltsamer und pittoresker Weise wie emaillirt, indem die Gehänge von oben bis unten wie gestreift erscheinen in den buntesten Farbentönen. Capitän Drury gibt im „New Zealand Pilot" folgende Beschreibung:

— „Die Insel White Island hat einen Umfang von etwa 3 englischen Meilen und ist 860 Fuss hoch. Der Boden des Kraters liegt in gleichem Niveau mit dem Meeresspiegel und hat 1½ englische Meilen Umfang. Im Mittelpunkte des Kraters befindet sich ein heisses Wasserbecken von 100 Yard Umfang, aus dem bei ruhigem Wetter weisse Dampfwolken volle 2000 Fuss hoch aufsteigen. Rings herum am Rande des Kraters liegen zahlreiche kleinere, geysirartige Quellen, welche ein Getöse machen, wie eben so viele Hochdruck-Maschinen und den Dampf mit solcher Gewalt ausstossen, dass Steine, die man hineinwirft, alsbald in die Luft geschleudert werden. Stellenweise finden sich kleine Seen, von ruhigem, schwefligem Wasser. Der Boden der ganzen Insel ist erhitzt, so dass man kaum darauf gehen kann. Vom Kraterrand gesehen, lässt sich die

Scene zu den Füssen des Beschauers nur mit einer wohlgepflegten grünen Wiese vergleichen, mit sich schlängelnden Bächen, welche den siedenden Kessel speisen. In der Nähe gesehen ist dieses Grün nichts als der reinste krystallinische Schwefel. Kein Thier, kein Insect lebt auf dieser Insel; an den Felsen der Küste findet man kaum eine Muschel und eine halbe Meile vom Ufer erreicht man mit 200 Faden kaum den Grund."

Als wir an der Seeseite der Insel und in ruhigem Wasser waren, hatte Capitän Bowden die Gefälligkeit, den Dampfer beizulegen und eines der Boote auszusetzen, das uns ans Ufer brachte, wo wir diese grosse Naturmerkwürdigkeit näher betrachteten. Die Landung ist an zwei Stellen möglich, da wo der äussere Umfang des Kraters sich öffnet; würde man, was nur eine leichte Arbeit wäre, einige Steinblöcke aus dem Wege räumen, so könnte das Landen sehr leicht gemacht werden. Wiewohl aber an jenem Tage das Wasser ruhig war, fanden wir die Brandung doch so stark, dass Umsicht und Vorsicht dazu gehörten, um den Brandungswogen an dem rauhen und zerrissenen Gestade zu entgehen.

Unvergesslich bleibt uns das grossartige Schauspiel, welches der Schwefelkessel darbot. Seine Farben, sein prächtig grüner See, seine sausenden Dampfstrahlen, Alles dies lässt sich anschauen, aber nur schwer beschreiben; Alles übertreffend und gleichsam der Mittelpunkt des Ganzen war ein Springbrunnen, — scheinbar aus geschmolzenem Schwefel — in voller Thätigkeit, aus dem eine weithin in Grün und Gold glänzende Säule in die brennend heisse Luft emporschoss. Die Schönheit dieser Springquelle übertraf alles andere, und die Gewalt, mit der sie arbeitete, liess uns vermuthen, dass gerade jetzt der Vulcan in ungewöhnlicher Thätigkeit sei. Wir näherten uns nur mit grosser Vorsicht, da der Boden stellenweise weich und nachgiebig war, und wir nicht wissen konnten, in was für einen Schwefelpfuhl ein unvorsichtiger Tritt uns versinken machen konnte. Wir waren im Vorwärtsgehen daher mehr gehemmt durch die Besorgniss, in die weiche oberflächliche Rinde, aus der kleine Dampfströme empordrangen, einzusinken, als durch die Hitze, die allerdings stellenweise sehr empfindlich war. Wo uns der Grund und Boden bedenklich vorkam, da prüften wir unseren Weg, indem wir grosse Steine hinwarfen, um zu sehen, ob sie getragen werden oder nicht; und darnach schritten wir vorwärts oder wichen wir aus.

Zu unserem grössten Bedauern fehlte uns die Zeit zu genauerer Erforschung; aber wenigstens war uns keiner der Hauptzüge der Insel entgangen. Wir sahen uns vergeblich nach der von Capt. Drury beschriebenen prächtigen Wiese um; indem wir nun eines oder das andere der zahllosen kleinen Dampflöcher erweiterten, erhielten wir reinen krystallisirten, noch ganz heissen Schwefel und zugleich einen stärkeren Dampfstrom. Die nach verschiedenen Richtungen ausströmenden Wasser waren siedend heiss, klar und ohne Geschmack. Schwefel war zwar überall verbreitet, doch — wie es scheint — nicht in solcher Menge, dass man Schiffe damit hätte befrachten können. Nachdem wir eine Stunde lang verweilt, kehrten wir, über unseren Besuch sehr erfreut, an Bord zurück und fühlten uns gegen unseren gefälligen Capitän für das Vergnügen, das er uns verschafft hatte, tief verbunden".

In der Sammlung des Museum of Practical Geology in London habe ich 1860 einige Proben von Gesteinen von White Island gesehen; dieselben bestanden aus echten Basalt mit Olivin, aber auch einige trachytische Bomben waren darunter.

Im ersten Bande der zweiten Auflage von G. Bischof's Lehrbuch der chemischen und physikalischen Geologie finde ich folgende Analyse von Wasser aus dem heissen Kratersee von White-Island angeführt.

Du Pontail fand in 1000 Theilen des gelben klaren, sehr sauer reagirenden Wassers:

Schwefelsauren Kalk	1·239
Thonerde .	0·355
Magnesia .	0·189
Kali	0·210
Natron	0·369
Chlormagnesium	0·066
Eisenchlorid	2·757
Phosphorsäure	0·227
Salzsäure	10·389
Kieselsäure	0·005
Spuren von Mangan und Borsäure	—
	15·806.

Bischof bemerkt dazu: Ein so bedeutender Gehalt an freier Salzsäure ist eine sehr auffallende Erscheinung. Es ist nicht anders zu denken, als dass diese Bestandtheile Producte der Wirkungen von vulcanischen Gasexhalationen auf das Gestein sind. Ob die schwefelsauren Salze von Schwefeligsäure- oder von Schwefelwasserstoff-Exhalationen herrühren, muss weiteren Untersuchungen vorbehalten bleiben.

Tuhua oder Mayor Island, westnordwestlich von Whakari, 14 Seemeilen vom Land in der Bay of Plenty gelegen, muss wahrscheinlich gleichfalls zu den jüngeren rhyolithischen oder trachytischen Eruptionspunkten gezählt werden. Die Insel, deren nördlicher Pik 1100 Fuss hoch ist, hat in ihrem Centrum einen erloschenen, gegen Südost offenen Krater. Sie ist bekannt als der Hauptfundort von Obsidian auf Neu-Seeland. Derselbe soll an der Westseite der Insel in grossen Blöcken vorkommen.

Ueberblicken wir jetzt, nachdem ich die einzelnen Kegelberge der Taupo-Zone beschrieben habe, das übrige Terrain, so treten in seiner Bodengestaltung viele sehr bemerkenswerthe Eigenthümlichkeiten hervor. Gewaltige äussere und innere Erdkräfte haben verändernd auf die ursprüngliche Oberfläche gewirkt. Die langgedehnten Plateauhöhen sehen wir unterbrochen von breiten Thalebenen, wie die nach der Ostküste sich erstreckende Kaingaroa-Ebene, oder von tief eingeschnittenen Terrassenthälern, welche die Wirkung des fliessenden Wassers im Laufe der Zeiten hervorgebracht hat. Auf allen Ebenen, Flächen und Terrassen, so weit nur die Wirkung des Wassers sich erstreckte, liegt Bimsstein ausgebreitet. Diesen Wasserwirkungen gegenüber beobachtet man Zerklüftungen, Verwerfungen,

Einsenkungen, Verstürzungen, die im unmittelbarsten Zusammenhange stehen mit den vulcanischen Kräften der Tiefe. Gewaltige Kegelberge wurden durch Eruptionsthätigkeit gebildet, durch eruptive Massen aufgeschüttet; das früher durch Spalteneruptionen an der Oberfläche Gebildete aber sank in die leergewordenen Räume zurück. Ganze Plateaumassen sind so durch Einsturz und Einsenkung nach innen versunken, die Einsturzbecken sind mit Seen erfüllt, und zwischen diesen Seen erheben sich mit steilen Bruchrändern die übrig gebliebenen Plateaureste als isolirte Tafelberge: So ist die Bildung des Taupo-Sees zu erklären, dessen westliche Ufer den Bruchrand in aller Schärfe zeigen, und eben so die Bildung der Seen des berühmten Seedistrictes nahe der Ostküste. Der Tarawaraberg aber (vgl. Tafel 9, Nr. VI) und der Horohoroberg sind ausgezeichnete Beispiele von Plateauresten;

Horohoroberg.

ihre obere Fläche bezeichnet das ursprüngliche Niveau der Gegend. Ausserdem ist das Gebiet von longitudinalen, häufig parallel laufenden Dislocationsspalten durchzogen, die sich oft meilenweit verfolgen lassen und mit gleichzeitigen transversalen Terrainbrüchen in Verbindung stehen.

In diesen geotektonischen Verhältnissen der Taupo-Zone sind die Bedingungen gegeben für die Bildung der heissen Quellen, durch welche dieses Gebiet so sehr ausgezeichnet ist. Den Herd der heissen Quellen verlege ich in eine Region, welche im Grunde der angedeuteten Dislocationen und Einbrüche zu suchen ist. Atmosphärisches Wasser, das Wasser des Taupo-Sees und anderer Seen der Taupo-Zone dringt auf den Spalten in die Tiefe und tritt im Contact mit den zerklüfteten vulcanischen Gesteinsschichten, die noch nicht erkaltet sind, oder einer solchen thermalen Tiefenstufe angehören, auf welcher die innere Erdwärme durch die vulcanische Action, durch die Nähe des vulcanischen Herdes, sehr bedeutend erhöht ist. Als Dampf strömt es zur Oberfläche zurück, wird in den höheren, kälteren Regionen condensirt und bildet heisse Quellen und Solfataren. Die schwachen, aber häufigen Erdbeben dieser Region lassen sich theils aus gewaltsamen Bewegungen gespannter Gase und Dämpfe, theils aus noch fortdauernden Einbrüchen und Dislocationen genügend erklären.

Was ich von Gesteinen an den Ufern des Taupo-Sees und vom Taupo-See bis zur Ostküste gesehen und gesammelt habe, gehört alles der Familie des Rhyolithes an. Die Verbreitung dieses Gesteines, wie ich sie auf der Karte durch eine besondere Farbe bezeichnet habe, ist ohne Zweifel zu gering angegeben. Von einer Begehung geognostischer Grenzen konnte bei meiner Bereisung der Gegend keine Rede sein; mit der Farbe wollte ich aber nicht hypothetisch über meine Beobachtungen hinaus gehen. Über die petrographische Zusammensetzung der beschriebenen Vulcankegel kann ich leider gar keine Angabe machen, wiewohl gerade dieser Punkt sehr wichtig wäre, um zu entscheiden, wie sich die jüngeren Eruptionsproducte, durch welche die Kegelberge aufgebaut wurden, in petrographischer Beziehung zu den rhyolithischen Massen verhalten, welche die Basis derselben bilden. Es war mir unter den gegebenen Umständen der Reise leider ganz und gar unmöglich, auch nur einen der Kegelberge zu besteigen, und ich vermuthe nur aus dem, was ich an den südlichen Ufern des Taupo-Sees, wo zwischen Pukawa und dem Waihi-Wasserfall Trachyt ansteht, so wie aus der Analogie mit dem Mount Egmont (vgl. später), dass beim Aufbau der Kegelberge echter Trachyt und selbst basische Gemenge eine Hauptrolle spielen.

An den Ufern des Taupo-Sees wechselt Bimsstein mit allerlei hyalinen Rhyolithlaven. Was Dieffenbach an verschiedenen Stellen seines Werkes von dem Vorkommen von Leucit in den Laven und im Sande des Taupo sagt, ist unrichtig. Die kleinen weissen Krystalle sind stets entweder Quarz oder Feldspath. Ich habe nirgends auch nur eine Spur von Leucit auffinden können.

Die Hauptrolle, wenigstens am östlichen Ufer des Sees, spielt der Bimsstein. Schon längst zwar hatte sich meine Anschauung und Vorstellung an die ungeheuren Massen von Bimsstein gewöhnt, welche über die Nordinsel ausgebreitet liegen; aber dennoch musste ich staunen, als ich nun hier, in der Muttergegend gleichsam, aus welcher all' dieser Bimsstein herstammt, Uferklippen von 2—300 Fuss Höhe ganz aus Bimsstein, in kleinen Stücken und in grossen Blöcken von 3—6 Fuss Durchmesser, gebildet fand. Es ist ein lockeres Geschütte, das vom See bei Nordweststürmen unterspült wird. Ganze Wände stürzen oft ein und überdecken den See mit ihren Trümmern, die der Waikato bis zur Westküste führt und an seiner Mündung ablagert. Zwischen dem Bimssteingeschütte lagert mitunter auch ein grobes Conglomerat aus allerlei obsidianartigen Varietäten von Rhyolith bestehend.¹ Hinter dem Dorfe Totara (auch Hamaria, d. h. Samaria genannt) steht ausgezeichneter Lithoidit (lithoidischer Rhyolith) an, von höchst auffallender lamellarer Structur in senkrechten Felswänden mit regelmässig säulenförmiger Absonderung. Die Eingebornen nennen diese Felsen Taupo. — Am Fusse des Tauhara fanden wir auf der Bimssteinfläche grosse Blöcke eines schönen Obsidianporphyrs, die von diesem Vulcan ausgeworfen zu sein scheinen, und bis zum Ausflusse des Waikato ist der Strand von rhyolithischen Gesteinen der mannigfaltigsten Art gebildet, die dem Sammler ein sehr interessantes Material liefern, vorausgesetzt, dass er auch die Gelegenheit hat, seine gesammelten Schätze mit sich zu schleppen, was in jenen Gegenden bis jetzt mit sehr vielen Schwierigkeiten und, wenn es überhaupt möglich ist, jedenfalls mit grossen Kosten verbunden ist.

Die Seegegend besteht gleichfalls ganz aus rhyolithischen Gesteinen. Der Ngongotaha am Rotoruá-See besteht vom Fuss bis zum Gipfel aus glasigen Rhyolithlaven, also ein Berg von 2000 Fuss Meereshöhe aus horizontal gelagerten Schichten von vulcanischem Glas gebildet. An dem Bergrücken Te Kumete nordwestlich vom Rotomahana ist der Rhyolith ausgezeichnet krystallinisch-körnig entwickelt, ein Gemenge aus Quarz, Feldspath und schwarzem Glimmer, so granitähnlich, dass ein Laie sich leicht täuschen kann. Die flachen Ausläufer des Taraweraberges sollen mit grossen schwarzen Obsidianblöcken bedeckt sein, so dass es wahrscheinlich wird, dass auch dieser wohl über 2000 Fuss hohe Plateauberg aus Glas besteht.

Spätere Forscher haben in diesen Gegenden noch manche interessante Aufgabe zu lösen, noch manche wichtige Frage zu beantworten. Ich darf meine Beobachtungen in dem so sehr ausgedehnten Gebiete nur als den Anfang des Studiums der mannigfaltigen Erscheinungen dieser merkwürdigen Vulcan-Zone betrachten.

Mein Freund Prof. Dr. F. Zirkel hat es auf meine Einladung hin unternommen, die Gesteine der Taupo-Zone, welche ich mitbrachte, einer näheren petrographischen Untersuchung zu unterziehen, und ich theile in Folgendem die lehrreichen Resultate seiner eingehenden Untersuchungen mit.

---

¹ Taylor (Te Ika a Maui p. 226) erwähnt, dass man unter mächtigen Ablagerungen von Bimsstein häufig verkohltes Holz in grossen Massen finde, ganze Baumstämme u. dgl. und schliesst daraus, dass das Land früher bewaldet gewesen und die Wälder durch einen Steinhagel und Aschenregen von heissem Bimsstein, welchen die benachbarten Vulcane ausschleuderten, verschüttet worden seien.

Petrographische Untersuchungen über rhyolithische Gesteine der Taupo-Zone.

Von

Dr. Ferdinand Zirkel.
A. O. Professor der Mineralogie an der Universität zu Lemberg.

Nicht nur unter den jüngeren vulcanischen Gebilden, sondern unter sämmtlichen krystallinischen Massengesteinen nimmt die Familie des Rhyoliths das Interesse des Petrographen vorwiegend in Anspruch; hauptsächlich ist dies dem Umstande zuzuschreiben, dass, während den Gesteinen anderer Familien bei ihrer Erstarrung mit wenigen Ausnahmen eine Form gewissermassen vorgeschrieben war, in welche sich die festwerdende Masse begab, bei den Rhyolithen dieses Product des Überganges in den starren Zustand die allergrösste Verschiedenheit darbietet, indem der Ausbildung desselben der weiteste Spielraum gelassen ward. So verwandelt sich die Rhyolithmasse unter der Einwirkung besonderer bedingender Verhältnisse bald in ein vollständig aus einzelnen Krystallen bestehendes Gestein, bald in eine glasige, halbglasige, emailartige, porzellanähnliche oder schaumige Masse, bald in eine Verbindung dieser Massen mit Krystallen oder anderen krystallinischen Gebilden.

Die Rhyolithe, eine in anderen Ländern der Erde verhältnissmässig wenig zur Entwickelung gelangte Gesteinsfamilie, kommen in Neu-Seeland in ausgezeichneter Weise vor, und nicht nur in ihrer Verbreitung, sondern auch vielleicht in der Mannigfaltigkeit der Gesteinsformen scheint Neu-Seeland Ungarn noch zu übertreffen, dasjenige Land, in welchem B. v. Richthofen diese Gesteinsfamilie zuerst bestimmt abgegrenzt hatte.

Hauptsächlich das Centrum der Nordinsel, die Umgegend des Taupo-Sees, die durch ihre zahlreichen kieselsäurehaltenden Quellen berühmte vulcanische Zone zwischen dem Krater Tongariro und White-Island, so wie der ganze Landstrich bis zur Küste an der Bay of Plenty ist nach den Beobachtungen von Professor

v. Hochstetter ein an Rhyolithen sehr reicher District, in welchem diese vielgestaltige Gesteinsfamilie eine überaus grosse Verschiedenheit in der Ausbildungsweise zeigt.

Ich gebe im Folgenden eine Beschreibung der einzelnen Varietäten, wie sie mir in den von Prof. Dr. v. Hochstetter gesammelten Handstücken vorlagen.

1. Krystallinisch-körniger Rhyolith (quarzführende Trachytlava).

Ein Beispiel von der vollkommensten normalkrystallinischen Erstarrungsweise der kieselerdereichen Rhyolithlaven liefert das Gestein von der Insel Mokoia im Rotorua-See. Man könnte dasselbe fast mit Granit verwechseln; die ganze Masse des Rhyoliths hat sich in einzelne individualisirte, scharf von einander getrennte und deutlich erkennbare Krystalle verwandelt, so dass keine — weder kryptokrystallinische, noch glasige oder lithoidische — Grundmasse vorhanden ist. Der vorwaltende Gemengtheil ist weisslich-grauer Feldspath, dessen Krystalle nicht jene glasige rissige Beschaffenheit zeigen, welche sonst die Feldspathe der jungvulcanischen Formationen charakterisirt; seine Tafeln sind wenig glänzend und denen der gewöhnlichen Orthoklase fast in allen Beziehungen überaus ähnlich. Der Quarz erscheint in kleineren und grösseren Körnern; der Glimmer, zwar spärlich vertreten, dennoch aber gleichmässig durch die ganze Masse vertheilt, in schwarzen glänzenden Tafeln. Oligoklas und weisser Glimmer sind nicht darin zu erkennen. Das ganze Gestein ist vollständig frisch und unzersetzt, hart und klingend; dennoch ist die Verbindung der Mineralelemente keine so feste und compacte, wie beim Granit, das Gefüge ist ein mehr lockeres, hie und da finden sich kleine Poren zwischen den einzelnen Gemengtheilen.

Ein Gestein vom Tarawera-See[1] ist eine feinkörnige, sandsteinähnliche Masse, im unverwitterten Zustande rein weiss; es ist ein etwas lockeres Aggregat von feinen, kleinen Feldspathblättchen, durchmischt mit zahlreichen, eben so kleinen, durchsichtigen und wasserhellen Quarzkörnchen, welche sich durch ihre rundliche Form, ihren starken Glasglanz und ihren muscheligen Bruch von dem Sanidin

---

[1] Zum Verwechseln ähnlich mit dem neuseeländischen Gesteine ist ein ungarisches Handstück, von dem Perlitstrome des Vulcans von Telkibánya, welches ich der Güte des Herrn Prof. Dr. v. Szabó verdanke. Vgl. über die Localität v. Richthofen's Mittheilungen im Jahrbuche der geologischen Reichsanstalt X, pag. 444 und XI, pag. 198. Am Tarawera-See (Wairoa-Bach) bildet das krystallinisch-körnige Gestein einzelne Schichten oder Lagen in einem perlitähnlichen, rundkörnigen Obsidian, in dessen Grundmasse Sanidinkrystalle ausgeschieden sind. Anm. des Verf.

unterscheiden; auch sechsseitige schwarze Glimmerblättchen treten scharf in dem Gemenge hervor. Der Quarz scheint nicht krystallisirt zu sein. Das specifische Gewicht dieses kieselsäurereichen Gesteins beträgt 2·290.

Ein sehr eigenthümlicher, fast aphanitisch-feinkörniger Rhyolith findet sich in Geröllen am Strande von Maketu; man sieht in einer dunkelgrau gefärbten Grundmasse, welche sich aber schon dem blossen Auge als nicht gleichartig zu erkennen gibt, zahlreiche, meist kleine rundliche Quarzkörner, dann kleinere und grössere Körner, so wie unregelmässig gestaltete Partien einer braun- bis dunkelschwarzen halbglasigen Substanz. Auf der Bruchfläche des Gesteines tritt diese mit abgerundeten Ecken hervor; der Bruch ist unregelmässig, der Glanz ein matter Fettglanz; manche Partien sind stellenweise zu schaumigem, braunem Bimsstein aufgebläht. Betrachtet man die Grundmasse mit der Loupe, so gewahrt man, dass sie ein feines Gemenge von Quarz mit eben solchen obsidianartigen Körnchen ist, welche sich in quantitativer Hinsicht vollständig das Gleichgewicht halten. Unentschieden muss es bleiben, ob unter den hellen glasigen Körnchen der Grundmasse sich Sanidine finden; in der Grundmasse, welche selbst ein vollständig frisches Ansehen hat, sind ausserdem hie und da ziemlich scharf begrenzte, gelblich-weisse Flecken zu erkennen, welche so stark verwittert sind, dass das Messer sie ritzt, und wohl ohne Zweifel dem Sanidin angehören.

2. Felsitischer Rhyolith (quarzführende Trachytlava).

Die Felsen am Wairoa-Wasserfall bei Temu an der Südwestseite des Tarawera-Sees zeigen die felsitische Structurabänderung des Rhyoliths; es ist ein, im unzersetzten Zustande dichtes, hartes und klingendes Gestein, von lichtbrauner Farbe, welches manchen alten Quarzporphyren täuschend ähnlich sieht. Es besteht aus einer lichtbraunen, hornsteinähnlichen Grundmasse, welche aber zum grössten Theil durch Quarz verdrängt ist. Feldspath ist nur in verschwindend geringer Masse ausgeschieden. Die Quarze erscheinen auf dem Querbruch als unregelmässige Körner von rauchgrauer Farbe und verschiedener Grösse bis zu der einer Erbse; an den Stellen, wo das Gestein durch Verwitterung zu einer gelbbraunen Masse umgeändert ist, gewahrt man, dass die Quarze als stark glänzende Krystalle ausgebildet sind, welche die im Gleichgewicht befindlichen Flächen des Dihexaëders und die feinen Abstumpfungsflächen der ersten sechsseitigen Säule zeigen.

In allen diesen Rhyolithen scheint Oligoklas und weisser Kaliglimmer ganz zu fehlen, das Auftreten von Hornblende aber sehr selten zu sein.

Die vorliegenden Handstücke von felsitischem Rhyolith vom östlichen Ufer des Taupo-Sees befinden sich in einem ziemlich zersetzten Zustande; der feldspathige Bestandtheil ist zumeist in eine mürbe, erdige, weisslich, fleischfarbig, graulich oder gelblich gefärbte Masse umgewandelt, so dass die Gesteine ein tuffartiges Ansehen bekommen. Die wenigen Feldspathblättchen, welche sich der Verwitterung entzogen haben, gehören dem Sanidin an. Die Quarzkörner sind überall sehr reichlich darin vertheilt, meistens wasserklar, oder mit einem leichten Stich in's Grauliche. Nur in seltenen Fällen scheinen sie auskrystallisirt zu sein; sie sind dann an beiden Enden ausgebildet und zeigen die oft verzerrten Flächen des Dihexaëders und der ersten Säule. Die einzelnen Körner erreichen bisweilen die Grösse von $1\frac{1}{2}$ Linien und sinken andererseits zu mikroskopischer Kleinheit herab; sie treten mit rundlichen, muschelig brechenden Formen auf der Bruchfläche des Gesteins hervor; die starkspiegelnden, in dünnen Lamellen tombackbraun durchscheinenden Glimmerblättchen sind in manchen Gesteinsvarietäten in ansehnlicher Menge vorhanden, und stechen mit scharf sechsseitigem Umriss gegen die weisslich verwitterte Masse ab; eine mit dem grössern Vorwalten des Glimmers in Zusammenhang stehende Abnahme des Quarzgehaltes, die v. Richthofen bei den ungarischen und siebenbürgischen Rhyolithen nachwies, und die sich auch bei den Gestein der Granitfamilie in analoger Weise kund gibt, liess sich nicht entdecken.

In weniger verwitterten Stücken bemerkt man eine lichtgraue, dem blossen Auge homogen erscheinende Grundmasse, in der wenige rissige Feldspathblättchen und viele Quarzkörner liegen; auch Glimmerblättchen sind als zahllose, nadelstichgrosse, schwarze Punkte darin vertheilt. Manche dieser Gesteine, vorzüglich diejenigen, welche in der dichten Grundmasse nur Quarzkörner enthalten, besitzen vollständig das Ansehen von alten Quarzporphyren.

Daneben treten Gesteine auf, welche aus einer sehr feinkörnigen, rauchgrauen Grundmasse bestehen, die grössere Quarzkörner und winzige Feldspathblättchen umschliesst. Die Farbe der Grundmasse wird, wie ein Blick auf ihr Pulver zeigt, durch unzählige mikroskopische Hornblendeflimmerchen und Quarzkörnchen hervorgebracht, welche durch den umhüllenden Feldspath durchschimmern.

3. Lithoidischer Rhyolith oder Lithoidit (von Richthofen), steinige Feldspathlava (Fr. Hofmann), Laminated trachytic lava (englischer Geologen).[1]

Am nordöstlichen Ufer des Taupo-Sees bei dem Dorfe Totara treten ausgezeichnete Varietäten von lithoidischem Rhyolith auf, welche jene merkwürdige lamellare Structur zeigen, die nach v. Richthofen in so ausgezeichneter Weise an den Rhyolithlaven aus der Umgegend von Telkibánya, Mad, Tokay, Sarospatak u. s. w. in Ungarn vorkommt.[2] Wie Blätter eines Buches liegen oft in mikroskopischer Feinheit die dünnen lithoidischen Gesteinslamellen über einander; hauptsächlich sind es zwei Farben, welche lagenweise mit einander wechseln, eine grauschwarze, kieselschieferartige und eine violett-fleischfarbige, beide aber besitzen zahlreichere, hellere und dunklere Nüancen, die durch einander gemischt dem Gestein ein vielfarbiges, fast buntes Ansehen verleihen, welches an das mancher Achate erinnert.

Die Lagen sind nicht alle von gleicher Dicke; dünnere wechseln mit dickeren; doch übersteigt die grösste Dicke fast niemals eine Linie, während die feinsten mit dem blossen Auge kaum sichtbar sind. Der Verlauf derselben ist ein vollkommen paralleler, und zwar meist ebenflächiger; nur hie und da ist die Anordnung eine leicht gekräuselte, wellig gewundene. Mitunter wird der stetige Verlauf der Lagen durch eine Ausscheidung, ein durchsichtiges Quarzkorn oder einen rissigen kleinen gelblichweissen Feldspathkrystall unterbrochen, unter welchem die Lagen zusammengebogen erscheinen, über welchen sie sich mit einer Biegung hinüberlegen, um seitlich davon wieder ihren horizontalen und parallelen Verlauf anzunehmen. Ein Abstossen der Lagen ist niemals zu bemerken, man kann sie stets genau in ihrer Biegung verfolgen. Das Gestein dadurch wird auf dem Querbruch im Kleinen ganz dem bekannten Augengneiss ähnlich.

Manchmal findet sich auch eine blasenartige Auftreibung in dem Gesteine. In der Nähe derselben zeigt der Querbruch die Lamellen oft auf eine merkwürdige Weise gestaucht; vor dem Blasenraum werden die dickeren Lagen meist plötzlich dünner und legen sich als feine Decken über denselben hinweg, auf dessen anderer Seite sie eben so rasch wieder anschwellen. Die Gestalt der Blasenräume ist vorwiegend niedrig, ihre grösste Ausdehnung haben sie in der Richtung der Lamellen-

---

[1] Unter der Bezeichnung laminated trachytic lava, auch unter dem Namen „pitchstone" sind im Museum of Practical Geology in London rhyolithische Gesteine von der Insel Ascension aufbewahrt, welche den Gesteinen vom Taupo-See sehr ähnlich sind.

[2] Analoge Gesteine habe ich in meiner Sammlung vom Monte di Tramontana auf Ponza und von den liparischen Inseln. *Der Verfasser.*

ebene; der innere Raum ist oft durch Scheidewände unterbrochen, welche in senkrechter Richtung ziemlich tief hinab, oder hoch hinaufsteigen.

Die Innenwände der Hohlräume sind in eigenthümlicher Weise ausgebildet; man gewahrt schon mit blossem Auge, dass eine weisse Masse mit zahllosen schwarzen darin vertheilten Punkten dieselbe überkleidet; darauf sitzen, frei in das Innere des Hohlraumes hineinragend, viele kleine sechsseitige Schuppen. die zu einzelnen Gruppen zusammengeordnet sind, und entweder braungelbe Farbe besitzen oder so zart sind, dass sie unter der Loupe die schönsten Farbenerscheinungen dünner Blättchen erkennen lassen. Bei Vergrösserung sieht man, dass die Innenwand der Cavitäten ein krystallinisches Gemenge, wahrscheinlich von Quarz und Feldspath ist, durchwachsen von schwarzen Hornblendesäulen; die dünnen Lamellen sind Glimmer. Die Hohlräume scheinen sich vorwiegend nur in den lichteren Streifen gebildet zu haben.

Das specifische Gewicht dieses Lithoidits ergab sich als 2·418; damit ist seine Natur als saures, an überschüssiger Kieselsäure reiches Gestein gekennzeichnet.[1]

Betrachtet man einen dünnen Schliff dieses aus Lamellen bestehenden Gesteines unter dem Mikroskop, so wird es klar, worin die Verschiedenheit der Färbung beruhe: Die dunkleren Lamellen bestehen aus einer, selbst bei grösster Dünne des Plättchens nur schwach durchscheinenden Feldspathsubstanz, in welche unzählige sehr feine, undurchsichtige schwarze Flitterchen, zweifelsohne Magneteisen eingestreut sind. Ausserdem gewahrt man kleinere, halbdurchsichtige Körnchen in sehr geringer Anzahl, die wahrscheinlich dem Quarz angehören. In den hellgefärbten Lamellen sind dieselben Gemengtheile, aber in ganz verschiedenen Quantitätsverhältnissen zu beobachten: die Hauptmasse scheint zwar noch immer eine feldspathige zu sein, aber die Quarze sind in so beträchtlicher Menge eingesprengt, dass die ganze Masse ziemlich durchscheinend ist; dazu ist der Magneteisengehalt ein sehr geringer; nur hie und da gewahrt man ein schwarzes Körnchen und diesem Mangel an dunkelgefärbter Substanz ist hauptsächlich die lichtere Färbung zuzuschreiben. — Die Magneteisenkörner haben selten einen grösseren Durchmesser als 0·003 Millim.

---

[1] Herr Prof. Dr. v. Fehling hat auf meine Bitte in seinem Laboratorium durch Herrn P. Mayer eine Analyse des lithoidischen Rhyoliths vom Taupo-See ausführen lassen, aus welcher sich folgende Zusammensetzung ergab:

Kieselsäure	70·67
Eisenoxyd	4·75
Thonerde	14·03
Kalk	1·29
Kali und Natron	8·35
	99·09

und merkwürdiger Weise eine Spur von Zinn.

Der Kieselsäuregehalt wurde dabei auf zweifache Weise bestimmt, direct durch Aufschliessen mit kohlensaurem Kalinatron, und indirect aus dem Gewichtsverluste nach dem Aufschliessen mit Fluorwasserstoff. — D. Verf.

Zur Erklärung der Entstehung dieses Gesteines dürften zwei Wege offen stehen. Man kann es nämlich als ein, wahrscheinlich in heissem Wasser gebildetes Sediment von äusserst fein geriebenem lithoidischem Material von verschiedener Färbung ansehen, ähnlich manchen feingebänderten Schichten des Rothliegenden, zu denen dünner, feinkörniger Porphyrschlamm das Material darbot; oder man kann es als ein directes Erstarrungsproduct aus dem Feuerfluss betrachten; wie nämlich das künstliche gebänderte Glas durch Strecken und Ausziehen der aus verschiedenen Flüssen zusammengemischten Masse hervorgebracht wird, so könnte auch hier in einem durch Umschmelzung verschiedener Gesteine hervorgebrachten Magma durch Fliessen dasselbe bewirkt worden sein.

4. Perlitähnlicher Rhyolith.

Echte typische Perlite, wie man sie aus den ungarischen Rhyolithgebieten kennt, scheinen auf Neu-Seeland nicht vorzukommen, — wenigstens sind sie bis jetzt noch nicht aufgefunden worden — wohl aber perlitähnliche Gesteine, die einerseits mit lithoidischen Rhyolithen, andererseits mit sphärulitischen Rhyolithen im Zusammenhange stehen.

Dahin gehört ein Gestein aus dem Waikurapa-Thal, westlich vom Rotokakahi-See. Es ist dies ein Gemenge von graulichen lithoidischen Körnchen, die ein porzellanartiges, oft emailartiges Gefüge haben, und von Quarz und Sanidin; daneben liegen feine dunkelschwarze, unregelmässige Kügelchen von halbglasigem Obsidian.

Noch mehr perlitähnlich ist ein Gestein von Te Piopio am südöstlichen Ufer des Rotorua-Sees,[1] das mit sehr schönen Sphärulit-Obsidianen in unmittelbarem Zusammenhang steht. Die porzellanartig matte, lavendelblaue Grundmasse des Gesteines zerfällt beim Schlage in eckige erbsengrosse Körner. Sie umschliesst kleine Quarz- und Sanidinkrystalle, die stets den Mittelpunkt von concentrisch-schaligen und radial-strahligen Sphärulitkugeln bilden, welche sich um die Krystalleinschlüsse aus der Grundmasse abgeschieden haben und die rundkörnige Structur des Gesteines noch vermehren.

Jene merkwürdigen Ausscheidungen, welche v. Richthofen aus perlitischen Rhyolithen von Ungarn beschrieben und Lithophysen genannt hat — birnförmige

---

[1] Petrographisch vollkommen identisch mit diesem Gestein von Te Piopio sind ungarische Handstücke vom dem Perlitstrome am Wege von Telkibánya nach dem Gönczer Thale. v. Richthofen a. o. O. S. 497. — D. Verf.

Einschlüsse aus successiv blasenartig aufgetriebenen Lamellen bestehend — (Jahrb. der k. k. geol. Reichsanstalt 1861, p. 180) haben sich bis jetzt in den verwandten Gesteinen von Neu-Seeland nicht beobachten lassen.

5. Sphärulitischer Rhyolith (Sphärulit-Obsidian).

Am südöstlichen Ufer des Rotorua-Sees, an einem von den Eingebornen Te Piopio genannten Platze kommt ein ausgezeichnet sphärulitischer Rhyolith vor, eine Obsidian-Grundmasse mit zahlreichen Sphärulitkugeln, welche niemals in parallelen Zonen angeordnet, sondern stets unregelmässig darin vertheilt sind. Die Obsidianmasse ist grauschwarz, in dünnen Splittern vollständig durchsichtig und wasserklar, oder mit einem lichten Stich in's Rauchgraue, von ausgezeichnetem kleinmuscheligem Bruche. Der Obsidian ist ein vollkommen homogenes Glas, auch die stärkste Vergrösserung kann keine darin eingeschlossenen Mineralien nachweisen.

Dünne Splitter von diesem Obsidianglas zeigen unter dem Mikroskope, dass es ausserordentlich viele, aber äusserst kleine rundliche Dampfporen enthält, welche meist erst bei einer Vergrösserung von 1000 deutlich hervortreten; ausserdem weist dieses natürliche Glas eine andere eigenthümliche Erscheinung auf, die auch mehrere andere Gläser, z. B. der Marekanit von Ochotsk in West-Sibirien darbieten. Es sind dies kleine mikroskopische Sprünge im Glas, welche sonderbare Figuren hervorrufen. Diese Sprünge knüpfen sich fast stets an einen kleinen, schwarzen, undurchsichtigen Körper, ein Schlackenkorn oder Magneteisenkorn, welcher stets scharf begrenzt in der Glasmasse liegt; als er durch Erstarrung aus dem geschmolzenen Zustande in den festen überging, dehnte er sich vielleicht aus und verursachte in der umgebenden Masse Risse. Fast nie erscheint ein solches schwarzes Korn, ohne dass unmittelbar von ihm die Risse ausgehen; dagegen finden sich manche, meist in paralleler Richtung verlaufende Sprünge ausserhalb der Nähe dieser Körper; sie sind wahrscheinlich durch die Erschütterung gerissen. Die Sprünge strahlen entweder von dem schwarzen Korn nach mehreren verschiedenen Richtungen aus, so dass oft ein sternförmiges Bild, oder das einer vielbeinigen Spinne entsteht, oder sie sind nur in einer Richtung erfolgt; sie sind bald so breit, dass ihre beiden klaffenden Seiten deutlich unterschieden werden können, bald so schmal, dass sie nur wie ein feiner schwarzer Strich erscheinen. Ihre grösste Breite übersteigt nicht 0·005 Millim. Meistens haben die Sprünge keinen geradlinigen Verlauf; sie sind vielfach etwas geschwungen oder gekrümmt, vielfach biegen sie sich auch an ihrem Ende nach einer andern Richtung um. Wo die schwarzen Körner häufiger sind, da sind die Sprünge in sehr grosser Anzahl und meist auch in ziemlich paralleler Richtung gerissen, so dass ganze Stränge derselben erscheinen. Der Durchmesser der Körner ist nie grösser als 0·015 Millim.

Ein geschliffenes Plättchen der von Sphäruliten freien Obsidianmasse bildet eine durchsichtige, wasserklare Masse. Eben so wie Leydolt dies vom künstlichen Glase bewiesen hat, ist aber auch dieses natürliche Glas keine vollständig homogene Masse. Durch Ätzen mit wässeriger

Flusssäure kommt eine grosse Menge von Krystallen in demselben zum Vorschein; sie sind bald lang und schmal, bald kurz und dick, eine feine schwarze Linie zeichnet ihren Umriss, der auf ein klinobasisches Krystallsystem hindeutet.

Die Sphärulitkugeln sind im frischen Zustande bläulichgrau oder lavendelblau gefärbt, schimmernd oder mit mattem Wachsglanz; oft mikroskopisch klein schwellen sie zu der Grösse einer Erbse und darüber an; bisweilen nehmen die kugeligen Ausscheidungen so an Zahl zu, dass sie die Obsidian-Grundmasse fast verdrängen. Je zahlreicher die Sphärulite sind, desto undurchsichtiger wird der Obsidian.

Die Sphärulitkügelchen liegen mit scharf begrenzten Rändern im Obsidian, so dass sie oftmals beim Schlagen der Handstücke leicht herausfallen und dann das Gestein auf dem Bruch viele matte halbkugelförmige Vertiefungen zeigt. Die Oberfläche der Sphärulite ist meist glatt, seltener mit kleinen warzenförmigen Protuberanzen besetzt. Der Querbruch lässt, bisweilen freilich erst mit Hilfe der Loupe erkennen, dass sie, wenngleich oft anscheinend dicht, aus radial verlaufenden, kleinen und dünnen Keilen von spitz-pyramidaler Gestalt bestehen, welche zu krystallinischen Bündeln zusammengruppirt sind. Im Innern findet sich meistens ein bestimmt ausgesprochener, weisser, glasiger Mittelpunkt, ein Quarz- oder Feldspathkorn; auch zeigt sich wohl ein schwarzes, glasiges Centrum, oder ein Gemenge von schwarzen und weissen Körnchen; bisweilen gewahrt man auf dem Querbruch bei starker Vergrösserung, dass die ganze Masse des Sphärulits mit zahllosen schwarzen Pünktchen unregelmässig durchsprenkelt ist.

Der Umriss eines Sphärulitkorns ist stets ein vollkommen kugelförmiger; neben diesen einzelnen Kügelchen finden sich aber auch häufig zwei, drei oder mehr derselben zu einer knolligen, traubenförmigen Gestalt vereinigt. Diese Zwillinge zeigen im Innern immer zwei oder mehr deutlich erkennbare Centra.

In den neuseeländischen Gesteinen scheinen Sphärulite und Krystalle einander auszuschliessen; in allen Handstücken dieser Sphärulit-Obsidiane war niemals die geringste Spur eines ausserdem ausgeschiedenen Quarzkornes, eines Feldspathkrystalles oder eines Glimmerblattes wahrzunehmen; umgekehrt fehlen die Sphärulite stets gänzlich in den Obsidianporphyren und felsitischen Rhyolithen. Beudant macht dieselbe Bemerkung bei den in analoger Weise ausgebildeten Gesteinen in Ungarn; nach v. Richthofen jedoch (Jahrbuch der k. k. geolog. Reichsanstalt 1861, pag. 183) finden sich dort Sphärulit- und Krystalleinschlüsse fast stets neben einander und es ist ungemein selten, dass ausschliesslich Sphärulite in dem Gesteine vorkommen.

Sowohl von der Obsidian-Grundmasse, als von den Sphäruliten wurde der Gehalt an Kieselsäure bestimmt.

Der Obsidian enthielt 75.03 Percent.
„ Sphärulit „ 74·55 „

Es ist demgemäss in beiden die Kieselsäuremenge eine gleiche; auch die Gesammtmasse des Glases ändert nach den bekannten Untersuchungen Hausmann's beim Übergang in den krystallinischen Zustand ihre chemische Zusammensetzung nicht. Fast ganz denselben Kieselsäuregehalt (74·83 Perc.) zeigen die von Forchhammer untersuchten Sphärulite aus dem Obsidianstrom Hrafntinnuhryggur. (Journal für praktische Chemie XXX. 385.)[1]

Das specifische Gewicht des Obsidians ist 2·345
„ „ der Sphärulite „ 2·426

Die Masse der Sphärulite ist also, da beide dieselbe Zusammensetzung haben, eine dichtere. Ein ähnliches Verhältniss zeigt der Obsidianstrom Hrafntinnuhryggur an der Krafla im Nordosten der Insel Island, bei dem auch die kugelförmigen Ausscheidungen 2·389 spec. Gew. besitzen, die Obsidianmasse selbst nur 2·301. Diese Verschiedenheit im specifischen Gewichte der Glasgrundmasse und des Sphärulits bei gleicher Zusammensetzung wird dadurch hervorgebracht, dass letzterer eine krystallinische Bildung ist, und der Krystallisationsprocess nach Versuchen, welche St. Claire Deville, Volger u. A. anstellten, vielfach mit einer Verdichtung der Masse verbunden ist.

Bei einer beginnenden Verwitterung färbt sich der Sphärulit von aussen gelblichgrau, wohl durch Oxydation des Eisenoxyduls, die kleinen Warzen auf der Oberfläche schwellen an; während die Zersetzung von der Rinde nach dem Innern

---

[1] Eine im Laboratorium des Herrn Prof. Dr. v. Fehling in Stuttgart durch Herrn Melchior ausgeführte Analyse dieses Sphärulit-Obsidians ergab:

Kieselsäure	71·50
Eisenoxyd (Spuren von Mangan)	3·66
Thonerde	16·44
Kalkerde	0·44
Magnesia	0·46
Natron mit wenig Kali	7·42
	99·93

Der Verfasser.

zu immer weiter sich fortpflanzt, kommt noch eine zweite Structur der Kugel zum Vorschein, eine concentrisch-schalige. Die Verwitterung ruft nämlich eine grosse Anzahl feiner concentrischer Ringe hervor, welche eine von einander abweichende Färbung besitzen und oft die ganze Farbenscala von graublau bis schmutziggelb durchlaufen. Diese Schalenstructur tritt häufig so deutlich hervor, dass bei den durchgeschlagenen Handstücken die innersten Kügelchen aus der Hülle herausfallen.

Durch die Verwitterung wird der Obsidian trübe; Glasmasse und Sphärulitkugeln scheinen ziemlich gleichmässig dadurch angegriffen zu werden. Wenn die Sphärulite in sehr zahlreicher Menge in dem Obsidian vertheilt waren, und durch die Verwitterung gelockert herausfallen, so bleibt oft nur ein morsches, schwammartiges Skelet von Obsidian zurück.

Zuletzt geht der Obsidian in eine vollständig undurchsichtige, steinartige oder porzellanähnliche Substanz über, welche eben so gefärbt ist, wie die zersetzten Sphärulite, so dass man beide kaum von einander zu unterscheiden vermag, und nur die niemals ganz verwischte Structur der Kügelchen zu ihrer Erkennung einen Anhaltspunkt gewährt. Dann bekommt das Gestein ein Ansehen, das es den eben beschrieben perlitähnlichen Rhyolithen sehr ähnlich macht.[1]

6. Pechsteinartiger Rhyolith (Obsidian-Porphyr).

Am nördlichen Ufer des Taupo-Sees, auf der Ebene am Fusse des Tauhara-Vulcans, liegen grosse Blöcke zerstreut. Sie bestehen aus einem spröden, sehr leicht zerbröckelnden Obsidianporphyr. Eine schwarze, obsidianartige, oft auch pechsteinähnliche Grundmasse umschliesst unregelmässige Körner von Sanidin; diese sind von stark rissiger Beschaffenheit und weisser bis gelblich-weisser Farbe; weder Tendenz zur Krystallbildung, noch ein abgeschmolzener oder gerundeter Zustand der Kanten und Ecken ist zu erkennen; oft schliessen sie im Innern schwarze Pünktchen (Obsidian, Hornblende oder Glimmer) ein. Kleine, äusserst sparsam vertheilte, wasserhelle Körnchen dürften Quarz sein, eine in allen Gegenden, wo verwandte Gesteine zur Ausbildung gelangt sind, sehr seltene Ausschei-

---

[1] Ich erlaube mir zu bemerken, dass an dem Fels, von welchem ich die Handstücke abschlug, die Sphärulitkugeln vorherrschend nur an der der Verwitterung ausgesetzten Oberfläche sich fanden; je tiefer ich eindrang, und je mehr ich auf ganz frisches Gestein kam, desto kleiner und verhältnissmässig sparsamer wurden die Sphärulitkügelchen, desto reiner wurde der Obsidian. Ich sollte daher glauben, dass die Sphärulitbildung die Folge einer von aussen nach innen fortschreitenden Umwandlung und Zersetzung der Obsidianmasse ist. Der Verfasser.

dung. Der Obsidian ist sammtschwarz gefärbt, an manchen Stellen mit bläulichgrauem Lichtreflex; er besitzt fast gar nicht, oder nur in geringem Grade den sonst ausgezeichneten Glasglanz, sondern vielmehr einen an Pechstein erinnernden, matten Fettglanz; auch scheinen dünne Splitter derselben kaum an den Kanten durch, und statt des grossmuscheligen tritt ein unvollkommen muscheliger oder unebener Bruch auf. Das specifische Gewicht des Obsidianporphyrs ist 2·329.

Wenn man dünne Plättchen dieses pechsteinartigen Obsidians anschleift, so erkennt man unter dem Mikroskope, dass die Masse desselben keineswegs eine vollständig amorphe, glasige Substanz ist: es erscheint eine glasige Grundmasse von grauer Färbung, in welcher unzählige kleine Krystalle im ordnungslosen Gewirre durch einander gestreut sind. Sie sind meist von kurzer, schmaler Gestalt, im Durchschnitt wie zwei parallele, an beiden Enden mit einander verbundene Linien aussehend, manche breiter, manche so schmal, dass die beiden Ränder scheinbar in einen haarfeinen Strich zusammenfallen. Manche dieser Krystallnadeln sind nur 0·0007 Millim. dick. Sie liegen einzeln wie Haare in der wildesten Richtungslosigkeit ohne jeglichen Parallelismus umhergesäet, oder zu mehreren sich sternförmig durchkreuzend. Die Substanz der Krystalle scheint dieselbe zu sein, wie die der Glasmasse; auch die Farbe stimmt, wenigstens bei den breitern Krystallen vollkommen mit der der Glasmasse überein; wo die Glasmasse lichter ist, da sind auch die Krystalle lichter, wo jene grauer, da diese ebenfalls grauer; je schmäler die Krystalle werden, desto mehr treten ihre Ränder im Vergleich zu ihrer Masse als dunkle Striche hervor. Ausser diesen sehr kleinen Krystallen liegen in der Masse auch grössere grünlichgraue Krystalle, deren Durchschnitt auf ein klinobasisches System schliessen lässt; ihre Substanz stimmt ebenfalls mit der des Glases überein und wird von den feinen stacheligen Kryställchen allerseits durchzogen.

Die grössten erreichen eine Länge von 0·12 Millim., eine Breite von 0·07 Millim. Das Plättchen ist nie so dünn schleifbar, um nur eine Lage solcher Krystalle zu zeigen; daher heben sich beim Drehen der Schraube immer neue Krystalle aus der durchsichtigen Grundmasse hervor. Je stärkere Vergrösserung man anwendet, und je länger man die Glasgrundmasse genau anschaut, desto mehr Krystalle treten aus derselben heraus; bei 2000maliger Vergrösserung hat sich schon ein beträchtlicher Theil der dem unbewaffneten Auge oder der Loupe als amorphes Glas erscheinenden Masse in Krystalle verwandelt. Daneben beherbergt die Grundmasse sehr kleine, schwarze, gänzlich undurchsichtige Körper, welche meist einen quadratischen Durchschnitt zeigen, und zweifelsohne Magneteisen sind. In eigenthümlicher Weise sind diese Magneteisenkörner immer an lange, gelblichgrün gefärbte Krystalle gelagert.

Die mit freiem Auge erkennbaren, porphyrartig ausgeschiedenen Feldspathkrystalle erscheinen unter dem Mikroskope stark durchscheinend; sie enthalten sehr schöne und deutliche Glasporen, Höhlungen, die mit glasiger Materie angefüllt sind, welche der wachsende Krystall aus dem ihn umgebenden Schmelzfluss aufnahm. Aus der umhüllenden Masse ragen auch unregelmässig sich verästelnde Adern von Glassubstanz in den Feldspath hinein. Hie und da sind die Ränder der Feldspathkrystalle nicht scharf, sondern es findet ein allmählicher Übergang aus der Glas- in die Feldspathsubstanz statt. In dieser Übergangszone stellen sich die allerdeutlichsten haarförmigen Krystalle in besonders grosser Anzahl ein.

Ein ähnlicher Obsidianporphyr kommt am südlichen Ufer des Rotokakahi vor; die Feldspathausscheidungen sind darin so zahlreich, dass sie in quantitativer Hinsicht der hier lichter graulich gefärbten Obsidian-Grundmasse vollkommen das Gleichgewicht halten.

Die Felsen am Wairoa-Wasserfall, unweit vom Tarawera-See, liefern ein ausgezeichnetes Beispiel, wie verschiedenartige Modificationen des Rhyoliths mit einander in Lagen alterniren. Ein Obsidianporphyr, welcher aus einer dunkelgrauen, glasigen Grundmasse besteht, in der sehr zahlreiche Feldspathkörner, wenige Quarzkörner und scharfe, sechsseitige Glimmerblättchen liegen, wechselt mit 1—2 Zoll dicken Lagen eines Gesteines ab, welches der vollständig krystallinischen Ausbildungsweise des Rhyoliths angehört, und ein körniges Gemenge von vorwaltendem weissem Feldspath, Quarz und wenig Glimmer ist.

7. Glasartiger Rhyolith (Obsidian).

Die Tuhua-Insel (Mayor-Island) an der Ostküste der Nordinsel ist ein schon lange bekannter Fundort für Obsidian, den die Eingebornen auch mit dem Namen jener Insel „tuhua" bezeichnen. Dieser Obsidian ist von tiefschwarzer Farbe, in dünnen Splittern grünlichgrau durchscheinend und von ausgezeichnet muscheligem Bruche. Die Stücke zeigen oft eine in bunten Farben spielende, schillernde Oberfläche, alten Fensterscheiben vergleichbar; es ist diese Erscheinung bei der natürlichen Glasmasse, wie bei jenem Kunstproduct das Resultat der verwitternden Einwirkung der Atmosphärilien. Der Vorgang dabei beruht wohl ganz analog, wie beim künstlichen Glase, bei welchem er genau erforscht ist, in einer Ausscheidung der Alkalien und eines kleinen Theiles der Kieselsäure, so wie in einer Aufnahme von Wasser. Der Kieselsäuregehalt dieses Obsidians ist 74·91, also fast vollkommen mit dem des Sphärulit-Obsidians übereinstimmend; sein specifisches Gewicht beträgt 2·428, seine Masse ist demnach etwas dichter als jene.[1]

In dünnen Plättchen nimmt dieser schwarze Obsidian eine graulichgrüne Färbung an. Diese vollständig homogen erscheinende Glasmasse enthält, unter dem Mikroskop gesehen, eine eigenthümliche Art von Poren. Ihr Umriss ist sehr spitz eiförmig, in die Länge gezogen, die Aussenseite ist sehr breit und dunkel, so dass in der Mitte nur ein schmaler, hellbouteillengrüner Streifen

---

[1] Auch Murdoch hat neuseeländischen Obsidian, angeblich von der Insel-Bai, wahrscheinlich aber gleichfalls von der Tuhua-Insel, untersucht. (Philosoph. Magaz. V. XXV, p. 495) und fand: spec. Gew. = 2·386, Kieselerde 75·20.

übrig bleibt. Grosse und kleine dieser Poren bieten sich in sehr beträchtlicher Anzahl dar. Sie liegen nicht haufenweise zusammengruppirt, sondern zerstreut durch einander, aber die Längsaxen aller zeigen in auffallender Weise den strengsten Parallelismus. Es sind diese Poren Gas- oder Dampfporen, vollkommen analog den eben so gestalten Blasen, welche sich im künstlichen Glase häufig finden und deren jede schlechte Fensterscheibe eine grosse Menge besitzt; manchmal sind die Poren an dem einen Ende etwas sackförmig erweitert, an dem andern sehr lang ausgezogen. Auch in diesem natürlichen Glase kommen durch Ätzen mit wässeriger Flusssäure Krystalle zum Vorschein. Die ganze Glassubstanz ist erfüllt mit schmalen, länger oder kürzer nadelförmigen Krystallen, welche stellenweise in ihrer Lage einen Parallelismus erkennen lassen, stellenweise auf das unregelmässigste durch einander gestreut sind. An manchen Punkten wird die Glasmasse fast durch ein wirres Haufwerk dicht gesäeter Krystalle verdrängt. Je stärkere Vergrösserung man anwendet, in desto grösserer Anzahl treten die Krystalle hervor. Kleine Punkte oder Striche wie das feinste Haar, die bei 460maliger Vergrösserung erscheinen, stellen sich bei 1000 oder 1500 als Krystalle dar, und selbst bei dieser Vergrösserung erkennt man noch zahllose solcher kleiner Linien, so dass die Frage sich aufdrängt, ob bei gehöriger Einwirkung der Säure und noch stärkerer Vergrösserung überhaupt noch eine Glasmasse übrig bleibt. —

8. Schaumig aufgeblähter Rhyolith (Bimsstein).

Eine sehr weite Verbreitung in dem neuseeländischen Rhyolithgebiete haben die schaumig aufgeblähten Glaslaven, die Bimssteine; auch hier zeigt sich die Richtigkeit der von Abich gemachten und allerorts bestätigten Beobachtung, dass diejenigen Bimssteine, welche auf ein kieselsäurereiches Material zurückzuführen sind, ein faserig-haarförmiges Ansehen und niederes specifisches Gewicht besitzen, so wie unter den Alkalien das Kali in vorwiegender Menge enthalten, während solche Bimssteine, zu deren Bildung ein von überschüssiger Kieselsäure freies vulcanisches Material verwandt wurde, rundblasig, schaumig und natronreich sind. Dieser treffenden Unterscheidung entsprechend sind alle neuseeländischen Rhyolith-Bimssteine ausgebildet; sie gehören sämmtlich der ersten Gruppe an: lange, dünne und seidenglänzende Fasern von weisser Farbe umschliessen Hohlräume, welche alle nach einer vorwaltenden Richtung langgestreckt erscheinen. Spec. Gew. = 2·388. (Bestimmung von Herrn Dr. Madelung.) Von fremden Gemengtheilen sind kleine, undeutliche, glasglänzende Körner von Quarz und Feldspath nicht selten. Merkwürdig ist die überaus grosse Mächtigkeit des Bimssteingeschüttes, welche sich stellenweise auf 300 Fuss beläuft; dazu besteht es nicht wie anderwärts aus kleinen Lapilli und Brocken, sondern enthält kolossale Blöcke (vgl. S. 107).

9. Rhyolith-Sand.

Die östlichen Ufer des Taupo-Sees sind theils mit Bimsstein, theils mit einem feineren oder gröberen Sande bedeckt, in welchem sich Bruchstücke fast aller jener zahlreichen Gesteinsmodificationen finden, welche Glieder der vielgestaltigen Rhyolithfamilie sind, vermischt mit Fragmenten der Gemengtheile, welche jene charakterisiren. So finden sich in dem Sande: langfaserige, seidenglänzende Bimssteinstückchen, Bröckchen schwarzer Rhyolithgesteine, Bruchstücke von weissem oder gelbem Sanidin, grüne und schwarze Obsidianscherben, eisenschwarze Iserinkörnchen, Sand von titanhaltigem Magneteisen, kleine violette und lavendelblaue Bruchstücke von lithoidischem Rhyolith, rauchgraue, bläulichgraue und wasserklare, farbenspielende Quarzkörner mitunter Glimmerstäubchen oder Hornblendesäulchen umschliessend. Ausserdem finden sich in diesem Sande kleine, dünne längliche, um und um ausgebildete Krystalle, welche einer verlängerten quadratischen Säule anzugehören scheinen; eine genauere Betrachtung ergibt bei Vergrösserung, dass die Enden dieser Säule eine zwei- und eingliederige Ausbildung zeigen, welche derjenigen der bekannten Bavenoer Feldspath-Zwillingskrystalle vollständig gleichkommt, bei denen die Hauy'sche Fläche die gemeinsame ist; auch die Härte ist vollständig mit Feldspath übereinstimmend. Diese Zwillingsbildung nach dem Bavenoer Gesetz ist bis jetzt bei dem Sanidin noch nicht beobachtet worden; merkwürdig ist der Grössenunterschied zwischen den oft fussgrossen Zwillingen aus dem Bavenoer Granit und diesen winzigen Kryställchen, welche wahrscheinlich die Hohlräume poröser Rhyolithe, wie jene die der Granite bekleidet haben.

In den weit verbreiteten quarzführenden rhyolithischen Tuffen sind kleine Sanidinkrystalle nach dem gewöhnlicheren Karlsbader Gesetz die Regel.

Ähnliche Sande finden sich an allen Flüssen und Bächen, die am Taupo-Plateau entspringen und durch das vulcanische Tafelland fliessen, namentlich am Waikato und Waipa.

Vulcanische Nachwirkungen auf der Taupo-Zone: heisse Quellen, Solfataren und Fumarolen, oder die Ngawha's und Puia's der Eingebornen.

Denkt man sich vom Taupo-See aus zwei parallele Linien gezogen, welche dessen östliches und westliches Ufer berühren und in nordöstlicher Richtung nach der Bai des Überflusses verlaufen, so begrenzen diese beiden Linien, welche das zwischen der Kaingaroafläche und dem Patetere-Waldplateau gelegene Berg- und Hügelland einschliessen, auch den Raum, auf welchem an mehr als tausend Punkten heisse Dämpfe der Erde entströmen und alle jene Erscheinungen von siedenden Quellen, von Fumarolen, Schlammkegeln und Solfataren hervorrufen, für welche die Nordinsel von Neu-Seeland, und besonders die auf der eben bezeichneten Zone zwischen dem Taupo-See und der Ostküste gelegene „Seegegend" oder der „Seedistrict" so berühmt ist.

Den südwestlichen Endpunkt dieser grossartigsten „Quellenlinie" der Erde bildet der Tongariro-Vulcan mit seinen dampfenden Kratern und Solfataren, den nordöstlichen Endpunkt der Inselvulcan Whakari (White Island), der zweite noch dampfende Krater von Neu-Seeland. Die Entfernung zwischen beiden Vulcanen beträgt 120 nautische (30 deutsche) Meilen. Schon die Eingebornen haben ganz richtig die Ngawha's und Puia's in Zusammenhang gebracht mit den noch jetzt wirksamen Mittelpunkten vulcanischer Thätigkeit, wenn sie auch gleich ihre Vorstellungen in die Form einer abenteuerlichen Sage kleiden.[1]

---

[1] Ich gebe die eigenthümliche Sage wieder, wie ich sie aus dem Munde des Häuptlings Te Heuheu am Taupo-See gehört habe. Unter den ersten Einwanderern, welche von Hawaiki nach Neu-Seeland kamen, war auch der Häuptling Ngatiroirangi (d. h. Himmelsläufer, der am Himmel Wandernde). Er landete bei Maketu an der Ostküste der Nordinsel. Von da macht er sich mit seinem Sclaven Ngauruhoe auf den Weg, um das neue Land zu untersuchen. Er durchwandert die Gegend, stampft für dürre Thäler Wasserquellen aus der Erde, ersteigt Hügel und Berge und erblickt gegen Süden einen grossen Berg, den Tongariro (wörtlich „gegen Süden"). Diesen Berg will er besteigen, um von seinem Gipfel das ganze Land zu überschauen. Er kommt in die Binnenebenen an den See Taupo. Hier zerfetzen ihm die Büsche ein grosses Tuch aus Kiekieblättern. Die Fetzen schlagen Wurzeln, und werden zu Kowaibäumen (*Edwardsia microphylla*, eine schöne gelbblühende Akazie, die in der Taupo-Gegend ziemlich häufig). Dann ersteigt er den schneebedeckten Tongariro; oben aber ist es so kalt, dass Häuptling und Sclave in Gefahr sind, zu erfrieren. Ngatiroirangi ruft daher seinen Schwestern, die auf Whakari zurückgeblieben waren, sie sollten ihm Feuer schicken. Die Schwestern hören den Ruf und schicken von dem heiligen unauslöschbaren Feuer, das sie von Hawaiki mitgebracht hatten. Sie schicken es durch die beiden Taniwha's (unterirdisch lebende Berg- und Wassergeister) Pupu und Te Haeata unter der Erde nach dem Gipfel des Tongariro. Das Feuer kam gerade noch in rechter Zeit, um den Häuptling zu retten. Als aber dieser es seinem Sclaven bieten wollte, damit auch er sich erwärmen könne, da war Ngauruhoe schon todt.

Der vulcanische, aus Rhyolithlaven aller Art bestehende Boden der Quellenzone trägt überall die Spuren gewaltiger Störungen. Er ist von Dislocationsspalten durchzogen, die sich oft meilenweit verfolgen lassen, und zahlreiche Seebecken, unter welchen das Taupo-Becken mit einem Durchmesser von 20 englischen Meilen das bedeutendste ist, erfüllen die grösseren Einsenkungen und Einbrüche des Bodens, während andererseits isolirte Tafelberge mit steilen Bruchrändern sich erheben, wie der Horohoroberg, der Tarawaraberg und andere. Auf jenen Dislocationsspalten, die wahrscheinlich tief in das Innere noch nicht völlig erkalteter Lavamassen fortsetzen, und an den steilen Bruchrändern der Seebecken hauptsächlich brechen die heissen Wasserdämpfe zu Tage und erzeugen jene unglaubliche Menge von heissen Quellen. Man findet somit die heissen Quellen vereinzelt oder gruppenweise am Rande von Einsturzbecken, wie z. B. an den Ufern der Seen Rotorua und Rotomahana, oder reihenförmig hinter einander auf dem Grunde von Dislocationsspalten, wie längs der Pairoakette. (Vgl. auch S. 106 und 107.)

Die Erscheinungen sind denen auf Island völlig ähnlich, und wie die Isländer unter ihren warmen Quellen Hverjar, Namur und Laugar unterscheiden,[1] so machen auch die Maoris, wenngleich nicht ganz so scharf, einen Unterschied zwischen Puia, Ngawha und Waiariki.

Die Hverjar auf Island sind entweder permanente Springquellen: solche, deren siedend heisses Wasser sich in fortwährendem Aufwallen und Kochen befindet, oder intermittirende, deren Wasser nur in bestimmten Perioden ein heftiges Aufwallen wahrnehmen lässt, während dessen es die Siedhitze erreicht, die übrige Zeit aber sich im Zustande der Ruhe befindet und oft um ein bedeutendes in seiner Temperatur zurücksinkt. Zu den Hverjar gehören z. B. die berühmten Quellen von Haukadal, der grosse Geysir und der Strokkur. Diesen Hverjar genannten Quellen auf Island entsprechen die Puia's von Neu-Seeland. Mit diesem Worte nämlich, das hauptsächlich in der Taupo-Gegend gebraucht wird, bezeichnen die Eingebornen z. B. die intermittirenden, geysirähnlichen Sprudel von Tokanu am

---

Bis auf den heutigen Tag nun heisst das Loch, durch welches das Feuer im Berge aufstieg, d. h. der thätige Krater des Tongariro, nach dem Namen des Sclaven Ngauruhoe. Da aber das Feuer heiliges Feuer von Hawaiki war, so brennt es heute noch fort, und brennt auf der ganzen Strecke zwischen Whakari und dem Tongariro, bei Motou-Hora, Okakaru, Roto-ehu, Roto-iti, Rotorua, Rotomahana, Paeroa, Orakeikorako, Taupo, überall wo es aufsprühte, als die Taniwhas dasselbe unterirdisch brachten. Daher die unzähligen heissen Quellen.

[1] Vgl. W. Preyer und Dr. F. Zirkel, Reise nach Island 1862. S. 69.

Taupo-See, von Orakeikorako am Waikato und von Whakarewarewa am Rotorua-See. Einer der intermittirenden Sprudel von Whakarewarewa heisst speciell Te Puia. Daneben hat jedoch Puia auch noch die allgemeinere Bedeutung von Krater oder Vulcan und wird sowohl für thätige, wie für erloschene Feuerberge (z. B. auf dem Isthmus von Auckland) angewendet.

Zu den Namur gehören auf Island die Solfataren und Schlammkessel von Krisuvik und Reykjahlid, welche keine intermittirenden Eigenschaften, keine periodischen Eruptionen haben; es sind Schlamm- und Schwefelquellen, bei welchen ein blaugrauer Schlamm in fortwährender brodelnder Thätigkeit ist. Dem entsprechend bezeichnen die Eingebornen auf Neu-Seeland mit Ngawha nicht intermittirende Quellen, und vorzüglich die mit heissen Quellen durchzogenen Solfataren an den Seen Rotomahana, Rotorua und Rotoiti.

Laug endlich (warmes Bad) ist auf Island eine Quelle, deren Wasserspiegel stets ruhig bleibt, nie in einen wallenden, kochenden Zustand geräth, und nie die Siedhitze erreicht; solche zum Baden geeignete Quellen oder natürlich warme Bäder nennt der Maori Waiariki.

Eigentliche Schlammvulcane, wie die der caspischen Region, welche neuerdings Abich so classisch beschrieben hat, kommen auf Neu-Seeland nicht vor. Was man bisweilen so nennt, sind nur schlammige heisse Quellen oder kleine ephemere Schlammkegel, aus welchen Gasblasen aufsteigen und ein zäher Schlamm ausgestossen wird.

Bei der Beschreibung der einzelnen Quellengebiete folge ich der Quellenzone von Süd nach Nord.

1. Taupo-Gebiet.

a) Die heissen Quellen am südlichen Ufer des Taupo-Sees. Die südlichste Ecke des Taupo-Sees zwischen dem Pa Pukawa und dem Waikato-Delta ist von einer kleinen Bucht gebildet, an deren westlichem Ufer senkrechte Felswände aufsteigen, die aus horizontalen Bänken von trachytischen Gesteinen, Conglomerat und Tuff bestehen. Ein kleiner Bach, der Waihi, stürzt in einem prächtigen gegen 150 Fuss hohen Wasserfall über die Felswand. Bei diesem Wasserfall treten die Berge etwas mehr zurück vom See, und schon hier sieht man aus den Conglomeratschichten, welche den Strand bilden, heisses Wasser hervorsprudeln von 52°, 62° und 67° C. (125° bis 153° F.). Die Eingebornen haben sich, indem sie das Wasser in künstliche Basins leiten, einige Badeplätze hergerichtet, in denen das Wasser 34° C. (93°2 F.) zeigte.

Prachtvoll dunkelsmaragdgrüne Conferven überziehen die Stellen, wo das warme Wasser fliesst, und Kieselsinter, nicht Kalksinter, ist der Absatz aus demselben. Auffallender Weise ist aber mitten unter diesen alkalischen Quellen auch ein Eisensäuerling mit 69°2 C. (156°5 F.). der viel Eisenocher absetzt.

Über diesen Quellen am Bergabhange, vielleicht 500 Fuss über dem See, dampft es an unzähligen Stellen. Der ganze nördliche Abhang des Kakarameaberges scheint von heissem Wasserdampf weichgekocht und im Abrutschen begriffen zu sein. Aus allen Sprüngen und Klüften an dieser Bergseite strömt heisser Wasserdampf und kochendes Wasser mit einem fortwährenden Getöse, als wären hunderte von Dampfmaschinen im Gange. Die Eingebornen nennen diese dampfenden Bergrisse, auf welchen alles Gestein zu eisenoxydisch rothem Thon zersetzt ist, Hipaoa, d. h. die Rauchfänge, und am Fusse dieses Bergabhanges war es, wo im Jahre 1846 das Dorf Te Rapa von einem Schlammstrom bedeckt wurde und der grosse Maorihäuptling Te Heuheu seinen Tod fand. Die Bewohner des Pa Koroiti, auf der Bergterrasse beim Waihi-Fall benützen die Dampflöcher, um ihr Essen darauf zu kochen.

Das Hauptquellengebiet liegt jedoch an der Südostseite jener Bucht, bei dem Maoridorfe Tokanu, an dem Flusse gleichen Namens. Dasselbe umfasst von dem kleinen Kegelberg Maunganamu bis zur Mündung des Tokanu-Flusses einen Flächenraum von ungefähr 2 englischen Quadratmeilen. Unter den ausserordentlich zahlreichen Quellen erwähne ich nur die wichtigsten.

Die gewaltige, weithin am See sichtbare Dampfsäule, die man bei Tokanu aufsteigen sieht, gehört dem grossen Sprudel Pirori an. Pirori bedeutet Strudel, Wirbel. Aus einem tiefen Loch an der linken Uferwand des Tokanu-Flusses steigt eine siedend heisse Wassersäule von 2 Fuss Durchmesser stets unter starker Dampfentwickelung wirbelnd in die Höhe, 6—10 Fuss hoch. So sah ich den Sprudel; die Eingebornen aber sagten mir, dass das Wasser mit gewaltigem Getöse oft mehr als 40 Fuss hoch ausgeworfen werde. Wenige Schritte davon liegt ein 8 Fuss weiter und 6 Fuss tiefer mit chalcedonartigem Kieselsinter überzogener Kessel Te Korokoro otopohinga, d. h. der Rachen des topohinga, in welchem das Wasser fortwährend kocht. Weiter kommen wir an einen warmen Bach Te a ta kokoreke mit 45°C. (113°F.), der ein beliebter Badeplatz der Eingebornen ist. Auf der andern Seite des Baches liegen drei Kessel dicht neben einander.

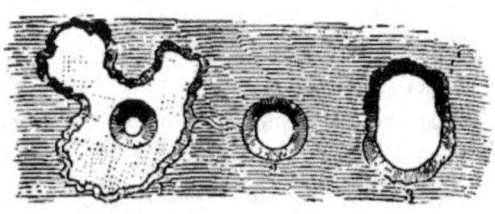

Die Puias von Tokanu am Taupo-See.

Te Puia-nui (1), d. h. der grosse Sprudel war mit klarem, nur leicht aufwallendem Wasser von 86° C. (186·8° F.) bis an den Rand erfüllt, so dass es in den zweiten Kessel (2) überströmte. In diesem 8 Fuss weiten Kessel kochte graulichweisser Schlamm, der eine Temperatur von 87° C. zeigte. Der dritte Kessel enthielt wieder klares, kochendes Wasser. Alle drei Kessel sind mit Kieselsinterkrusten ausgekleidet, und stehen in einem periodischen Wechselspiel zu einander, so dass sich der erste füllt, während im zweiten und dritten das Wasser sinkt und umgekehrt. Auch behaupteten die Eingebornen, dass der mittlere Kessel, den ich nur als einen kochenden Schlammpfuhl sah, im März und April 1848 ein immenser Geysir gewesen sei, der eine heisse Wassersäule gegen 100 Fuss hoch ausgeworfen habe, die das ganze Dorf übergoss. Auch aus anderen Wahrnehmungen geht hervor, dass in dem Quellengebiet fortwährend Veränderungen vor sich gehen, und dass die Erscheinungen bei vielen der Quellen periodisch sind.

Eine zwei bis drei Fuss dicke, mitunter völlig milchopalartige Kieselsinterdecke, unter der feiner Thonschlamm liegt, bedeckt den grösseren Theil des Quellengebietes. In kleineren Löchern, wo nur heisser Wasserdampf ausströmt, steigt das Thermometer auf 98° C. (208° F.). Die Eingebornen benützen auch hier die Dampflöcher zum Kochen, und haben besondere Hütten für den Winter, die auf warmem Boden errichtet sind. Sie nennen die heissen Quellen puia und unterscheiden papa-puia: die Quellen mit klarem Wasser, welche Kieselsinter absetzen, und uku-puia: die kochenden Schlammpfuhle und kleinen Schlammkegel. Von schwefliger Säure und von Schwefelwasserstoff konnte ich in diesem Quellengebiete nur ganz schwache Spuren entdecken.

Von dem Sprudel Te Puia nui habe ich eine Wasserprobe mitgebracht, welche in dem Laboratorium des Herrn Prof. Dr. v. Fehling in Stuttgart durch Herrn Dr. Kielmaier chemisch untersucht wurde. Das Wasser zeigte nach dem Eindampfen schwach alkalische Reaction und enthielt in 1000 Theilen:

Kieselsäure	0·210
Chlornatrium	4·263
Gesammtrückstand	4·826.

Pattison (Philosoph. Magazine 1844, pag. 495) und Mallet (ebendaselbst 1853, pag. 1853) haben Kieselsinter „von den Thermen am Taupo-See", jedoch ohne nähere Angabe des Fundortes untersucht. Ich vermuthe, dass die Proben von den Quellen bei Tokanu herstammten. Die Analysen ergaben folgendes Resultat:

	Pattison	Mallet
Kieselsäure	77·35	94·20
Thonerde	9·70	1·58
Eisenoxyd	3·72	0·17
Kalk	1·54	Spur
Chlornatrium	—	0·85
Wasser	7·66	3·06
	99·97	99·86
Specifisches Gewicht	1·968	2·031.

b) die heissen Quellen am nördlichen Ufer des Taupo-Sees. Am nördlichen Ende des Taupo-Sees und am rechten Ufer des Waikato bei seinem Ausflusse aus dem See bildet der Tauhara-Berg, ein erloschener Vulcankegel, den Mittelpunkt eines Quellengebietes, dem sehr zahlreiche und sehr mannigfaltige heisse Quellen angehören.

Am südwestlichen Fusse des Tauhara-Berges entspringt ein warmer Bach, Waipahihi genannt, der, wo er über die letzte niedere Bimssteinterrasse in den See fällt, einen dampfenden Wasserfall bildet. Das Wasser zeigte eine Temperatur von 31° C. (87°8 F.). Ein zweiter kleiner Bach unweit vom Waipahihi hatte eine Temperatur von 27°0 C. (80°6 F.) Überdies dringt beim Einflusse dieser warmen Bäche heisses Wasser an unzähligen Stellen am Strande zu Tage und verkittet durch seine Kieselsinter-Absätze den Sand und das Gerölle zu festem Sandstein, der in grossen oft 3—6 Fuss dicken Platten, Eisschollen ähnlich, das Ufer bedeckt. Ein leichter Schwefelwasserstoffgeruch macht sich überall hier bemerkbar, und wohl auf eine Meile Erstreckung dem Ufer entlang ist das Seewasser so erwärmt, dass an manchen Punkten das Thermometer auf 38° C. stieg.

Am westlichen Fusse des Berges liegen mehrere Fumarolen und Solfataren, an deren Rand sich Schwefel und Alaun absetzt. Eine derselben heisst Waikore, eine zweite, deren Dampfsäule weithin sichtbar ist, Parakiri, d. h. Hautabschäler.

Am nordöstlichen Fusse des Berges endlich liegt der Rotokawa, d. h. der Bittersee, eine Meile lang von Nord nach Süd und eine halbe Meile breit. Das Wasser hat, wie Dieffenbach erwähnt, einen starken Alaungeschmack, und am nördlichen Ende des Sees liegen Solfataren, von welchen fortwährend dicke Dampfwolken aufsteigen. Weiter nördlich soll man einige heisse Quellen im Otumaheke-Thal treffen, und etwa 5 Meilen nördlich vom Einfluss des Pueto-Flusses in den Waikato bei Ohake wird von den Eingebornen eine Solfatare Ipu kai himarāma und ein Sprudel Te Kohaki angegeben, die ich jedoch nicht selbst gesehen habe.

Am linken Ufer des Waikato, ungefähr zwei Meilen unterhalb seines Ausflusses aus dem Taupo-See, kam ich auf dem Wege von Tapuaiharuru nach Oruanui zu einem kleinen Bach mit warmem Wasser von 21° C., und am linken Ufer dieses Baches, etwas seitwärts vom Wege, sah ich eine kolossale Dampfsäule hoch in die Luft aufsteigen. Wir konnten uns nur mit grosser Vorsicht der Stelle nähern, wo der Dampf ausströmt, da ringsherum der Thalboden förmlich durchlöchert und von Rissen und Sprüngen durchzogen war. Aus diesen Rissen und Sprüngen aber dampfte es und in den kesselförmigen Löchern kochte grauer Thonbrei oder milchig trübes Wasser. Auf eine grosse Strecke hin ist hier der ganze Boden erwärmt und förmlich weichgesotten zu einer eisenschüssigen Thonmasse, auf der sich kleine Schlammkegel erheben. Die Dampf- und Schlammlöcher scheinen ihre Stellen fortwährend zu wechseln. Das in der ganzen Welt in heissen Klimaten und an heissen Quellen verbreitete *Lycopodium cernuum* hat sich an den warmen Stellen auch hier in üppiger Fülle angesiedelt. Wir kamen glücklich zur Stelle, wo

Die Dampfquelle Karapiti.

mit ungeheurer Gewalt und unter lautem Zischen und Brausen aus einem kreisrunden Loch am Fusse des Hügels der Wasserdampf ausströmt. Von anderen Gasarten ist nichts zu bemerken. Es ist hochgespannter Wasserdampf, der sich durch das lockere Bimssteingeschütte des Hügels Bahn gebrochen, und nun aus einer engen Röhre im Grunde des kreisförmigen Loches in etwas schiefer Richtung, wie aus einem Dampfkessel ausströmt, und zwar mit solcher Gewalt, dass Zweige und Farnbüschel, die wir über das Loch in den Dampfstrahl warfen, 20—30 Fuss hoch in die

Luft geschleudert wurden. Die Eingebornen nennen diese Dampfquelle Karapiti, d. h. umschlossen, kreisförmig. Ihre Dampfsäule ist es, die man schon vom östlichen Ufer des Taupo-Sees aus auf eine Entfernung von 12—15 englischen Meilen wahrnimmt.

Eine Meile weiter kamen wir in ein zweites kleines Thal mit der Richtung nach dem Waikato-Flusse. Etwas seitwärts rechts vom Wege an der rechten Thalseite stieg wieder an vielen Stellen Dampf auf. Der Boden an diesen Stellen erschien eisenschüssig roth. Ohne Zweifel ist es diese und die früher bezeichnete Localität, welche Dieffenbach im Mai 1841 auf seiner Reise von Otawhao im mittleren Waikato-Becken nach dem Taupo-See besucht und beschrieben hat,[1] doch muss sich seither Manches verändert haben, da Dieffenbach an der ersten Localität die grosse Karapiti-Fumarole gar nicht erwähnt, wohl aber, und wie es scheint an derselben Stelle, einen gewaltigen Sprudel gesehen hat, dessen Wasser 8—10 Fuss hoch ausgeworfen wurde, und über den Siedepunkt erhitzt war. Vielleicht ist aus dem Sprudel, indem sich der überspannte Wasserdampf freiere Bahnen brach, die Dampfquelle geworden, ähnlich wie der „brüllende Geysir" in Island, der früher periodische Wassereruptionen hatte, jetzt nur noch eine Dampfquelle ist.

2. Orakeikorako am Waikato.

Der Pa dieses Namens liegt am linken Ufer des Waikato auf einer Anhöhe etwa eine Tagreise nördlich vom Taupo-See. Unten stürzt sich der Fluss reissenden Laufes, Stromschnelle hinter Stromschnelle bildend, durch ein enges, tief zwischen steilansteigende Berge eingerissenes Thal; seine Wasser wirbeln und schäumen um zwei kleine mitten im Strombette liegende Felsinseln, und schiessen brausend durch die Thalenge. An den Ufern steigen weisse Dampfwolken auf von heissen Cascaden, die in den Fluss fallen, und von Kesseln voll siedenden Wassers, die von weisser Steinmasse umschlossen sind. Dort steigt eine dampfende Fontaine in die Höhe, sie sinkt wieder und jetzt erhebt sich an einer andern Stelle eine zweite Fontaine, auch diese hört auf, da fangen aber zwei zu gleicher Zeit an zu springen, eine ganz unten am Flussufer, die andere gegenüber auf einer Terrasse, und so dauert das Spiel wechselnd fort, als ob mit einem kunstvoll und grossartig angelegten Wasserwerke Versuche gemacht würden, ob die Springbrunnen auch alle gehen, die Wasserfälle auch Wasser genug haben. Ich versuchte alle die einzelnen Stellen zu zählen, wo ein kochendes Wasserbecken sichtbar war, oder wo eine Dampfwolke ein solches andeutete. Ich zählte 76 Punkte, ohne jedoch das ganze Gebiet übersehen zu können, und darunter sind viele intermittirende geysirähnliche Springquellen, welche periodische Wassereruptionen haben. Das Bild, welches ich an Ort und Stelle entwarf, und das in einer von Herrn Grefe ausgeführten Chromolithographie wiedergegeben ist, kann nur eine schwache Vorstellung von der Grossartigkeit und Eigenthümlichkeit der Erscheinungen geben, noch weniger aber vermag dies eine Beschreibung.

Das Quellengebiet erstreckt sich dem Waikato entlang, etwa eine englische Meile weit an beiden Flussufern, vom Fusse des steilen Bergkegels Whaka papa taringa südlich bis zum Fusse des waldigen Tutukauberges nördlich. Der grössere Theil der Quellen liegt am rechten Ufer, ist

---

[1] Dieffenbach, Travels u. s. w. Vol. I, pag. 327—329.

Die heissen Quellen von Orakeikorako am Waikato. Nordinsel.

aber äusserst schwer zugänglich, da man den reissenden Strom bei den Quellen selbst nicht passiren kann, sondern nur weit oberhalb oder unterhalb, und dann an den steilen mit dichtem Buschwerk bewachsenen Ufergehängen herumklettern müsste, wo man keinen Augenblick sicher wäre, in dem durch heisse Wasserdämpfe an unzähligen Punkten gänzlich erweichten Boden einzusinken in kochend heisse Schlammmassen. Ich musste mich auf eine nähere Besichtigung der am linken Flussufer dicht unter dem Dorfe liegenden Quellen beschränken.

Eine grosse 120 Schritt lange und eben so breite, aus weisslichem Kieselsinter bestehende Felsplatte, von den Eingebornen papa kohatu, der „platte Stein" genannt, die sich als schiefe Fläche vom Fusse des Tutukau-Berges bis in den Waikato hineinzieht, eine wahre „Sprudelschale", umfasst hier einige der merkwürdigsten und bedeutendsten Quellen des ganzen Gebietes, vor Allem die Puia te mimi-a-Homaiterangi.[1] Sie liegt dicht am Flussufer auf einem blasenförmig erhobenen Theil der Sprudelschale. Die Art und Weise, wie wir über die intermittirenden Eigenschaften dieses Sprudels belehrt wurden, zeigte, wie sehr Vorsicht nothwendig ist, wenn man zum ersten Male und ohne kundige Führer sich solchen Quellen nähert. Meine Reisegefährten Haast und Hay wollten nämlich am frühen Morgen sich den Genuss eines Bades im Waikato verschaffen und hatten eben ihre Kleider in der Nähe eines Bassins voll siedenden Wassers niedergelegt, als sie plötzlich neben sich heftige Detonationen vernahmen und sahen, wie das Wasser in dem Bassin mächtig aufwallte. Erschreckt sprangen sie zurück und hatten eben noch Zeit, einem Gussbade siedend heissen Wassers zu entrinnen; denn aus dem Bassin wurde jetzt unter Zischen und Brausen eine dampfende Wassersäule in schiefer Richtung gegen 20 Fuss hoch in die Höhe geworfen. Noch in grösster Aufregung erzählten mir meine Gefährten ihr Abenteuer mit dem heimtückischen Geysir; als ich aber zur Stelle kam, da war längst wieder alles ruhig, und in dem 4—5 Fuss weiten, kesselförmigen Becken sah ich krystallhelles Wasser nur leicht aufwallen. Es zeigte eine Temparatur von 94°C., reagirte völlig neutral und schmeckte wie leichte Fleischbrühe. Die erste Wassereruption, welche ich selbst beobachtete, erfolgte um 11ʰ 20ʹ Vormittags. Das Becken war kurz vor der Eruption bis zum Rande voll. Unter deutlich wahrnehmbarem murmelndem Geräusche in der Tiefe des Beckens kam das Wasser in immer heftigeres Kochen, und wurde dann plötzlich unter einem Winkel von 70° in südsüdöstlicher Richtung mit grosser Gewalt ausgeworfen, 20—30 Fuss hoch. Mit dem Wasser brachen unter zischendem Gebrause gewaltige Dampfmassen aus dem Kessel hervor, welche die Wassergarbe verhüllten; dies dauerte anderthalb Minuten, dann nahm die auswerfende Kraft ab, das Wasser sprang nur noch 1 bis 2 Fuss hoch, und nach 2 Minuten hörte unter einem dumpfen, gurgelnden Geräusch das Wasserspiel ganz auf. Als ich an das Bassin herantrat, war es leer, und ich konnte 8 Fuss tief hinabsehen in ein trichterförmig sich verengendes Loch, aus dem unter Zischen Wasserdampf entwich. Allmählich aber stieg das Wasser wieder empor, nach 10 Minuten war das Becken von Neuem voll und um 1ʰ 36ʹ Nachmittags fand die zweite Eruption statt, um 3ʰ 10ʹ die dritte, welche ich zu beobachten Gelegenheit hatte. Die Eruptionen scheinen demnach ungefähr alle 2 Stunden einzutreten. Der Absatz dieser, wie aller umliegenden Quellen, ist Kieselsinter; der frische Absatz ist gelatinartig weich, allmählich erhärtet er zu einer zerreiblichen, sandig sich anfühlenden

---

[1] Te mimi a Homaiterangi, d. h. der Urin des (Häuptlings) Homaiterangi.

Masse und endlich bildet sich aus den über einander abgelagerten Schichten ein festes Gestein von der mannigfaltigsten Beschaffenheit, Farbe und Structur an verschiedenen Stellen. Bald ist es eine strahlig-fasrige oder eine stängliche Masse von lichtbrauner Farbe, bald stahlharter Chalcedon oder grauer feuersteinartiger Hornstein; an anderen Stellen ist der Sinter weiss mit glänzendem, muscheligem Bruche wie Milchopal.

Eine zweite Puia, etwa 30 Schritte von dem Geysir entfernt, heisst Orakeikorako. Der Name soll Bezug haben auf das durchsichtige, klare, schimmernde Wasser. Es ist ein elliptisches Bassin von 8 Fuss Länge bei 6 Fuss Breite, das bis zur Hälfte gefüllt war mit krystallklarem, leicht aufwallendem Wasser.

Die Hauptquelle jedoch, welcher jene grosse Sprudelschale ihre Entstehung verdankt, liegt dicht am Fusse der ansteigenden Hügel. Es ist ein gewaltiger, beständig 2—3 Fuss hoch aufwallender Sprudel, dessen klares Wasser eine Temperatur von 98° C. zeigte. Wenn ich die von dem kochendem Wasserbecken in grossen Wolken aufsteigenden, von dem Winde auf die Seite getriebenen Dämpfe über mich hinstreichen liess, so verspürte ich deutlich Schwefelwasserstoffgeruch. Der mich begleitende Häuptling erzählte mir, dass dieser Sprudel nach dem Erdbeben von Wellington im Jahre 1848 zwei Jahre lang ein Geysir gewesen sei, der gegen 100 Fuss hoch sprang (wohl etwas Übertreibung dabei) und mit furchtbarer Gewalt selbst grosse Steine, wenn man sie hineinwarf, wieder ausschleuderte. Drei in der Nähe liegende kleinere Bassins, die früher wahrscheinlich auch selbstständige Quellen waren, werden jetzt durch den Abfluss des Sprudels gefüllt und bilden vortreffliche natürliche Badebassins. Das Wasser fliesst von einem Bassin in das andere, so dass man eine dreifache Wahl in der Temperatur hat. Im ersten Bassin fand ich 46° C., im zweiten 42° C. und im dritten 34° C. Das letztere hat bei 3—5 Fuss Tiefe gerade die Dimensionen einer grossen Badewanne, sein Boden ist von schneeweissem Kieselsinter gebildet, wie vom reinsten Marmor, und sein Wasser sah so einladend aus, dass ich mir nicht versagen konnte, hier ein Bad zu nehmen.

Diesen Quellen wird eine bedeutende Heilkraft zugeschrieben. Wir trafen einen Irländer, nach Port Napier gehörig, in Orakeikorako, der uns erzählte, dass er gichtlahm hieher gebracht worden, nach kurzem Gebrauch der Bäder aber wieder hergestellt gewesen sei.

Zu beiden Seiten des beschriebenen Sprudelgebietes flussauf- und flussabwärts liegen, im Gebüsche der Uferbänke verborgen, zahlreiche kochende Schlammtümpel, denen man sich nur mit grösster Vorsicht nahen kann, da der ganz erweichte, von keiner Sinterdecke geschützte Boden nachgibt. Den grössten dieser Schlammkessel sah ich einige hundert Schritte flussabwärts von dem besagten Sprudelgebiet. Er hat eine elliptische Gestalt, ist 14 Fuss lang, 8 Fuss breit und eben so tief. Darin kochte ein von Eisenoxyd intensiv rothgefärbter Schlamm, zähe Schlammblasen erhoben sich, platzten, einen schwefligen Gestank aushauchend, und sanken wieder zurück, ein wahrhaft infernalischer Anblick. Wehe dem, der hier einen Fehltritt thut! Der blosse Gedanke machte mich schaudern, und doch sind solch' grässliche Unglücksfälle mit Kindern nicht allein, sondern auch mit Erwachsenen hier schon öfters vorgekommen.

Am gegenüber liegenden Flussufer liegt Puia Tuhitarata. Der Abfluss dieser Quelle aus einem Kessel voll lichtblau schimmernden Wassers bildet eine dampfende Cascade über eine in Terrassen zum Fluss abfallende und in den buntesten Farben weiss, roth und gelb schillernde Sinterablagerung. Dasselbe Schauspiel wiederholt sich flussaufwärts noch fünf- bis sechsmal und dazwischen bemerkt man Punkte, wo periodische Eruptionen stattfinden, hier alle 5 Minuten, an einer anderen Stelle alle 10 Minuten.[1] Überall aber, wo man an der steil abfallenden, mit dichtem Buschwerke bewachsenen Uferterrasse nackte, rothe Stellen bemerkt, da dampft es und eben so sieht man aus einem die Uferterrasse durchschneidenden Seitenthale an unzähligen Stellen Dampf aufsteigen. Allein, wenn es unmöglich ist, hier Alles zu sehen, so ist es noch unmöglicher, Alles zu beschreiben. Orakeikorako mit seinen heissen Quellen würde ein unerschöpfliches Feld für jahrelange Beobachtungen sein.

3. Die Pairoa-Quellenspalte.

Bei Orakeikorako kreuzt die Quellenlinie den Waikato und setzt sich jenseits längs der Pairoa-Kette fort. Dem fast senkrechten, westlichen Abfall dieser Bergkette, deren Mittelpunkt eine bewaldete Kuppe, von den Eingebornen Pairoa genannt, bildet, entspricht eine grosse Dislocations-Spalte in dem vulcanischen Tafellande. Diese in eine unbekannte Tiefe fortsetzende Pairoaspalte macht sich in höchst merkwürdiger Weise durch die vielen heissen Quellen bemerkbar, die auf ihr liegen. Längs der ganzen Pairoa-Kette dampft es nämlich an unzähligen Punkten unten am Fusse der Steilwand, an den Gehängen, und selbst noch oben auf den Höhen; bei warmer trockener Luft sind die Dampfwolken weniger bemerkbar, allein die rothen, aller Vegetation baren Flecke an den Berggehängen verrathen jederzeit schon aus grosser Entfernung die Stellen, wo heisser Wasserdampf und andere Gase entströmen, und bald heisse Quellen, bald kochende Schlammpfuhle, oder Fumarolen und Solfataren erzeugen. Die Bruchlinie lässt sich auf eine Erstreckung von 15 englischen Meilen in der Richtung Nord 24° Ost verfolgen.

Gerade unter der sich steil erhebenden Bergwand der Pairoa-Kuppe liegt zwischen dichtem Manukagebüsche ein furchtbarer, gegen 30 Fuss durchmessender Kessel, in welchem bläulichgrauer Thonbrei kocht. Neben diesem Schlammkessel im Buschwerk versteckt erhob sich ein flacher etwa 10 Fuss hoher Schlammkegel mit einem förmlichen Krater in der Mitte. Eine grosse Dampfwolke, die, von einer leichten Detonation begleitet plötzlich dem Krater entwich, machte uns aufmerksam. Wir näherten uns, mit Stöcken den Boden gut sondirend, dem Schlammkrater, und sahen ein tiefes trichterförmiges Loch, in welchem ein dicker kochender Thonbrei immer höher und höher aufstieg und in grossen allmählich anschwellenden, dann platzenden Blasen sich hob. Wir zogen uns, als der Brei schon nahe zum Rande kam, zurück, und konnten nun eine zweite Schlammeruption beobachten, bei der wieder unter Zischen Wasserdampf entwich, während der zähe Schlamm sich über den Rand des Kessels ergoss. Solche ephemere Schlammkegel, die nicht als eigentliche Schlammvulcane zu betrachten sind, liegen noch viele am Pairoa-Abhang; sie ziehen sich an dem in den buntesten Farben, roth, weiss und gelb spielenden dampfenden Abhang bis auf die Höhe des Gebirges, wo man in einer kesselförmigen Vertiefung eine mächtige Dampfsäule aufsteigen sieht, die, wie mir die Eingebornen sagten, einem grossen Sprudel Te Kopiha angehört. Ich bin der Ansicht, dass dieser ganze Bergtheil bis hinauf zum te Kopiha-Sprudel, der von den heissen Dämpfen durch und durch zersetzt zu sein scheint, bei einer plötzlichen Katastrophe einmal abrutschen und die Ratoreka-Fläche mit einem heissen Schlammstrom bedecken wird.

---

[1] Die Eingebornen haben für die meisten dieser Quellen besondere Namen, wie Te wai-whokata, Rakau-takuma, Whangairorohea, Ohaki, Te wai-angahoe, Te Poho, Wai-mahana.

Herr Prof. Dr. A. Schrötter hatte die Güte, zwei Proben von Absätzen der Pairoa-Quellen im Laboratorium des k. k. polytechnischen Institutes untersuchen zu lassen.

a. Die eine Probe, analysirt von Herrn A. Fellner, bestand aus einer erdigen schmutzigweissen Substanz, wie sie sich an dem kochenden Schlammpfuhl ablagert.

b. Die zweite, von Herrn W. Seiller analysirt, war fester Kieselsinter von licht gelblichbrauner Farbe.

Die Untersuchung ergab:

	a.	*b.*
Kieselsäure	85·26	97·08
Kalk	0·84	—
Magnesia	0·28	—
Eisenoxyd } Thonerde }	4·10	{ 1·03 { 1·75
Schwefelsäure	0·57	—
Wasser	8·71	—
	99·76	99·86.

Etwas weiter nördlich am Fusse der Pairoa-Kette kommt man an einen kleinen Bach, Waikite, an dessen beiden Ufern wieder zahlreiche heisse Quellen liegen.

Die Waikite-Quellen sind wahre Kochbrunnen. In brunnenartigen kreisrunden 6, 8 oder 10 Fuss weiten und eben so tiefen Löchern kocht unten theils klares, theils milchig trübes Wasser, in manchen auch nur Schlamm. Keiner der Brunnen ist bis zum Rande voll, auch haben sich nirgends Kieselsinterkrusten gebildet. Diese Eigenthümlichkeit macht es möglich, dass die Vegetation an der inneren Seite der Löcher oft 4 Fuss tief hinabreicht. Was hier wächst, wächst in einer jahraus jahrein gleichmässig warmen Dampfatmosphäre. Es waren üppig wuchernde Farnkräuter, aber Formen, welche ich sonst noch nirgends auf Neu-Seeland beobachtet hatte. Ich war daher sehr begierig, dieselben zu sammeln, wiewohl dies nicht ganz gefahrlos war. Mein Entzücken über die schönen Farnkräuter war vollständig gerechtfertigt; denn es ergab sich, dass es von Neu-Seeland bisher nicht bekannt gewesene Arten: *Nephrolepis tuberosa* und *Nephrodium molle* waren, die sonst nur in tropischen Gegenden vorkommen, und nun merkwürdiger Weise hier im Innern der Insel ganz isolirt an einer Stelle vorkommen, wo durch heisse Quellen die Feuchtigkeits- und Temperaturverhältnisse der heissen Zone gegeben sind. Die Sporen dieser Farnkräuter aber müssen durch Luftströmungen aus dem tropischen Australien oder Amerika, oder von den tropischen Inseln der Südsee hieher transportirt worden sein.

Wohl gegen 20 einzelne Kochbrunnen und heisse Quellen lassen sich zu beiden Seiten des Waikite-Baches zählen, ihr Abfluss fliesst in den Bach, der in Folge dessen eine bedeutend erhöhte Temperatur zeigt.

4. Das Quellengebiet des Rotomahana.

(Vgl. hiezu die Karte des Sees Taf. 5, und die landschaftliche Ansicht Taf. 9. Nr. V.)

Der Rotomahana oder warme See ist einer der kleinsten Seen der Seegegend, kaum mehr als eine halbe englische Meile lang von Süd nach Nord, und eine Viertelmeile breit. Er liegt nach meiner Messung 1088 Fuss über dem Meere. Seine Gestalt ist sehr unregelmässig. An der breiteren Südseite ist das Ufer von sumpfigen Niederungen gebildet, durch welche drei kleine kalte Bäche (der Haumi von Südwest, der Hangapoua von Südost, der mittlere Bach ohne Namen) zufliessen. An vielen Punkten dringt in diesen Sümpfen warmes Wasser hervor, auch kleine heisse Schlammtümpel bemerkt man da und dort, und von den vorspringenden Punkten ziehen sich schlammige, mit Sumpfgräsern bewachsene Untiefen fast bis in die Mitte des Sees. An seinem nördlichen Ende verengt sich der See, und wo der Kaiwakabach abfliesst, hat man zu beiden Seiten wieder nichts als Sumpfwiesen und Untiefen. Nur in der Mitte ist der See tiefer und werden die Ufer östlich und westlich höher und felsig. Den Namen „warmer See" führt er mit vollem Recht. Die Menge heissen Wassers, welches an den Ufern und auf dem Boden des Sees der Erde entströmt, ist so gross, dass der ganze See erwärmt ist. Versucht man es aber die Temperatur des Wassers zu bestimmen, so findet man bald, dass diese an verschiedenen Punkten sehr verschieden ist. Wo aufsteigende Gasblasen andeuten, dass eine warme Quelle entspringt, wird man das Thermometer oft auf 30° bis 40° C. steigen sehen. In der Nähe des Einflusses jener kalten Bäche, deren Wasser nur eine Temperatur von 9—10° C. zeigte, findet man nur 15—20° C., in der Mitte des Sees aber und nahe dem Ausflusse 26° C. Dies kann man als die mittlere Temperatur des Sees betrachten. Wenn man badet, und ein Stück weit durch den See schwimmt, so fühlt man recht gut den fortwährenden Wechsel der Temperatur, muss sich aber dabei wohl in Acht nehmen, damit man den heissen Quellen nicht allzunahe kommt. Das Wasser ist schlammig trübe und von schmutzig grüner Farbe, und weder Fische, noch Muscheln oder Schnecken leben darin. Dagegen ist der See ein Lieblingsaufenthalt zahlloser Wasser- und Sumpfvögel; Enten von verschiedener Art, Wasserhühner, das prächtige Sultanshuhn, der Pukeko *(Porphyrio melanotus)* und der zierliche Austernfischer Torea *(Haematopus picatus)* beleben die Wasserfläche. Diese Vögel haben an den warmen Ufern ihre Brutplätze, während sie ihre Nahrung in den benachbarten kalten Seen finden.

Ich glaube nicht, dass der erste Eindruck, den der kleine, schmutzig grüne See mit seinen sumpfigen Ufern und den öde und traurig aussehenden, baumlosen, nur mit Farngestrüpp bewachsenen Hügeln, die ihn umgeben, macht, irgend den Erwartungen eines Reisenden, der so viel von den Wundern dieses Sees gehört hat, entspricht. Wenigstens ist es uns so ergangen. Der See entbehrt jeglicher landschaftlichen Schönheit. Das, was ihn zum merkwürdigsten aller Neu-Seeland-Seen, ja man darf sagen, zu einem der merkwürdigsten Punkte der ganzen Welt macht, muss ganz von der Nähe betrachtet werden und liegt für das Auge des Ankommenden zumeist versteckt. Nur die überall aufsteigenden Dampfwolken lassen ahnen, dass es hier wirklich etwas zu sehen gibt.

Das Hauptinteresse knüpft sich an das östliche Ufer. Da liegen die bedeutendsten der Quellen, welchen der See seinen Ruf verdankt, und die zum Grossartigsten gehören, was man überhaupt an heissen Quellen kennt.[1]

Oben an steht Te tarata am nordöstlichen Ende des Sees.[2]

---

[1] Ich beschreibe die Hauptquellen in der Reihenfolge von Nord nach Süd, nach dem Wege am östlichen Ufer des Sees, welchen der Reisende bei einem kurzen Besuche des Sees gewöhnlich einschlagen wird.

[2] „te tarata" soll so viel heissen, als der „tätowirte Fels" hätte also den Namen von den eigenthümlichen Formen und Figuren, welche die Kieselsinterablagerungen der Terrassen bilden. tarata ist aber auch der Name eines Baumes, *Pittosporum crassifolium*.

Dieser gewaltige kochende Sprudel mit seinen weit in den See hineinreichenden Sinterterrassen ist das Wunderbarste unter den Wundern des Rotomahana. Etwa 80 Fuss hoch über dem See an einem farnbewachsenen Hügelabhang, an welchem an zahlreichen durch Eisenoxyd gerötheten Stellen heisse Wasserdämpfe entweichen, liegt in einem kraterförmigen, nach der Seeseite gegen West offenen Kessel, von steilen, 30—40 Fuss hohen, rothen, thonig zersetzten Wänden umgeben, das grosse Hauptbassin des Sprudels. Ich schätze dasselbe 80 Fuss lang und 60 Fuss breit. Es ist bis an den Rand gefüllt mit vollkommen klarem, durchsichtigem Wasser, das in dem schneeweiss übersinterten Becken wunderschön blau erscheint, türkisblau, oder wie das Blau mancher Edelopale. Am Rande des Bassins fand ich eine Temperatur des Wassers von 84° C. (183° F.), in der Mitte aber, wo das Wasser anschwillt und fortwährend mehrere Fuss hoch aufwallt, wird es Siedhitze haben. Ungeheure Dampfwolken, die das schöne Blau des Beckens reflectiren, wirbeln auf und verhindern meist den Anblick der ganzen Wasserfläche; das Geräusch des Aufwallens und Siedens kann man stets deutlich vernehmen. Akutina (August), der Eingeborne, der mir als Führer diente, sagte, dass bisweilen plötzlich die ganze Wassermasse mit ungeheurer Gewalt ausgeworfen werde, und dass man dann gegen dreissig Fuss tief in das leere Bassin blicken könne, dass sich dasselbe aber sehr schnell wieder fülle. Nur bei heftigem, anhaltendem Ostwinde sollen solche Eruptionen vorkommen. Die Bestätigung dieser Angabe wäre von grossem Interesse. Wenn dem so ist, so ist die Tetarata-Quelle ein in langen Perioden spielender Geysir, dessen Eruptionen an Grossartigkeit vielleicht den berühmten Ausbrüchen des grossen Geysirs auf Island gleichkommen. Das Tetarata-Becken ist grösser als das Geysir-Becken,[1] die ausgeworfene Wassermasse muss daher eine ungeheure sein.

Das Wasser reagirt neutral, hat einen schwach salzigen, aber keineswegs unangenehmen Geschmack, besitzt aber in hohem Grade die Eigenschaft zu versteinern, oder richtiger zu übersintern und zu inkrustiren. Der Absatz ist, wie bei den isländischen Quellen Kieselsinter oder Kieseltuff und der Abfluss des Sprudels hat am Abhange des Hügels ein System von Kieselsinterterrassen gebildet, die weiss, wie aus Marmor gehauen, einen Anblick gewähren, den keine Beschreibung und kein Bild wieder zu geben vermag. Es ist, als ob ein über Stufen stürzende Wasserfall plötzlich in Stein verwandelt worden wäre. Die Vorstellung, welche ein Bild geben kann, entspricht kaum der Grossartigkeit und Eigenthümlichkeit der Erscheinung in der Natur. Man muss diese Treppen hinaufgestiegen sein, und die Einzelheiten der Structur beobachtet haben, um den vollen Eindruck von dem wunderbaren Bau[2] zu erhalten.

Der flach ausgebreitete Fuss reicht weit in den Rotomohana hinein. Darauf beginnen die Terrassen mit niederen Absätzen, welche seichte Wasserbassins tragen. Je höher nach oben, desto höher werden die Terrassen. Sie sind von einer Anzahl halbrunder Stufen oder Becken gebildet, von welchen sich jedoch nicht zwei in ganz gleicher Höhe befinden. Jede dieser Stufen hat einen kleinen, erhabenen Rand, von welchem zarte Tropfsteinbildungen auf die tie-

---

[1] Das Becken des grossen Gaysirs hat 58 Fuss im Durchmesser, und besitzt eine Tiefe von 6—7 Fuss. Von der Mitte des Bodens setzt eine cylindrische schachtähnliche Röhre, die oben 12 Fuss weit ist, nach unten aber sich verengt 75½ Fuss in die Tiefe. Bei den Eruptionen, die im Allgemeinen alle 24 Stunden stattfinden, wird die Wassersäule oft 100 Fuss hoch und darüber ausgeworfen.

[2] Die Sinterablagerungen bedecken ungefähr eine Oberfläche von drei engl. acres Land.

fere Stufe herabhängen, und eine bald schmälere, bald breitere Plattform, die ein im schönsten Blau schimmerndes Wasserbecken umschliesst. Diese Wasserbecken bilden eben so viele natürliche Badebassins, die der raffinirteste Luxus nicht prächtiger und bequemer hätte herstellen können. Man kann sich die Bassins seicht und tief, gross und klein auswählen, wie man will, und von

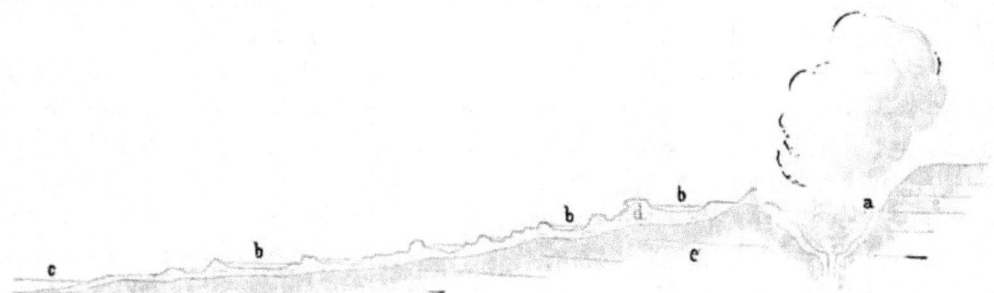

Durchschnitt durch das Bassin und die Sinterterrassen der Tetarata-Quelle.
a. Hauptbassin; b. Bassins auf den Terrassen; c. Spiegel des Rotomahana; d. Kieselsinter; e. Grundgebirge aus zersetztem Rhyolith bestehend.

jeder beliebigen Temperatur. Indem sich das Wasser, von oben nach unten über die Terrassen fliessend, allmählich abkühlt, sind die unteren Bassins nur lauwarm, während sie auf den höheren Stufen wärmer werden. Einige der Becken sind so gross und tief, dass man bequem darin herumschwimmen kann.

Zur Bildung der Terrassen, wie wir sie heute sehen, waren wohl Jahrhunderte nothwendig. Forbes hat aus der Dicke der Kieseltuffablagerungen am grossen Geysir auf Island, die er zu 762 Zoll annimmt, und aus der Beobachtung, dass ein Gegenstand, welchen man 24 Stunden lang dem Ablaufe des Sinterwassers aussetzt, sich mit einer papierdünnen Kieselhaut bedeckt, das ungefähre Alter des grossen Geysirs auf 1036 Jahre berechnet. Ähnliche Berechnungen liessen sich, wenn man die Dicke der Kieselablagerungen untersuchen würde, auch bei der Te Tarataquelle anstellen und würden wohl ein ähnlich hohes Alter ergeben.

Indem man die Stufen hinansteigt, muss man natürlich in dem lauwarmen Wasser waten, das neben den tieferen Becken auf der Plattform der Stufen sich ausbreitet, selten aber über die Knöchel reicht. Man darf sich jedoch nicht dampfende Cascaden von Stufe zu Stufe denken. Nur ausnahmsweise bei heftigeren Wassereruptionen aus dem Hauptbassin mag dies der Fall sein, für gewöhnlich rieselt nur wenig Wasser in einzelnen Rinnen über die Terrassen, und nur der Hauptabfluss an der Südseite der Terrassenbildung bildet einen heissen Bach mit dampfenden Wasserfällen. Hat man die höchste Terrasse erreicht, so befindet man sich auf einer breiten Plattform, in die mehrere 5—6 Fuss tiefe, prächtige Badebassins eingesenkt sind, deren Wasser eine Temperatur von 30°, 40° und 50° C. hat. In der Mitte dieser Plattform erhebt sich inselartig dicht am Rande des Hauptbassins, ungefähr 12 Fuss hoch, eine mit Manukagebüsche *(Leptospermum)*, mit Moosen, Lycopodien und Farnen überwachsene Felsinsel, die man ohne Gefahr ersteigen kann, und von der aus man in das blaue, kochende und dampfende Hauptbassin blickt.

Solcher Art ist der berühmte Tetarata-Sprudel. Das reine Weiss der Sinterbildungen im Gegensatze zum Blau des Wassers, zum Grün der umgebenden Vegetation und zu dem intensiven Roth der nackten Erdwände des Wasserkraters, die aufwirbelnden Dampfwolken, Alles das zusammen gibt ein Bild, das einzig in seiner Art ist. Der Sammler aber hat reichliche Gelegenheit, ganze Körbe mit schönen Exemplaren von den zartesten Tropfsteinbildungen, von incrustirten Zweigen, Blättern und dergleichen anzufüllen; denn Alles, was auf den Terrassen liegt, wird in kurzer Zeit incrustirt; es wäre hier ein grossartiges Feld für Sinteroplastik, wie man in Karlsbad einen jüngst entstandenen Industriezweig nennt, der die incrustirenden Eigenschaften des kohlensauren Kalk absetzenden Sprudels zur Darstellung von allerlei niedlichen Gegenständen, deren Formen dem Wasser ausgesetzt werden, benützt.

Vom Fuss der Tetarata-Quelle führt durch das Buschwerk am Hügelabhang hin ein Pfad nach dem grossen Ngahapu-Sprudel.[1] Er liegt von dichtem Gebüsch umschlossen nahe am Uferrand, ungefähr 10 Fuss über dem See; die riesige Dampfsäule, die stets von ihm aufsteigt, verräth ihn schon aus der Entfernung. Das Becken ist oval, 40 Fuss lang, 30 Fuss breit, das Wasser in demselben klar und durchsichtig, aber fast immer in furchtbarer Aufregung; nur kurze Momente, wenige Secunden lang, ist es ruhig in dem Kessel, dann wallt es wieder auf, bald mehr auf dieser bald mehr auf jener Seite, es schäumt weiss auf, das Wasser wird 8—10 Fuss in die Höhe geworfen, und eine furchtbare Brandung von kochend heissen Wellen stürmt mit Gebrause an die Bassinwände, so dass man scheu zurücktritt. Aber der erhöhte Rand von Kieselsinter verhindert den Erguss des Wassers über die das Becken umgebende Sprudelschale. Der Abfluss ist von den Eingebornen mit Sinterplatten ausgelegt und nach mehreren künstlich angelegten Badebassins geleitet. Das Thermometer stieg in den heissen Wellen auf 98° C. Das Wasser hatte eine schwach röthende Wirkung auf blaues Lackmuspapier. Der Kieselsinter, den der Sprudel absetzt, hat eine schmutzig braune Farbe, und rückwärts an der Hügelseite, wo es aus Rissen und Spalten hervordampft, bemerkt man auch Schwefelkrusten.

Der kleine Ngahapu, ein Becken, in welchem schlammig trübes Wasser aufwallt, liegt höher oben am Hügel, ist aber schwer zugänglich.

Zunächst dem grossen Ngahapu-Sprudel liegt weiter südlich dicht am Ufer der Sprudel Te Takapo, ein übersinterter Kessel, 10 Fuss lang und 8 Fuss breit, mit klarem, leicht aufkochendem Wasser von 96° C.; bisweilen soll dieser Sprudel 30—40 Fuss hoch springen. Zahlreiche kleinere Quellen, brodelnde Schlammtümpel und röhrenförmige, schwach übersinterte Löcher, in welchen das Thermometer auf 98° C. steigt, finden sich dem ganzen Ufer entlang von der Tetarata-Quelle bis zum Tetakapo, sie führen keine besonderen Namen.

Beim Tetakapo liegen einige verlassene Hütten, und wenige Schritte weiter kommt man an ein Thal oder eine Schlucht Waikanapanapa, d. h. das schillernde Wasser genannt, die sich in nordöstlicher Richtung eine kleine Viertelmeile weit fortzieht, und in deren Hintergrund der „grüne See" Rotopunamu liegt. Der Zugang zur Schlucht ist mit Gebüsch verwachsen und etwas schwierig, auch ist Vorsicht erforderlich, da man manche verdächtige Stelle passiren muss, wo Gefahr ist in heissen Schlamm zu versinken. In der Schlucht selbst sieht es aus, wie in einem thätigen Krater. Die nackten vegetationsleeren Wände sind furchtbar zerrissen und zerklüftet. Abenteuerliche, jeden Augenblick dem Einsturz drohende Felszacken ragen aus rothem, weissem und blauem Fumarolenthon gespenstisch in die Höhe, offenbar die letzten Reste des von den heissen Dämpfen, die an allen Ecken und Enden hervorströmen, noch nicht völlig zersetzten Grund-

---

[1] Manche Eingeborne sagen Ohapu; o und nga werden oft mit einander vertauscht.

gebirges; den Boden der Schlucht bildet feiner Schlamm, und dicke zerborstene und zerbrochene Sinterplatten liegen herum, wie Eisschollen nach einem Eisgang. Hier ist ein Höllenpfuhl voll brodelnden Schlammes, dort ein tiefer Kessel voll siedenden Wassers, daneben ein furchtbares Loch, aus dem zischend heisser Dampf herausfährt, und weiterhin sieht man kleine Schlammkegel von 2, 3, 4 und 5 Fuss Höhe, Schlammvulcane, die aus ihren Kratern mit dumpfem Geräusch heissen Schlamm auswerfen, und im Kleinen das Spiel grosser Feuervulcane nachahmen. Ganz im Hintergrund aber, vielleicht hundert Fuss über dem Spiegel des Rotomahana, liegt der „grüne See". Es war ein schmutzig grünes Wasserbecken, 40 Fuss im Durchmesser. Das Wasser reagirte sauer und zeigte eine Temperatur von 16°5 C. Das Becken war umgeben von einer flachen, zum Theil zerbrochenen Sinterschale, und schien mir einem abgestorbenen Sprudel anzugehören.

Schlammkegel.

Südlich am Ausgange der Schlucht liegt malerisch zwischen Felsen und Gebüsch, etwa 40 Fuss über dem Rotomahana, der Sprudel Ruakiwi (d. h. Kiwiloch), ein Kessel 16 Fuss lang und 12 Fuss breit, mit klarem Wasser von 98°C., das fortwährend leicht aufkocht. Die Sprudelschale, jedoch ohne die Schönheit der Tetarata-Terrassen, zieht sich herab bis zum See, an dessen Ufer ein kleinerer Sprudel Te Kapiti liegt.

Vom Waikanapana-Thal an den beiden Inseln Pukura und Puai gegenüber werden die Ufer des Sees steil und felsig, heisse Quellen sprudeln am Ufer unter dem Spiegel des Sees, und am Hügelabhang zerstreut liegen die Hütten des verlassenen Settlements Ngawhana (oder Ohana). Die Eingebornen haben hier, wohl hauptsächlich für Badezwecke, förmliche Wasserleitungen angelegt, aus Sinterplatten viereckige Bassins hergestellt und durch ausgelegte Rinnen mit den höher oben am Hügelabhang liegenden Quellen verbunden. Die flachen Kieselsinterplatten, die über heisse Stellen gelegt sind, sollen zum Trocknen und Dörren von Tawabeeren (von *Laurus tawa*) gedient haben. Dem Ngawhana-Gebiete gehören mehrere heisse Quellen an, die alle mehr oder weniger Theil haben an den Kieselsinter-Ablagerungen, welche den Abhang des Hügels bedecken.

Ngawhana selbst ist ein ruhiges heisses Wasserbecken ohne besondere Eigenthümlichkeiten; höher oben, etwa 100 Fuss über dem Rotomahana, liegt der Koingo („der Seufzende"),[1] ein intermittirender Sprudel, dessen Wasserergüsse drei bis viermal im Tage erfolgen und mit denen des benachbarten Whatapoho wechseln sollen. Das Becken des Sprudels, 9 Fuss lang und 5 Fuss breit, ist von einer dicken Sinterkruste umgeben. Als ich an den Rand des Beckens trat, war das Wasser ruhig und nur schwach dampfend. Es stand so nieder, dass in den von den Eingebornen angelegten Rinnen kein Abfluss stattfand. Jedoch mit einem Male begann es lebendig zu werden, das Wasser stieg, bald war das ganze Becken bis an den Rand erfüllt und kochte endlich in einer 3—4 Fuss hoch aufsprudelnden Wassermasse über. Dies dauerte ungefähr zehn Minuten, dann starb der Sprudel wieder ab, ein dumpfes Geräusch, wie wenn sich das Wasser durch eine enge Röhre zurückziehen würde, wurde hörbar, und das Wasser im Becken stand wieder nieder und war ruhig wie zuvor. Es hatte in diesem Zustand eine Temperatur von 94° C.

---

[1] So genannt von dem seufzerähnlichen Ton, den man hört, wenn sich das Wasser in den Kessel zurückzieht.

Wenige Schritte seitwärts liegt ein gegen 16 Fuss tiefer, nach unten sich trichterförmig verengender Sprudelkessel, der vor Jahren ein intermittirender Geysir gewesen sein soll, zur Zeit meines Besuches aber ganz leer war. Unweit davon ist der Whatapoho, einer der merkwürdigsten Punkte am See, halb Sprudel, halb Solfatare, halb Fumarole oder eigentlich alles zusammen. Aus einem tiefen, schachtähnlichen Loche zwischen morschen, aschgrau aussehenden Felszacken strömt, wie aus einem Dampfkessel, mit unheimlichem Gebrause heisser Wasserdampf und schwefligsaures Gas hervor. Man kann, da es zu gefährlich ist, sich ganz zu nähern, nicht in die Tiefe des Schachtes blicken, sieht aber doch, wie die Dampfsäule auch Wasser mit herausschleudert. Die Vegetation ist ringsum erstorben. Schwefelkrusten und Kieselsinter bedecken den Boden, und die Spalten des Gesteines. Bisweilen soll der Whatapoho eine siedende Wassersäule hoch auswerfen.

Die angeführten Quellen sind nur die Hauptquellen an der Ostseite des Rotomahana; sie liegen alle am Abhange eines gegen 200 Fuss über den See sich erhebenden, mit Farn und Manuka-Gebüsch bewachsenen Hügels, an dem es noch an mehr als hundert anderen Stellen dampft, und dessen Gestein durch die heissen Dämpfe ganz und gar zersetzt ist zu einer bald mehr bald weniger eisenschüssigen Thonmasse, welche die ursprüngliche Gesteinsbeschaffenheit nicht mehr erkennen lässt. Indess lässt sich aus der weiteren Umgebung mit Sicherheit schliessen, dass es rhyolithische Gesteine sind, welche von den heissen Quellen und Dämpfen bearbeitet und zersetzt werden.

Südlich von dem dampfenden Hügel werden die Ufer niedrig. Hier an der Südostseite des Sees liegt die Quelle Whakachu (d. h. Wasser in Bewegung) und an sie schliesst sich eine ganze Reihe kleiner, kochender Quellen an, die theils mit klarem, theils mit schlammigem Wasser aus dem Sande und Schlamme des Ufers hervorsprudeln. In diesen Niederungen liegen auch drei kleine lagunenartige Seen: Rangipakaru, Te Rua hoata[1] und Wairake, und rückwärts erhebt sich ein isolirter Hügel Te Rangi pakaru (d. h. gebrochener Himmel), an dessen Westseite aus einer kraterähnlichen Einsenkung eine mächtige, viel Schwefel absetzende Solfatare hervordampft. Die Südseite des Sees hat keine nennenswerthe grössere Quelle.

Am westlichen Ufer bildet der grosse Terrassensprudel Otukapuarangi[2] das Gegenstück zum Tetarata-Sprudel. Die Stufen reichen bis zum See und man steigt wie auf einer künstlichen Marmortreppe, die zu beiden Seiten mit Manuka-, Manuwai- und Tumingi-Gebüschen geschmückt ist, in die Höhe. Die Terrassen sind zwar nicht so grossartig, wie die Tetarata-Terrassen, dagegen zierlicher und feiner in ihrer Bildung. Dazu verleiht ein sanftes Rosaroth, mit dem das wunderbare Gebilde wie leicht angehaucht ist, dem Ganzen besondere Schönheit. Die Plattform liegt etwa 60 Fuss über dem See und ist 100 Schritte lang und breit. Sie trägt zierliche 3—5 Fuss tiefe Bassins voll durchsichtigen, himmelblau scheinenden Wassers mit 30—40° C. Im Hintergrund aber, von halb nackten, in verschiedenen Farben roth, weiss, gelb spielenden Wänden umgeben, liegt wie in einem Krater das grosse Quellbecken, 40—50 Fuss im Durchmesser und wahrscheinlich sehr tief. Es ist ein ruhiger, blau scheinender, nur dampfender, aber nicht aufkochender Wasserspiegel.

---

[1] Das Loch des Hoata; hoata ist der Name eines der Taniwhas, welche das heilige Feuer nach dem Tongariro brachten.

[2] Otukapuarangi heisst wolkige Atmosphäre, der Name von den stets aufsteigenden Dampfwolken, Taylor schreibt Tutupuarangi.

Das Wasser hat eine Temperatur von 80° C., und die aufsteigenden Dämpfe riechen nach schwefeliger Säure. Rings um das Bassin bemerkt man auch einen gelben Schwefelanflug und an den Seitenwänden des Wasserkraters hat sich der Schwefel stellenweise in dicken Krusten abgelagert. Am grossartigsten zeigt sich die Solfatarenthätigkeit am nördlichen Fusse der Terrassen in der Te Whaka-Taratara[1] genannten Solfatare. Es ist dies ein kraterähnlicher, gegen den See offener Kessel voll heissen, gelblichweissen und schlammigen Wassers, das stark sauer reagirt, ein wahrer Schwefelsee, von dem sich ein heisser schlammiger Strom in den See ergiesst. In den Klüften der den Schwefelsee einschliessenden Wände findet man prachtvolle Schwefelkrystalle abgesetzt.

Etwas entfernter vom See, in einem kleinen Seitenthale liegt der Sprudel Atetubi, und in den sumpfigen Niederungen am Nordwestende des Sees der Te Waiti-Sprudel. Auch am Ausflusse des Rotomahana in den Tarawera-See, zu beiden Seiten des Kaiwaka-Flusses, bemerkt man noch zahlreiche Ngawhas, die bedeutend genug sind, um von den Eingebornen besonders benannt zu werden, wie te akamanuka, te mamaku, te poroporo, ta mariwi, makrowa, te karaka u. s. w., die ich jedoch nicht näher untersuchen konnte.

Dagegen habe ich noch Einiges über die beiden Inseln im See zu erwähnen, auf welchen ich mit meinen Leuten während meines Aufenthaltes am See vom 28.—30. April 1859 wöhnte.

Puai ist eine Felsklippe im See, unweit vom östlichen Ufer, 12 Fuss hoch, 250 Fuss lang, und 100 Fuss breit. Manuka-Gebüsche, Gräser und Farnkräuter wachsen auf derselben, und für zeitweilige Besucher des Sees sind kleine Raupo-Hütten errichtet, in welchen auch wir uns einrichteten, so gut es ging. Ich glaube aber, wer nicht wüsste, dass hier schon Andere vor ihm wochenlang gewohnt haben, der würde, wenn er den Platz näher untersuchte, sich nur schwer entschliessen, auf dieser Felsklippe auch nur eine Nacht zuzubringen. Es ist kaum anders, als ob man in einem thätigen Krater wohnen würde. Rings um sich hört man fortwährend ein Sausen und Brausen, Zischen und Kochen und der ganze Boden ist warm. In der ersten Nacht fuhr ich erschreckt auf, weil es in der Hütte auf dem Boden, wo ich lag, trotz einer dicken Unterlage von Farnkraut und trotz der wollenen Decken, die mein Lager bildeten, nach und nach von unten her so warm wurde, dass ich es nicht mehr ertragen konnte. Ich untersuchte die Temperatur. Ich stiess mit einem Stock ein Loch in den weichen Thonboden und steckte das Thermometer hinein, es stieg augenblicklich auf Siedhitze. Als ich es aber wieder herauszog, da strömte heisser Wasserdampf zischend hervor, so dass ich das Loch eiligst wieder verstopfte. In der That die Insel ist nichts anderes, als ein zerrissener zerklüfteter und durch heisse Dämpfe und Gase zersetzter lockerer Fels, der, förmlich weichgekocht in dem warmen See, jeden Augenblick zu zerfallen droht. Ringsherum sprudelt theils über, theils unter dem Wasserspiegel heisses Wasser hervor, an der Südseite liegt ein kochender Schlammtümpel, Kieselsinterblöcke, die herumliegen, deuten auf grosse heisse Quellen in früherer Zeit und noch jetzt strömt an unzähligen Stellen heisser Wasserdampf hervor, den wir nach Anleitung der Eingebornen zum Kochen benützten. Wo man nur ein wenig in die Erde grub oder die vorhandenen Felsspalten von den Krusten, welche sich darin gebildet hatten, reinigte, da war der Ofen fertig, auf dem man über ausgebrei-

---

[1] Der Name bezieht sich auf das zerbrochene, zerklüftete Ansehen der Klippen.

teten Farnkräutern die Kartoffeln und das Fleisch in natürlichem Dampfe kochen konnte. An einigen Stellen sind die Felsspalten mit Schwefelkrusten überzogen, und ein starker Geruch nach schwefeliger Säure macht sich bemerkbar, an anderen Stellen fand ich unter Kieselsinterplatten faserigen Alaun abgelagert. Durch einen 40 Fuss breiten Canal von Puai getrennt, liegt östlich die Insel Pukura (d. h. rother Klumpen). Sie ist von derselben Beschaffenheit wie Puai, nur etwas kleiner im Umfang, aber einige Fuss höher und hat gleichfalls etliche Hütten.

Im Ganzen kann man am Rotomahana etwa 25 grössere Ngawhas zählen; die Anzahl der kleineren Quellen, welche auf dem etwa zwei englische Quadratmeilen einnehmenden Gebiete an unzähligen Punkten zu Tage treten, wage ich nicht einmal zu schätzen. Da diese grossartigen Thermen nach den Erfahrungen der Eingebornen bei chronischen Hautkrankheiten und rheumatischen Leiden sich sehr heilkräftig erwiesen haben, so steht zu erwarten, dass der merkwürdige See in späteren Jahren, wenn die europäische Bevölkerung sich über die Nordinsel ausgebreitet haben wird, zu einem wichtigen Bade- und Curort werden wird.

Chemische Untersuchung des Wassers und des Absatzes einiger heisser Quellen an den Ufern des Rotomahana.

Herr Professor Dr. v. Fehling in Stuttgart hatte die Güte, Analysen einiger von mir mitgebrachten Wasserproben und Quellenabsätze in seinem Laboratorium unter seiner Aufsicht ausführen zu lassen.

1. Wasserproben.

Nr. 1. Tetarata-Quelle, 84° C. Das Wasser reagirte nach dem Abdampfen vollständig neutral. Analyse von Herrn Melchior.

Nr. 2. Ruakiwi-Sprudel, Temperatur 98° C. Das Wasser nach dem Abdampfen vollständig neutral reagirend. Analyse von Herrn Melchior.

Nr. 3. Roto-punamu, Temperatur 16·5° C. Das Wasser nach dem Eindampfen neutral reagirend. Analyse von Herrn Dr. Kielmaier.

In 1000 Theilen Wasser von diesen Localitäten war enthalten:

In Nr.	1.	2.	3.
Kieselsäure	0·164	0·168	0·231
Chlornatrium	2·504	1·992	1·192
Gesammtrückstand	2·732	2·462	1·726

Bei der geringen Quantität des für die Analyse zu Gebot stehenden Wassers (je eine Flasche) konnten nur Kieselsäure, dann Chlor, das als Chlornatrium berechnet wurde, und der Gesammtgehalt an nicht flüchtigen Bestandtheilen quantitativ bestimmt werden. Qualitativ liessen sich noch Magnesia, Kalk, Schwefelsäure und Spuren von organischen Substanzen nachweisen. Dagegen reichte die Menge des zur Untersuchung verwendeten Wassers nicht hin, um Kohlensäure, Phosphorsäure, Salpetersäure, Kali, Eisen und Ammoniak nachzuweisen.

Zur Vergleichung mögen die Resultate der Analysen des Wassers vom grossen Geysir in Island dienen; in 1000 Theilen ist enthalten nach der

I. Analyse von F. Sandberger.

II. Analyse von Damour:

	I.	II.
Kieselsäure	0·5097	0·5190
Kohlensaures Natron	0·1939	0·2567
Kohlensaures Ammoniak	0·0083	—
Schwefelsaures Natron	0·1070	0·1342
Schwefelsaures Kali	0·0475	0·0180
Schwefelsaure Magnesia	0·0042	0·0091
Chlornatrium	0·2521	0·2379
Schwefelnatrium	0·0088	0·0088
Kohlensäure	0·0557	0·0468

Auffallend ist die geringe Menge von Kieselsäure in den Wasserproben der neuseeländischen Quellen, so dass ich vermuthe, dass ein Theil der Kieselsäure sich beim Erkalten des Wassers schon in der Flasche abgeschieden hatte.

2. Analysen von Kieselsinter, als Absatz verschiedener heisser Quellen an den Ufern des Rotomahana.

Nr. 1. Absatz der Tetarata-Quelle; *a)* noch nicht erhärtet, spec. Gew. = 2·005; *b)* erhärteter Kieselsinter; spec. Gew. = 2·046.
„ 2. Absatz des grossen Ngahapu-Sprudels, erhärteter Kieselsinter.
„ 3. Absatz des Whatapoho-Sprudels, fester Kieselsinter.
„ 4. Absatz der Otukapuarangi-Quelle, fester Kieselsinter.

Die Analysen wurden von Herrn Mayer ausgeführt und ergaben:

	1. a.	1. b.	2.	3.	4.
Kieselsäure	86·03	84·78	79·34	88·02	86·80
Wasser u. org. Subst.	11·52	12·86	14·50	7·99	11·61
Eisenoxyd	} 1·21	1·27	1·34	} 2·99	} Spur
Thonerde			3·87		
Kalk	0·45		0·27	} 0·64	0·36
Magnesia	0·40	1·09	0·26		} Spuren
Alkalien	0·38		0·42	0·40	

Der dem Rotomahana zunächst gelegene See Rotomakariri — der kalte See — hat, wie schon der Name andeutet, keine heissen Quellen. Dagegen zeigen seine Ufer höchst merkwürdige kreisförmige Buchten, welche mich an die kreisförmigen Tuffkraterbecken bei Auckland erinnerten. (Siehe die Ansicht auf Taf. 9, Nr. VI.) Leider fehlte mir die Zeit zu einer näheren Untersuchung dieser auffallenden Erscheinung, und es ist nur eine Vermuthung, die ich ausspreche, dass jene kreisförmigen Buchten vielleicht heissen Quellen oder Schlammvulcanen ihren Ursprung verdanken, welche jetzt nicht mehr wirksam sind. Hat man ja doch am Rotomahana Anzeichen genug, dass die Erscheinungen stets wechselnde sind und die Quellen ihren Ort von Zeit zu Zeit wechseln.

Wie der niedere Rücken zwischen dem Rotomahana und Rotomakariri ganz durchwärmt ist von heissem Wasserdampf, der an vielen Punkten auch wirklich ausströmt, so ist dies auch bei einem südwestlich vom Rotomahana liegenden Bergrücken der Fall, den man von den Ufern des Sees sieht. Die Eingebornen nennen ihn Maunga Kakaramea. Man bemerkt an dem mit Farnkraut und Buschwerk bewachsenen Abhange zahlreiche offene Stellen, an denen rothgefärbter Boden herausschaut, und an allen diesen Stellen vom Fusse bis zum Gipfel des Berges entweichen die Wasserdämpfe, so dass der Berg oft ganz in Dampf gehüllt ist, als ob es ein Vulcan wäre.

5. Die warmen Bäder und Springquellen am Rotorua.

Roto-rua heisst „Loch-See" oder so viel als ein See, der in einer runden Vertiefung liegt. Er hat, die südlichste, Te ariki roa genannte Seitenbucht abgerechnet, fast eine kreisförmige Gestalt mit einem Durchmesser von ungefähr 6 englischen Meilen und einen Umfang von 20 Meilen. Fast genau in der Mitte des Sees liegt die Insel Mokoia, ein etwa 400 Fuss über

Ansicht des Rotorua.

Berg Ngongotaha.   Ohinemutu.   Te Ngae-Wald.
   Heisse Quellen von Whakarewarewa.   Insel Mokoia.

den Spiegel des Sees sich erhebender Felskegel mit einem Pa. Die Kreisform des Sees, die Insel in der Mitte, die an den Ufern da und dort aufsteigenden weissen Dampfwolken, Alles das könnte leicht verleiten, den Rotorua für einen ehemaligen Vulcankrater zu halten, während in der That der See, eben so wie alle übrigen Seen des Seedistrictes durch Einsenkung des Bodens in dem vulcanischen Plateau entstanden ist. Der Rotorua ist indess nur von geringer Tiefe, vielleicht nirgends über 5 Faden tief, er hat viele seichte Sandbänke und auch die Ufer, mit Ausnahme der Nordseite, sind sandig und flach. Er liegt 1043 Fuss über dem Meere und in gleicher Höhe mit dem Tarawera-See. An der Südwestseite erhebt sich der bewaldete Ngongotaha-Berg zu

2282 Fuss Meereshöhe. Dies ist der höchste Punkt in dem den See umgebenden Hügel- und Plateaulande. An der Nordseite bildet der Ohanbach den Abfluss des Sees nach dem Rotoiti und verbindet so beide nur durch eine niedere und schmale Landenge getrennte Seen.

Die Hauptniederlassung am See, der alte Maori-Pa Ohinemutu, ist in Neu-Seeland weit und breit berühmt durch seine heissen Quellen und vortrefflichen Bäder (Waiariki). Den Mittelpunkt des Quellengebietes bildet die Ruapeka-Bucht. Da siedet, sprudelt und dampft es aus hunderten von Löchern in der mannigfaltigsten Form und Gestalt.

Die Hauptquelle ist der grosse Waikite-Sprudel am südlichen Ende jener Bucht. Das Sprudelbecken steht mit dem See in Verbindung, und den immensen Wasserquantitäten, welche dieser Sprudel zu Tage fördert, muss die Erwärmung der ganzen Bucht zugeschrieben werden. Diese ist daher ein beliebter Badeplatz, und man kann sich, indem man sich dem Sprudel mehr oder weniger nähert, jeden beliebigen Wärmegrad aussuchen. Das Wasser des Sprudels ist vollkommen klar. Kurze Augenblicke ist es ganz ruhig in dem grossen Becken, und nur weisse Dampfwolken steigen auf, dann aber wallt es wieder mächtig auf, 4—6 Fuss hoch, bisweilen sogar 10 und 12 Fuss hoch. Der kleine Waikite-Sprudel liegt wenige Schritte über dem grossen am Lande. Es ist ein Kessel, 4—5 Fuss weit, in welchem das Wasser ungefähr alle 5 Minuten heftig mehrere Fuss hoch aufwallt, und dann in den Ruhepausen 6—7 Fuss hinabsinkt. Die Temperatur fand ich zu 93° C. Man muss, indem man auf diesem Quellengebiete zwischen zahllosen Tümpeln mit kochendem Schlamm oder Wasser herumgeht, äusserst vorsichtig sein, um nicht einen falschen Tritt zu thun und in heissen Schlamm einzusinken. Wer einmal ein solch unfreiwilliges Fussbad in siedendem Wasser oder kochendem Schlamm genommen, wird sein ganzes Leben daran zu denken haben. Dass selbst grössere Unglücksfälle nicht zu den Seltenheiten gehören, beweisen einzelne Denkmale in Form von aus Holz geschnitzten Figuren, die an solchen Stellen aufgestellt sind, wo Menschen verunglückten.

Von der Ruapeka-Bucht ziehen sich die heissen Quellen in südwestlicher Richtung am Fusse des Pukeroa hin, dem Utuhinabach entlang bis zu der kleinen Niederlassung Tarewa. In dieser Richtung liegen weiter zwei kleine, von heissen Quellen gespeiste, warme Teiche Kuirau und Timara, beide sehr beliebte Badeplätze der Eingebornen. Auch an der Süd- und Ostseite des Pukeroa dampft es an verschiedenen Punkten. Kolossale Kieselsinterblöcke von 2—3 Fuss Dicke, aus einer Masse bestehend, die dem Milchopal am nächsten kommt, liegen am Abhange und am Fusse des Hügels zerstreut, und deuten darauf hin, dass die Quellenthätigkeit in früheren Perioden, namentlich an der Ostseite des Hügels noch weit ausgedehnter war als jetzt, oder dass der Platz der Quellen wechselt. Die Eingebornen haben besondere Badequellen, besondere Quellen zum Kochen und andere, in denen sie ihre Wäsche waschen. An Stellen, wo dem Boden nur heisse Dämpfe entströmen, haben sie Dunstbäder eingerichtet, auf den erwärmten Sinterplatten der Sprudelschalen Hütten für den Winter gebaut, und als besonderer Vorzug wird gerühmt, dass sich in diesen natürlichen Warmhäusern kein Ungeziefer aufhalte. Die ganze Atmosphäre in und um Ohinemutu ist stets mit Wasserdämpfen und schwefeligen Gasen erfüllt. Dies scheint aber den Bewohnern nur zuträglich zu sein; denn diese sind bekannt als ein besonders kräftiger Maorischlag.

Ein zweites durch seine intermittirenden Springquellen ausgezeichnetes Quellengebiet liegt an der Südseite des Sees bei Whakarewarowa, etwa drei englische Meilen südöstlich von

Ohinemutu. Da das unbedeutende Settlement etwas abseits vom directen Wege von Ohinemutu nach dem Tarawera-See liegt, so wird es gewöhnlich von den Besuchern der Seegegend übergangen; aber gerade hier liegt das grossartigste Quellengebiet der Rotorua-Gegend.

Waikite, intermittirende Springquelle zu Whakarewarewa am Rotorua-See.

Die Hauptquellen befinden sich auf dem rechten Ufer des Puarenga-Baches; 7 oder 8 derselben haben periodische Wassereruptionen, sind also geysirähnliche Springquellen, die jedoch ihre eigenen, noch nicht erforschten Launen haben und den Besuchern nicht gerade immer den Gefallen thun, ihr schönes Kunststück zu zeigen. Bisweilen soll es vorkommen, dass alle zusammen spielen, und die Eingebornen behaupten, dies sei meist bei heftigen Oststürmen der Fall. Ich selbst war nicht so glücklich, ein solch' grossartiges Schauspiel mit anzusehen, sondern musste mich begnügen, eine kleine Eruption des Waikite zu beobachten. Die Mündung des Springers liegt auf der Spitze eines von der Quelle selbst aufgebauten flachen Sinterkegels von etwa 100 Fuss Durchmesser und 15 Fuss Höhe, der zwischen grünem Manuka- und Farngebüsche liegend einen ausserordentlich malerischen Anblick gewährt. Der Kegel besteht aus weissem Kieselsinter, hat aber viele Risse und Löcher, die alle mit zierlichen Schwefelkrystallen incrustirt sind; die heissen Dämpfe, die aus diesen Löchern ausströmen, riechen indess weder nach schwefliger Säure, noch nach Schwefelwasserstoff, sondern nur nach Schwefel. In Pausen von 8 Minuten ungefähr wirft der Waikite eine 2—3 Fuss dicke Wassersäule 6—8 Fuss hoch aus. Im Jänner und Februar aber, sagte mir Mr. Spencer, soll er sich in seiner ganzen Glorie zeigen, und 30—35 Fuss hoch springen.

Etwas südöstlich vom Waikite liegt der Pohutu-Sprudel. Sein Kessel ist oben 12 Fuss weit. Die Kieselsintermassen, die ihn umgeben, sind sehr ausgedehnt und mehr als 20 Fuss hoch aufgethürmt, von Spalten durchzogen, zerborsten und zerbrochen. Der Schwefelabsatz ist hier noch bedeutender als am Waikite. Parikohuru und Paratiatia heissen die Quellen, aus welchen sich die grossen Badebassins von 50 und mehr Fuss Durchmesser füllen, in welchen die Eingebornen, Weiber und Männer unter einander, alle gemüthlich ihre Pfeifen rauchend und sich unterhaltend, stundenlange Bäder nehmen. Das heisse Quellengebiet erstreckt sich von Whakarewarewa dem Laufe des Puarenga-Flusses entlang 1½ Meilen weit bis zur Tearikiroa-Bucht am Rotorua-See.

Pohutu, Solfatare und intermittirender Sprudel zu Whakarewarewa am See Rotorua.

Die Anzahl der kleineren Sprudel, der kochenden Schlammkessel, der Schlammkegel und Solfataren, die auf diesem ausgedehnten Gebiete liegen, muss nach Hunderten gezählt werden, und nur zwei Punkte will ich noch besonders erwähnen. Bei der Halbinsel Motatara an der Westseite der Arikiroa-Bai liegt dicht neben einem 14 Fuss langen und 6 Fuss breiten Bassin, Oruawhata von den Eingebornen genannt, voll heissen Wassers von 84° C., das neutral reagirt, ein 80 Fuss langes und 14 Fuss breites kaltes (12° C.) Wasserbecken, dessen gelblichweisses, durch Schwefelsäure angesäuertes Wasser sehr stark sauer reagirt. Auch die Arikiroa-Bucht hat sauer reagirendes gelblichweisses Wasser und zahlreiche Schwefelkrusten, deren Gelb auf dem weissen Sandstrande des Ufers weithin sichtbar ist; ein starker Schwefelwasserstoffgeruch verräth schon aus der Entfernung die Solfatarenthätigkeit an den Ufern und wahrscheinlich auch auf dem Boden dieser Bucht.

Alle diese Erscheinungen hören jedoch, nachdem man den Einfluss des Puarenga-Baches passirt hat, auf, und längs der flachen Ostküste des Sees bis te Ngae finden sich keine weiteren heissen Quellen.

6. Die Solfataren am Rotoiti.

Diese Solfataren bilden eine eigenthümliche Gruppe für sich. Wie scheussliche Eiterbeulen auf einem Körper, so liegen sie — tiefer oder weniger tief eingefressene Löcher von gelbweissen Krusten umgeben und einen stinkenden Geruch verbreitend — im grünen Farnland am südlichen und südwestlichen Ufer des Sees.

Den Anfang macht, wenn man vom Rotorua herkommt, Tikitere: ein ganzes Thal voll Solfataren, brodelnden Schlammtümpeln und heissen Quellen. In der Mitte liegt ein Wasserbecken 50—60 Fuss durchmessend, Huritini genannt, mit vielen kleinen Seitenbuchten. An allen Ecken und Enden siedet, kocht und sprudelt es, mitunter steigt das Wasser in der Mitte 12 bis 15 Fuss in die Höhe. Das Wasser ist trübe und schlammig. Ringsum bilden durch Kieselsinter verkitteter Bimssteinsand, Schwefelkrusten und schwarzer Schlamm ein sehr verdächtiges Erdreich, dass man nur mit grösster Vorsicht betreten darf. Schwefelwasserstoff hier und schweflige Säure dort erfüllen die Luft und dicke Dampfwolken wirbeln auf von dem unheimlichen Orte.

Nördlich von Tikitere liegen die Solfataren Karapo. Te Korokoro, Te Waikari, und Te Tarata, dann Harakeke ngunguru, Tihipapa und Papakiore, endlich Ruahine.

Die Solfatatare Ruahine am See Rotoiti.

Ruahine (von rua Loch und hine Weib) hat das Ansehen eines thätigen Kraters. Der kraterähnliche Kessel liegt an einer nach dem Rotoiti-See abdachenden Hügelseite; auf seinem Boden brodelt schwarzer Schlamm, der von den aufsteigenden und platzenden Dampfblasen mehrere Fuss hoch in die Luft gespritzt wird. Die Dampfsäule, die hier aufsteigt, bezeichnen die Eingebornen als Te Whata kai a Punakirangi, d. h. als den Ort, wo das Essen für Punakirangi aufgehängt ist. Gelbe Massen von Schwefelblumen kleben an den vielfarbigen Thonschichten. Ein schwarzes schlammiges Wasser fliesst aus dem Schlammkessel ab. Das Thal vor dem Kessel aber ist bedeckt von Schwefel- und Sinterkrusten, auf denen es aus mehr als 100 kleinen Löchern dampft. Man muss auch hier wieder äusserst vorsichtig sein, um nicht in kochenden Schlamm durchzubrechen. Die Löcher, wo reiner Wasserdampf ausströmt, benützen die Eingebornen zum Kochen.

Wie mir die Eingebornen mittheilten, sollen weiter in nordöstlicher Richtung einzelne heisse Quellen auch noch am Rotoehu und auf der Insel Motu Hora (Whale Island) vorkommen. Der Insel-Vulcan Whakari (White Island) mit seinen Solfataren und Sprudeln bildet in dieser Richtung eben so den Endpunkt, wie in südwestlicher Richtung der Tongariro-Vulcan.

Die heissen oder warmen Quellen, welche ausserhalb der Taupo-Quellenzone liegen, wie die Quellen am Waiho unweit Matamata, am Fusse des Aroha-Berges, dann bei Makomako unweit der Waiho-Mündung (Frith of Thames), endlich an der Westküste zwischen dem Aotea- und Kawhia-Hafen sind im Vergleich zu den beschriebenen Quellengebieten ganz unbedeutende Vorkommnisse.

Erst ganz im Norden der Nordinsel in der Nähe der Bay of Islands auf der vulcanischen Zone der Inselbai liegt wieder ein etwas bedeutenderes Gebiet von heissen Quellen, das schon früher (S. 12) erwähnt wurde.

Hier sei auch bemerkt, dass nach einer mündlichen Mittheilung Bischof Selwyn's in Auckland auf der Insel Wanualaba in der Banksgruppe zahlreiche heisse Quellen vorkommen, die, so viel der Herr Selwyn beim Vorüberfahren an der Küste bemerken konnte, die meiste Ähnlichkeit mit dem Sprudeln am Rotomahana und Rotorua haben sollen. Forster schon hat auch von der benachbarten Insel Tanna unter den Neu-Hebriden heisse Quellen erwähnt.

Überblicken wir jetzt, nachdem ich die wichtigsten Gebiete heisser Quellen in ihren einzelnen Erscheinungen beschrieben habe, das ganze grossartige Phänomen noch einmal, so ergibt sich, was zunächst die gegenseitige Lage der hauptsächlichsten Quellengebiete betrifft, Folgendes. Diese Quellengebiete lassen sich auf drei Linien beziehen, welche mit einander parallellaufen und nach N 36° O streichen. Die Hauptquellenlinie verbindet die beiden Vulcane Tongariro und Whakari. Auf dieser Linie liegen die Quellengebiete am Süd- und Nordende des Taupo-Sees, der aus unzähligen Rissen dampfende Kakaramea-Berg und die Sprudel des Rotomahana. Die zweite Linie ist bezeichnet durch die Pairoa-Quellenspalte, zu der auch das Gebiet von Orakeikorako gehört; der dritten Linie gehören die Quellengebiete am Rotorua und Rotoiti an, so wie die südwestlich von diesen Seen am Waikato gelegenen Quellen von Waimahana (so viel wie warmes Wasser), die ich jedoch nur nach den Angaben der Eingebornen auf der Karte verzeichnet habe.

In chemischer und physicalischer Beziehung zeigen die neuseeländischen Quellen fast vollständige Übereinstimmung mit den analogen Erscheinungen auf Island.

Die schönen Resultate, welche die Untersuchungen von Krugg von Nidda, Sartorius von Waltershausen, Bunsen und Anderen in Island ergeben haben, lassen sich zum grössten Theil auch auf Neu-Seeland anwenden. Sowohl die chemischen wie die mechanischen Vorgänge sind bei den heissen Quellen beider, so entfernt von einander gelegenen Gegenden durchaus ähnlich.

Nach den mechanischen Vorgängen lassen sich intermittirende Quellen oder solche, welche in bestimmten Perioden ein heftigeres Kochen und Aufwallen, das sich bis zu förmlichen, geysirartigen Wassereruptionen steigert, zeigen, von permanenten Quellen unterscheiden, deren Wasserspiegel stets ruhig ist oder in gleichförmigem Kochen sich befindet. Die Isländer, wie die Neu-Seeländer haben, wie ich bereits angegeben habe, für diese beiden Arten von Quellen auch besondere Namen. Dieser Unterscheidung entspricht aber weiter auch der chemische Unterschied von alkalischen und sauren Quellen.

Beide Arten von Quellen verdanken ihren Ursprung dem (atmosphärischen) Wasser, das von der Oberfläche des Bodens auf Spalten in die Tiefe der Erde dringt und hier mit noch nicht erkalteten, vulcanischen Gesteinsmassen in Berührung kommt. Es wird durch die vulcanische Hitze in Dampf verwandelt und steigt als solcher mit anderen Gasen, mit Salzsäure, schwefeliger Säure, Schwefelwasserstoff und Kohlensäure, die nach den Beobachtungen an thätigen Vulcanen den unterirdischen Herden der vulcanischen Thätigkeit entströmen, wieder an die kältere Oberfläche zurück, wo sich der Dampf von Neuem zu Wasser condensirt. Der überhitzte Dampf oder das unter einem erhöhten Drucke über den normalen Kochpunkt erhitzte Wasser übt aber in Verbindung mit jenen Gasen einen zersetzenden Einfluss auf die Gesteine des Bodens, mit denen es in Berührung tritt, löst gewisse Bestandtheile auf und setzt sie an der Oberfläche bei der Verdampfung wieder ab.

Nach Bunsen's scharfsinnigen Beobachtungen findet dabei eine chronologische Reihenfolge in der Mitwirkung jener Gase statt. Zuerst tritt schwefelige Säure auf. Sie muss sich da bilden, wo aufsteigende Schwefeldämpfe glühenden Gesteinen begegnen. Wo eine fortdauernde Entwickelung von schwefeligsauren Dämpfen stattfindet, da bilden sich saure Quellen. Es gehören hieher die mit heissen Quellen durchzogenen Solfataren, bei denen sich die schwefelige Säure schon durch den Geruch zu erkennen gibt. Saure Flüssigkeiten durchtränken den von Wasserdämpfen durchwühlten Boden und verwandeln dessen Gesteine in weichen Thonbrei, indem sie den Silicaten Kalkerde, Magnesia, Natron, Kali, Eisenoxydul und oft auch einen Theil der Thonerde als schwefelsaure Salze entziehen. Es bildet sich Gyps, Alaun (Federalaun), Eisenvitriol und Eisenkies an den Rändern der Quellen und zurückbleibt ein mehr oder weniger eisenschüssiger Thon, der Fumarolenthon, — das Material der Schlammpfuhle und der kleinen Schlammvulcane, wenn ich diesen Namen anwenden darf. Wenn dieser mehr oder weniger von Kieselsäure durchdrungene Thonbrei an Punkten, wo die Quellenthätigkeit allmählich aufgehört hat, erhärtet, so entstehen thonig-mergelige Gesteine, oft von gelblicher, meist aber von weisser, mitunter schneeweisser Farbe und opalartigem Glanze, die zum Theil stark an der Zunge kleben und alle Ähnlichkeit mit Kollyrit oder Shepard's Glossecolit haben. Ich besitze von verschiedenen Fundorten der oben beschriebenen Quellengebiete Handstücke, die man, wenn man will, mit demselben Rechte unter jenen Namen als besondere Mineralspecies aufführen könnte, wie das Vorkommen von Bergersreuth am Fichtelgebirge oder von Dade County in Georgia. Auch in den ungarischen Trachytgebieten sind ganz analoge Gebilde sehr häufig und deuten auf frühere heisse Quellen hin.

Zu der schwefeligen Säure gesellt sich aber, durch Einwirkung des Wasserdampfes auf die in den Gesteinen entstandenen Schwefelverbindungen des Eisens und vielleicht auch der Erd- und Alkalimetalle, Schwefelwasserstoff. Beide können neben einander nicht bestehen. Durch die gegenseitige Zersetzung des Schwefelwasserstoffes und der schwefeligen Säure, und durch die Einwirkung feuchter, atmosphärischer Luft auf den Schwefelwasserstoff bei erhöhter Temperatur wird der Schwefel erzeugt, der bei allen Solfataren den charakteristischen Niederschlag bildet, während der Absatz von Kieselsinter noch ganz fehlt oder nur unbedeutend ist, und ein Geruch von Schwefelwasserstoff sich nur selten bemerkbar macht. Periodisch ausbrechende Sprudel sind diesen sauren Quellen nicht eigen. Die Rotoiti-Solfataren sind das ausgezeichnetste Beispiel für Quellen dieser Art.

Mit der Zeit versiegt die Quelle der schwefeligen Säure und der Schwefelwasserstoff wirkt allein. Die saure Reaction des Bodens verschwindet und macht einer alkalischen Platz, indem auf Kosten des Schwefelwasserstoffes Schwefelalkalien gebildet werden. Zugleich beginnt die Einwirkung der freien Kohlensäure auf die Gesteine und mit den daraus entstehenden doppelt kohlensauren Alkalien ist das Lösungsmittel für die Kieselsäure gegeben, welche bei dem Verdunsten des Wassers abgeschieden wird und die Sprudelschalen bildet, deren Bau den mechanischen Vorgang der Periodicität bedingt.

Nach der älteren Mackenzie'schen Theorie, welche jedenfalls die regelmässige Periodicität der Wassereruptionen vollkommen klar macht, dachte man sich den Springapparat in der Form von unterirdischen Hohlräumen, aus welchen das Wasser durch die sich darüber sammelnden Dämpfe nach dem Principe des Heronsballs von Zeit zu Zeit emporgepresst wird. Nach der neueren Bunsen'schen Theorie genügt zur Erklärung der Ausbrüche eine tiefe, schlotförmige Röhre, in deren unterem Theile plötzlich grössere Dampfmassen sich bilden, welche die darüber liegende Wassersäule auswerfen. Der Mechanismus der Geysire beruht also auf den mit erenischen[1] Bildungen ausgekleideten Gangspalten und Klüften.

Der Absatz von Kieselsinter in genügender Menge, um den Springapparat, ob derselbe nun so oder so zu denken ist, zu bilden, kommt nur bei den alkalischen Quellen vor. Ihr Wasser ist entweder völlig neutral oder reagirt schwach alkalisch. Kieselsäure, Kochsalz, kohlensaure und schwefelsaure Alkalien bilden seine Hauptbestandtheile. Statt schwefeliger Säure macht sich bei diesen Quellen mitunter Schwefelwasserstoff bemerkbar.

Erfolgt das Aufsteigen der Gase und Dämpfe auf offenen Canälen so rasch und gewaltsam, dass der abkühlenden und in Folge dessen condensirenden Wirkung der höheren Region keine Zeit gelassen ist, so sind die Bedingungen für Dampfquellen, wie Karapiti gegeben; die geysirartigen Eruptions-Paroxismen aber, wie sie z. B. bei der Tetarata-Quelle in seltenen Fällen vorkommen sollen, müsste man aus einem plötzlichen übergrossen und gewaltsamen Zuströmen von Dämpfen erklären.

Die Gesteine, aus welchen die kieselsäurereichen heissen Quellen von Neu-Seeland ihre Kieselsäure nehmen, sind quarzreiche, rhyolithische Gesteine mit einem Gehalt an Kieselsäure von 70 und mehr Procent, während man in Island bekanntlich den mehr basischen Palagonit und palagonitische Tuffe mit 50 Procent Kieselsäure als das Material betrachtet, welches von den heissen Wassern bearbeitet und ausgelaugt wird.

Mit der allmählichen Erkaltung der vulcanischen Schichten unter der Erdoberfläche im Laufe der Jahrhunderte werden auch die heissen Quellen allmählich erkalten.

2. Das Gebiet des Taranaki-Berges oder Mount Egmont.
(Siehe die Ansicht auf Taf. 10, Nr. VIII.)

Taranaki ist der Name eines mächtigen Stammes der Maori, der den südwestlichen Theil der Nordinsel sein eigen nennt, und zugleich der Name des majestätischen Bergkegels, der sich, wie ein riesiges, mehr als hundert Meilen weit in die See hinaus sichtbares Wahrzeichen für den Seefahrer, am Eingange der Cooks-Strasse erhebt, 8270 englische Fuss hoch. Die Engländer haben den Berg Mount Egmont genannt und 1841 an seinem nördlichen Fusse am Meeresufer eine Colonie

---

[1] Hausmann bezeichnet mit diesem Worte die durch Mineralquellenthätigkeit hervorgebrachten Incrustationen auf Gangspalten.

gegründet: New Plymouth, jetzt die Hauptstadt der Provinz Taranaki. Der fruchtbare vulcanische Boden, die prachtvolle Scenerie der Landschaft und das vortreffliche Klima haben diesem Theil der Nordinsel die Bezeichnung „Garten von Neu-Seeland" verschafft.

Der Taranaki-Berg ist einer der regelmässigsten und schönsten Kegelberge, die man kennt. Schon seine Gestalt charakterisirt ihn als einen Vulcan, der aber längst erloschen, jetzt an seiner höchsten Spitze den grössten Theil des Jahres über mit Schnee bedeckt ist. Der Kegel selbst ist kahl; er erhebt sich aber auf einem weit ausgedehnten, aus vulcanischen Conglomeraten und Tuffen bestehenden, mit den üppigsten, holzreichsten Urwäldern bedeckten Plateau, das sich flach gegen die Küste senkt und hier mit einem mehr oder weniger hohen Steilrand in das Meer abfällt.

Die Ansicht, welche auf Tafel 10, Nr. VIII, nach einer Skizze von Ch. Heaphy ausgeführt wurde, ist vom Otumatua Point aus an der Küste südsüdwestlich vom Gipfel aufgenommen. In nordwestlicher Richtung zieht sich vom Fusse des Kegels eine aus vulcanischen Gesteinen bestehende Bergkette, Pouakai

Sugarloaf Islands (die Zuckerhut-Inseln), Trachyt-Breccie.
Paratutu 503′   Mahanga 190′   Motu Roa 266′

oder Middle Range genannt, mit Gipfeln von 4620 Fuss Mereshöhe. Als äusserste Ausläufer dieser Bergkette kann man die Sugarloaf- (Zuckerhut-) Inseln, Nga Motu der Eingebornen, bei New Plymouth betrachten.

Mir war bei einem nur eintägigen Aufenthalte in New Plymouth auf der Fahrt mit dem Postdampfer von Auckland nach Nelson nur ein flüchtiger Besuch der allernächsten Umgegend der Stadt bis zu den Sugarloaf-Felsen möglich. Den Boden der Stadt unter der Decke von Flugsand bilden trachytische Gesteine, theils massiger hornblendereicher Trachyt, theils trachytische Breccien. An dem niederen abgestumpften Kegel, auf welchem die Baracks liegen, ist der Trachyt durch und durch zu lehmiger Masse zersetzt. Die Sugarloaf-Felsen aber bestehen aus Trachyt und aus einer rauhen Trachytbreccie, in der grosse und kleine Blöcke von verschiedener petrographischer Zusammensetzung fest verkittet sind.

Man kann am Strande unter den ausgewitterten Blöcken die mannigfaltigsten Trachytvarietäten sammeln, begegnet jedoch neben Trachytblöcken auch augitreichen Basalten.

Mein Freund Dr. Ferdinand Zirkel hat die von mir mitgebrachten Stücke einer näheren petrographischen Untersuchung unterzogen, deren Resultate ich hier mittheile.

Sanidin-Oligoklas-Trachyt: der feldspathige Gemengtheil ist theils Sanidin, theils Oligoklas, der erstere ist meist vorherrschend. Hornblende fehlt niemals und hat oft beträchtlichen Antheil an der Gesteinszusammensetzung.

Am häufigsten sind unter den Strandgeröllen von New Plymouth graue, frisch und unzersetzt aussehende Trachyte mit sehr feinkörniger Grundmasse, in welcher man die einzelnen Bestandtheile kaum mit dem Auge zu unterscheiden vermag. In dieser Grundmasse liegen die Gemengtheile in grösseren Krystallen ausgeschieden. Sanidin in gelblichen rissigen Tafeln; die weissen Oligoklase zeigen ebenfalls jene glasige Beschaffenheit, welche den Feldspathen der vulcanischen Gesteine eigenthümlich ist; auf den mit starkem Glasglanz spiegelnden basischen Spaltungsflächen lässt sich die charakteristische Zwillingsstreifung schon mit blossem Auge, deutlicher noch mit der Loupe beobachten. Die Hornblende erscheint in kurzen glänzenden Säulen von schwärzlicher Farbe mit einem Stich in's Blaue nach allen Richtungen umhergestreut; sie sind höchst vollkommen nach dem bekannten Winkel von 55° 30′ spaltbar; doch sind auch Individuen von der Länge eines Zolles und der Dicke einer Linie nicht selten. Die Gegenwart von Quarz ist in diesen Gesteinen gänzlich ausgeschlossen; aber auch andere Gemengtheile, welche anderwärts diese Mineralassociationen begleiten, z. B. Glimmer oder Magneteisenerz, fehlen gänzlich.

An anderen Stücken geht die Feldspathsubstanz fast ganz in der kleinkrystallinischen Grundmasse auf, welche, da das quantitative Gesammtverhältniss zwischen Feldspath und Hornblende, wie es scheint, gleich bleibt, dadurch eine lichtere, hellbläulichgraue Färbung erhält. Die breiten dunkelschwarzen Hornblendesäulen treten dann allein mit scharfem Umriss aus der Grundmasse hervor; bisweilen gewahrt man in einem Hornblendekrystall einen Feldspatheinschluss; solche Stücke haben eine täuschende Ähnlichkeit mit den bekannten Trachytvarietäten von der Wolkenburg und der kleinen Rosenau im Siebengebirge.

Was das quantitative Verhältniss beider Feldspathe anbelangt, so scheint in diesen beiden Varietäten der Oligoklas mindestens eben so häufig zu sein als der Sanidin, wenn man ihn nicht als den überwiegenden Theil ansehen will. Für den beträchtlichen Oligoklasgehalt spricht der Kieselsäuregehalt von 57·27, welchen eines dieser Gesteine ergab. Das specifische Gewicht zweier Varietäten betrug 2·646 und 2·695.

Daneben kommen auch andere Gesteine vor, in denen ohne Zweifel der Sanidin den Oligoklas überwiegt; ihr specifisches Gewicht sinkt auf 2·560 herab. Dahin gehören z. B. diejenigen Vorkommnisse, welche in einer etwas verwitterten, meist fleischrothen Grundmasse ziemlich stark spiegelnde, rissige, oft bis zu zwei Linien grosse Feldspath- (Sanidin-) Krystalle in vorherrschender Anzahl zeigen. Die Gegenwart des Oligoklases ist durch den ihm eigenthümlichen Glasglanz, so wie durch die Zwillingsstreifung ausser Frage gestellt. Jedenfalls aber tritt er quantitativ gegen den Sanidin zurück. Die Hornblendesäulchen sind in diesen Gesteinen spärlicher und kleiner. Manchmal ist auch die Grundmasse fast gänzlich durch breite, glasige, gelblichweisse Feldspathtafeln und dünne Hornblendenadeln verdrängt; die hornblendereicheren dieser Varietäten enthalten auch kleine braungelbe Glimmerblättchen.

Unter den Strandgeröllen bei New Plymouth finden sich auch dichtere Gesteine von dunklerer grauer Farbe; die feinkörnige mehr compacte Grundmasse ist ebenfalls ein Gemenge von Feldspath und Hornblende; letztere mag aber darin in grösserer Menge als in den vorerwähnten Gesteinen vorhanden sein; sie ist in kurzen breiten Säulen und unregelmässigen Aggregaten ausgeschieden; die dem Feldspath, und zwar grösstentheils dem Oligoklas angehörenden ungemein feinen, glasglänzenden Streifen, die man mit blossem Auge in der Grundmasse zu unterscheiden vermag, zeigen unter der Loupe die allerdeutlichste Zwillingsstreifung. Weder Olivin noch Augit und Magneteisen oder andere, auf die basische Natur hinweisende Gemengtheile lassen sich darin entdecken, obschon diese Gesteine ihrem Ansehen nach sich schon basischen Gesteinen nähern.

Dolerit und Basalt. Dass in den Gebirgen um Mount Egmont auch basische Gesteine der Basaltfamilie nicht fehlen, beweisen die Gerölle von Dolerit und Basalt, welche man am Strande bei den Zuckerhut-Felsen findet. Es sind Gesteine von brauner bis grauschwarzer Farbe, mit feinkörniger durch und durch von kleinen unregelmässigen Poren durchzogener Grundmasse oder auch dicht; sie enthalten sehr zahlreiche, vollkommen um und um ausgebildete Krystalle von Augit und oft erbsengrosse Olivinkörner.

Ausser an den Sugarloaf-Felsen hat man der Küste entlang nur wenige Punkte, wo man anstehendes Gestein beobachten kann, da vom Strande an wohl eine englische Meile weit landeinwärts Alles von dem braunen Magneteisensand der Küste überflogen ist. Von diesem Magneteisensand war schon an einer anderen Stelle die Rede. Hier will ich aber noch erwähnen, dass mir Herr J. N. Watt in New Plymouth auch eine kleine Probe von Goldsand aus dem Huatoke-Bach übergeben hat, ein bemerkenswerthes Vorkommen, wenngleich das Gold keineswegs in gewinnbarer Menge sich findet.

Die vorherrschenden Winde in New Plymouth sind Nordwest oder der Seewind und Südost „vom Berge" blasend. Der letztere ist kalt und gewöhnlich ohne Regen, aber äusserst heftig. Er blies am 30. Juli 1859, an dem Tage, welchen ich in New Plymouth zubrachte, so heftig, dass der Sand vom Lande bis auf den eine Seemeile vom Ufer geankerten Dampfer flog und es den Booten oft Stunden lang unmöglich war, an's Ufer zu gelangen. Mount Egmont ist bei solch' heftigem Südost in einen weissen Nebel eingehüllt, der sich aber so regelmässig, förmlich mantelförmig, um den Berg lagert, dass man die Kegelform noch deutlich erkennen kann. Tiefer unten ungefähr in 4000 Fuss Meereshöhe schweben gleichzeitig graue Regenwolken. Sobald der Wind aufhört, wird der Berg klar und es folgen dann gewöhnlich heitere schöne Tage mit schwachen östlichen Brisen, bis der Wind sich nach Nord und Nordwest dreht und aus dieser Richtung blasend Regen bringt.

Dr. Dieffenbach war der erste Europäer, welcher um Weihnachten 1839 den Taranaki-Berg bestiegen hat. Seither ist er wiederholt erstiegen worden. Auf den englischen Seekarten ist seine Höhe zu 8270 englischen Fuss angegeben. Mr. Carrington, der Provincial Surveyor von Taranaki, theilte mir jedoch mit, dass er bei einer sorgfältigen trigonometrischen Messung die Höhe unter 8000 Fuss gefunden habe.

Den Herren Wellington Carrington, Turner und A. S. Atkinson in New Plymouth verdanke ich einige Mittheilungen über Mount Egmont, aus welchen ich das Wichtigste hier wiedergebe.

Der Gipfel des Mount Egmont liegt etwa 16 englische Meilen von der Küste entfernt. Der Kegel ist nicht so steil, als man ihn auf Abbildungen gewöhnlich dargestellt sieht. Der Winkel, welchen seine beiden Seiten einschliessen, ist grösser, nicht kleiner als ein rechter. An einer vortrefflichen photographischen Ansicht des Berges, von M. Webster in New Plymouth aufgenommen, lässt sich der Neigungswinkel des Abhanges genau messen; er beträgt 30°. Gegen den Fuss läuft der Kegel in eine grosse Anzahl schmaler Rücken aus, die durch tief eingeschnittene Thäler von einander getrennt sind. Die Anzahl der Bäche und Flüsse, die am Berge ihren Ursprung haben und in radialer Richtung nach allen Seiten abfliessen, ist ganz erstaunlich. Jene Rücken sind bis auf eine geringe Distanz vom Hauptkegel dicht bewaldet, und die Kronen der Bäume in Folge der heftigen und anhaltenden Südostwinde alle nach einer Seite gekehrt. Vom Gipfel scheint es, als ob der Kegel sich mitten aus einer ungeheuren Waldebene erhebe, deren Ende das Auge gegen Osten nicht erreichen kann. In diesen Wäldern sollen noch Kiwis *(Apteryx)* leben. Der Umfang der flachen Basis des Berges beträgt wenigstens 40 englische Meilen.

Man besteigt den Berg gewöhnlich von der Nordostseite auf einem jener auslaufenden Rücken, und schlägt das Nachtlager am Fusse des Kegels auf, an einem Punkte, wo man noch Feuerholz und Wasser hat. Nachdem man den eigentlichen Kegel erreicht hat, führt der Weg zuerst über schöne Moosrasen — ein sehr angenehmer Wechsel, nachdem man aus den steinigen, düster bewaldeten Thalrinnen emporgestiegen ist. Weiter aufwärts besteht der Abhang aus losen Aschen und Schlacken, aus denen da und dort eine feste Felsmasse hervorragt. Zu oberst ist Alles felsig. Die Besteigung des eigentlichen Kegels bis zum Gipfel nimmt ungefähr fünf Stunden in Anspruch; der Weg führt jedoch so allmählich und ohne durch Schluchten und Abgründe unterbrochen zu sein, zur Höhe, dass selbst Damen den Gipfel erstiegen haben.

Dr. Dieffenbach[1] erwähnt eine Plattform, welche durch eine tiefe Einsattlung vom Schlackenkegel getrennt, einen äusseren Kegel bilde, auf welchem der

---
[1] a. a. O. 1. p. 154 und p. 157.

Hauptkegel, welcher den Gipfel bildet, sich erhebe; also ein Erhebungskrater im Sinne von L. v. Buch. Mr. Atkinson bemerkt aber ausdrücklich, dass er von diesem Plateau nie etwas habe entdecken können und dass er keinen Anstand nehme zu behaupten, dasselbe existire in Wirklichkeit nicht. Es sei möglich, dass Dr. Dieffenbach, der den Berg weiter östlich bestiegen hat, auf ein schmales Plateau gekommen sei; dasselbe müsse aber jedenfalls ganz unbedeutend sein, so dass es auf die allgemeine Form des Berges keinen Einfluss habe.

Ein anderer auffallender Irrthum von einem so vortrefflichen Beobachter, wie Dieffenbach, sagt Mr. Atkinson, bezieht sich auf die Oberfläche des Gipfels, die Dieffenbach zu einer englischen Quadratmeile angibt. Atkinson glaubt, dass die Oberfläche etwa nur den sechzehnten Theil einer Quadratmeile betrage, also eine Viertelmeile im Quadrat.

Die gewöhnliche und beste Zeit den Berg zu besteigen, ist Ende Februar oder Anfangs März, weil dann am wenigsten Schnee liegt. Dr. Dieffenbach war um Weihnachten oben, und daher kommt es, dass er die ewige Schneelinie niedriger — bei 7204 Fuss — annahm, als sie wirklich ist. Ende Februar findet man Schnee gerade nur auf dem Gipfel selbst, und höchstens einzelne kleine Flecken am obersten Abhange. Die vier kleinen Piks, welche den Rand des Gipfels und in Wirklichkeit die höchsten Punkte des Berges bilden, sind Ende Februar immer frei von Schnee, und man kann dann vom Fusse bis zum Gipfel gehen, ohne auf Schnee zu kommen.

An der Nord- und Westseite des Gipfels sind nach Atkinson deutliche Spuren von zwei oder drei Kratern, und an der Südseite ungefähr 1500 Fuss unter dem Gipfel bemerkt man einen schönen, kleinen, seitlichen Kraterkegel am Abhange. Derselbe wird erst sichtbar, nachdem man an der Südseite eine kleine Strecke herabgestiegen ist.

Dr. Dieffenbach erwähnt, dass er auf dem Gipfel des Berges das vollständige Skelet einer Ratte gefunden habe, und sprach die Vermuthung aus, dass ein Habicht das Thier auf diese Höhe gebracht und hier verzehrt habe. Auch Mr. Atkinson hat nahe dem Gipfel ein solches Skelet gefunden, aber so unversehrt, dass er jene Annahme für unwahrscheinlich hält. Auch eine einsame Fleischfliege summte, als Mr. Atkinson oben war, über den Gipfel dahin. Was wohl die Fliege auf solcher Höhe für Geschäfte gehabt haben mag?

Die Aussicht auf dem Gipfel an einem hellen Tage, sagt Mr. Turner, ist unaussprechlich grossartig. Gegen Süden reicht das Auge bis zu den hohen Ketten der Kaikoras auf der Südinsel, gegen Osten sieht man den schneebedeckten Ruapahu und den schönen, dampfenden Kegel des Tongariro.

Der Hangatahua-Fluss, der am Mount Egmont entspringt und 20 Meilen südwestlich von der Stadt New Plymouth in die See fällt, bildet am Fusse des Kegels einen grossartigen Wasserfall über eine 250 Fuss hohe senkrechte Felswand. An der einen Seite erheben sich die romantischen Gipfel des Pouakai, bedeckt mit Sträuchern und Zwergbäumen, an der anderen Seite Mount Egmont in seiner ganzen Pracht und Grösse, kahl vom Fusse bis zum Gipfel. Dieser Wasserfall führt den Namen „Dillon Bell's-Fall." Mr. Dillon Bell und Mr. Wellington Carrington waren die ersten Europäer, welche dieses prächtige Schauspiel gesehen, kurze Zeit nachdem die Eingebornen von Taranaki den Wasserfall entdeckt hatten.

Die Eingebornen haben keinerlei Tradition von Ausbrüchen des Berges, auch heisse Quellen oder Mineralquellen sind bis jetzt nirgends aufgefunden. Wohl aber sind die Bäche und Flüsse, welche an seinem Abhange entspringen, stark eisenhaltig und lagern Eisenocher (Kokowai, d. h. rothe Erde) ab, den die Eingebornen in früheren Jahren eifrig sammelten, mit Haifischöl zu einer Farbe anmachten, mit der sie ihre Häuser, Canoes und auch ihre Gesichter bemalten. 6—7 Meilen von der Küste entfernt soll man bei ruhiger See aus 100 Faden Tiefe Gasblasen aufsteigen sehen, welche die Oberfläche des Wassers irisirend machen.

Unter den kleinen Gesteinsproben vom Mount Egmont, welche ich von Herrn Watt erhielt, zeichnet sich besonders ein schöner, körniger, völlig syenitartiger Trachyt aus, der ein ziemlich gleichmässiges Gemenge von schwarzer Hornblende und weissem, glasigem Feldspath ist. Andere Stücke zeigen eine schwarze, pechsteinartige Grundmasse, in der kleine Hornblendenadeln und Feldspathkrystalle ausgeschieden sind; wieder andere Stücke haben eine poröse schlackige Structur und endlich sind auch braune Bimssteine darunter, die feine, stark glänzende Hornblendenadeln enthalten, also echte Trachyt-Bimssteine sind.

Es unterliegt daher wohl keinem Zweifel, dass der Mount Egmont ein Trachyt-Vulcan ist, und dass die Basalte, die man unter den Strandgeröllen findet, jüngeren Ausbrüchen, vielleicht am Fusse des Berges, angehören. Ruapahu und Tongariro aber, von deren Gesteinen ich leider nichts zu Gesichte bekommen konnte, mögen in petrographischer Beziehung die nächsten Verwandten des Mount Egmont sein. Und in diesem Sinne haben die Eingebornen wohl ganz Recht, wenn sie in ihren Sagen Tongariro und Taranaki als Bruder und Schwester bezeichnen.

Freilich meint die Sage weiter, dass diese Geschwister in früheren Zeiten dicht neben einander gestanden, bis sie Streit bekamen und Taranaki nach der Westküste fliehen musste, wo er jetzt einsam sein Haupt in die Wolken erhebt. Diesen Theil der Sage geologisch zu rechtfertigen, dürfte etwas schwer sein.

3. Die Auckland-Zone.
(Vgl. die geologische Karte: der Isthmus von Auckland mit seinen erloschenen Vulcankegeln, Taf. 3, so wie die Ansicht auf Taf. 10 Nr. VII.)

Der Isthmus von Auckland verdankt seine eigenthümliche Physiognomie einer grossen Anzahl erloschener Vulcankegel mit mehr oder weniger deutlich erhaltenen Kratern, mit Lavaströmen, welche weit ausgedehnte steinige Lavafelder am Fusse der Kegel bilden, oder mit Tuffkratern, welche ringförmig die aus Schlacken und vulcanischen Auswürflingen aufgebauten Eruptionskegel umgeben, die regellos über den Isthmus und die benachbarten Ufer des Waitemata- und Manukau-Hafens zerstreut sind. Die vulcanische Thätigkeit scheint sich fast bei jedem Ausbruche einen neuen Weg gebahnt zu haben, und hat sich so zu lauter einzelnen kleinen Kegeln zersplittert, während sie, wenn sie immer denselben Canal eingehalten hätte, vielleicht einen grossen Vulcankegel gebildet haben würde. Die geologische Karte des Isthmusgebietes weist auf einen Flächenraum von ungefähr 8 deutschen Quadratmeilen oder in einem Rechteck von 20 englischen Meilen Länge und 12 englischen Meilen Breite nicht weniger als 63 selbstständige Ausbruchstellen nach.

Es sind Vulcane im kleinsten Maassstabe: Kegel von nur 300—600 Fuss Meereshöhe; der höchste unter ihnen, der am Eingange des Auckland-Hafens sich erhebende Rangitoto, gleichsam der Vesuv der Waitemata-Bucht, erreicht 900 Fuss. Aber es sind wahre Modelle vulcanischer Kegel — und Kraterbildung mit weithin ausgeflossenen Lavaströmen, die der geognostischen Beobachtung ein reiches Feld bieten, und die in Deutschland noch so vielfach festgehaltene Leopold v. Buch'sche Theorie der Erhebungskratere gründlich widerlegen.

Sie erheben sich auf der Basis tertiärer Sandstein- und Thonmergelschichten, deren horizontale, nur local gestörte Bänke an den steilen Uferwänden des Waitemata und Manukau-Hafens in zahlreichen Durchschnitten blossgelegt sind.

Dieses Grundgebirge wurde von den vulcanischen Kräften der Tiefe durchbrochen und durchbohrt und die genauere Untersuchung der einzelnen Ausbruchsstellen gibt vor Allem den Nachweis, dass die wiederholten Ausbrüche theils unterseeisch, theils überseeisch stattgefunden und theils lose Schlacken- und Aschenmassen, theils zusammenhängende Lavaströme zu Tage gefördert haben. Dadurch ist die Bildung von **Tuffkegeln**, **Schlackenkegeln** und **Lavakegeln** bedingt, deren Unterscheidung vor Allem wichtig ist, wenn man die mannigfaltigen Formen der vulcanischen Kegel auf dem Isthmus von Auckland richtig auffassen und verstehen will.

a. **Tuffkegel.** Sie sind der Zeit ihrer Bildung nach die ältesten. Die ersten Ausbrüche, welche wahrscheinlich unterseeisch auf dem Boden einer seichten und schlammigen, vom Winde wenig bewegten Meeresbucht statt hatten, bestanden aus losen Massen, aus vulcanischen Schlacken und Aschen, vermengt mit Bruchstücken des Grundgebirges und dem Schlamme des Meeresbodens. Der Auswurf erfolgte in vielen wenn auch rasch nach einander folgenden Stössen, und die Auswurfsmassen wurden unter dem Einflusse des Meeres zu submarinen Schichten ausgebreitet, die rings um die Ausbruchsstelle in regelmässiger Folge sich über einander lagerten. Dadurch wurden niedere, stets sehr flach — höchstens mit einem Winkel von 15 Grad — ansteigende Hügel gebildet mit einem mehr oder weniger kreisrunden becken- oder **schüsselförmigen Krater**. Das sind die **Tuffkegel** und **Tuffkrater**.

Die Tuffschichten, aus einem erdigen, bald mehr festen, bald mehr lockeren Conglomerat der Auswurfsmassen bestehend, verflächen regelmässig nach aussen dem Abhange des Kegels parallel (Fig. a). Bisweilen bemerkt man aber auch, wenn der Kraterrand nicht steil abstürzt, vom höchsten Punkte des Kraterrandes die Schichten einerseits nach aussen, andererseits flach nach innen fallen (Fig. b). Der steile Absturz sowohl, an welchem die Schichten abgebrochen erscheinen, als auch die flache Neigung derselben nach innen deuten darauf hin, dass der Krater in seinem jetzigen Umfange durch Einsenkung des Bodens rings um den ursprünglichen Eruptionscanal herum gebildet ist.

Tuffkegel.

Diese Tuffkegel erinnern an die Schlammvulcane der caspischen Region, und immerhin mögen auch unterseeische Schlammeruptionen, in welchen die Eruptivmasse mit den Trümmern der durchbrochenen Tertiärschichten sich vermengte, ihren Antheil an der Darstellung der flachen Kegelbildung genommen haben.

Der Pupuki-See am Northshore, die Orakei-Bay östlich von Auckland, Gedde's Basin (Hopua) bei Onehunga, die Becken Waimagoia bei Panmure, die Kohuora-Hügel südlich von Otahuhu und viele andere sind ausgezeichnete Beispiele solcher Tuffkegel mit Kratereinsenkungen. Ähnlich den Maaren in der Eifel sind die Kraterbecken bald sehr tief und mit Wasser erfüllt — der Süsswasser-See Pupuki hat nach den Messungen von Capitän Burgess eine Tiefe von 28 Faden — bald flach und trocken oder nur mit Sümpfen und Torfmooren bedeckt. Wo sie dicht am Meere liegen, hat gewöhnlich das Meer an einer Seite die Umwallung durchbrochen, und fluthet nun aus und ein in das Kraterbecken. Wo mehrere solcher Kegel nahe bei einander liegen, wie bei Onehunga und in der Umgegend von Otahuhu, da wird es oft schwer, die einzelnen Krater zu bezeichnen, da ein von mehreren Kegeln begrenzter Raum leicht selbst die Form eines Kraters annimmt.

Bemerkenswerth ist auch, welche Rolle diese Tuffkegel wegen ihres äusserst fruchtbaren vulcanischen Bodens in der Umgegend von Auckland spielen. Fast auf jedem derselben liegt das Haus oder Gehöfte eines Farmers. Der praktische Blick dieser Männer hat sie, auch ohne geologische Kenntniss und ohne zu ahnen, dass sie ihr Haus an den Rand eines vulcanischen Kraters bauten, schon längst alle diese Tuffkrater auffinden lassen; die Wiesen und Kleefelder auf denselben prangen im schönsten Grün, während sich auf dem sterilen Thonboden des Grundgebirges nur Farn- und Manuka-Gebüsche breit machen. Besonders die Umgegend von Onehunga und Otahuhu verdankt diesen Tuffkegeln ihre ausgezeichnete Fruchtbarkeit.

b. **Schlackenkegel und Lavaströme.** Nach dem Beginne der vulcanischen Thätigkeit scheint eine langsame, allmähliche Hebung des ganzen Isthmus-Gebietes eingetreten zu sein; in Folge dieser Hebung waren die späteren Ausbrüche supramarin. Die ausgeworfenen Schlacken und Aschen häuften sich um die Ausbruchsöffnungen zu grösseren und kleineren Hügeln mit steilen Böschungswinkeln an, glühendflüssige Lavatropfen flogen rotirend durch die Luft und nahmen dadurch die auffallende birn- oder citronenförmige Gestalt an, in welcher wir sie als sogenannte „vulcanische Bomben" an den Gehängen der Schlackenkegel zerstreut finden.

Vulcanische Bomben.

Nicht an allen Ausbruchsstellen der ersten Periode brachen auch die Schlacken und Aschenmassen der zweiten Periode hervor, sondern an vielen Punkten, die ich oben näher beschrieben habe, verblieb es bei der ersten Bildung des einfachen Tuffkraters: an anderen bahnten sich die vulcanischen Kräfte in der zweiten Periode neue Wege; in diesem Falle haben wir keinen Tuffkegel, sondern nur einen Schlackenkegel. Wo aber die neuen Ausbrüche der alten Strasse folgten, da finden wir Tuffkegel und Schlackenkegel combinirt. Über dem flachen Tuffkegel, dessen äusserer Abhang selten steiler als mit 10° ansteigt, erhebt sich der Aschen- und Schlackenkegel, der aus mehr oder weniger zusammengebackenen Schlacken, Aschen, Lapilli's und Bomben aufgeschüttet ist, mit einem Böschungswinkel von 30—35°. Die Krater am Gipfel dieser Kegel haben, wo sie vollständig erhalten sind, stets eine trichterförmige Gestalt.

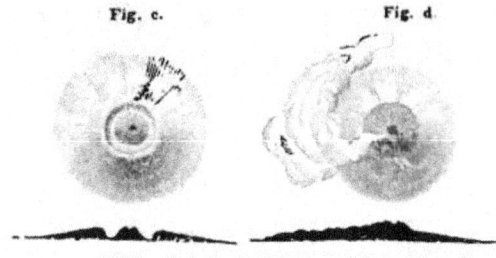

Tuffkegel, Schlackenkegel, und Lavastrom.

Oft hat der jüngere Schlackenkegel den älteren Tuffkrater ganz ausgefüllt und sogar überschüttet, wie z. B. am Northhead (Takapuna), oft erhebt sich derselbe inselförmig in der Mitte des Tuffkraters aus der Sumpf- oder Wasserbedeckung des alten Kraterbodens, wie beim Mount Richmond, Robertson Hill (Fort Richards) und bei mehreren anderen Punkten südwestlich von Otahuhu. In dieser Combination von Tuffkegel und einem inselförmig im Tuffkrater sich erhebenden Schlackenkegel hat man das wahre Modell von dem, was Leopold v. Buch Erhebungskrater und Eruptionskegel genannt haben würde (Fig. c). Beobachtet man jedoch, wie hier vom einfachen Tuffkrater ohne Schlackenkegel bis zu dem vom Schlackenkegel ganz erfüllten Tuffkrater alle Zwischenstufen vorkommen, so wird man zu der Ansicht geführt, dass gerade bei der Bildung der interessanten Mittelformen, von welchen der Waitomokia-Krater südwestlich von Otahuhu das ausgezeichnetste Beispiel liefert, nach der Entstehung des Schlackenkegels Senkungsvorgänge mitgewirkt haben. Schlackenkegel, die einst vielleicht hoch über den Tuffkegel emporragten, haben sich nach dem Erlöschen der vulcanischen Thätigkeit mehr oder weniger gesetzt; manche sind bis zur obersten Spitze versunken, so dass in der Mitte des Tuffkraters nur noch ein kleines Inselchen hervorragt, andere sind vielleicht ganz versunken. Solche Senkungen scheinen namentlich an Punkten stattgefunden zu haben, wo es zum Ausflusse von Lavaströmen, deren compacte Gesteinsmassen nach der Erkaltung den kleinen Gerüsten erst den eigentlichen Halt geben, nicht gekommen ist. Auch die zerstörenden Einflüsse des Wassers und der Atmosphärilien haben verändernd eingewirkt auf die ursprünglichen Formen und erschweren da und dort die richtige Deutung der Verhältnisse. Dies gilt besonders für den merkwürdigen Punkt, welcher in die Stadt Auckland selbst fällt, und auf dessen halbzerstörtem Tuff- und Schlackenkegel die centralen Theile der Stadt gebaut sind.

Die meisten der Schlackenkegel haben überdies in ihrer äusseren Form und Gestalt durch Menschenhand sehr auffallende Veränderungen erlitten. Sie erscheinen alle mehr oder weniger terrassirt und einige Beobachter glaubten annehmen zu müssen, dass diese Terrassen, wenn auch von den Eingebornen erweitert und schärfer ausgegraben, doch mit der Bildung der Berge in einem natürlichen Zusammenhange stehen. Allein dem ist nicht so. Die Terrassen am Abhange der Schlackenkegel sind alle künstlich angelegt, und zwar von den Eingebornen, welche auf diesen Hügeln in früheren Zeiten ihre wohlbefestigten Kriegspas, d. h. Waffenplätze oder befestigte Dörfer hatten. Damals spielten diese Schlackenkegel als die Zwingburgen und Zufluchtsorte der Cannibalen-Häuptlinge eine ähnliche Rolle, wie die Ritterburgen des deutschen Mittelalters. Auf dem Gipfel wohnte der Häuptling mit seiner Familie, am Fusse der Hügel lagen die Wohnplätze der Leibeigenen und die Felder, welche diese zu bestellen hatten. An den Abhängen waren Stufen eingeschnitten, die durch unterirdische Gänge mit einander verbunden, gegen den Feind aber durch starke Palissadenreihen geschützt waren. Die tiefen Gruben, welche man auf den Terrassen da und dort noch bemerkt, waren mit Zweigen, Schilf und Farnkraut überdeckt, um die anstürmenden Feinde zum Falle zu bringen. Aus diesen Zeiten stammen auch die vielen Muschel- und Schneckenschalen, *Mytilus*, *Venus*, *Ostrea*, *Turbo*, *Monodonta*, *Trochus* u. s. w., welche man auf dem Gipfel, am Abhange und am Fusse dieser Berge zerstreut findet (vgl. S. 74). Sie sind die Überbleibsel der einstigen Maori-Mahlzeiten.

Auch die Schlackenkegel, obwohl zur Cultur nicht geeignet, sind nichts desto weniger von praktischer Bedeutung, da sie ein ganz vortreffliches und leicht zu gewinnendes Strassenbeschotterungsmaterial liefern. Diesem Schlackenschotter verdankt der Isthmus von Auckland seine schönen Strassen (metalling roads). Die Schotterbrüche sind überall an den der Strasse zunächst liegenden Punkten eröffnet, an den Schlackenkegeln des Mount Eden, One Tree Hill, Mount Wellington und an anderen.

Allein die supramarine vulcanische Thätigkeit war nicht beschränkt auf den Auswurf von Schlacken und Aschen, und die Bildung von Schlacken- oder Aschenkegeln, sondern sie steigerte sich an vielen Punkten bis zum Durchbruche von Lavaströmen, die sich am Fusse der Schlackenkegel ausbreiteten und durch die Thäler sich ergossen.

Wo nur ein einziger Lavastrom sich ergoss, der den trichterförmigen Krater des Schlackenkegels an einer Seite durchbrach und über den Ring des Tuffkegels fliessend am Fusse des Berges sich ausbreitete, da sehen wir das kleine vulcanische System in einer fast theoretischen Einfachheit und Klarheit vollendet (Fig. d. S. 163), wie am Pigeon Hill bei Howik, am Green Hill, am Taylors Hill.

An anderen Punkten jedoch war der Lavaerguss reichlicher. Strom ergoss sich über Strom, und indem die Lavaströme mehrerer Kratere sich vereinigten, bildeten sich ausgebreitete Lavafelder, auf welchen es oft schwer wird zu unterscheiden, welcher Strom diesem oder jenem Berge angehört. So vereinigen sich die Lavaströme des Mount Eden, der Three Kings und des Mount Albert zu dem grossen Waitemata-Lavafeld südwestlich von Auckland. Alle drei Berge scheinen ziemlich gleichzeitig thätig gewesen zu sein, ihre Ströme breiteten sich um die Basis der Schlackenkegel aus und wälzten sich dann über die nordwestlich abdachende Fläche der Landschaft durch die Schluchten und Thäler dem Meere zu. Nahe der Küste trafen sie in einem schmalen Thale zusammen, und bildeten hier einen grossen Strom, der westlich vom Sentinel Rock gegenüber Kauri Point am Northshore das wohlbekannte, weit in den Waitemata-Hafen vorspringende Felsriff bildet, von welchem aus man eine Brücke über den Hafen zu bauen schon beabsichtigt hat.

Eben so bilden die Lavaströme von One Tree Hill, Mount Smart und Mount Wellington an der südöstlichen Abdachung des Isthmus das grosse Manukau-Lavafeld. Allein hier zeigt sich ein merkwürdiger Altersunterschied in den Strömen der einzelnen Berge, der deutlich beweist, dass diese Berge nicht zu gleicher Zeit thätig gewesen. Am ältesten ist die One Tree Hill-Lava. Das schwarze, poröse, basaltische Gestein ist an der Oberfläche schon ganz zersetzt, und schöne Wiesflächen bedecken diese alten, mit fruchtbarer rothbrauner Ackererde bedeckten Lavaströme. Die jüngere Lava des Mount Smart bildet dagegen steinige, schwer bebaubare Flächen, und die vergleichsweise jüngsten Laven des Mount Wellington, von dessen Krater ein gewaltiger Strom in südwestlicher Richtung bis Onehunga geflossen ist, zeigt eine von den Atmosphärilien und vom Wasser noch ganz unangetastete Oberfläche. Die Lavaströme, zerklüftet und in tausend Gestalten zerbrochen, mit tiefen Löchern und Höhlen, bilden ein unfruchtbares Steinmeer von schwarzen Felsblöcken, zwischen welchen nur einzelne Gebüsche Wurzel geschlagen.

Sehr charakteristisch tritt der Unterschied der älteren und jüngeren Lavaströme auch auf der Great South Road hervor, wo diese das Manukau-Lavafeld durchschneidet. Etwa eine Meile östlich von Harpe Inn bemerkt man einen plötzlichen Wechsel in der Farbe der Strasse, der nach Regen besonders deutlich hervortritt. Die rothe Farbe (von Eisenoxyd) wechselt mit einem Male in Schwarz genau an der Stelle, wo die Strasse die älteren zersetzten Lavaströme des One Tree Hill verlässt und über den jüngeren noch unzersetzten Lavastrom des Mount Wellington führt. Was sich so schon aus dem Zustande der Lavaströme schliessen lässt, das ergibt auch die Beobachtung an dem merkwürdigen Kratersysteme des Mount Wellington (Maunga Rei der Eingebornen), der als einer der lehrreichsten Punkte besonders hervorzuheben ist. Man hat hier, wie ich später erklären werde, Gelegenheit, ein ganzes System von Kratern und Kegeln von verschiedenem Alter und verschiedener Zusammensetzung zu studiren.

Sehr häufig finden sich in den grösseren und mächtigeren Lavaströmen, wie bei den Three Kings, am Mount Smart und am Mount Wellington Höhlen, welche durch die in den Lavaströmen bei ihrem Ausflusse eingeschlossenen Gase und Wasserdämpfe entstanden, also eigentlich nichts anderes als grosse Blasen sind. In diesen Höhlen nimmt die Lava allerlei zapfen- und tropfsteinförmige Gestalten an.

Eine Erscheinung, welche auf das engste mit den Lavahöhlen zusammenhängt, sind tiefe, trichter- oder kesselförmige Einsenkungen des Bodens, die man häufig auf den Lavafeldern findet. Die interessantesten Beispiele dafür liefert das Manukau-Lavafeld, und zwar der Theil desselben, welcher, wie es scheint, durch die Lavaströme des Mount Smart gebildet ist, in den unter den Namen „Pond" und „Grotto" bekannten Löchern östlich bei Onehunga.

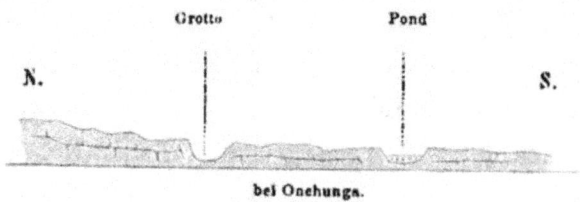
bei Onehunga.

Diese liegen auf einer nordsüdlichen Linie ganz nahe bei einander. Die südliche, Pond genannte Einsenkung ist etwa 30 Fuss tief und 100 Fuss weit. Schwarze Basaltlava bildet die steilen Felswände des Loches, das in der Tiefe gewöhnlich mit Wasser erfüllt ist und nur in heissen Sommermonaten ganz austrocknet. Dann kann man hinabsteigen und findet auf dem Boden, 2 Fuss unter der schlammigen Oberfläche eine höchst merkwürdige Kieselguhr-Ablagerung, aus loser, staubartiger, wie feines Mehl erscheinender Masse bestehend, die unter dem Mikroskope die interessanten Formen der Kieselskelette von Diatomeen zeigt.

Die nördliche Einsenkung, Grotto, ist 50 Fuss tief und 80 Fuss weit, hat ebenfalls steile Lavawände, ist aber auf dem Boden immer trocken. An der Westseite treten am oberen Rande des Loches über den Lavabänken geschichtete Tuffe zu Tage.

Eine flache Einsenkung des Bodens, welche sich von der Grotte in nordöstlicher Richtung noch einige hundert Schritte weit erstreckt, spricht deutlich genug für die Entstehung dieser Kessel. Sie entsprechen vollkommen den tiefen Trichtern und Kesseln, die man so häufig in Kalkgebirgen findet und durch Einsturz von Kalkstein-Höhlen erklärt. In ähnlicher Weise sind die Kessel bei Onehunga durch Einsturz von Lavahöhlen gebildet, und man darf dieselben nicht mit Kratern verwechseln, wie dies von Heaphy geschieht.[1]

In petrographischer Beziehung gehören die Laven aller Vulcankegel der Auckland-Zone — und ohne Zweifel auch die der Inselbai-Zone — zur basischen Gesteinsreihe. Es sind typische Basaltgesteine, mehr oder weniger poröse Basalt-Laven mit Olivin, welche zum Theil der niedermendiger Mühlsteinlava am Rhein sehr ähnlich sind. Die Basaltlaven vom Mount Wellington sind theils feinkörnig anamesitisch, von schwarzgrauer Farbe, theils dicht und dann von noch dunklerer, fast schwarzer Farbe; sie enthalten zahlreiche feine Splitter und grössere Körnchen von Olivin, und ihr specifisches Gewicht beträgt 3·153. Die Laven von Mount Smart sind schlackig ausgebildete und von vielen haarfeinen Poren durchzogene Gesteine mit scheinbar gleichartiger Masse, die vielen Augit und Olivin enthält. Das specifische Gewicht beträgt 2·879. Im Allgemeinen sind die Laven der einzelnen Berge so wenig verschieden, dass sie sich nicht von einander unterscheiden lassen. Nur ein Vorkommen ist noch besonders zu wähnen, das Vorkommen von eingeschlossenen weissen Quarzstücken nämlich in porösen schlackigen Lavastücken am Mount Eden. Man darf diese Quarzbrocken nicht für Ausscheidungen in der Lava halten, es sind vielmehr deutliche Bruchstücke, und der Quarz in dieser Lavahülle ist förmlich geröstet, so dass er leicht in kleine Körner zerfällt.

An den mächtigen Lavaströmen des Mount Eden beobachtet man da und dort eine regelmässige säulenförmige Absonderung, wie sie bei dichten Basalten ganz

---
[1] Quat. Journal XVI. 1860. pag. 246.

gewöhnlich ist. Das poröse Gestein liefert einen vortrefflichen Baustein. Die solidesten Gebäude in Auckland sind aus solchen Lavaquadern, die gewöhnlich Schlackenstein (scoriae-stone) genannt werden, gebaut.

c. Lavakegel. Nur an einem einzigen Eruptionspunkt im Gebiete der Auckland-Zone war der Erguss der Lava ein so reichlicher und so oft wiederholter, dass ein förmlicher Lavakegel sich aufbaute. Dieser Punkt ist der an der östlichen Seite der Einfahrt in den Waitemata-Hafen sich erhebende:

Rangitoto, der höchste (920 Fuss hoch) und umfangreichste unter den kleinen Vulcankegeln der Auckland-Zone. Er ist für den Hafen von Auckland, was der Vesuv für die Bai von Neapel, das „Wahrzeichen" von Auckland. Obwohl ein unbedeutender Hügel im Verhältniss zu den Gerüsten grosser thätiger Vulcane, zeichnet er sich doch durch seine ausserordentlich charakteristische Gestalt aus und ist ein wahres Modell eines vulcanischen Kegelberges. Der Mori-name Rangitoto bedeutet wörtlich „blutiger Himmel"; er wiederholt sich auf Neu-Seeland noch mehrmals und lässt sich

Rangitoto.

vielleicht auf vulcanische Feuererscheinungen beziehen, etwa auf den blutrothen Wiederschein feurig-flüssiger Lava am nächtlichen Himmel. In diesem Sinne wäre er dann gleichbedeutend mit dem malayischen Gunong Api, d. h. Feuerberg, und man dürfte vielleicht schliessen, dass die Eingebornen den Berg in früheren Jahrhunderten noch in voller Thätigkeit kannten und dadurch zu jenem Namen, den sie heut zu Tage auch zur Bezeichnung von schwarzem Lavagestein überhaupt anwenden, veranlasst wurden.

Jedenfalls hat der Rangitoto ein äusserst recentes Ansehen. Der untere Theil des Berges, der einen mit 4—5° ansteigenden Kegel bildet, besteht aus schwarzer Basaltlava, die, deutliche Ströme bildend, in schroffen Felsriffen bis ins Meer reicht. Auf dem Lavakegel erhebt sich mit steilerem Böschungswinkel von 30—33° ein Aschen- und Schlackenkegel, aus dessen nach innen steil abstürzendem Krater sich ein zweiter Aschen- und Schlackenkegel erhebt, der mit 33—34° ansteigt, und einen trichterförmigen Gipfelkrater trägt, welcher 180 Fuss tief sein soll. Ich selbst kam leider nicht dazu, den Gipfel zu besteigen und muss mich daher auf diese allgemeinen Angaben beschränken.

Beschreibung der einzelnen Eruptionspunkte der Auckland-Zone.
a) Am Northshore (Nordufer).

1. Dem Rangitoto gegenüber liegt ein merkwürdiger Süsswassersee, Pupuke (auch Pupuki, Pupaki wird geschrieben) genannt. Dieser See erfüllt das Kraterbecken eines flachen, nur gegen 100 Fuss über das Meer sich erhebenden Tuffkegels, der von regelmässig nach aussen verflächenden vulcanischen Aschenschichten aufgebaut ist. Die innere Kraterwand ist grösstentheils steil und felsig; an ihr treten da und dort basaltische Gangmassen zu Tage, und eben so deuten an der Süd- und Ostseite der äusseren Abdachung des Kegels grössere Massen basaltischer Lava darauf hin, dass die den Tuffkegel aufbauenden Eruptionen auch vom Erguss von Lavaströmen begleitet waren. An der Seite nach dem Meere zu ist der Kraterrand etwas niedriger und erhebt sich nur 40—50 Fuss hoch über den Meeresspiegel. Der Umfang des Sees beträgt etwa drei, der Durchmesser eine englische Meile, die grösste Tiefe nahe in der Mitte beträgt nach Messungen von Capitän Burgess 28 Faden (168 Fuss). Pupuke ist demnach der tiefste und grösste unter den zahlreichen Tuffkratern in der Nähe von Auckland. Sein Wasserspiegel liegt etwa 20 Fuss über dem Spiegel des Meeres, sein tiefster Punkt aber, da der Rangitoto-Canal nur eine Tiefe von 8 Faden (48 Fuss) hat, gerade 100 Fuss tiefer als der Meeresboden in diesem Canale. Das Wasser des Sees ist klares und reines Süsswasser, und mit Recht fragt man, woher der See, der auf einer niederen Landenge liegt und keinen sichtbaren Zufluss hat, sein Wasser bekomme? Ich glaube, dass mein Freund Dr. Fischer in Auckland, der an diesem See eine kleine Besitzung, „Flora-See" genannt, hat, in dieser Beziehung ganz richtig auf den gegenüberliegenden, nur durch einen vier Seemeilen breiten Meeresarm vom Pupuke getrennten Rangitoto-Berg hinweist und annimmt, dass es das auf dem ausgedehnten Gebiete dieses Berg-

Durchschnitt vom Rangitoto nach dem Pupuke-See.

kegels durch dessen Krater und tausendfach zerrissene und zerklüftete Lavafelder eindringende meteorische Wasser ist, welches durch unterirdische oder richtiger unterseeische Canäle dem Pupuke-Becken zuströmt. — Eigenthümlich ist die Anschauung der Maori, die meinen, der Rangitoto sei aus dem tiefen Loche des Pupuke-Sees herausgenommen. — Der Abfluss des Sees ist an der Ostseite, wo das Wasser durch die von Höhlen durchzogenen Lavafelsen nach dem Meere durchsickert.

2 und 3. Die beiden südlich vom Pupuke-See an der Westseite der Shoal-Bay gelegenen, mit dem Meere in Verbindung stehenden Tuffkrater habe ich nicht näher untersucht.

Auf der Auckland gegenüberliegenden North-shore-Halbinsel sind vier kleine Eruptionskegel näher zu betrachten:

4. Mount Victoria oder der Flag-staff-Hill, Takarunga der Eingebornen, 280 Fuss hoch, ist ein flach abgestumpfter Schlackenkegel mit halbkreisförmigem, gegen Südost offenem Krater, aus welchem in derselben Richtung einige Lavaströme, steinige Felsriegel bildend, bis zur See geflossen sind. Die Terrassen am äusseren Abhange des Kegels rühren von alten Befestigungen der Eingebornen her; an der Nordseite, nahe dem Gipfel sieht man noch ein gegen 20 Fuss weit und eben so tief ausgegrabenes Loch, das als Fallgrube diente.

5. Etwas weiter östlich, dicht am Meeresufer erhebt sich am Rande der Lavaströme des Mount Victoria ein kleiner Schlackenkegel, der ein selbstständiger Eruptionspunkt zu sein scheint. Die südliche Hälfte des Kegels ist vom Meere weggespült.

6. Nordöstlich vom Mount Victoria liegt ein etwa 100 Fuss hoher Schlackenkegel mit ziemlich vollständig erhaltenem Krater. Der Kraterrand ist an der Südostseite, wo ein kleiner Lavastrom in der Richtung nach dem Meere ausgeflossen ist, etwas niedriger. Ich nannte diesen Kegel zum Andenken an meinen Freund Charles Heaphy, Provincial-Surveyor von Auckland, „Heaphy-Hill."

7. Das Northhead des Aucklandhafens, Takapuna der Eingebornen, 216 Fuss hoch, von fast vollkommen regelmässiger halbkugelförmiger Gestalt, ist der interessanteste von den Northshore-Hügeln. Die ersten Eruptionen an diesem Punkte waren unterseeisch, da die Basis des Hügels ringsum von 30—40 Fuss mächtigen, in regelmässigen Bänken abgelagerten Schichten gebildet ist. Diese Schichten bestehen aus vulcanischer Asche, aus Schlacken und Lavabruchstücken, welche zu einer sehr festen Breccie zusammengebacken sind, und sind ausserordentlich regelmässig ringsum nach aussen geneigt mit einem Winkel von 12°, so dass man zur Ebbezeit am Fusse der 20—30, mitunter 40 Fuss hohen Tuffklippen auf den tieferen, vom Wellenschlage rein abgedeckten Schichten wie auf einem mit 12° geneigten Dache beinahe rings um den ganzen Hügel gehen kann.

Northhead (Takapuna).

Über dem Tuffkegel erhebt sich mit steilerem Böschungswinkel kuppelförmig der Schlackenkegel. Er ist an der Spitze geschlossen, zeigt aber am Abhange über dem Pilotenhause eine flache Einsenkung, die den Krater andeutet, aus welchem in westlicher Richtung ein kleiner Lavastrom sich ergoss, der sich in einen Sumpf verliert. Der Schlackenkegel ist besonders merkwürdig durch die zahlreichen vulcanischen Bomben, welche man an seiner Oberfläche findet, Bomben in regelmässigster Birn- oder Citronengestalt, mit spiralförmig gedrehten Spitzen, Formen, wie sie sich in Folge der Rotation der ausgeworfenen, in glühendem Flusse befindlichen Massen gebildet haben müssen. Ich habe die Bomben an keinem der Auckland-Vulcane in so regelmässiger Gestalt und Form wieder gefunden. Sie kommen in allen Grössen vor, klein wie eine Citrone bis zu 3 oder 4 Fuss Länge bei einer Dicke von 2 Fuss und einem Gewichte von mehreren Centnern. Diese Bomben konnten erst dann ausgeworfen werden, nachdem sich der Kegel über den Tuffschichten bereits über das Meer erhoben hatte.

Das Northhead ist daher ein vortreffliches Beispiel für die verschiedenen Eruptionsepochen und Eruptionsproducte: zuerst submarine Ausbrüche, welche einen flachen Tuffkegel bildeten, dann supramarine Lavaergüsse und Schlacken- und Aschenausbrüche, die den Schlackenkegel aufschütteten.

b) Inselberge im Hauraki-Golf.

8. Der Rangitoto (vgl. S. 168).

9. Die östlich vor der Mündung des Tamaki-Creeks liegende vulcanische Insel Motukorea (Brown I.) habe ich nicht besucht. So viel ich von der See aus auf einer Fahrt, die mich nahe an der Insel vorbeiführte, sehen konnte, kommen auf dieser Insel Tuffe, Schlackenkegel und Lavaströme vor.

c) Auf dem Isthmus-Gebiete.

10. Auf dem Isthmus-Gebiete haben wir vor Allem einen merkwürdigen Eruptionspunkt innerhalb der Stadt Auckland zu betrachten.

Die Wesleyan Church, Mechanics Institute und Auckland-Hôtel nebst einigen anderen kleinen Gebäuden stehen auf einer Art Terrasse, die um ungefähr 40 Fuss höher liegt als Queenstreet, und hinter der sich mit einem steilen Böschungswinkel fast halbkreisförmig die etwa 200 Fuss hohe Anhöhe erhebt, auf der die Baracken liegen, und an deren nördlicher und nordöstlicher Abdachung das Gouverneurshaus, St. Pauls Church und die Häuserreihen von Princess Street liegen. Jene Terrasse halte ich für den Eruptionsmittelpunkt oder für den Rest eines versunkenen Schlackenkegels, die Fundamente jener Gebäude ruhen auf mehr oder weniger compacten Massen von basaltischen Schlacken und Laven, welche in einzelnen Blöcken überall in der Nähe aus dem Boden hervorragen. Jener steile, fast halbkreisförmige Abhang aber ist als die östliche Hälfte eines zum Theile mit Schlacken überschütteten Tuffkegels aufzufassen, dessen westliche Hälfte jenseits Queenstreet an einer dünnen Schichte fast vollständig zu gelbem Lehm zersetzter, vulcanischer Tuffe noch zu erkennen ist. Die Queenstreet durchschneidet den einstigen Tuffkrater in der Richtung von Nord nach Süd. Bei Odds Fellows Hall sah ich die Aschenschichten zu beiden Seiten der Strasse in frischen Abgrabungen. Am mächtigsten entwickelt sind die Aschen- und Schlackenmassen jedoch bei den Baracken. Lose Schlacken werden hier zwischen den Baracken und dem Gouverneurshause aus 12—16 Fuss tiefen Schichten als Strassenbeschotterungsmaterial gewonnen, und es wurde mir gesagt, dass man bei Versuchen bis auf 340 Fuss Tiefe nichts als Schlacken gefunden habe, so dass es fast scheint, als ob gerade unter den Baracken noch ein zweiter Eruptionsmittelpunkt liege. Weiter unten bei der St. Pauls Kirche, am Shortland Crescent und in den Gräben des Fort Britomart stehen sehr zersetzte Tuffschichten an, eben so beim Clipphaus und im Hofe des Victoria-Hôtels. Das kleine Thal aber, das durch diese Tuffschichten nach dem Wyniard-Pier hinabführt, nennen die Eingeborenen merkwürdigerweise Waiariki (d. h. warmes Bad), als ob hier einst eine warme Quelle geflossen wäre.

11 bis 14. Südlich von der Stadt Auckland längs der Kyberpass-Road liegen neben einander vier kleine Tuffkegel. Die Domain und die an dieselbe sich anschliessenden Gärten

und Farmwirthschaften verdanken diesen Tuffkegeln, deren Kratereinsenkungen zum Theile noch zu erkennen sind, den fruchtbaren Boden, der sie auszeichnet.

Wenden wir uns den grösseren Kegelbergen zu, deren Lavaströme das Waitemata-Lavafeld gebildet haben, so steht oben an:

15. **Mount Eden, Maunga Wao** der Eingebornen, der lavareichste der Isthmus-Vulcane. Der 642 Fuss hohe, mit 30—32° ansteigende Schlackenkegel trägt an seiner Spitze einen sehr regelmässigen, trichterförmigen Krater von etwa 500 Fuss Durchmesser und 150 Fuss Tiefe. Der höchste Punkt des Kraterrandes liegt gegen Südsüdwest, der niederste gegen Nordnordwest. In letzterer Richtung, gegen die Stadt Auckland zu, laufen vom Hauptkegel zwei

Mount Eden bei Auckland, von der Domain aus gegen Süd.

Rücken aus, mächtige, vielkuppige Schlackenwälle, in welchen Strassenschotter gegraben wird. An dieser Seite scheint auch die Hauptmasse der Lava, aber noch bevor der grosse Schlackenkegel gebildet war, ausgeflossen zu sein und sich nach verschiedenen Richtungen ausgebreitet zu haben. Denn rings am Fusse des Schlackenkegels breiten sich steinige Lavafelder aus. An der Nordostseite des Berges bei Royal George Inn kann man sehr deutlich ältere und jüngere Lavaströme unterscheiden. Das Hôtel selbst steht auf den alten Lavaströmen, die an der Oberfläche stark zersetzt sind und in den kleinen Steinbrüchen, welche, um Bausteine zu gewinnen, darin angelegt sind, eine säulenförmige Zerklüftung wahrnehmen lassen. Darüber hin sind die jüngeren Lavaströme geflossen, die als 20—30 Fuss hohe Dämme sehr markirt über die Oberfläche sich erheben und rechts von der Strasse nach Onehunga eine schroff ansteigende Steinwand bilden. Am bedeutendsten war der Lavaerguss in westlicher Richtung; in dieser Richtung erreichten die Lavaströme, die mehrere sumpfige Niederungen umschliessen, wie den Cabbage Tree Swamp, sogar die Ufer des Waitemata und sind bis in's Meer geflossen.

16. **Three Kings** (die drei Könige). Die centrale Schlackenmasse dieser Gruppe besteht aus drei nahezu gleich hohen, durch mehr oder weniger tiefe Einsattelungen von einander

getrennten Hügeln, von welchem der südlichste, der höchste, ungefähr 390 Fuss hoch ist. Diese Hügelgruppe umschliesst zwei kraterförmige Einsenkungen und ist selbst wieder rings von Lavamassen umgeben, die in nordwestlicher Richtung zu einer Reihe steiniger Hügel aufgethürmt sind. Von diesen Hügeln laufen die grossen Lavaströme aus, die in nordwestlicher Richtung zwischen dem Mount Eden und Mount Albert hindurch sich bis an die Ufer des Waitemata erstrecken. In der dem Abflusse der Lavaströme entgegengesetzten Richtung sind die Schlacken- und Lavahügel halbkreisförmig von einem Tuffwalle umschlossen, dessen höhere nordöstliche Hälfte sich nahezu zur Höhe des höchsten Schlackengipfels erhebt. An der Südwestseite der Hügelgruppe zum Theil auf Lavafelsen und am Abhange des Tuffkraters liegen die Gebäude des Wesleyan College. In den Lavahügeln und Lavaströmen kommen Höhlen vor, in welchen viele menschliche Skelete, von Maoris herrührend, gefunden wurden.

17. **Mount Kennedy**, 310 Fuss hoch, südwestlich von den Three Kings, ist ein Schlackenkegel mit flachem, vollständig erhaltenem Krater; an der Südostseite ist er umschlossen von einem flachen Tuffkegel, an der Nordwestseite ist der Tuffkegel von den in dieser Richtung abgeflossenen Lavaströmen durchbrochen.

18. **Mount Albert**, der westlichste unter den Isthmus-Vulcanen, ist ein 400 Fuss hoher Schlackenkegel mit einem gegen NNW. sehr breit geöffneten Krater von 80—100 Fuss Tiefe. Auch dieser Schlackenkegel war früher ein befestigter Pa der Maoris und ist ringsum terrassirt. Der ganze Berg besteht aus lose über einander gehäuften Schlacken und vulcanischen Bomben, und man kann an seinem Abhange von letzteren die zierlichsten Exemplare finden. In nördlicher Richtung sind bedeutende Lavamassen abgeflossen. Ein markirter Lavahügel, der gerade vor der Krateröffnung liegt, bezeichnet sehr charakteristisch die Ausflussstelle der Lava. Die Lava theilte sich von hier in zwei Ströme; ein Strom zieht sich in nordwestlicher Richtung in einer flachen Thaleinsenkung zwischen den aus weissen Thonmergeln bestehenden Hügeln bis zum Meere. Der andere Strom, durch den vorliegenden tertiären Hügelrücken abgelenkt, nahm seinen Weg in nordöstlicher Richtung und vereinigte sich dann mit den Lavaströmen, die von den Three Kings und vom Mount Eden herkamen, um mit diesen gemeinschaftlich den grossen Strom zu bilden, dem das dem Kauri-Point gegenüber weit in die Waitemata-Bucht hinausreichende Felsriff seine Entstehung verdankt.

Die Lavaströme der eben beschriebenen vier Berge: Mount Eden, Three Kings, Mount Kennedy und Mount Albert bilden zusammen das grosse **Waitemata-Lavafeld**. Sie haben ein so frisches Ansehen, als wären sie eben erst geflossen. Ihre Oberfläche zeigt noch deutlich die wellen- und bogenförmigen Figuren und Formen des Flusses, tauförmige Wülste u. dgl.; ihre Grenzen sind scharf markirt, sie fallen zu beiden Seiten wie eine Mauer ab, und gewöhnlich ist die Grenze zwischen Lava und tertiärem Thonmergelboden noch durch einen kleinen Bach bezeichnet, der am Fusse der Lavamauer fliesst, oder, wo das Wasser keinen Abzug hat, durch Sümpfe, die sich den Lavaströmen entlang hinziehen. Wie Wasserströme flossen die Lavaströme in den flachen Thalrinnen zwischen den tertiären Hügelrücken dem Meere zu und alles deutet darauf hin, dass das tertiäre Land mit seinem jetzigen Relief und der Hauptsache nach auch in seiner jetzigen Meeresbegrenzung schon bestand, als die supramarinen Ausbrüche dieser Vulcankegel erfolgten.

Von den Eruptionspunkten, deren Lavaströme das **Manukau-Lavafeld** gebildet haben, ist wohl der älteste:

19. One Tree Hill, Maungakiekie der Eingebornen. Der vielgipfelige, in seiner äusseren Erscheinung durch grossartige Erdwerke der Eingebornen — der Berg war früher einer der stärkstbefestigsten Pa's — sehr veränderte Schlackenkegel erhebt sich ziemlich auf der Wasserscheide des Isthmus bis zu einer Meereshöhe von 580 Fuss. Er erhebt sich auf der Basis eines ausserordentlich flach abdachenden Tuffkegels, der die nördliche Seite des Berges regelmässig umschliesst, an der Südostseite aber von jüngeren Lavaströmen bedeckt ist. — An der Westseite des Schlackenkegels sind in einem Schotterbruch die Schichten 60 Fuss hoch entblösst. Zu oberst unter der Ackerkrume bemerkt man hier eine 3 Fuss mächtige Ablagerung von dünngeschichtetem, thonigem Schlamm, als ob am Ende aller Eruptionen dem Berge ein Schlammstrom entflossen wäre. Darunter eine zweite Schichte von Ackererde und unter dieser die vulcanischen Aschen und Schlacken in deutlichen Schichten über einander gelagert. Die festeren Lavablöcke in diesem Haufwerk rühren von vulcanischen Bomben her. In der Mitte des Berges liegt ein tiefer Krater von ovaler Form. Einem einzeln stehenden alten, jetzt fast bis zum Boden abgefaulten Baum (*Metrosideros tomentosa*) auf dem höchsten Gipfel verdankt der Berg seinen europäischen Namen „One Tree Hill". Südlich von dem Hauptkrater liegt ein zweiter gegen Südost offener Krater, aus dem die jüngeren Lavaströme in der Richtung nach dem Mount Smart geflossen sind. Andere Lavaströme, die in nordöstlicher Richtung bei dem Wirthshaus Harp Inn sich bis über die Strasse nach Otahuhu erstrecken, deuten durch die starke Zersetzung, die sie erlitten haben, an, dass sie einer früheren Eruptionsepoche angehören, die wahrscheinlich mit der Bildung des Tuffkegels zusammenfällt.

20. Mount Smart (300 Fuss) erhebt sich als regelmässiger, oben abgestumpfter Schlackenkegel aus dem Manukau-Lavafeld. Er hat oben drei Kuppen, zwischen welchen ein unregelmässiger Krater eingesenkt ist. Gegen Nordwest liegt am Fusse des Schlackenkegels ein tiefes trichterförmiges Loch, durch den Einsturz einer Lavahöhle gebildet, in welchem man zahlreiche hübsche Farnkräuter, die da üppig gedeihen, sammeln kann. Der Schlackenkegel ist terrassirt und an der West- und Nordwestseite des Berges bemerkt man in den Lavafeldern ausgedehnte Spuren früherer Wohnplätze der Eingebornen. Die Lavablöcke sind in unregelmässigen Vierecken zu Mauern übereinander gelegt, und zwischen diesen Ruinen ehemaliger Wohnungen und Felder findet man zahlreiche Haufen von Muschelschalen, Reste von den Mahlzeiten der Eingebornen.

21 und 22. Mount Wellington und Purchas Hill.

Einer der bedeutendsten und jedenfalls der instructiveste unter allen Auckland-Vulcanen ist der Mount Wellington oder Maungarei der Eingebornen. Der Besuch desselben ist äusserst lohnend, vom Gipfel überblickt man weithin das Land und das Meer. Man hat hier Gelegenheit ein ganzes System von Kratern und Kegeln von verschiedenem Alter und verschiedenartiger Zusammensetzung zu studiren. Das älteste Glied ist ein grosser Tuffkrater, der von der Panmure Road (*E—F*) durchschnitten wird und in dem nördlichen Strassendurchschnitt sehr schön die mit 8—10° nach aussen geneigten Tuffschichten wahrnehmen lässt. In diesem Tuffkrater erhebt sich ein zweigipfeliger niederer Rücken, ein Doppel-Schlackenkegel mit zwei kleinen Kratereinsenkungen, welchen ich zum Andenken an meinen Freund Rev. Purchas, der mich bei der Untersuchung dieses Berges begleitet hat, Purchas Hill genannt habe. An der Nordostseite des Hügels ist ein Schotterbruch angelegt, in welchem die durch Zersetzung schon ganz roth gewordenen Schlackenmassen dieses älteren Eruptionskegels entblösst sind. Die alten Lavaströme desselben treten da und dort in stark zersetzten Gesteinsplatten auf dem Boden des Tuffkraters zu Tage.

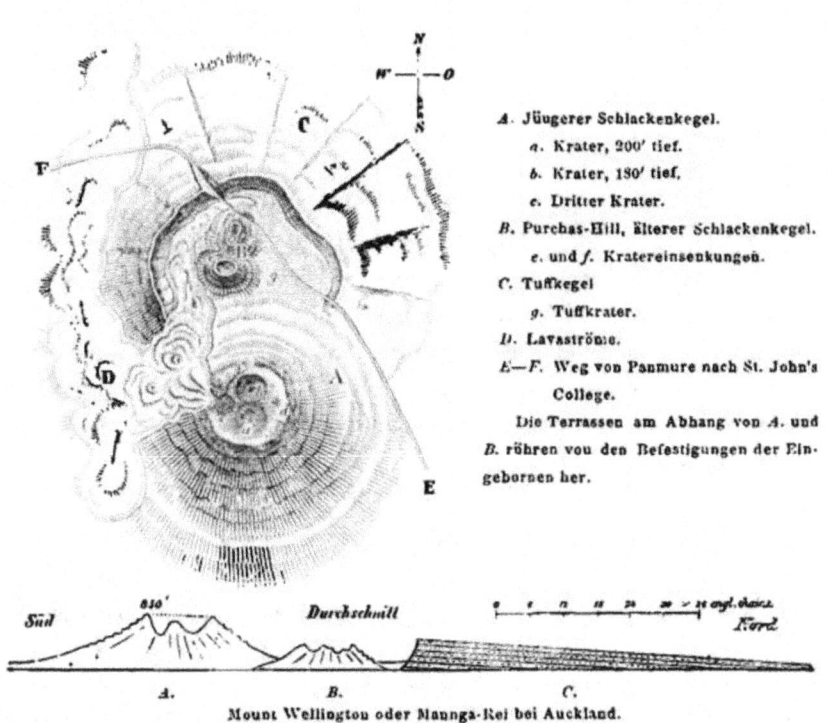

A. Jüngerer Schlackenkegel.
   a. Krater, 200′ tief.
   b. Krater, 180′ tief.
   c. Dritter Krater.
B. Purchas-Hill, älterer Schlackenkegel.
   e. und f. Kratereinsenkungen.
C. Tuffkegel
   g. Tuffkrater.
D. Lavaströme.
E—F. Weg von Panmure nach St. John's College.
Die Terrassen am Abhang von A. und B. rühren von den Befestigungen der Eingebornen her.

Mount Wellington oder Maunga-Rei bei Auckland.

Nach einer, wahrscheinlich verhältnissmässig langen Periode der Ruhe erfolgte am südlichen Rande des Tuffkraters ein neuer Ausbruch, der den grossen schönen Schlackenkegel des Mount Wellington aufschüttete und von reichen Lavaergüssen begleitet war.

Auf kreisrunder Basis erhebt sich mit steilem Böschungswinkel von 30—32° dieser jüngere Schlackenkegel, oben flach abgestumpft und ein sehr merkwürdiges Kraterfeld einschliessend. Der Schlackenkegel ist an der Südseite durch einen grossen Schotterbruch angebrochen. Hier sieht man kohlschwarze Aschen und Schlacken, so frisch und unzersetzt, als wären sie eben erst ausgeworfen worden. Sie liegen locker, aber in deutlichen mit dem Bergabhang parallelen Schichten über einander und sind wie ein Schwamm mit Feuchtigkeit angetränkt. Auch viele grössere und kleinere Bomben bemerkt man in der Schlackenmasse, die jedoch, sobald sie an der Luft austrocknen, in kleine Stücke zerfallen. Der Gipfel des Berges zeigt drei trichterförmige Kratereinsenkungen neben einander, die gegen Südost von dem höchsten Theil des Gipfelrandes gemeinschaftlich umschlossen sind. Der südliche Krater ist geschlossen und etwa 200 Fuss tief (vom höchsten Punkt aus gerechnet), der nördliche Krater, ungefähr 180 Fuss tief, ist gegen Nord theilweise geöffnet. Der westliche Krater aber hat den gemeinschaftlichen Gipfelrand durchbrochen, und dieser Durchbruch scheint die Stelle zu sein, wo die gewaltigen Lavaströme des Berges abgeflossen sind. Ein kleiner Theil der Lava hat sich in nördlicher Richtung in den alten Tuffkrater ergossen, ein anderer Theil hat sich am Fusse der Tertiärhügel, auf welchen St. John's College liegt, in nordöstlicher Richtung in einer flachen Thaleinsenkung gegen den Tamaki Creek zu ausgebreitet; die Hauptmasse der Ströme aber ist in südwestlicher Richtung geflossen und hat sich hier über die älteren Lavaströme des Maungakiekie (One Tree Hill) und Mount Smart hinweg, den letzteren umfliessend, bis an die Ufer des Manukau ergossen, wo sie einerseits in der Stadt.

Onehunga, andererseits in der nordöstlichsten Ecke des Manukau an der nach Otahuhu führenden Strasse, eine volle deutsche Meile von ihrem Ursprunge entfernt, ihr Ende erreichen. Diese Ströme sind an manchen Stellen 30 — 40 Fuss mächtig. Am westlichen Fusse des Berges umschliessen sie grosse Höhlen voll von Menschenknochen aus den Kriegszeiten der Maoris. Am nördlichen Fusse, am Wege nach St. John's College, sieht man den thonigen Boden, über welchen die Lavaströme weggeflossen sind, rothgebrannt wie Ziegel, und findet in diesen rothgebrannten thonigen Schichten Blätterabdrücke. Das seichte, von Sümpfen umschlossene Süsswasserbecken Waiatarua am nordwestlichen Fusse ist kein Tuffkrater, sondern verdankt seine Entstehung der Ansammlung des unter den Lavaströmen abfliessenden Wassers. Das Wasserbecken ist an seiner Nordwestseite von tertiären Hügelketten umschlossen.

Unter den Lavaströmen des Manukau-Lavafeldes, am Meeresufer zwischen Onehunga westlich und der Strasse nach Otahuhu östlich, brechen an mehreren Punkten frische Quellen hervor. Eine dieser Quellen am Nordostrande von Gedde's Basin heisst Waihihi (d. h. hervorsprudelndes Wasser). Das Wasser kommt in einem starken Strom an vier Stellen zu Tage, jedoch ohne eine Spur von Gasentwicklung und ohne eine Spur von mineralischem Beigeschmack. Die Temperatur des Wassers war 15·1° C. Alle diese Quellen entspringen auf der Grenze der Lavaströme und der darunter liegenden, thonigen Tertiär-Schichten.

Weitere unbedeutende Eruptionspunkte auf dem Isthmusgebiete sind die folgenden:

23. **Mount St. John**, ein kleiner, aber sehr regelmässiger Schlackenkegel mit deutlichem Krater.

24. An seinem südöstlichen Fusse liegt ein kleiner Sumpf, der den Kraterboden eines flachen Tuffkegels erfüllt.

25. **Mount Hobson** ist die Ruine eines Schlackenkegels; nur die eine nordöstliche Hälfte ist erhalten. Die Schlacken sind mehr zersetzt, als an den meisten der anderen Kegel. Den Fuss des Hügels bildet ein flacher, sehr fruchtbarer Tuffkegel.

26. **Mount oder Rangitoto**, südlich von der Orakei-Bucht, nicht zu verwechseln mit dem Rangitoto-Berg des Hauraki-Golfes, ist ein niederer Eruptionskegel mit sehr unvollkommen erhaltenem, gegen Nordwest geöffnetem Krater. Nach dieser Richtung, der Hobsons-Bay zu, sind unbedeutende Lavaströme abgeflossen, unter welchen am Strande frische Wasserquellen hervorsprudeln. An der Südostseite ist der Schlackenkegel von einem Tuffkegel umschlossen, der mit dem Tuffkrater der Orakei-Bay in Berührung steht.

27. Die **Orakei-Bay**, östlich von Auckland an der Hobsons-Bay gelegen, ist ein seichtes, beinahe kreisförmiges Becken, dessen schlammiger Boden bei Ebbe zum grössten Theile trocken liegt. Die Ufer fallen ringsum steil ab und zeigen wohlgeschichtete Tuffbänke entblösst. Die vulcanischen Aschen und Schlacken dieser Tuffschichten umschliessen hier grosse Stücke und Schollen der durchbrochenen tertiären Thonmergel und Sandsteine.

28. Beim **Tamaki Head** liegt der Rest eines Tuffkraters. An dem Steilabfalle gegen das Meer kann man beobachten, wie ein grobes vulcanisches Conglomerat in einer Mächtigkeit von 20—30 Fuss die tertiären Sandstein- und Thonmergelschichten überlagert.

29. Ein ähnlicher Tuffkraterrest liegt weiter südöstlich an der Westseite des Tamaki-Creeks über der Uferklippe. Ein vollständig erhaltenes vulcanisches System ist dagegen

30. **Taylor's Hill**, östlich von St. John's College. Ein niederer, länglicher, mehrgipfeliger Schlackenkegel, zeigt an seinem östlichen Ende eine flache Kratereinsenkung. In nordwestlicher Richtung sind unbedeutende Lavaströme abgeflossen. Der sehr vollständig entwickelte Tuffkrater, welcher das kleine System umschliesst, ist nur in der Richtung geöffnet, in welcher die Lavaströme abgeflossen sind.

31. **Wai Magoia**, der Tuffkrater von Panmure. Nächst dem Pupaki-See am Northshore der grösste Tuffkrater im Auckland-District, am westlichen Ufer des Tamaki-Creek's gelegen, mit welchem das Kraterbecken in Verbindung steht. Auf dem Wege von Howick nach Auckland bei der Überfuhr von Panmure steht man dem engen Eingange in den schönen Kratersee gerade gegenüber. Die Tuffschichten zeigen am Tamaki-River und an der inneren Kraterwand steile Abstürze und reichen noch herüber auf das östliche Ufer des Tamaki. Gerade da, wo man die Fähre besteigt, steht man auf vulcanischen Tuffen. Unter denselben in der Hochwasserlinie des Creeks steht die Lignitformation der Drury- und Papakura-Flats an. In dem mehr als vier Fuss mächtigen Lignitlager liegen grosse Baumstämme noch so vollständig erhalten, als wären sie eben erst von Schlamm und vulcanischen Aschen bedeckt worden.

32. **Hamblins Hill**, ein kleiner Schlackenkegel nordöstlich von Otahuhu, von welchem ziemlich bedeutende Lavaströme in nordöstlicher Richtung nach dem Tamaki-Creek geflossen sind.

33. **Mount Richmond** bei Otahuhu. Die Strasse führt dicht am Fusse des Schlackenkegels vorbei. Dieser ist durch einen unregelmässigen, stark zerfallenen Krater in vier Kuppen zertheilt, an welchen die Eingebornen in früheren Jahrzehnten bedeutende Erdwerke ausgeführt haben. Rings um den Schlackenkegel zieht sich, wie ein künstlicher Wallgraben, ein Sumpf, und dieser ist wieder, jedoch ohne einen deutlichen nach innen steiler abfallenden Kraterrand, von einem flachen Tuffkegel umschlossen.

34. **Gedde's Basin bei Onehunga**, von den Eingebornen Hopua genannt, ist ein Tuffkrater von fast regelmässig kreisförmiger Gestalt. Der nur 15—20 Fuss hohe, ringförmige Wall, der nach innen steil abfällt, nach aussen aber ganz flach abdacht, ist an der Südseite gegen den Manukau-Hafen durchbrochen, so dass von dieser Seite das Meer ungehinderten Eintritt in den Krater hat. Am sogenannten „Westhorn" des Bassins sind in einer Grube die Schichten entblösst. Sie bestehen aus abwechselnden Lagen von Schlamm und von gröberen oder feineren vulcanischen Aschen und Schlacken, und verflächen regelmässig nach aussen mit einem Neigungswinkel, der zwischen 5 und 10° variirt. In diesen Schichten sieht man mitunter grosse, scharfkantige Stücke poröser Basaltlava und Fragmente der sandigen Thonmergelschichten, welche den Auckland-Isthmus bilden, eingebettet. So weit diese Schichten dem Einflusse des Meerwassers ausgesetzt sind, erscheinen sie zu einer festen Tuffmasse cementirt, während sie sonst locker sind und zu losem Grus zerfallen. Die Aschen- und Schlackenausbrüche waren hier ohne Zweifel durchaus unterseeisch und jene Abwechslung von Schlamm- und Aschenschichten rührt vielleicht von dem fortwährenden Wechsel von Ebbe und Fluth während der Eruptionen her. Lavaströme scheinen aus diesem Eruptionsmittelpunkt keine geflossen zu sein. Die grossen Lavablöcke, welche rings um den flachen Tuffkegel liegen, rühren von den Lavaströmen des Mount Wellington und Mount Smart her, die das grosse Lavafeld an der Küste des Manukau-Hafens bilden.

Die besonderen Verhältnisse dieses Tuffkrater-Bassins haben auf den Gedanken geführt, denselben dadurch zu einem Dock umzugestalten, indem man den Schlamm, der das

Kraterbassin so weit ausfüllt, dass es bei Hochwasser nur 8 Fuss Wasser hat, hinausschafft und die natürliche Öffnung gegen die Hafenseite in einen künstlichen Schleussenverschluss umwandelt.

35 bis 40. **Die Tuffkegel von Onehunga.** Die Farmen und Villen, welche zwischen dem One Tree Hill, den Three Kings und der Stadt Onehunga liegen, verdanken die Fruchtbarkeit und Üppigkeit ihrer Wiesen, Felder und Gärten dem vortrefflichen Boden, welchen zersetzte vulcanische Tuffe abgeben. Schon die gelbe Eisenfarbe des Bodens sticht charakteristisch ab, einerseits gegen das Weiss des tertiären Thonmergelbodens, andererseits gegen das Schwarz der Lavafelder. Ein weniger geübtes geologisches Auge wird aber in dem bezeichneten Terrain kaum mehr erkennen, als ein welliges, sehr fruchtbares Land mit einzelnen Sümpfen und seichten Wasserlacken in den Vertiefungen zwischen den flachen Hügeln. Erst bei genauerer Beobachtung bemerkt man die kreisförmige Anordnung der Hügel und findet, dass dieses Terrain von mehreren dicht an einander liegenden und sich berührenden Tuffkegeln gebildet ist, und dass die Sümpfe die alten Krater dieser Tuffkegel sind. Nur muss man sich hüten, die Vertiefung zwischen drei oder vier Tuffkegeln selbst wieder für einen Krater zu halten. Ich will daher die deutlicheren unter diesen Tuffkratern näher bezeichnen.

Hat man auf der Strasse von Auckland nach Onehunga eben den One Tree Hill passirt, so führt die Strasse nach einander über zwei flache Rücken, die einem Tuffkegel angehören und durchschneidet in der Einsenkung zwischen beiden Rücken die Mitte des zugehörigen Kraters. Gleich darauf, noch ehe man zum Royal Ock Hôtel kommt, liegt links dicht an der Strasse eine kleine kreisrunde, kaum 30 Fuss durchmessende Wasserlacke, die den Kraterboden eines zweiten, sehr kleinen und sehr flachen Tuffkegels erfüllt, dessen westlicher Rand von der Strasse durchschnitten wird. Etwas entfernter rechts von der Strasse liegt Beveridge's Swamp, ein Sumpf, der von einem, namentlich gegen Süd sehr vollkommen erhaltenen Tuffkegel umschlossen wird. An der Südostseite, auf dem höchsten Punkte dieses Tuffkegels, liegt Capitän Symond's Landhaus.

Beim Kreuzwege, wo rechts gegen Südwest die Strasse nach dem Commercial-Hôtel von Onehunga abzweigt, befindet man sich im Centrum der flachen Kratereinsenkung, welche dem Tuffkegel des Green Hill von Onehunga angehört. In dem darauffolgenden Strasseneinschnitte sind die Tuffschichten sehr deutlich blossgelegt.

Ferner liegt zwischen Three Kings und Mount Kennedy der Kratersumpf eines ziemlich ausgedehnten, sehr flachen Tuffkegels, und eben so kann man am südöstlichen Fusse der Three Kings noch zwei oder drei kleine Tuffkegel zählen.

d) Östlich vom Tamaki Creek in der Umgegend von Howick.

41. Der nördlichste Punkt ist hier ein kleiner Tuffkrater mit sumpfigem Krater nordwestlich vom Pigeon Hill.

42. Der Pigeon Hill bei Howick ist ein kleiner nur circa 110 Fuss hoher, dreigipfliger Schlackenkegel, an welchem der Strassenschotter für die Umgegend gewonnen wird. Der nur sehr unvollkommen erhaltene Krater ist gegen West offen; in derselben Richtung haben Ergüsse von kleinen Lavaströmen stattgefunden. Der Schlackenkegel ist umgeben von einem Tuffkegel, der östlich und nördlich noch gut erhalten ist. Weiter südlich jenseits des Otara Creeks, liegt

43. Der kleine Tuffkrater Styak's Swamp, dann in genau nordsüdlicher Richtung hinter einander:

44 und 45. Die Otara-Berge. Der nördliche Green Hill (auch Bessy Bell genannt) zeigt an seiner Süd- und Südostseite noch sehr deutlich einen Tuffkegel, welcher wallförmig, mit scharf markirtem, innerem Steilabfalle den Schlackenkegel umgibt. Dieser trägt einen gut erhaltenen, mit üppiger Baumvegetation erfüllten Krater, der gegen Nord offen und aus dem bedeutende Lavaströme abgeflossen sind, die ein in nordwestlicher Richtung sich bis zum Otara Creek erstreckendes Lavafeld bilden, das den kleinen Tuffkegel Styak's Swamp umgibt. Der südliche Hügel, der Otara Hill (oder Mary Gray) besteht aus einem gegen 150 Fuss hohen Schlackenkegel und den Rudimenten eines an der Ostseite noch zur Hälfte erhaltenen, niederen Tuffkegels. Der Krater des Schlackenkegels, der durch die Länge der Zeit und durch alte Befestigungswerke der Maoris seine ursprüngliche Form grossentheils eingebüsst hat, ist gegen Südost offen. An dieser Seite hat sich Lava ergossen, die in südwestlicher Richtung abgeflossen ist.

e) Westlich von der Great South Road an den Ufern des Manukau.

Ganz besonders reich an Tuffkegeln oder Tuffkratern ist die durch die tiefen Einschnitte des Tamaki- und Pukaki-Creeks gebildete Halbinsel, deren Ufer die nordöstliche Ecke des Manukau-Hafens bilden. Dies ist zugleich eine durch ihre besondere Fruchtbarkeit berühmte Gegend.

46. Robertson's Hill oder Fort Richards bei Otahuhu ist ein flacher, niederer Tuffkegel, in dessen sumpfigem Krater sich ein Schlackenkegel mit noch vollständig erhaltenem Krater erhebt.

47 bis 51. Die fünf Tuffkrater von Kohuora.

Kohu-ora bedeutet lebendigen Nebel oder fluthenden, sich bewegenden Nebel, weil Morgens über den Sümpfen, welche den Kraterboden der unweit von einander liegenden Tuffkegel erfüllen, sehr häufig Nebelschichten liegen, die mit der steigenden Sonne sich heben und verlieren. Neben den drei einfachen Tuffkegeln, deren Kraterboden von grasbewachsenen Sümpfen erfüllt ist, finden sich hier zwei der ausgezeichnetsten Beispiele von Tuffkegeln, in deren Krater inselförmig sich Reste von versunkenen Schlackenkegeln erheben.

Der bei Mr. Buckland's Farm (etwas südwestlich davon) am nördlichen Ende des Pukaki-Creeks gelegene Tuffkrater steht durch einen schmalen Canal mit dem Creek in Verbindung und ist zur Fluthzeit voll Wasser. Der innere Schlackenkegel ist aber vollständig versunken. Nur eine flache Schlammbank in der Mitte bezeichnet den Gipfel desselben.

Etwas vollständiger ist der Schlackenkegel in dem südöstlich von Buckland's Farm gelegenen Tuffkrater erhalten. Hier erhebt sich in der Mitte des Kratersumpfes eine circa 12 Fuss hohe und nur wenige hundert Schritte im Umkreis habende Insel, die aus Basaltblöcken und Schlacken besteht.

Am Steilrand des Tuffkraters rund um den Sumpf sind wieder Lavafelsen sichtbar, in welchen Höhlen vorkommen. Der höchste Punkt des Tuffkegels liegt ungefähr 70 Fuss über dem Kraterboden. An dem südlich den Tuffkegel bespülenden Arm des Pukaki Creeks sieht man die

Tuffschichten in regelmässigen Bänken über einander gelagert. In den Brunnenschächten der Ansiedler sind die Tuffschichten durchteuft. Unter ihnen liegt ein weicher, feinkörniger Sandstein von licht blaugrauer Farbe, der weissen Glimmer führt und eine bedeutende Mächtigkeit besitzt. In diesem zu feinem Staub zerfallenden Sandstein kommen die Ansiedler immer auf Wasser.

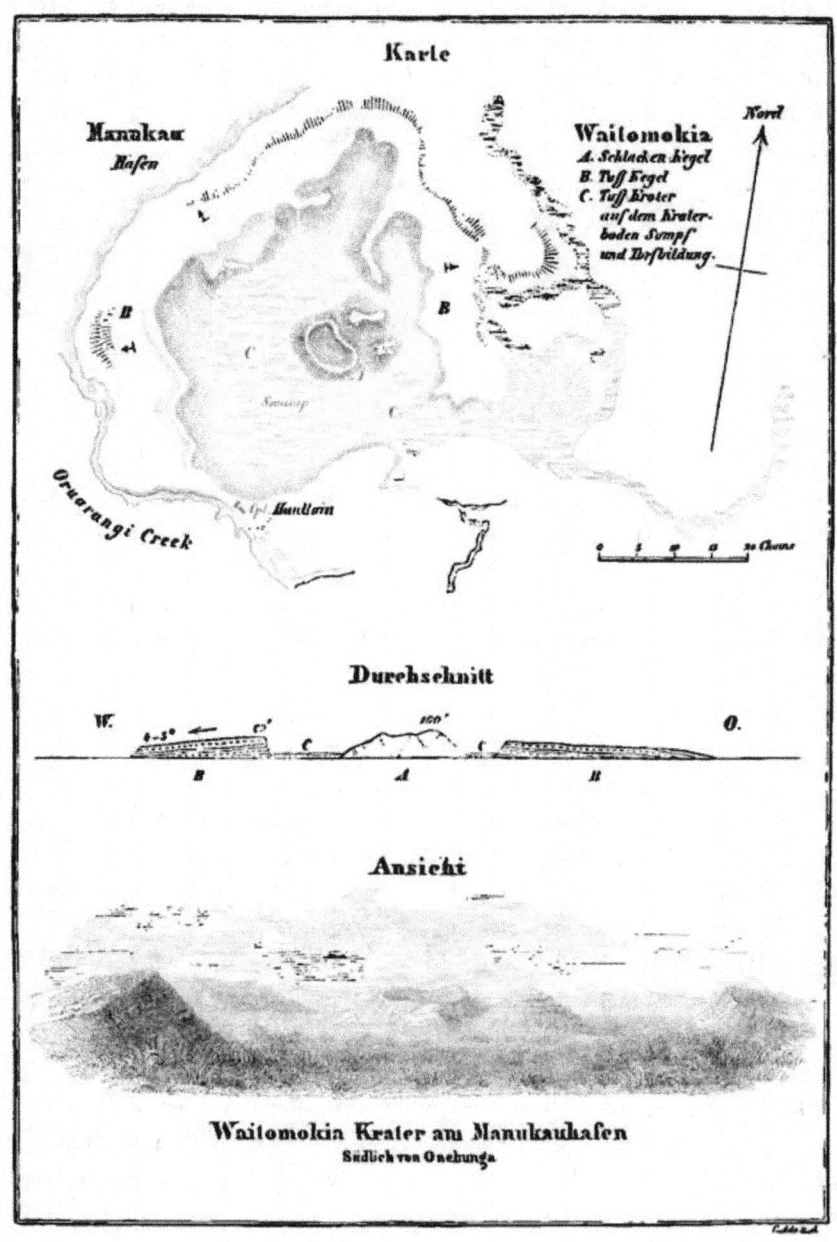

52. Ganz analog ist die Bildung der Kraterbucht, welche sich der Insel Puketutu gegenüber öffnet. Bei Fluth ist der Kraterboden mit Wasser bedeckt und nur eine ganz kleine, höch-

stens 10 Fuss hohe Insel im Innern der Bucht bleibt trocken. Diese Insel ist als der Rest eines versunkenen Eruptionskegels zu betrachten und auf derselben sogar noch eine kraterähnliche Einsenkung zu erkennen.

53. Der östlich von dieser Bucht am südöstlichen Fusse des Berges Mangere gelegene Sumpf liegt im Krater eines niederen Tuffkegels.

54 und 55. Einer der instructivsten Punkte und ein wahres Modell für die doppelte Kegel- oder Kraterbildung bei vulcanischen Systemen, welche man nach Leopold v. Buch's falscher Theorie gewöhnlich als Erhebungskrater und Eruptionskrater unterschied, ist der Waitomokia-Krater und Kegel, westlich von den oben beschriebenen Punkten gelegen. (S. d. Holzsch. S. 180.)

In der Mitte eines Sumpfes, dessen schwarzer Torfmoorboden rings von üppig grünem Schilfgras wie von einem frischen Kranze umgeben ist, erhebt sich eine nur gegen 100 Fuss hohe Gruppe von Schlackenkegeln. Der westliche Kegel trägt noch einen vollständig erhaltenen trichterförmigen Krater, dessen Boden tiefer liegt, als der umgebende Sumpf. Der südöstliche Kegel ist durch frühere Befestigungen der Eingebornen terrassirt, er war einst ein Pa. Und in der That kann kaum ein Punkt schon von der Natur besser befestigt sein. Der Sumpf ringsum bildet den natürlichen Festungsgraben, und der den Sumpf sammt den Schlackenkegeln einschliessende Tuffkegel mit seinem steilen Kraterabsturz nach innen und der flachen Abdachung nach aussen den natürlichen 50—60 Fuss hohen Wall.

Der Oruarangi-Creek, welcher südlich bei Capitän Haultains Farm den Tuffkegel durchschneidet, entblösst die mit 4—5 Grad nach aussen verflächenden Tuffschichten. Die vulcanischen Schichten lagern über lichten Thonmergeln und bestehen zu unterst aus gröberem vulcanischem Schutt, nach oben aber aus feineren Aschenschichten. An der Oberfläche des Tuffkegels findet man vulcanische Bomben und einzelne Basaltlavablöcke. Eigentliche Lavaströme aber haben sich auf diesem Punkte nicht ergossen.

Capitän Haultain liess, um den Sumpf trocken zu legen, 8 Fuss tiefe Gräben ziehen, ohne den Grund der Torfbildung zu erreichen. Mächtige Baumstämme liegen wohlerhalten in dem Torfe begraben, ein Beweis, dass wo jetzt Sumpf ist, einst Wald war.

Mit diesem Sumpf steht in nordöstlicher Richtung durch einen kleinen Wasserlauf ein zweiter Sumpf in Verbindung, der gleichfalls den Boden eines Tuffkraters auszufüllen scheint.

Endlich haben wir in diesem Gebiete auch mehrere Punkte, wo mehr oder weniger bedeutende Lavaergüsse stattgefunden haben.

56 und 57. Mangere oder Mount Elliot, Onehunga gegenüber, 333 Fuss hoch, ein steil ansteigender Schlackenkegel mit mehreren kleinen Kratern, aus welchen zahlreiche Lavaströme ausgeflossen sind, welche ein ausgedehntes Lavafeld am Fusse des Hügels bilden. (S. d. Holzsch. S. 182.)

Die Hügel, welche östlich vom Mount Elliot, eine in die Onehunga-Bucht vorspringende Halbinsel bilden, scheinen einen selbstständigen Eruptionspunkt zu bezeichnen, welchen ich Boulton's Hill genannt habe, zur Erinnerung an Mr. Boulton, den Surveyor, welcher in dieser Gegend für mich Vermessungen vornahm.

58. Puketutu oder Weekes-Insel habe ich nicht besucht. Bei Ebbe kann man von dem gegenüberliegenden Land durch den Schlamm nach der Insel waten. Der Schlackenkegel ist 263 Fuss hoch und soll einen regelmässigen Krater haben. Weit ausgebreitete Lavaströme bilden den flachen Theil der Insel.

Südlich vom Oruarangi-Creek, auf der Halbinsel, welche im Tumatoa-Point endet, liegen noch drei Eruptionspunkte, welche ich nur flüchtig besuchen konnte.

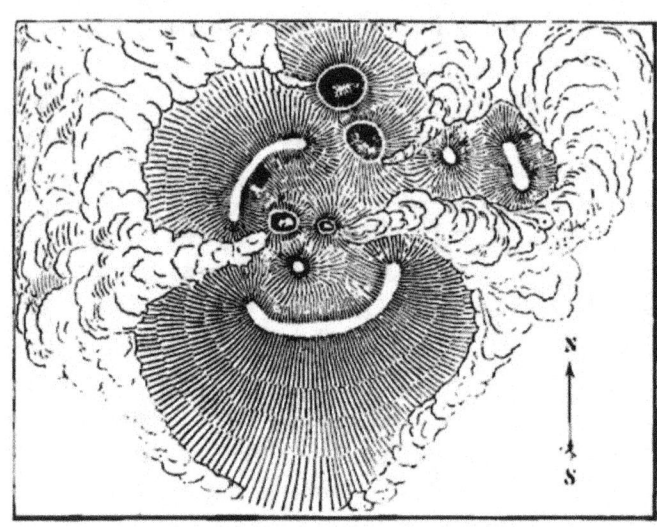

Mangere oder Mount Elliot. (Vgl. S. 181.)

59. Der erste, von den Eingebornen Pukeiti genannt oder der kleine Hügel, ist ein niederer, kleiner, aber sehr regelmässig geformter Schlackenkegel mit einer kreisrunden, flachen, nur 10 Fuss tiefen, schüsselförmigen Kratereinsenkung. So klein der Kegel, so scheinen auf diesem Punkte wahrscheinlich vor der Bildung des Kegels mächtige Lavaströme in nördlicher Richtung nach dem am südlichen Ufer des Oruarangi-Creeks liegenden Maoridorf ausgeflossen zu sein.

Südlich von Pukeiti liegt der Schlackenkegel:

60. Otuataua, eine alte Ritterburg der Eingebornen. Der Kegel erhebt sich mit steilem Böschungswinkel, ungefähr 200 Fuss über das Meer. Der Krater am Gipfel ist gegen West offen, und nach dieser Richtung sind bedeutende Lavaströme dem Meere zugeflossen.

Der südlichste und bedeutendste der drei Kegel ist der

61. Maunga take take. Der Gipfel des Schlackenkegels erhebt sich etwa 250 Fuss über das Meer und ein weit ausgedehntes Lavafeld umgibt den Fuss des Kegels.

62 und 63. Manurewa und Matakarua heissen die beiden Kegel, welche sich weithin sichtbar aus der Ebene an den Ufern des Pukaki-Creeks, ungefähr 300 Fuss hoch, erheben. Sie sind die am weitesten südlich gelegenen unter den Auckland-Vulcanen. Ihre Schlackenkegel liefern den vortrefflichen Schlackenschotter für die Great South Road. Sie sind rings umgeben von steinigen Lavafeldern.

Vertheilung der Eruptionspunkte auf dem Isthmusgebiete. Nachdem ich die einzelnen Eruptionspunkte beschrieben, erhebt sich nun noch die weitere Frage, ob dieselben auf dem Isthmusgebiete unregelmässig zerstreut liegen, oder ob sie in ihrer gegenseitigen Vertheilung eine bestimmte Anordnung, etwa ein Gesetz linearer Vertheilung zeigen. Man kann bei einer so grossen Anzahl von Eruptionspunkten natürlich sehr verschiedenartige Richtungen bezeichnen, auch mehr oder weniger parallellaufende Linien, auf welche eine grössere Anzahl derselben sich vertheilt: nordsüdliche und ostwestliche Linien zum Beispiel. Allein ich glaube, jeder Versuch, die Vertheilung der Auckland-Vulcane auf Parallellinien oder auf ein System sich unter gewissen Winkeln schneidender Parallelen zurückzuführen in ähnlicher Weise, wie dies z. B. Abich für die Schlammvulcane und Schlammvulcan-Inseln in der Südhälfte des caspischen Meeres nachgewiesen hat, wäre gekünstelt und würde der Natur nicht entsprechen. Wo eine derartige gesetzmässige Anordnung besteht, beruht sie auf regelmässigen Spaltensystemen in dem Grundgebirge der vulcanischen Region; und diese Spaltensysteme verdanken ihren Ursprung entweder einer regelmässigen Zerklüftung des Grundgebirges oder sie hängen, wie bei den Reihenvulcanen, mit grossen Hebungslinien zusammen und sind in der linearen Anordnung antiklinaler und synklinaler Zonen des geschichteten Grundgebirges schon in früheren Erdperioden längst vorgebildet. Von alle dem ist aber auf dem Isthmus von Auckland keine Spur.

Die Küstenlinien schon zeigen, dass nirgends eine regelmässige Zerklüftung des tertiären Schichtgebirges stattfindet. Die Schichten liegen überdies horizontal, und erscheinen nur local gestört. Die erloschenen Auckland-Vulcane sind daher als eine centrale Gruppe aufzufassen. Sie nehmen ein elliptisches Gebiet ein, dessen längere Axe von Süd nach Nord gerichtet ist und dessen grösste Erhebung oder dessen Wasserscheide mit einem von Südwest nach Nordost verlaufenden Durchmesser der Ellipse zusammenfällt, einer Linie, welche das Rechteck des Isthmus als Diagonale halbirt und etwa vom Tewhau Point an der Manukau-Seite nach dem Tamaki-Head an der Waitemata-Seite gezogen gedacht werden kann. Das Waitemata-Lavafeld fällt dann in das eine Dreieck des so getheilt gedachten Rechteckes, das Manukau-Lavafeld in das andere Dreieck.

Die Identität der Laven aller Auckland-Vulcane lässt vielleicht den Gedanken gerechtfertigt erscheinen, dass sie alle nicht blos aus einem und demselben vulcanischen Herde, sondern auch aus einem und demselben vulcanischen Hauptcanale gebildet wurden, der sich erst in den weichen, leicht zertrümmerbaren Tertiärschichten in kleinere Adern zertheilte.

Die Frage, wie lange wohl die vulcanische Thätigkeit auf dem Isthmus angedauert habe und ob dieselbe einmal wiederkehren könne, lässt sich natürlich nicht beantworten, wohl aber lässt sich nach dem Beispiele des Monte nuovo auf den phlegräischen Feldern bei Neapel, der im September 1538 durch einen gewaltigen Aschen- und Schlackenausbruch in 2 Tagen und 2 Nächten zu einem Kegel von 400 Fuss Höhe anwuchs, behaupten, dass Schlackenkegel wie Mount Eden und Mount Wellington in der Zeit weniger Tage entstanden sein können.

Ich kann nicht umhin, zum Schlusse noch Einiges über das merkwürdige vulcanische Gebiet in Victoria (Australien) zu erwähnen, welches unter allen mir bekannten vulcanischen Gebieten am meisten Analogie zeigt mit den Erscheinungen der Auckland- und Inselbai-Zone auf Neu-Seeland. Während trachytische Eruptionen in der Colonie Victoria gänzlich unbekannt sind, erstreckt sich dagegen von Port Philipp bei Melbourne bis nach Südaustralien ein grosses Feld basaltischer Eruptionen, welchem Victoria sein fruchtbares Agriculturland verdankt. Es ist charakterisirt durch deckenförmig weit ausgedehnte Lavafelder und verhältnissmässig unbedeutende Eruptionskegel mit mehr oder weniger deutlich erhaltenen Kratern. Einige dieser Eruptionspunkte habe ich auf Ausflügen in der Umgegend von Melbourne selbst kennen gelernt. Die Geologen von Victoria unterscheiden ältere und jüngere Basalte. Der ältere Basalt liegt unter den tertiären Miocenschichten von Victoria und der jüngere Basalt ist in deutlichen Lavaströmen, welche sich auf die einzelnen Eruptionspunkte zurückführen lassen, über den miocenen Schichten ausgegossen; die Lavaströme folgen den Hauptthälern, sind aber andererseits wieder von jüngeren Wasserläufen durchschnitten. Das tertiäre Goldseifengebirge liegt unter dem älteren, das alluviale Goldseifengebirge über dem jüngeren Basalt, so dass man z. B. bei Ballaarat mehrere Basaltschichten durchteufen musste, bis man auf tertiären Golddrift kam. Auch petrographisch lässt sich der ältere Basalt vom jüngeren unterscheiden. Im älteren kommen nämlich Zeolithe vor (Natrolith z. B. im Basalt von Philipps Island im Western Port), während Olivin selten nachweisbar ist. Der jüngere Basalt, gewöhnlich eine schlackige, poröse Basaltlava, ist olivinreich und führt statt der Zeolithe Aragonit und Hyalith. Dieser jüngere Basalt liefert den schönen „blue stone" (Blaustein), einen der Hauptbausteine für Melbourne, der in der nächsten Umgebung der Stadt in grossen Steinbrüchen gewonnen wird, während der ältere Basalt als Baustein sich nicht verwenden lässt. Ein ähnlicher Altersunterschied ergab sich, wie wir oben gesehen haben, auch auf Neu-Seeland zwischen den basaltischen Bildungen des westlichen Küstendistrictes (Seite 54) und den basaltischen Eruptionen der Auckland-Zone. Der „scoriac-stone" von Auckland aber, der Hauptbaustein in Auckland, ist nichts anderes als der „blue stone" von Melbourne.

Nach Herrn Ulrich's Beobachtungen liegen die Eruptionskegel parallel dem Streichen der durchbrochenen silurischen Schichten in Reihen von Süd nach Nord hinter einander; nach Mr. Selwyn's Mittheilungen tragen sie je weiter gegen West einen desto jüngeren Charakter.

In der Umgegend des Sees Korangamite, des grössten Sees in Victoria, in den Küstendistricten von Port Fairy und Portland Bay und weiter nordwestwärts wiederholen sich alle Verhältnisse der Auckland-Vulcane in eben so typischer Weise an den von James Bonwick[1] und Rev. J. Woods[2] beschriebenen Punkten, wie Mount Leura, Lake Purrumbete, Mount Noorat, Mount Gambier, Mount Shanck, Tower Hill und vielen anderen. Die vortrefflichen Zeichnungen und Skizzen des deutschen Malers Emil v. Guérard in Melbourne haben mir von diesen Kegeln und Kratern die beste Vorstellung gegeben. Die in London lithographirte Ansicht des Tower Hill oder Koroit gibt, nur in grösseren Dimensionen und mit anderer Staffage, das Bild des Waitomokia-Kraters bei Otahuhu wieder. Diese von Seen oder Sümpfen erfüllten Tuffkrater, und von trichterförmigen Kratern durchbohrten Schlackenkegel ziehen sich bis zu den südaustralischen Grampians, wo die steilen Sandsteinwände des Mount Abrupt deutlich eine alte Seeküste bezeichnen.

Auch die von W. J. Hamilton[3] beschriebene Gegend der Katakekaumene in Lydien scheint mit ähnlichen erloschenen Vulcankegeln besetzt zu sein wie der Isthmus von Auckland. Die kraterreichen Gegenden Europa's, wie das phlegäische Gebiet bei Neapel, die Eifel oder die Auvergne bieten in ihren wesentlich verschiedenen Verhältnissen weit weniger Vergleichungspunkte.

---

[1] Western Victoria, its Geography, Geology and Social condition, Geelong 1857.
[2] Geological Observations in South Australia, London 1862.
[3] Reisen in Kleinasien und Armenien, deutsch von Otto Schomburgk 1843.

ANHANG.

Verzeichniss von Höhen im südlichen Theile der Provinz Auckland.

Während meiner Reise durch die südlichen Theile der Provinz Auckland führte ich ein von Kapeller in Wien verfertigtes Barometer nach Gay Lussac (Nr. 10, der k. k. geologischen Reichsanstalt in Wien gehörig) mit mir, mittelst dessen ich Beobachtungen zum Zwecke von Höhenbestimmungen ausführte. Dieses Barometer war im März und April 1857 vor der Abreise von Wien mit dem Normalbarometer der k. k. Centralanstalt für Meteorologie und Erdmagnetismus in Wien verglichen worden; es hatte sich ein mittlerer Fehler $= + 0\cdot002$ Pariser Linien oder $+ 0\cdot0001$ englische Zoll ergeben.

Die Beobachtungen während der Reise erstrecken sich auf den Zeitraum vom 1. März bis 21. Mai 1859. Die Ablesungen sind im Original in Millimetern, Quecksilber- und Lufttemperatur in Graden nach Réaumur angegeben, wurden aber für die Berechnung auf englische Zolle und Grade Fahrenheit reducirt. Zu correspondirenden Beobachtungen wurden die Beobachtungen des meteorologischen Observatoriums der Royal Enginers zu Auckland, welches unter der Leitung des Colonel H. R. Mould stand, benützt. Da diese Beobachtungen nur zweimal im Tage und zwar um $9\frac{1}{2}^h$ a. m. und $3\frac{1}{2}^h$ p. m. ausgeführt werden, so wurden die correspondirenden Barometerstände und Temperaturen durch Interpolation erhalten.

Nach der Rückkehr von der Reise wurden vom 6. bis 26. Juli Vergleichungen meines Barometers Nr. 10 mit dem Standard-Barometer Nr. 48 des Observatoriums in Auckland angestellt. Der Fehler des Barometers ergab sich hiernach

$$= - 0\cdot033 \text{ englische Zoll.}$$

Bei der Reduction der Barometerstände der gemessenen Höhenpunkte wurde dieser Fehler in Rechnung gebracht. Zur Berechnung der Seehöhen, welche von Herrn Dr. F. Lukas ausgeführt wurde, sind Guyot's Meteorological Tables, Second edition, Washington 1859, benützt worden.

Durch 148 Beobachtungen wurden 84 Höhenpunkte bestimmt, welche ich in Folgendem nebst einigen von englischen Officieren trigonometrisch bestimmten und anderen nur geschätzten Höhen zusammenstelle.

<ul>
<li>a. Punkte, welche bei der Küstenaufnahme von englischen Officieren bestimmt wurden (New Zealand Pilot und englische Seekarten).</li>
<li>b. Meine barometrischen Messungen.</li>
<li>* Schätzungen.</li>
</ul>

Engl. Fuss.

Auckland:
Meteorologisches Observatorium der Royal Engineers	140 a
Winchy's Boarding House am oberen Ende von Princess Street	130 b.

Kaipara-Hafen, Westküste:
Tekaranga-Hügel am Otamotea-Fluss	1440 a
Wakakuranga-Hügel am Orua-wharu-Fluss	476 a
Opara-Hügel „	378 a
Auckland Peak beim Otau Creek	1023 a
Koharanga am eigentlichen Kaipara-Fluss	326 a

Titirangi-Kette, zwischen dem Waitakeri und dem Manukau-Hafen, Westküste:
Teawekatuku-Berg	1430 a
Pukematikeo oberhalb Hendersons Bush	1300 *
Maungatoetoe oberhalb Dilwort's Farm	1200 *
Parera-Klippen an der Westküste	700 *

Manukau-Hafen, Westküste:
North Head, Paratutai-Insel, Signalstation	350 a
Pilot's Station	300 *
Pukebuhu	690 a
Omanawanui Peak	1100 *
Te Kaamoki oder Te Komoki Peak bei The Huia	480 a
The Huia Peak	1280 a
Puponga-Halbinsel, höchster Punkt	390 a
Anhöhe am linken Ufer des Big Muddy Creek	600 a
Waldige Anhöhe beim Whau Creek	800 a
South Head, Mahanahani	580 a

Ostküste, von der Bay of Islands bis zum Waitemata-Hafen oder zum Hafen von Auckland:
Cape Tewara oder Bream Head beim Wangari-Hafen	1502 a
Gipfel zwischen Bream Head und Home Point	1340 a

	Engl. Fuss.
Moto Tiri-Inseln, höchster Punkt	725 ⊿
Taranga-Insel	1353 ⊿
Mount Hamilton bei Rodney Point	1050 ⊿
Kawau Island, höchster Punkt Mount Taylor	510 ⊿
Little Barrier Island oder Houturu, höchster Punkt Mount Many Peaks	2383 ⊿
Great Barrier Island oder Aotea, höchster Punkt Mount Hobson	2330 ⊿

Die Auckland-Vulcane:

	Engl. Fuss.
Rangitoto	920 ⊿
North Head, Takapuna	216 ⊿
Mount Victoria, Takarunga	280 ⊿
Heaphy Hill	100 *
Mount Eden	642 ⊿
Hobson	430 ⊿
St. John	400 ⊿
Albert	400 ⊿
Mount Kennedy	310 ⊿
Three Kings	390 ⊿
One Tree Hill	580 ⊿
Mount Smart	300 *
„ Wellington	350 *
Pigeon Hill	110 ⊿
Otara Hill	150 ⊿
Mangere Hill	333 ⊿
Waitomokia	120 *
Puketutu	263 ⊿
Otuataua	300 ⊿
Maunga taketake	300 ⊿
Manurewa	300 ⊿
Matakarua	300 ⊿

	Engl. Fuss.
Drury, Youngs Inn im ersten Stock	75 *b.*
Braunkohlenschacht im Walde auf Farmers Land	356 *b.*

Great South Road, zwischen Drury und Mangatawhiri:

	Engl. Fuss.
Drury-Hotel	75
Erste Anhöhe beim Beginn des Waldes	491 *b.*
Höchster Punkt der Strasse	811 *b.*
Waikohowheke, Haus an der Strasse	598 *b.*
Zweithöchster Punkt der Strasse, wo sich die Aussicht auf den Waikato-Fluss eröffnet	770 *b.*
Mangatawhiri, Maori-Niederlassung	77 *b.*
Papahora hora, bei Kupa Kupa am linken Waikatoufer, unterhalb der Missionsstation am Taupiri, Ausgehendes des Braunkohlenflötzes	250 *

	Engl. Fuss.
Taupiri, Bergkegel am rechten Waikato-Ufer, gegenüber Mr. Ashwell's Missionsstation	983 b.
Kakepuku, isolirter Bergkegel unweit der Missionsstation am Waipa	1531 b.

Punkte zwischen dem Waipa-Fluss und der Westküste:

Toketokebach am Weg von Whatawhata nach Waingaroa	249 b.
Höchster Punkt des Weges von Whatawhata nach Waingaroa, Wasserscheide	853 b.
Waingaroa-Hafen, Capt. Johnston's Haus zu ebener Erde	93 b.
Nachtlagerstation zwischen dem Waingaroa- und Aotea-Hafen	243 b.
Mühle am Oparau-Flusse, Kawhia-Hafen	97 b.
Pirongia, höchster Punkt des Überganges vom Oparau-Flusse nach dem Waipa	1485 b.
„ höchste Spitze der Berggruppe	2830 A

Waikato-Fluss:

Bei Mangatawhiri	35 *
Bei Rangiriri, Pa am rechten Waikato-Ufer	51 b.
Bei Taipouri, Insel im Fluss mit einer Maori-Niederlassung	63 b.
Bei Tukopoto, Missionsstation, Durchbruch durch die Taupiri-Gebirgskette	75 b.
Beim Einfluss des Waipa, Ngaruawahia, Residenz des Maori-Königs	85 *
Kirikiriroa am linken Waikato-Ufer	97 b.
Aniwhaniwha, Waikato-Brücke	166 b.
Bei Orakeikorako	970 b.
Beim Ausfluss aus dem Taupo-See	1250 b.

Zwischen dem Waikato und Waipa:

Maungatautari, Maori-Niederlassung am Berg gleichen Namens	621 b.
Otawhao, Missionsstation Revd. Morgan's	211 b.

Waipa-Fluss und Waipa-Gegend:

Einfluss in den Waikato bei Ngaruawahia	85 *
Whatawhata am linken Waipa-Ufer ungefähr 20 Fuss über dem Flussbette	109 b.
„ Schulhaus daselbst	112 b.
Kaipiha, Mr. Turner's Haus am Fusse der Pirongia auf der Waipa-Fläche	167 b.
Waipa-Stromschnellen beim Einflusse des Mangaweka	143 b.
Missionsstation am Waipa, Rev. Mr. Alex. Read, ungefähr 25 Fuss über dem Flussbette	173 b.
Awatoitoi, Maori-Niederlassung am rechten Waipa-Ufer, ungefähr 25 Fuss über dem Flussbette	185 *
Orahiri, am linken Waipa-Ufer	186 *
Hangatiki, Maori-Niederlassung	195 b.
Teanauriuri, Tropfsteinhöhle	204 b.
Tauahuhu, Maori-Niederlassung am linken Wangapu-Ufer	196 b.
Mangawhitikau, Maori-Niederlassung	237 b.
Puke Aruhe, Berghöhe	877 b.

Obere Mokau-Gegend:

Takapau, Maori-Niederlassung	823 b.

Höhen-Bestimmungen.

	Engl. Fuss.
Piopio, Maori-Niederlassung am oberen Mokau-Flusse	469 b.
Mokau-Fluss, oberhalb der Wairere-Fälle	420 b.
Pukewhau, Maori-Pa am linken Mokau-Ufer, Anhöhe	683 b.
Lagerplatz am linken Ufer des Mokauiti zwischen den Maori-Niederlassungen Huritu und Puhanga	473 b.
Puhanga, Maori-Niederlassung an dem Waldrücken Tuparae	937 b.
Marotawha, Lagerplatz in der Nacht vom 7. auf den 8. April 1859	570 b.
Tarewatu-Bergrücken, Höhe des Übergangs von der Mokau- nach der Wanganui-Gegend	1581 b.
Tarewatu, höchster Gipfel	1790 *
Tapuiwahine, höchster Punkt auf dem Wege vom Mokau nach dem Wanganui, Wasserscheide	1933 b.

Obere Wanganui-Gegend, Tuhua-District:

Ohura, Maori-Niederlassung am Ohura-Bache	917 b.
Katiaho, Maori-Niederlassung am Ongarue-Flusse	650 b.
Ngariha, Berggipfel am linken Ufer bei Katiaho	1551 b.
Pokomotu-Plateau, höchster Punkt am Wege von Katiaho nach Petania	1386 b.
Petania, Maoridorf am Taringamotu-Flusse	754 b.
Takaputiraha-Kette, Übergang von Petania nach dem Taupo	1534 b.
Pungapunga-Bach, auf dem Wege nach dem Taupo, Lagerplatz vom 12. auf den 13. April	897 b.
Puketapu, Berggipfel am Wege nach dem Taupo	2073 b.

Taupo-See:

Moerangi, Bimssteinplateau an der West- und Südwestseite des Taupo-Sees	2188 b.
Whaka ironui	2175 b.
Kuratao-Fluss; am Wege nach Pukawa	1719 b.
Poaru, Maori-Niederlassung	2289 b.
Pukawa, Pa am südlichen Ufer des Taupo-Sees	1399 b.
Missions-Station am Taupo-See, Revd. Grace	1473 b.
Koroiti-Plateau am südlichen Ufer des Taupo	1768 b.
Taupo-See (nach Dieffenbach 1337')	1250 b.
Roto Aira nach Dieffenbach 1709'.	
Roto Punamu nach Dieffenbach 2147'.	

Tongariro und Ruapahu:

Tongariro, Ngauruhoe-Gipfel	6500 *
(Dieffenbach gibt 6200' an.)	
Ruapahu, auf Taylor's Karte	10236 *
„ Arrowsmith's Karte	9000 *
Ruapahu auf der englischen Seekarte	9195
Pihanga	3500 *

	Engl. Fuss.
Zwischen dem Taupo-See und der Ostküste.	
Oruanui, Maori-Niederlassung	1672 b.
Plateau oberhalb Orakeikorako	2200 b.
Orakeikorako, Pa am linken Waikato-Ufer auf einer Anhöhe	1169 b.
Schlammkegel am Fusse des Paeroa	1409 b.
Waikite, heisse Quellen am Fusse der Paeroakette	1241 b.
Pakaraka oberhalb Rotokakahi	1801 b.
Rotokakahi-See	1378 b.
Rotomahana-See	1088 b.
Tarawera-See	1075 *
Papawera, Plateau zwischen dem Rotomahana und Tarawera-See	1867 b.
Missionsstation am Tarawera-See, Revd. Spencer	1502 b.
Rotorua-See	1043 b.
Ngongotaha, Berg am südlichen Ufer des Rotorua	2282 b.
Rotokawa, kleiner See am östlichen Ufer des Rotorua	1098 b.
Waiohewa oder Ngae, Niederlassung am nordöstlichen Ufer des Rotorua	1103 b.
Pukeko am Rotoiti	1063 b.
Omatuku Anhöhe bei Maketu	1388 b.
Ostküste.	
Major Island (Tuhua), höchster Gipfel	410 △
Monganui, Berg am Eingang des Tauranga-Hafens, höchster Gipfel	860 △
Plate Island (Motunau), Centrum	166 △
Whale Island oder Motu Hora, höchster Punkt	1167 △
White Island oder Whakari, Gipfel	863 △
Mount Edgumbe, östlicher Gipfel	2575 △
Ostcap (East Cape Islet)	420 △
Zwischen der Ostküste und dem Waiho-Flusse.	
Waipapa, Bach am Wege von Tauranga nach dem Waiho	803 b.
Höhe der Whangakette, unweit des Wairere-Falles, Lagerplatz vom 13. auf den 14. April	1414 b.
Wairere-Fluss, unmittelbar oberhalb des grossen Falles	1442 b.
Höhe des Passes über die Whanga-Kette beim Wairere-Falle	1481 b.
Die Höhe des Wairere-Falles ergibt sich zu	670 b.
Waiho-Ebene beim Wairere-Falle	573 b.
Whatiwhati, Niederlassung am Fusse des Patetere-Plateaus	537 b.
Castle Hill (Cape Colville-Kette) bei Coromandel Harbour	1610 △

Wasser-Temperaturen.

			Celsius.
1859. 9. März	8ʰ a.	Bei Mangatawhiri, Maori-Niederlassung:	
		a) der kleinere Bach von links mit eisenhaltigem Wasser	17·4
		b) der grössere Bach von rechts	16·0
	2ʰ p.	Waikato bei Mangatawhiri	20·2
10.	10ʰ a.	Waikato beim Einflusse des Opuatia-Flusses	19·6
	11ʰ a.	Waikato beim Einflusse des Wangape-Creeks	20·0
	11ʰ a.	Wangape-Creek	21·7
11.	11ʰ a.	Waikato	18·7
	3ʰ p.	Waikato	19·8
14.	12ʰ	Waikato / Waipa in der Nähe des Zusammenflusses	19·2 / 20·2
15.	10ʰ a.	Waipa	19·0
	5ʰ p.	Waipa	19·2
16.	8ʰ a.	Waipa	17·2
17.	12ʰ	Quelle am Fusse des Kakepuku	17·0
19.	2ʰ p.	Toketoke-Bach, westlich von Whatawhata am Waipa	13·0
29.	9½ʰ a.	Gebirgsbach am Fusse der Pirongia } Kawhia-Seite	10·3
	11ʰ a.	Gebirgsbach am Fusse der Pirongia }	11·2
2. April	3ʰ p.	Wassertümpel in der Höhle Teanauriuri	12·0
	12ʰ	Der Mangawhitikau bei seinem Hervortreten aus Kalksteinfelsen nach längerem unterirdischem Laufe	10·9
6.	12ʰ	Der Mokau-Fluss bei Wairere	16·2

			Celsius.
9. April	12ʰ	Ongaruhe-Fluss bei Katiaho	14·3
14.	1ʰ p.	Waipari, Waldbach zwischen Tuhua und dem Taupo-See	9·0
	3½ʰ p.	Waione,	9·4
	4ʰ p.	Kuratao Fluss bei seinem Ursprunge im Walde	9·8
5. Mai	11ʰ a.	Rururiki-Bach am Rotorua-See .	14·2
	12ʰ	Rotokawa-See beim Rotorua	13·4
13	11ʰ a.	Waipapa-Bach am Wege von Tauranga nach dem Waiho	11·2

DIE SÜDINSEL.

Der Oberflächencharakter eines Landes ist stets mehr oder weniger deutlich der Ausdruck der geologischen Zusammensetzung seines Bodens. Auch der Laie ahnt, dass in verschiedenen Bergformen verschiedene Gesteine stecken und schliesst aus einer verschiedenartigen Gestaltung der Bergketten auf Verschiedenartigkeit ihres geologischen Baues. Dieser Unterschied im äusseren Oberflächencharakter der Gegend ist höchst auffallend und überraschend, wenn man von der Nordinsel, zumal aus der Provinz Auckland, nach der Südinsel in die Provinz Nelson kommt. Dort meist niedriges Hügel- und Plateauland, von zahlreichen Flüssen nach den verschiedensten Richtungen durchschnitten, von weiten Ebenen unterbrochen und von einzelnen vulcanischen Kegelbergen durchbrochen; hier dagegen hohe und steil abfallende Bergzüge mit zackigen Gipfeln, in langen parallelen Gebirgsketten streichend, durch tiefe Längenthäler getrennt und von felsigen Schluchten rechtwinkelig durchbrochen; Gebirge von echt alpinem Charakter mit herrlichen Gebirgsseen, grossartigen Gletscherströmen, Wasserfällen, Engpässen und düsteren, von tosenden Gebirgsströmen durchrauschten Schluchten, deren malerische Schönheit den Reisenden lebhaft an die Bilder und Scenerieen der europäischen Alpenwelt erinnert.

Ihre bedeutendste Höhe erreichen diese Gebirgsketten in der Mitte der Südinsel in der Provinz Canterbury und führen hier mit vollem Rechte den Namen: die südlichen Alpen. Von dem Sattel zwischen dem Taramakau- und Hurunui-Flusse auf der Grenze der Provinzen Nelson und Canterbury nördlich bis zu dem

1863 von Dr. J. Haast entdeckten[1] nur 1612 Fuss hohen Passe südlich, welcher vom Wanaka-See nach dem River Haast an der Westküste führt, auf eine Erstreckung von 140 Seemeilen (35 deutschen Meilen) bilden die südlichen Alpen eine ununterbrochene Hochgebirgskette, deren Wasserscheide nach den bisherigen Erfahrungen nirgends unter 7000—8000 Fuss herabsinkt, und die an Höhe ihrer einzelnen Gipfel, an Grösse und Ausdehnung ihrer ewigen Schnee- und Eisfelder mit den höchsten Centralstöcken der penninischen und rhätischen Alpen wetteifert. Das Gebirge hat in diesem centralen Theile eine Breite von 50 Seemeilen (12—13 deutsche Meilen) und besteht aus einer von Nordost nach Südwest gerichteten Hauptkette, die der Westküste näher gelegen, als der Ostküste, gegen Südost und Süd, in schräger Richtung zu ihrer Mittellinie, nach den Provinzen Otago und Southland zahlreiche, durch tiefe Thäler und Seebecken getrennte Bergketten abzweigt, und gegen Norden in die Provinzen Nelson und Marlborough zwei Systeme von Bergketten entsendet, die wir als die westlichen und östlichen Gebirgsketten der Provinz Nelson später näher betrachten werden.

In dem Hauptzuge der südlichen Alpen treten, so weit man denselben, hauptsächlich nach Dr. Haast's verdienstvollen Forschungen, bis jetzt kennt, drei gewaltige Gipfel, die eine Meereshöhe von 11.000—13.000 Fuss erreichen, besonders hervor. Im Norden die kolossale Schneepyramide des Kaimatau (lat. 42° 58′, long. 171° 35′), dessen Eisfelder die Quellen des Waimakariri speisen; weiter südlich Mount Tyndall (lat. 43° 20′, long. 170° 46′) mit seinen 9000—10.000 Fuss hohen Nachbarn, dem Mount Arrowsmith, Claudy-Peak und Mount Forbes, deren Gletscher und Firnfelder dem Rangitata den Ursprung geben; endlich Mount Cook (lat. 43° 36′, long. 170° 12′) mit den benachbarten Riesenhöhen Mount Petermann, Mount Darwin, Mount Elie de Beaumont, Mount de la Beche und Mount Haidinger, an welchen die Quellen des Waitangi liegen. Obgleich einige der letztgenannten Gipfel dem Mount Cook an Höhe beinahe gleichkommen, so übertrifft dieser als einzelne Bergmasse doch weitaus alle übrigen Alpengipfel an Grossartigkeit.

Einen generellen Überblick über diese gewaltige Alpenkette der südlichen Hemisphäre gibt das von meinem Freunde Haast entworfene auf Taf. 11, Nr. IX, wiedergegebene Panorama von der Spitze des Black Hill am linken Ufer des

---

[1] Dr. A. Petermann, Geographische Mittheilungen 1863. X.

Pohatu roha oder Grey-Flusses nahe seinem Ausflusse in die Grey-Ebenen im südwestlichen Theile der Provinz Nelson.

Mitten in die grossartige Gletscherwelt im Centrum des Gebirges beim Mount Cook versetzt uns das durch Photographie vervielfältigte schöne Bild, welches mein hochverehrter Freund Professsor Simony, der ausgezeichnete Kenner der österreichischen Alpen- und Gletscherwelt, mit gewohnter Meisterschaft nach den von Haast eingesandten Skizzen und Zeichnungen entworfen und ausgeführt hat.

Die riesige Schnee- und Felspyramide des Mount Cook ist nach allen Seiten hin scharf begrenzt und erhebt sich so schroff und steil, dass eine Ersteigung unmöglich erscheint. Sie endet in einem ausgeschweiften, scharfen Grat, dessen nördliche Spitze etwa um 600 Fuss höher ist, als die südliche. J. T. Thomson, Chief Surveyor der Provinz Otago, gibt in seinen Reports die Höhe des Mount Cook zu 12.460 englische Fuss an; auf den englischen Seekarten ist der nördliche Gipfel 12.200 Fuss hoch, der südliche 13.200 Fuss hoch angegeben; wahrscheinlich sollte es aber gerade umgekehrt sein.

Das Gletschergebiet am südlichen Fusse des Mount Cook ist eines der grössten in den südlichen Alpen. Fünf grosse Thalgletscher (primäre Gletscher) ziehen sich in südlicher und südöstlicher Richtung tief herab in die Thäler. Der Tasman-Gletscher, an seinem 2774 Fuss über dem Meere gelegenen Ende 1³/₄ englische Meilen breit und 100—150 Fuss dick, ist der breiteste aller in Neu-Seeland bis jetzt beobachteten Gletscher. Er ist gegen 10 englische Meilen lang und an seinem Zungenende ganz und gar mit Moränenschutt bedeckt, so dass das Eis nur hie und da auf Quer- und Längsspalten und in grossen, 100—150 Fuss tiefen Löchern sichtbar wird. Etwa 6 Meilen thalaufwärts nimmt er aus einem westlichen Seitenthale einen gegen eine Meile breiten Gletscher auf, der in zwei Armen vom Mount Cook und der Haidinger-Kette herabsteigt, und welchem Haast meinen Namen — Hochstetter-Gletscher — beigelegt hat. Der Murchison-Gletscher östlich vom Tasman-Gletscher entspringt aus den Firnfeldern am Mount Darwin. Der Hooker-Gletscher kommt in zwei Armen vom südlichen Füsse des Mount Cook und der Müller-Gletscher, dessen Ausfluss sich mit dem des Hooker-Gletschers vereinigt, hat seinen Ursprung an den Hochgipfeln der Moorhouse-Kette.

Alle diese Gletscher haben deutliche Endmoränen, die mehr oder weniger weit vom jetzigen Gletscherende abliegen und mit dichtem Gebüsche bewachsen sind; auch zeigen sich allenthalben an den Thalwänden in Gletscherschliffen und

„Rundhöckern" (roches moutonées) unverkennbare Spuren, dass einst noch weit riesigere Gletscher diese Thäler erfüllt und die Felswände polirt haben. Im Thale des Tasman-Flusses, weit unterhalb der jetzigen Gletscher, beobachtete Haast Rundhöcker 1000 Fuss hoch über der jetzigen Thalsohle, und die Steinwälle, welche die Gebirgsseen Tekapo, Pukaki und Ohau aufstauen, sind als die Stirn- und Seitenmoränen der riesigen Gletscher einer früheren Periode zu betrachten.

Die oben genannten drei Hauptgipfel liegen auf einer Linie, welche die Richtungen O 35° N. nach W. 35° hat. Diese Linie gegen Südwest verlängert, geht über den 6710 Fuss hohen Pembroke-Pik beim Milford-Sound und schneidet bei diesem Punkte, wo die auffallende Fjordbildung an der Südwestküste der Südinsel beginnt, die Küste. Gegen Nordost verlängert, trifft sie die Küste an der Cook-Strasse zwischen Cap Campbell und dem Königin Charlotte-Sund und genau in ihrer Fortsetzung liegen jenseits der Cook-Strasse die Gebirgsketten bei Wellington. Diese Linie, welche die Südinsel gewissermassen diagonal durchschneidet, bezeichnet auch genau die Wasserscheide zwischen der West- und Nordküste einerseits und der Ost- und Südküste andererseits und bildet die orographische Mittellinie der Insel. Da, wo die Uferlinien schief und quer die Richtung dieser Mittellinie durchschneiden, sehen wir die Küste von tief einschneidenden Meeresbuchten, von schmalen Fjorden unterbrochen: so im Süden vom Milford-Sound bis zur Foveaux-Strasse, im Norden an der Cook-Strasse vom Cap Farewell bis zum Cap Campbell. An diesen beiden Endpunkten der Südinsel liegen jene vortrefflichen Hafenbuchten, wie Dusky-Bay im Süden und Queen Charlotte-Sund im Norden, welche die sicheren Zufluchtsstätten waren für die ersten kühnen Seefahrer an diesen entlegenen Gestaden.

Der geologische Bau der südlichen Alpen ist durch Dr. Haast's Untersuchungen nach den Grundzügen festgestellt. Die Formationen folgen von West nach Ost ziemlich in der Reihenfolge ihres geologischen Alters und ein Durchschnitt in dieser Richtung vom Mount Cook nach der Banks-Halbinsel erläutert den Bau am besten.

Die westliche Abdachung der Hauptkette besteht aus krystallinischen Schiefergesteinen, welche in steil aufgerichteten, mannigfaltig gebogenen und geknickten Schichten auf einer Unterlage von Granit aufruhen, der an der schroffen Felsenküste der Westseite da und dort, theilweise bedeckt von jüngeren Sedimentformationen, zu Tage tritt. Gneisse, Gneissgranit, Glimmerschiefer, Chlorit- und Talkschiefer wechsellagern in dieser Zone mit Quarziten, Amphibolschiefer, Graphit- und Kieselschiefer, und sind überlagert von versteinerungsleerem Thonschiefer in grosser Mächtigkeit. Ohne Zweifel gehört auch das Vorkommen von Nephrit (Punamu der Eingebornen) an der Westküste der Südinsel, die demselben ihren Maorinamen Te Wahi punamu, d. h. Land des Grünsteines verdankt, der Zone der krystallinischen Schiefer an.[1]

Da ferner die krystallinischen Schiefer sowohl nördlich in der Provinz Nelson, als auch südlich in der Provinz Otago goldführend gefunden wurden, so dürfte letzteres auch hier der Fall sein, und nach goldführenden Ablagerungen mag daher in den höheren und höchsten Gebirgsthälern an der Westseite der Hauptkette mit der besten Aussicht auf Erfolg nachgeforscht werden. Im Ganzen jedoch scheint die Zone der metamorphischen oder krystallinischen Schiefergesteine und des Granites gerade in den höchsten Theilen der Alpen ihre geringste Entwickelung der Breite nach zu haben, während sie nördlich und südlich in den Provinzen Nelson und Otago eine viel grössere horizontale Verbreitung besitzt.

Nach Dr. Haast tritt Granit, vorherrschend in porphyrartiger Ausbildung, südlich vom Mount Cook an der Westküste zu Tage und bildet in Open- und Jackson's Bay kleine pyramidale Hügel, während er noch weiter südlich an der fjordreichen Westküste der Provinz Otago nach Dr. Hectors Untersuchungen eine sehr mächtige Zone bildet und sich ununterbrochen bis auf die Stewarts-Insel verfolgen lässt, welche vorherrschend aus Granit zusammengesetzt ist. — In nördlicher Richtung glaubt Dr. Haast einen Zusammenhang dieser granitischen Zone mit der Granitzone, welche ich an der Küste der Blind-Bay in der Provinz Nelson nachgewiesen (vgl. darüber später) habe, annehmen zu dürfen. Dieselbe zieht sich in nordöstlicher Richtung nach dem Tamarakau, über Mount Hochstetter, Mount Müller, und Mount Murchison nach der Kiwi-Range und von da nach dem Wangapeka und der Blind-Bay.

---

[1] Vgl. Dr. F. v. Hochstetter: Über das Vorkommen und die verschiedenen Abarten von neuseeländischem Nephrit. Sitzungsberichte der math. naturw. Classe der kais. Akademie der Wissenschaften in Wien, 1864.

Die metamorphischen Schiefer, welche auf dem Durchschnitte von Bank's Halbinsel über Mount Cook nach der Westküste in steil aufgerichteter Schichtenstellung auf eine sehr schmale Zone an der Westküste zusammengepresst erscheinen, ziehen sich in südlicher Richtung landeinwärts über Mount Steward nach dem Zusammenflusse des River Wilkins mit dem Makarora, dann durch das Thal des letzteren nach der Gebirgskette, welche den Wanaka-See von dem Hawea-See trennt, weiterhin nach dem Lindis-Passe und streichen an der Ostküste zwischen der Mündung des Waitaki-Flusses und Port Chalmers aus. Sie bilden also einen Kreisbogen, als dessen Mittelpunkt man das vulcanische Centrum der Banks-Halbinsel betrachten kann. Eine weitere merkwürdige Thatsache bietet die Beobachtung, dass, je weiter man sich entfernt von dem ostwestlichen Radius zwischen Mount Cook und Banks Halbinsel — eine Richtung, auf welcher die geschichteten Gebirgsglieder gewissermassen eingekeilt erscheinen zwischen die plutonische Granitzone der Westküste und die vulcanische Zone der Ostküste — um so mehr die Schichten ihre steile Stellung verlieren. Dr. Haast beobachtete dies namentlich in der Provinz Otago in der Nähe des Zusammenflusses des Lindis und Molyneux, wo die Glimmerschieferschichten beinahe horizontal liegen. Zugleich ist die Metamorphose der Schichten hier eine weit weniger vollständige, so dass es in vielen Fällen kaum möglich ist, die Namen Gneiss, Glimmerschiefer auf die Gesteine, welche keinen deutlich ausgesprochenen petrographischen Charakter zeigen, anzuwenden. Die Erfahrungen in Californien, und zum Theile auch in Australien haben gelehrt, dass der Reichthum an Gold in steil aufgerichteten Schichten niemals so gross ist, als in weniger geneigten Schichten. Sollte dies nicht ebenfalls der Grund sein, bemerkt Dr. Haast, dass die nahezu horizontalen Schichten der Provinz Otago so goldreich sind, während die petrographisch identischen, aber steil aufgerichteten Schichten an der Westseite der Provinz Canterbury bis jetzt nur Spuren des edlen Metalles geliefert haben?

Westlich von der Zone der krystallinischen Schiefer treten Sedimentgesteine auf, welche in steiler Schichtenstellung mit theils östlichem, theils westlichem Verflächen und nordsüdlichem Streichen nicht blos die höchsten Gipfel, wie Mount Cook und Mount Tyndall, Mount Elie de Beaumont, Mount Haidinger, Mount Hooker u. s. w., sondern auch bei weitem den grössten Theil des Gebirges zusammensetzen. Ihre Trennung in einzelne, den europäischen Formationen äquivalente Gruppen nach Lagerungsverhältnissen und Fossilien ist noch nicht gelungen.

Obgleich die unwirthliche Wildniss der Gegenden, welche vor Dr. Haast kaum von einem menschlichen Fusse betreten waren, es entsetzlich erschwert, hier geologische Untersuchungen anzustellen, so hat dieser Forscher doch gezeigt, dass die sedimentären Gebilde zwei Perioden angehören. Die älteren mannigfaltig gebogenen, zum grössten Theile steil aufgerichteten und oft senkrecht stehenden Schichten, die von vielen Dislocationsspalten durchzogen sind, bestehen theils aus grauwackenartigen Sandsteinen und Conglomeraten, theils aus petrefactenarmen Thonschiefern von verschiedener Farbe. Dass sie der **paläozoischen Forma-**

tionsgruppe angehören, daran lässt sich wohl kaum zweifeln. In einem nördlichen Seitenthale des Clyde (einem der oberen Arme des Rangitata-Flusses) hat Dr. Haast Petrefacten von devonischem Charakter entdeckt. Die Eruptivgesteine in diesem Schichtencomplexe, welche auf grosse Erstreckung den Schichten parallel laufende Zonen, Lagergänge, bilden, und hauptsächlich an der Grenze der metamorphischen und der sedimentären Gebirgsglieder auftreten, gehören der Familie der Diorite und Diabase an. Höchst eigenthümlich ist, dass das Gebirge fast keinen Kalkstein hat, so dass man hier von „Schiefer- und Sandsteinalpen" sprechen könnte im Gegensatze zu den „Kalkalpen" Europa's.

Ungleichförmig über dem steil aufgerichteten ältesten Schichtensystem und häufig in Mulden gelagert tritt eine **kohlenführende Formation** auf, welche aus eisenschüssigem Sandstein, aus Conglomeraten, aus dunklen, thonigen Kalken und bituminösen Schieferthonen mit Kohlen besteht; so an den Quellen des Flüsschens Hinds, am Mount Harper auf dem linken Ufer des Rangitata, in den Malvern Hills u. s. w. Die Kohlen, wie z. B. die vom Kowai-Flusse bei den Malvern Hills unweit Christchurch tragen den Charakter echter Schwarzkohlen. Die Pflanzenreste, welche sich an einer Localität nahe den oberen Ashburton-Ebenen fanden, — hauptsächlich *Glossopteris*-Arten — lassen auf gleiches Alter mit den Kohlenfeldern von New Castle am Hunter River in New Southwales schliessen. Nachdem die seit Jahren zwischen den australischen Geologen mit so viel Eifer discutirte Streitfrage über das Alter dieser Kohlenfelder neuerdings durch die Beobachtungen von Rev. Clarke und Mr. Richard Daintree auf dem Russel's Shaft am Stony Creek bei Maitland zu Gunsten der Ansichten W. B. Clarke's (in Sydney) von dem höheren, paläozoischen Alter dieser Kohlenablagerungen im Gegensatze zu Professor M'Coy's (in Melbourne) Ansicht von dem oolithischen Alter derselben entschieden worden ist,[1] scheint es kaum einem Zweifel unterworfen, dass auf der südlichen

---

[1] Vgl. The Yeoman, australian acclimatiser, Melbourne No. 100. Aug. 29, 1863. Age of the New South Wales Coal-Beds.

Rev. Clarke theilt das kohlenführende Schichtensystem von New Southwales von oben nach unten in folgende vier Glieder:

1. Wianamatta-Schichten mit unbedeutenden Kohlenflötzen; mit Fischresten und Spuren Pflanzen, aber nie *Glossopteris*.

Hawkesbury-Schichten (Sydney-Sandstein, Dana) mit unbedeutenden Kohlenflötzen; heteroceree Fische: *Platysaurus, Acrolepis*, keine *Glossopteris*.

Kohlenführende Schichten mit abbauwürdigen Kohlenflötzen und zahlreichen Pflanzenresten: *Glossopteris* als Hauptfossil mit *Sagenopteris, Pecopteris, Sphenopteris, Odontopteris, Cyclopteris, Phyllotheca, Vertebraria, Sphenophyllum* etc.

Hemisphäre in Australien und auf Neu-Seeland eine Schwarzkohlenformation auftritt, welche, obgleich ihre Flora eine wesentlich verschiedene, am wahrscheinlichsten als ein Äquivalent der europäischen Steinkohlenformation zu betrachten ist. Neuerdings hat Baron v. Zigno darzuthun gesucht,[1] dass die australischen Kohlenfelder der mesozoischen Periode, nämlich der Trias oder dem Lias angehören. Nach dieser Ansicht würde die australische und neuseeländische Schwarzkohlenformation denjenigen kohlenführenden Schichten der österreichischen Alpen entsprechen, welche von den österreichischen Geologen bisher als „Grestener Schichten" bezeichnet worden sind und theils dem Keuper, theils dem Lias angehören. Dabei darf ich jetzt schon daran erinnern, dass ich in den östlichen Gebirgsketten der Provinz Nelson triasische, durch *Monotis salinaria* und *Halobia Lomeli* charakterisirte Schichten (den Richmond Sandstein) nachgewiesen habe, und dass Professor Owen bei der Versammlung der British Association zu Manchester im Jahre 1861 über ein plesiosaurusartiges Reptil (*Plesiosaurus australis*) vom Waipara-Flusse nördlich von Bank's Halbinsel in der Provinz Canterbury berichtete. Wenn man aus diesen Vorkommnissen bei den Antipoden auf Synchronismus und Parallelität mit europäischen Formationen schliessen darf, dann unterliegt es keinem Zweifel, dass auch Keuper und Lias, also triasische und jurasische Formationsglieder in den neuseeländischen Alpen eine Rolle spielen.

An Eruptivgesteinen der mesozoischen Periode würde es auch nicht fehlen, da man hieher die Vorkommnisse von Felsitporphyren und Melaphyren rechnen dürfte, welche Dr. Haast am rechten Ufer des Rangitata unterhalb Forest Creek, in der Four-peak-Range, in der Mount Torlesse-Kette und an anderen Punkten beobachtet hat. Vielleicht gehören der mesozoischen Periode auch die geschichteten diabasartigen Gesteine und die gangförmig auftretenden Hyperite des Mount Torlesse, so wie die Melaphyre und Mandelsteinbildungen[2] der Malvern Hills an.

In der unteren Abtheilung dieser Gruppe wechsellagern vier Kohlenflötze mit Schichten, welche eine Fauna, ähnlich der des Bergkalkes in Europa enthalten. Im Russel's Schacht am Stony Creek bei Maitland aber lagern ganz conform über den Kohlenflötzen mit *Glossopteris* Schichten mit *Spiriferen*, *Fenestella*, *Conularia*, *Orthoceras* etc.

4. Lepidodendron-Schichten: Porphyr, sandige Porphyrtuffe und Schieferthon mit lepidodendron-ähnlichen Pflanzenresten, aber ohne Kohle.

[1] Zigno, sopra i depositi di Piante fossile dell'America Settendrionale, delle Indie e dell'Australia, che alcuni Autori riferirono all'epoca Oolitica: Memoria letta all'I. R. Academia di Scienze Lettere ed Arti. Padova. Aprile 1863.

[2] Die Mandelsteine der Malvern Hills sind reich an Achat, Amethyst, Opal und ähnlichen Ausscheidungen von Kieselerde in Mandeln. Auch verschiedene Zeolithe kommen vor. Sehr ausgezeichnete Stücke von Achatmandelstein, von Chalcedon, hat Haast am Boundary Creek an der Ostseite des Mount Rowley und an der Snowy Peak-Range in den Malvern Hills gesammelt.

Die östlichen Vorberge der Alpen sind von einer Reihe mehr oder weniger dom- und kegelförmiger Berge gebildet, wie Mount Sommers (5240 Fuss), die Vorberge des Mount Hutt (6800 Fuss), Survey Peak, Mount Misery, die Malvern Hills, Mount Grey (3000 Fuss) u. s. w., welche sich in einem weiten Kreisbogen, als dessen Centrum Bank's Halbinsel erscheint, von der Ostküste bei Timaru nördlich bis zu den Kaikoras hinziehen. Ohne jede Spur von Kraterbildung oder ausgeflossenen Lavaströmen bezeichnen diese Dome und Kegelberge eine höchst merkwürdige Zone von — ich möchte sagen — pluto-vulcanischen Massenausbrüchen, welche nach Dr. Haast's Untersuchungen der Tertiärzeit angehören.

Das vorherrschende Gestein dieser Zone ist Quarztrachyt in höchst ausgezeichneten und sehr mannigfaltigen, theils porphyrischen, theils hyalinen, pechsteinartigen Varietäten. Besonders bemerkenswerth sind die granatführenden Quarzporphyre und Pechsteine der Malvern Hills, von welchen mir Dr. Haast eine Reihe von Handstücken zugesendet hat.[1] An ihrer östlichen Seite, z. B. am Mount Sommers, sind diese Masseneruptionen begleitet von ausgedehnten und sehr mächtig entwickelten Ablagerungen von wohlgeschichteten quarzführenden, trachytischen Tuffen.

Conform über diesen Tuffen liegt am Fusse des Gebirges eine tertiäre Braunkohlen- und Lignitformation, deren Schichten mit einer Abwechslung von sandigen Schieferthonen und Lignitflötzen (am Mount Sommers, in der Schlucht des Rakaia, in den Malvern Hills) der Ostküste zufallen. Diese Braunkohlenformation ist wieder überlagert von marinen Schichten, theils harten Kalkmergeln, theils plattigen Kalksteinen, die zahlreiche Petrefacten einschliessen.[2]

Die lange Ruhe, während welcher diese Sedimentschichten, von einer verticalen Dicke an manchen Orten von 2000 Fuss und darüber, abgelagert wurden, wurde

---

[1] Der granatführende Quarztrachyt vom Mount Misery in den Malvern Hills ist ausgezeichnet porphyrisch, er besteht aus einer hellgrauen hornsteinähnlichen homogen erscheinenden Grundmasse; die Krystallausscheidungen stehen in quantitativer Hinsicht dieser Grundmasse mindestens gleich, hie und da wird letztere merklich zurückgedrängt. Die ausgeschiedenen Mineralelemente sind:

Quarz in etwas dunklen, rauchgrau gefärbten Körnern;
Feldspath in kleinen, rissigen, meist ungefärbten Krystallen, an einigen derselben ist deutlich die Zwillingsstreifung des Oligoklases zu erkennen;
Granat in ziemlich zahlreichen braunrothen Körnern bis zur Dicke eines Pfefferkornes.

[2] Schon Forbes (Quat. Journ. XI. pag. 526) erwähnt, dass am Kowai-Flusse am Fusse des 3000 Fuss hohen Mount Grey unter Sand- und Geröllschichten ein harter blauer Thon auftrete mit zahlreichen Meeresconchylien: Ostrea, Mytilus, Cardium, Turritella, Cerithium, Terebratula, Ancillaria, Voluta etc. Die Schalen sind zerbrechlich und lassen einen vollkommenen Steinkern zurück.

endlich durch vulcanische Eruptionen gestört, welche meist die östlichen Abhänge der tertiären Bildungen durchbrochen und die Lignitablagerungen vielfach gestört haben. Diese vulcanischen Bildungen bestehen aus Doleriten und Basalten, welche theils weitausgedehnte Decken (Timaru), theils Lavaströme (Malvern Hills), theils kleine Kraterberge (am Fusse der Malvern Hills) bilden, und sind begleitet von Tuffen, die zum Theile den Charakter echter Palagonittuffe tragen.[1] Erst über diesen vulcanischen Schichten liegen die posttertiären und recenten Bildungen der Canterbury-Ebenen.

Tertiärbildungen treten in isolirten Becken auch im Innern des Gebirges, z. B. in der oberen Waimakariri-Ebene, am Waitaki- und Molineux-Flusse u. s. w. auf.

Zwischen dem Fusse des Gebirges und der Ostküste liegen die Canterbury-Ebenen. Sie stellen eine sanft abdachende schiefe Fläche dar, welche in einer Meereshöhe von 1500—2000 Fuss sich an den Gebirgsrand anlehnt, und an der Meeresküste durch eine lange Reihe von Sanddünen begrenzt ist. In ihrem unteren Theile bestehen diese Ebenen aus recenten Alluvialablagerungen, in ihrem oberen Theile aber aus Drift, d. h. aus mächtigen diluvialen Ablagerungen von Gerölle und Sand, die auch weit in alle Alpenthäler eindringen und im Innern des Gebirges selbst bis auf Höhen von 5000 Fuss Meereshöhe angetroffen werden. In einem späteren Abschnitte werde ich Gelegenheit haben auf die allgemeine Verbreitung der Driftformation über die Südinsel zurückzukommen und daraus Schlüsse zu ziehen auf die grossartigen Niveauschwankungen, welche die Südinsel in der jüngsten geologischen Periode erfahren hat. Die Canterbury-Ebenen sind von

---

[1] Der Nachweis von Palagonittuff auch auf Neu-Seeland, nachdem derselbe bis jetzt in Sicilien, Island, durch Sandberger am Beselicher Kopf in Nassau und durch Darwin auf den Galapagos-Inseln aufgefunden wurde, ist gewiss ein interessantes Resultat, welches wir den vielfachen Forschungen Dr. Haast's verdanken. Die Handstücke, von den Two brothers im Ashburton River, am Fusse des Mount Sommers, welche mir Haast einsandte, sind von den isländischen nicht zu unterscheiden. Wie auf Island scheinen auch auf Neu-Seeland Tuffe in allen Stadien der Palagonit-Metamorphose vorzukommen. In einigen Handstücken bildet diese Substanz nur das Cement des Tuffes, in anderen hat die Metamorphose fast die ganze Tuffmasse betroffen. Die letzteren bestehen nahezu vollständig aus einem dunkelbraunen, nicht sehr stark glänzenden Palagonit, der nur stellenweise etwas lichter gefärbt ist; die ersteren sind reich an noch unversehrten Aschentheilen oder kleinen Gesteinsbröckchen mit scharfen Rändern, welche durch eine rothbraune Palagonitmasse verkittet werden. Diese Palagonitsubstanz enthält in grosser Anzahl kleine Höhlungen von rundlicher oder elliptischer Gestalt, von denen kaum eine länger ist als $1/2$ Millim. Die Innenwand dieser Höhlungen ist mit einem blaugrauen Überzuge bekleidet; sie sind theils leer, theils steckt darin ein winziges, gelblichweisses, gelblichrothes oder graues Kügelchen. Wenn man den Palagonit pulvert, und die Splitter mit dem Mikroskope untersucht, so gewahrt man, dass dünne Häutchen an den Rändern ganz wasserklar sind, dickere einen Stich in's Gelbe haben, noch dickere Körner braungelb gefärbt sind.

zahlreichen wilden Gebirgswässern durchströmt, die grosse Massen von Trümmergestein aus dem Gebirge mit sich führen und in breiten Geröllbetten dem Meere zufliessen.

Der Gegensatz der steilen und im südlichen Theile so fjordreichen Westküste, deren senkrechte Felswände dem Sturme der Brandung Trotz bieten und der flach abdachenden Ostküste ist höchst charakteristisch. Mit Recht hat man in dieser Beziehung auf die Ähnlichkeit mit Südamerika (Patagonien und Feuerland) aufmerksam gemacht und darauf hingewiesen, wie sich auch an Neu-Seeland die allgemeine Wahrnehmung bestätige, dass die zerstörende Kraft des Meeres sich hauptsächlich an der West- und Südwestküste der Inseln und Continente geltend mache, bis eine mächtige Gebirgskette die Schutzmauer bilde für das an ihrem östlichen Fusse gelegene niedere Land.

Ein weit vorspringendes Vorgebirge an der Ostküste bildet das vulcanische System von Bank's Peninsula. Es stellt im Allgemeinen einen breit abgestumpften Kegel dar, dessen höchster Punkt Mount Herbert 3500 Fuss Meereshöhe erreicht, ist aber, wie Haast gezeigt hat,[1] ein sehr complicirtes, aus mehreren grösseren und kleineren Kegelbergen zusammengesetztes System, dessen tief ausgerissene, gegen das Meer geöffnete, calderaähnlichen Kraterschluchten die vier vortrefflichen Häfen Port Lyttelton, Pigeon Bay, Akaroa und Levi-Bay bilden. In der Zusammensetzung der Bank's Halbinsel spielen trachytische Laven, und zwar sehr feldspathreiche Andesitlaven,[2] deren Bänke mit Tuffschichten wechsellagern, die Hauptrolle. Gangförmig kommt am Mount Pleasant sanidinreicher Trachyt vor, der petrographisch völlig identisch ist mit dem Sanidintrachyt vom Kühlenbrunn im Siebengebirge am Rhein, und die jüngsten Eruptionen lieferten basaltische Lavaströme, wie sie auf Quails Island in Port Lyttelton mit schöner, säulenförmiger Absonderung anstehen. Wir dürfen demnächst einer ausführlichen Publication von Dr. J. Haast über die Bank's Halbinsel entgegensehen, die von Karten und Durchschnitten begleitet sein wird.

---

[1] Report of Geological Survey of Mount Pleasant by J. Haast. Esq. Lyttelton 1861.

[2] Unter den von Dr. Haast an mich geschickten Specimens von Bank's Peninsula befanden sich auch lose, aus andesitischen Gesteinen ausgewitterte Feldspathkrystalle. Es ist glasiger Feldspath von schmutzig weingelber Farbe in tafelförmigen Zwillingskrystallen von $1/2$–1 Zoll Länge und Breite. Die beiden nach dem Karlsbader Gesetz verwachsenen Zwillingsindividuen sind jedoch selbst wieder vielfach lamellar zusammengesetzt nach dem Albit-Gesetz, so dass die P-Fläche der Zwillingsindividuen gestreift erscheint. Es ist also ein triklinischer Feldspath, dessen specifisches Gewicht zu 2·74 bestimmt wurde. Jene Krystalle dürften demnach zu Abich's *Andesin* zu stellen sein.

Geologische Zusammensetzung des nördlichen Theiles der Provinz Nelson.

Von einem Knotenpunkte, welcher die Wasserscheide zwischen Ost- und Westküste bildet, und an welchem der Ursprung der Grenzflüsse der beiden Provinzen Nelson und Canterbury, des nach Osten fliessenden Hurunui und des nach Westen fliessenden Taramakau, liegt, senden die südlichen Alpen gegen Norden zwei unter einem spitzen Winkel von circa 20° divergirende mächtige Gebirgsarme durch die Provinz Nelson. Die nördlichen Ausläufer dieser beiden durch Längenthäler wieder in zahlreiche untergeordnete Ketten gegliederten Gebirgsarme bilden die Ufer der Cook-Strasse und bedingen dort die grossartige Entwickelung der Uferlinien und die mannigfaltige Gestaltung der Bodenoberfläche, durch welche die Nordküste der Südinsel so ausgezeichnet ist.

Diese Gabelung der Alpen bildet den Grundzug in der Bodengestaltung des nördlichen Theiles der Südinsel. Das Terrain der Provinz Nelson gliedert sich darnach naturgemäss in drei Theile: in ein westliches Gebirgsland, ein östliches Gebirgsland und in ein in der Mitte, d. h. in der Gabel beider Gebirgsarme liegendes Hügelland.

Auf dieser eigenthümlichen Configuration des Landes beruhen viele Eigenthümlichkeiten des Klima's der Provinz Nelson. Die gegen Süd convergirenden Gebirgsketten sind für den mittleren Theil der Provinz und namentlich für die Blind-Bay eine Schutzmauer gegen die kühlen Südwinde; sie bilden gleichsam einen gegen Süd gerichteten Keil, welcher an der einen Seite die stürmischen Südwestwinde, an der anderen die Südostwinde ablenkt. Daher das ausserordentlich gemässigte, und für die sonst so stürmischen Küsten Neu-Seelands so auffallend windstille Klima der Stadt Nelson und der Blind-Bay, während diejenigen Theile der Provinz, welche ausserhalb des von den Gebirgsketten gebildeten Winkels liegen, bei weitem nicht dieselben Annehmlichkeiten des Klima's besitzen. An der Golden-Bay und im Wairau-Districte, welche beziehungsweise westlich und östlich liegen, sind Stürme und schlechtes Wetter viel häufiger, als in der Blind-Bay. Nur Sommers, wenn sich die ruhige Luft über dem von den Bergketten eingeschlossenen Hügel- und Flachland stärker erwärmt und rascher aufsteigt, stürzt die kältere und dichtere Luft der Gebirge oft plötzlich mit grosser Gewalt von Süden her in das Hügelland herab. Die Colonisten nennen diesen der Blind-Bay eigenthümlichen localen südlichen Wind, welcher das Gleichgewicht in der Atmosphäre wieder herstellt, „Spout Wind".

Jener orographischen Gliederung entspricht im Allgemeinen die geologische Gliederung der Provinz. Im westlichen Gebirgsland herrschen krystallinische

Gesteine: Granit und metamorphische Schiefer und nur in den Thalbecken und auf dem westlichen Küstenplateau treten jüngere Formationen auf. Die östlichen Gebirgsketten bestehen aus steil aufgerichteten paläozoischen und mesozoischen Sedimentformationen mit mannigfaltigen Eruptivbildungen. Das Hügelland zwischen beiden Gebirgssystemen aber ist gebildet von tertiären Schichten und einer massenhaften durch Meeresaction in der Quartärperiode bewirkten Anhäufung von Schutt und Gerölle, welche aus jenen Gebirgsketten herstammen.

Gold in den westlichen Ketten, Kupfer- und Chromerz in den östlichen Gebirgen und Kohle in den Becken und Thalmulden zwischen den Gebirgsketten sind die wichtigsten Mineralvorkommnisse, welche die verschiedenen Gebiete charakterisiren.

1. Das krystallinische Schiefergebirge der Westketten.

Das westliche Gebirgsland wird durch das Querthal des Buller (Kawatiri), dessen Quellen in den östlichen Gebirgsketten entspringen, in eine nördliche und südliche Hälfte getheilt. Die südlichen Gebirgstheile, welchen der isolirte Gebirgsstock der Paparoha-Kette, ferner die Victoria-, Brunner- und Mantell-Ketten angehören, sind durch ausgedehnte Ebenen und breite Thalflächen, wie die Grey- oder Mawhera-Ebenen, die Matakitaki-, Maruia- und Inangahua-Flächen unterbrochen.[1] Nördlich vom Buller zerfällt das Gebirge in eine Reihe nahezu nordsüdlich streichender Gebirgsketten: die Lyell-Ketten, Marino-Ketten und Mount Owen, dann die Tasman-Berge und die Mount Arthur-Kette, endlich die Golden-Bay begrenzend die Whakamarama-, Haupiri- und Anatoki-Kette. Cap Farewell einerseits und Separation-Point andererseits bilden die nördlichsten Ausläufer. Die höchsten Punkte in diesen Gebirgen mögen eine Meereshöhe von 6 — 7000 Fuss erreichen. Die Thalflächen sind im Vergleich zu den ausgedehnten südlichen Ebenen unbedeutend. Die wichtigsten sind: die Mokinui- und Karamea- (oder Mackay-) Flächen, das Wakapuai-Thal, und an der Golden-Bay die Thalflächen des Aorere und Takaka-Flusses.

---

[1] Dr. J. Haast hat das Verdienst, in seinem Bericht über die westlichen Districte der Provinz Nelson (Report of a topographical and geological Exploration of the Western Districts of the Nelson Province, Nelson 1861) zuerst ausführlichere Nachrichten über diese Gegenden gegeben zu haben.

Nur die nördlichsten an der Golden-Bay gelegenen Theile des westlichen Gebirgslandes kenne ich aus eigener Anschauung. Sie bestehen aus Granit, Gneiss, Glimmer-, Hornblende-, Quarzit- und Thonschiefer hauptsächlich und der Goldführung dieser metamorphischen Schiefer verdankt Nelson seine Goldfelder, die ersten wirklichen Goldfelder, welche auf Neu-Seeland ausgebeutet wurden.[1]

Ein Durchschnitt von Ostsüdost nach Westnordwest durch die Gebirgsketten, welche zwischen der Blind-Bay und der Westküste liegen, zeigt uns die Reihenfolge der krystallinischen Schiefer in so normaler Ordnung, dass sich einzelne Zonen unterscheiden lassen.

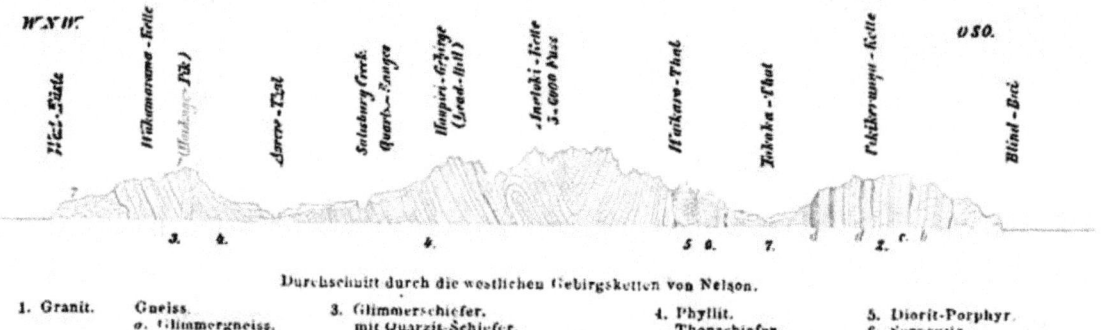

Durchschnitt durch die westlichen Gebirgsketten von Nelson.

1. Granit.
   Gneiss.
   a. Glimmergneiss.
   b. Quarzit-Schiefer.
   c. Hornblende-Schiefer.
   d. Krystallinischer Kalk.
3. Glimmerschiefer.
   mit Quarzit-Schiefer.
4. Phyllit.
   Thonschiefer.
   Quarzitschiefer.
   Fleckschiefer.
   etc.
5. Diorit-Porphyr.
6. Serpentin.
7. Tertiäre Ablagerungen.
   Conglomerate, Braunkohlen, Sandstein und Kalkstein.
8. Diluvium (Driftformation) und Alluvium.

a. Granit- und Gneiss-Zone.

Die westlichen Ufer der Blind-Bay von Separation-Point bis zur Mündung des Motueka-Flusses bestehen aus Granit, der gegen West von Gneiss überlagert wird. Diese Granit- und Gneisszone lässt sich gegen Süd dem Motueka-Thale entlang bis zur Einmündung des Wangapeka-Flusses verfolgen. Sie wird weiter südlich vom Buller-Fluss bei seinem Eintritt in den Engpass von „Devil's Grip" durchbrochen und zieht am östlichen Gehänge des Gebirges fort bis zum Rotoroa-See (L. Howik).

Bei Rewaka am Fusse des Pikikerunga ist der Granit feinkörnig, schwarzglimmerig, im Motueka-Thale beim Einfluss des Wangapeka tritt porphyrartiger Gebirgsgranit zu Tage. Weiter südlich beim Durchbruch des Rotoiti-Flusses steht Hornblende-Granit an. Nach Dr. Haast's Mittheilungen lässt sich diese Granit-

---

[1] Vgl. Neu-Seeland, pag. 387.

zone wie ich schon früher erwähnt habe (S. 199), durch die ganze Südinsel bis auf die Stewart's-Insel verfolgen.[1]

b. Hornblendegneiss- und Urkalk-Zone.

Vom Granit und Gneiss gegen Westen fortschreitend, treffen wir auf dem Kamme der Pikikerunga-Kette eine breite Zone von Hornblendegneiss und Hornblende-Schiefer, die mit Quarzit, Glimmer-Schiefer und krystallinischem Kalk häufig und regelmässig in senkrechten und fast genau nord-südlich streichenden Schichten wechsellagern. Diese Gebilde setzen sich westwärts fort bis jenseits des Takaka-Thales, wo sie am Stony-Creek und Waikaro von Dioritporphyr und Serpentin durchbrochen werden. Charakteristisch für den Kalkstein dieser Zone sind zahlreiche trichter- und schachtförmige Löcher, Höhlen und Kreisseen. Das merkwürdige Phänomen der Waikaromumu-Quellen im Takaka-Thale, die mit gewaltiger Wassermenge als ansehnliche Bäche hervorsprudeln, erklärt sich durch die Annahme, dass das Wasser nach längerem unterirdischem Laufe durch Kalksteinhöhlen plötzlich hervorbricht. Auch diese Zone lässt sich in südlicher Richtung bis zum Rotoroa-See verfolgen.

Unter den Geröllen des Tetakaka-Flusses findet man prachtvolle grüne Porphyre (Diorit- oder Diabasporphyre) von dem Charakter des porfido verde. In grünlicher Grundmasse liegen die weissen Zwillingskrystalle eines triklinoëdrischen Feldspathes.

c. Glimmerschiefer- und Thonschiefer-Zone.

Granatführender Glimmerschiefer mit Quarzitschiefer wechsellagernd, bildet die höchsten scharf ausgezackten Kämme der Westketten im Anatoki-Gebirge mit Gipfeln bis zu 6000 Fuss Meereshöhe, während noch weiter gegen Westen der Glimmerschiefer unmerklich in Thonschiefer übergeht. Das Aorere-Thal und die 4000 bis 5000 Fuss hohen Berge an dessen Ostseite, wie der Slate-River Pik, Lead Hill, Mount Olympus und der ganze Haupiri-Zug gehören zum Phyllit- und Thonschiefer-Gebiet. Die Gesteine sind jedoch mannigfaltig wechselnd; mit echten seidenglänzenden Urthonschiefern wechsellagern Fleckschiefer, Quarzitschiefer,

---

[1] Eine zweite westlicher gelegene granitische Zone liegt nach Dr. Haast's Untersuchungen vor der Brunner-Kette und bildet ausgezeichnete konische Berge, welche eine Meereshöhe von 4500 Fuss erreichen. Zu dieser Zone gehört Mount Vitoria, Mount Alexander, Black Hill und die Buch-Kette. Eine dritte Zone endlich zieht der Westküste entlang, tritt im Gebiete der grossen Kohlenfelder an den Mündungen der Flüsse Grey und Buller zu Tage und setzt die Granitberge am Lake Brunner zusammen.

Chloritschiefer, Hornblendeschiefer, Graphitschiefer und selbst feldspathreiche gneissartige Gesteine. Bei Apoos-Flat und im Lightbandgully kommen sogar granulitartige Gesteine vor mit kleinen Granaten. Oftmals sind es auch Schiefer, auf welche gar kein Name passt. Die Schichten sind durch das ganze Glimmerschiefer- und Thonschiefer-Gebiet steil aufgerichtet und vielfach gebogen. Am Mount Olymp gehen die Schichten gegen den sägeförmig ausgeschnittenen Felsgrat des Gipfels fächerartig aus einander.

In der noch wenig untersuchten Wakamarama-Küstenkette scheint sich die Reihenfolge der krystallinischen Schiefer in umgekehrter Ordnung, aber in geringerer Mächtigkeit und vielfach verdeckt von sedimentären Schichten, zu wiederholen, während an der Westküste wieder Granit auftritt.

d. Die Nelson-Goldfelder.

Die Glimmerschiefer- und die Thonschiefer-Zone, welche in einer Breite von 15 bis 20 englischen Meilen hauptsächlich das Anatoki- und Haupiri-Gebirge zusammensetzt, enthält in ihren quarzigen Bestandmassen, in Quarzlamellen, in Quarzadern und Quarzgängen das Muttergestein des Goldes. Die unter elementaren Einflüssen durch undenklich lange Zeiträume fortdauernde Denudation der Gebirge hat Massen von Detritus geliefert, der an den Berggehängen in Form von Conglomeraten und von Drift, in den Flussthälern in Form von Geschieben und Sand abgelagert wurde. Bei dieser unter der Einwirkung strömenden Wassers erfolgten Ablagerung hat die Natur selbst einen Waschprocess ausgeführt, in Folge dessen die schwereren Goldtheilchen, die der Gebirgsdetritus enthielt, sich am Boden der Ablagerungen und in der Nähe ihres Ursprunges ansammelten, so dass sie jetzt durch Graben und Waschen gewonnen werden können. Die an den Berglehnen abgelagerten Conglomerate sind das Feld für die sogenannten trockenen Gräbereien („dry diggings"). während aus den Geschieben und dem Sand der Fluss- und Bachbette das Gold in nassen Gräbereien („wet diggings") gewonnen wird.

Die letzteren wurden zuerst ausgebeutet, und zwar hat man nach und nach fast sämmtliche Flüsse und Bäche, die vom Anatoki- und Haupiri-Gebirge entweder gegen Osten nach dem Takaka-Thale oder gegen Westen nach dem Aorere-Thale oder wie der Parapara gegen Nord nach der Golden-Bay fliessen, mehr oder weniger goldführend gefunden.

Die „Aorerediggings" liegen theils im Hauptthale selbst, theils in den zahlreichen tief in das Thonschiefer-Grundgebirge eingerissenen Seitenthälern und ihren verschiedenen Armen, nicht mehr als 5—12 englische Meilen von Collingwood entfernt. Die hauptsächlichsten dieser goldführenden Flüsse und Bäche sind: Apoos River mit Apoos Flat, Lightband's Gully, Cole's Gully, Golden Gully, Brandy Gully, Doctor's Creek, Bedstedt Gully, Slate River mit Wackfield-Creek und Rooky River, kleiner und grosser Boulder River, Salisbury Creek und Maori Gully, sämmtlich Zuflüsse von rechts und deren Nebenarme, die in der Haupiri-Kette und ihren Ausläufern entspringen. Erst in den letzten Jahren wurden auch am Kaituna-Bach, der aus der Wakamarama-Kette als ein Zufluss von links kommt, ergiebige Goldablagerungen entdeckt. Das Gold wird aus dem Geröll- und Sandalluvium dieser Flüsse mit Hilfe von Waschrinnen („sluice box") oder der Goldwiege („cradle") ausgewaschen und ist dickeres oder dünneres Blattgold, dessen stark abgerundete Theilchen beweisen, dass sie längere Zeit der Wirkung des strömenden Wassers ausgesetzt waren und weiter hergeführt sind. Fast jedes Thal und jeder Creek hat aber, wenn auch nicht dem inneren Gehalte, so doch dem äusseren Ansehen nach, etwas verschiedenes Gold. Während das meiste Gold ganz rein aus dem Waschtrog kommt, hat z. B. das Slate River-Gold stets einen dünnen Brauneisensteinüberzug. Am Apoos-Flusse sind Eisenkieskrystalle die Begleiter des Goldes, die beim Waschprocesse zurückbleiben, an anderen Stellen kommt Magneteisen oder Titaneisen mit dem Golde vor. Dass in den höheren Theilen der Wasserläufe schweres Gold gefunden wird, weist klar auf seine ursprüngliche Lagerstätte in den höheren Gebirgstheilen hin. Nach einer auf dem k. k. Hauptmünzamte in Wien angestellten Probe enthält das neuseeländische Gold durchschnittlich 89% Feingold und 0·145% Feinsilber.

Man könnte jedoch nicht von einem Aorere-Goldfeld sprechen, wenn das Goldvorkommen nur auf das Alluvium der Bäche und Flüsse in den tiefen, romantischen Felsschluchten beschränkt wäre. Allein die ganze westliche Abdachung der Haupiri-Kette vom Clarke-Flusse im Süden bis zum Parapara im Norden mit einer Flächenausdehnung von ungefähr 40 englischen Quadratmeilen ist ein Goldfeld. Auf dieser ganzen Erstreckung findet man nämlich an dem wenig (mit etwa 8°) geneigten unteren Gehänge der Haupiri-Kette goldführende Conglomeratschichten abgelagert, die stellenweise bis zu 20 Fuss mächtig werden. Stücke von Treibholz, die jetzt in Braunkohle verwandelt sind, so wie die theilweise Bedeckung der Conglomeratschichten durch tertiäre Kalke und Sandsteine (z. B. bei Washburn's Flat) sprechen für ein tertiäres Alter der Conglomeratbildung. Wo eisenschüssiges Cement die Gerölle und Geschiebe bindet, ist das Conglomerat fest, an anderen Stellen bildet aber nur feiner Sand oder gelber Lehm das lockere Zwischenmittel der Quarz- und Thonschiefergerölle. Bei den sogenannten „Quartz-Ranges" sind die Conglomeratschichten durch oberflächliche Wasserläufe in einzelne langgestreckte, parallele Rücken zertheilt. Diese Conglomeratformation, die am Fusse des Gebirges sterile, nur mit Manukagebüsch bewachsene Flächen bildet, muss als das eigentliche Goldfeld betrachtet werden, welches die Natur vorbereitet hat für die Arbeit des Menschen.

Quartz-Ranges.
a. Thonschiefergrundgebirge.
b. Goldführende Conglomeratschichten, tertiär.
Sand-Alluvium.

Wenn die weniger ausgedehnten, aber meist reicheren nassen Gräbereien im Alluvium der Flüsse dem einzelnen Digger mehr Aussicht auf Erfolg gaben, so gaben dagegen die trockenen Gräbereien in den Conglomeratschichten kleineren und grösseren Gesellschaften, die mit vereinter Kraft arbeiteten, stets lohnenden Gewinn.

Die Parapara-Diggings liegen in der nördlichen Fortsetzung des Aorere-Goldfeldes an den Ufern der Golden-Bay bei der Mündung des Parapara-Flusses und Parapara-Creek's, deren Aestuarium vier Meilen östlich von Collingwood einen Boothafen bildet. Mürber und sehr poröser weisser Quarz bedeckt theils als Grus in eckigen Stücken, theils als Gerölle die Abhänge der Hügel, und bildet den Waschstoff, aus dem die Goldgräber feines Blattgold von besonders reiner goldgelber Farbe waschen. Eine auffallende Erscheinung am Parapara-Hafen sind grosse Massen von sandigem Braueisenstein, die in rauhen wie zerfressenen, schwarzbraun aussehenden Felsen aus dem weissen Quarzgerölle hervorstehen, und wegen ihrer täuschenden Ähnlichkeit mit vulcanischen Schlacken zu der irrigen Ansicht Veranlassung gaben, dass am Parapara vulcanische Kräfte wirksam gewesen.

An der östlichen Abdachung des Haupiri- und Anatoki-Gebirges sind es hauptsächlich der Anatoki, Waikaro (oder Waingaro) und Waitui, Seitenarme des Takaka-Flusses, so wie das obere Takaka-Thal selbst, die goldführend gefunden wurden, und zusammen das Gebiet der Takaka-Diggings ausmachen. Goldgräber von Profession traf ich nur wenige in dieser Gegend, aber Farmer und Holzhauer im Takaka-Thale vertauschten zeitweilig ihre gewöhnliche Beschäftigung mit Goldsuchen, und hatten, wenn der Markt schlecht ausfiel, in den Wildnissen ihrer Berge und Thäler eine sichere, nie versagende Geldquelle. Die schwersten Goldkörner wurden im Waitui-Flusse gefunden, der am Mount Arthur[1] (5800 Fuss hoch) entspringt. Charakteristisch für die Takaka-Gräbereien ist das Vorkommen von *Osmiridium*, das in kleinen, zinnweissen, platten Körpern mit dem Golde ausgewaschen wird, neben Titaneisen und Magneteisen in erbsengrossen Körnern und sehr zahlreichen Granaten, nicht Rubin, wie die Goldgräber glaubten. Mr. Hacket in Nelson verdanke ich ein 4·57 Gramm schweres Stück eines platinähnlichen Metalles, welches ebenfalls am Takaka-Flusse gefunden worden sein soll. Das specifische Gewicht des Stückes ist 17·5, stimmt also mit Platin, aber die Härte 7 ist zu gross für Platin, und deutet auf eine Verbindung von Platin mit Iridium.

An der südlichen Abdachung der Mount Arthur-Kette endlich waren es die Quellenarme des Todmore, Wangapeka und Batten, dreier Zuflüsse des Motueka, an welchen vielversprechende Spuren von Gold gefunden worden waren.

Das sind die Thatsachen, so weit sie im August 1859, zur Zeit meines Aufenthaltes in der Provinz Nelson, bekannt waren. Sie waren hinreichend, um mich zu überzeugen, dass die „Nelson-Goldfelder" in der That existirten, dass dieselben, wenn sie auch nicht australischen oder californischen Reichthum versprachen, doch einer umfassenderen Ausbeutung werth seien, und ich unterliess es nicht, öffentlich und in persönlichem Verkehr zu neuen Unternehmungen in den schon bekannten Gebieten und zu neuen Versuchen in den noch unbekannten Gegenden aufzumuntern und anzuregen. Ob Aussicht vorhanden sei, wie in Victoria, ausser den Goldseifen, auch goldführende Quarzadern zu entdecken, reich genug um den Abbau zu lohnen, das blieb

---

[1] Am Mount Arthur selbst sollen Thonschiefer auftreten, welche silurische Petrefacten enthalten.

mir zweifelhaft. Das Vorkommen des Goldes nur in kleinen Körnern und Blättchen, die allgemeine Verbreitung desselben nicht blos im Flussalluvium, sondern auch in diluvialen Geröllablagerungen (Biggs Gully am Motueka) und in weit ausgedehnten Tertiär-Conglomeraten (Aorere-Thal) schien darauf hinzudeuten, dass das Gold nicht wie in Victoria in grösserer Menge auf einzelnen Quarzadern concentrirt sei, sondern dass es fein zertheilt mehr gleichmässig durch die ausserordentlich quarzreichen Gebirgsschichten zerstreut sei.[1] Dagegen konnte kein Zweifel sein, dass die goldführenden Formationen in südlicher Richtung, wahrscheinlich durch die ganze Südinsel fortstreichen, und mit aller Zuversicht konnte ich in meinem Nelsonbericht[2] sagen, dass das, was gegenwärtig bekannt sei, nur den Anfang einer Reihe von Entdeckungen ausmache, welche die Zeit ans Licht bringen werde.

Ich war daher stets hoch erfreut über die Nachrichten, welche seit meiner Rückkehr nach Europa Briefe von Freunden und Neu-Seeland-Zeitungen über den günstigen Fortgang aller Unternehmungen auf den Nelson-Goldfeldern und über neue Goldentdeckungen brachten.

Alle weiteren Untersuchungen gegen Süden bestätigten die Voraussetzung, dass die goldführenden Formationen in dieser Richtung fortsetzen. Haast auf seiner Expedition nach der Westküste fand Spuren von Gold in den Flüssen, die den Abfluss der Seen Rotoiti und Rotoroa bilden, im Flusse Owen und dem ganzen Laufe des Buller entlang.

An der Westküste aber wurde das edle Metall im Wakapoai- (oder Heaphy-Flusse), im Karamea (oder Mackay-Flusse) und in ansehnlicher Menge im Waimangaroho 7 Meilen nördlich von der Buller-Mündung entdeckt. Darnach hat man also Gold in allen Hauptflüssen gefunden, welche in den aus krystallinischen Schiefer- und Massengesteinen bestehenden Westketten entspringen, von der Golden-Bay an im Norden bis zum Querthal des Buller-Flusses im Süden, und die Provinz Nelson besitzt in diesem ausgedehnten Gebiete unzweifelhaft Goldablagerungen, die noch nach Jahrzehnten mit Erfolg werden bearbeitet werden, wenn auch für den Augenblick der bescheidenere Reichthum der Nelson-Goldfelder gänzlich verdunkelt ist durch die überraschenden Entdeckungen und die überaus glänzenden Erfolge im Süden der Südinsel, in der Provinz Otago.

---

[1] Nach neueren Berichten wurden indess am Aorere auch „Quarzriffe" entdeckt, die vier Unzen Gold per Tonne enthalten sollen, somit sehr viel versprechend sind.

[2] New-Zealand Government Gazette vom 6 Dec. 1859.

2. Das Sandstein- und Thonschiefergebirge der Ostketten.

Das östliche Gebirgsland besteht aus mehreren (6 bis 8) von Südwest nach Nordost streichenden Gebirgsketten, welche durch tiefe Längenthäler, wie das Pelorus-, Wairau-, Awatere-Thal u. s. w., von einander getrennt sind. An der Cookstrasse enden diese Gebirgsketten mit zahlreichen Inseln und Halbinseln, welche jene fjordartigen Buchten und Sunde einschliessen (Pelorus-Sund, Königin Charlotte-Sund u. s. w.), die schon zu Cook's Zeiten als die ausgezeichnetsten Häfen berühmt waren. Gegen Süden werden die Berge höher und höher. Ben Nevis und Gordons Knob, die von den Anhöhen bei Nelson sichtbar sind, erheben sich schon über 4000 Fuss Meereshöhe; dann aber ist die Gebirgskette mit einem Male unterbrochen durch die Niederung, welche vom Motueka-Thale der Big Bush-Road entlang nach dem Wairau-Thale führt; sie erhebt sich jedoch gleich darauf an den südlichen Ufern des Rotoiti-Sees von Neuem im Mount Travers und Mackay zu viel beträchtlicheren Höhen, und steigt noch weiter südwestlich in den gegen 10.000 Fuss hohen Spencerbergen (Mount Franklin und Mount Humboldt) hoch über die Grenze des ewigen Schnees auf. Dieser grossartige Gebirgsstock bildet den Knotenpunkt, an welchem die Quellen fast aller Hauptflüsse der Provinz Nelson liegen, die Quellen des Wairau, Waiautoa (Clarence) und Waiauua (Dillon), die sich an der Ostküste in das Meer ergiessen, und eben so die Quellen der Hauptzuflüsse des Kawatiri (Buller) und Mawhera (Grey), welche der Westküste zufliessen.

Dieses östliche Gebirgssystem muss als die directe Fortsetzung der Schiefer- und Sandsteinketten der südlichen Alpen betrachtet werden.

Die östlichen Theile desselben vom Pelorus-Sund an, die Wairau-Ebenen und die breiten Längenthäler des Wairau, Awatere und Waiautoa einschliessend, so wie die 8000—9000 Fuss hohen Gebirgsstöcke der seewärts und der landwärts liegenden Kaikoras (seaward und landward Kaikoras) umfassend, sind 1859 als Provinz Marlborough von der Provinz Nelson abgetrennt worden. Diese Theile sind geologisch noch wenig untersucht worden.

Die landeinwärts liegenden Kaikoras mit den gewaltigen Berggipfeln, welche die Namen skandinavischer Gottheiten tragen — Odin 9700 Fuss hoch (der Maoriname ist Tapuenuka), Thor (8790 Fuss) und Freya (8500 Fuss), sollen nach den Angaben einzelner in der Nähe wohnender Colonisten vulcanischen Ursprunges sein, und jene Berge regelmässige Kegelform zeigen.

Vielleicht verdanken sie Masseneruptionen von Porphyr oder, wenn sie jünger sind, von Trachyt und Andesit ihren Ursprung. In den Hammer-Ebenen am Fusse von Jolie's Pass, nahe am Wege von Nelson nach Canterbury, wurden 1859 heisse Quellen entdeckt: 7 zum Theile schwefelige Kochbrunnen. Die seewärts liegenden Kaikoras sollen den Charakter von Thonschieferketten tragen.

Nach den Beobachtungen meines Freundes Haast, welcher während meines Aufenthaltes in Nelson einen kurzen Ausflug in den Wairau-District unternahm, kann die Kette zwischen dem Pelorus-Sund und Königin Charlotte-Sund, welche nördlich im Mount Stokes endet, geologisch als Centralkette des östlichen Gebirgslandes betrachtet werden. Die Schiefer, aus welchen diese Kette besteht, zeigen einen halbkrystallinischen, zum Theile sogar deutlich krystallinischen Charakter. An der Ship's Cove und Shakspeare Bay im Königin Charlotte-Sund, auf dem Kaituna-Pass und an anderen Punkten begegnet man quarzhaltigen Phylliten und Glimmerschiefern, welche dünngeschichtet mit sehr steiler Schichtenstellung, theils nach Ost, theils nach West einfallen. Die Halbinsel Oruapuputa bei Havelock im Pelorus besteht aus seidenglänzendem, bald dick, bald dünn geschichtetem Urthonschiefer mit vielen Quarzausscheidungen. Zu beiden Seiten dieser Phyllit- und Glimmerschieferkette sollen die Schiefer mehr den Charakter von sedimentären Thonschiefern (Dachschiefern z. Th.) tragen und mit dioritischen Schichten, mit Schalsteinen und mit sehr compactem, grauwackenartigem Sandsteine wechsellagern.

Nahe unterhalb des Zusammenflusses des Blarich Rivers mit dem Awatere sind an der nördlichen Thalseite durch eine Bergabrutschung Serpentine und jaspisartige Gesteine blossgelegt. Der „Grey Mare's Tail" ist ein 40 Fuss hoher Wasserfall über Serpentin. Der Serpentin zieht sich südwestlich durch das Blarich-Thal nach dem Mount Movatt, dessen südlicher Abhang aus Serpentin besteht, während an der Spitze Grauwackensandstein auftritt. Auch feste Conglomerate gehören diesem Gebirge an; hausgrosse Blöcke davon sollen auf den Flussterrassen zerstreut liegen. Der gegen 1500 Fuss hohe Puddingstone Hill, südwestlich von Mr. Mowatt's Station, besteht aus Conglomerat und hat daher seinen Namen, eben so der Well's Hill am anderen Ufer des Awatere.

In dem Movett-Gebirge zwischen dem Awatere und Wairau treten ausser Grauwacken und Thonschiefern, auch Kalkdiabase (Diabasmandelsteine) und kalkige Schiefer auf.

Jüngere tertiäre und quartäre Ablagerungen gehören ausschliesslich den Thälern und dem Küstenplateau an.

Bei Cap Campbell tritt ein kreideartiger Kalkstein auf mit Feuersteinen und Petrefacten, unter welchen eine grosse *Arca* und ein *Cardium* die häufigsten Arten sind. Südlich vom Cap Campbell tritt die Kaikora-Kette bis nahe an die Meeresküste, aber eine schmale Zone von kreideartigem Kalkstein setzt fort und bildet die Seeküste beinahe bis Double Corner. Bei Double Corner tritt an die Stelle des Kalksteines ein kalkiger, bisweilen sandiger Muschelfels, und blaue, tertiäre Thone mit Petrefacten. Lignitablagerungen treten eine kurze Strecke landeinwärts auf. (Ch. Forbes Quat. Journal XI. pag. 525).

Das Awatere-Thal ist ein berühmter Fundort von sehr wohlerhaltenen, jungtertiären Meeresconchylien. Die Petrefacten liegen in einem blauen Thone oder Thonmergel, welcher bei Jacks Knob am südlichen Fusse des Movett-Berges durch Erdfälle blossgelegt ist. Viele Arten sind identisch mit lebenden Species. Von Freunden in Nelson bekam ich eine kleine Sammlung, welche folgende Arten enthält:

Struthiolaria cingulata Zitt.	*Dentalium Mantelli* Zitt.
„ *canaliculata* Zitt.	*Trochita dilatata* Quoy.
Purpura conoidea Zitt.	*Tellina sp.*
Voluta pacifica Zitt.	*Leda sp.*
Natica Denisoni Zitt.	*Astarte sp.*
Trochus Stoliczkai Zitt.	*Pinna sp.*
Crepidula incurva Zitt.	*Cardium sp.*
„ *sp. indet.*	*Dosinia Greyi* Zitt.

Auch eine sehr grosse schöne Arca kommt in den tertiären Thonen des Awatere vor. Das Awatere-Thal ist ein Terrassenthal, eingerissen in tertiäre Thone, welche von diluvialem Gerölle überlagert sind. Man zählt oft sieben über einander liegende Terrassen mit einer Gesammthöhe von 500 Fuss. Im Flussbette finden sich Geschiebe von Basalt, Trachyt, Grünstein, Kieselschiefer, Sandstein, Thonschiefer.

Höchst merkwürdig soll eine grosse Erdbebenspalte sein, welche im Jahre 1848 bei dem grossen Erdbeben von Wellington gebildet wurde und am nördlichen Ufer des Flusses von White Bluff an bis zum Berfelds-Passe in südwestlicher Richtung über Berg und Thal auf eine Erstreckung von vielen deutschen Meilen sichtbar sei. An vielen Stellen soll die Spalte 5—6 Fuss tief und 30 Fuss breit sein und alsdann auf Meilen einem Canal ohne Wasser gleichen.

White Bluff zwischen dem Awatere und dem Wairau ist eine hohe, tertiäre Thonmergelklippe, die viele Petrefacten enthält.

Das Wairau-Thal stellt an seinem unteren Ende eine mehrere englische Meilen breite Alluvialfläche dar, und wird höher aufwärts ein mit Drift erfülltes, von steil abfallenden Bergketten begrenztes Terrassenthal; die Driftablagerungen des Wairau-Thales hängen beim Tophouse mit den Driftablagerungen der Hochebenen am Rotoiti-See zusammen, so dass der ganze Gebirgstheil zwischen dem Wairau einerseits und den Waimea-Ebenen und der Blind Bay andererseits einst eine Insel dargestellt haben muss. — Auch im Wairau-Thale sind in der Nähe des Flussbettes zahlreiche Systeme von Erdbebenspalten zu beobachten, welche stets dem Flusslaufe parallel verlaufen und bei plötzlichen Krümmungen des Flusses sich unter verschiedenen Winkeln schneiden.

Das Pelorus-Thal ist eine enge Felsschlucht ohne Terrassenbildung.

Nach diesen aphoristischen Bemerkungen über die geologische Zusammensetzung der östlichen Hälfte der Ostketten komme ich zu den der Stadt Nelson naheliegenden Theilen der Ostketten, welche ich aus eigener Anschauung kenne.

Grauwackenartige Sandsteine, grüne, rothe und dunkel gefärbte Thonschiefer nebst mächtigen Eruptivmassen von Serpentin, Hyperit, Syenit und diabasartigen Gesteinen spielen in den Bergketten bei Nelson die Hauptrolle. Die Schichten der sedimentären Gebilde stehen alle mehr oder weniger senkrecht „auf dem Kopfe", und streichen mit wunderbarer Regelmässigkeit von Nordost nach Südwest, so dass man einzelne Schichtenzonen von der Cookstrasse bis in's ferne Innere des Landes in ihrer, wie nach dem Lineal gezogenen, geradlinigen Streichungsrichtung verfolgen kann. Noch auffallender ist, dass auch die Eruptivgesteine dieses geradlinige Streichen der Schichten einhalten. Ihre parallel dem Streichen des geschichteten Gebirges auf sehr grosse Erstreckung fortlaufenden, völlig geradlinigen Gangmassen bilden einen der hervorragendsten geologischen Charakterzüge dieser Gegend.

Leider sind die Sandsteine und Thonschiefer so petrefactenarm, dass es bis jetzt noch nicht gelungen ist, paläontologisch ihr relatives Alter festzustellen. Ein einziger fossilienreicher Punkt am äussersten Gebirgsrande bei Richmond, wenige Meilen südlich von Nelson, deutet auf Trias hin; allein es ist sehr wahrscheinlich, dass ein grosser Theil des Gebirges, namentlich die mächtigen Grauwacken- und Thonschieferzonen, älteren Formationen angehört, und dass in demselben neben mesozoischen Formationsgliedern auch paläozoische Bildungen vertreten sind. Die im Allgemeinen senkrechte Schichtenstellung macht es überdies schwierig, nach den Lagerungsverhältnissen zu entscheiden, welche Schichten als die älteren, ursprünglich tiefer liegenden zu betrachten sind, welche als die jüngeren. Indess glaube ich aus meinen Beobachtungen doch folgern zu dürfen, dass man in der Nähe von Nelson ein sehr steiles westliches Verflächen als normal betrachten muss, und dass daher die Schichten von Ost nach West im Alter aufsteigen. Unter dieser Annahme ergibt sich mit den eingeschalteten Eruptivgesteinen folgende Reihe und wahrscheinliche Altersfolge der Schichten, welche ich zum Theile mit Localnamen bezeichne:

A. **Paläozoische Gruppe:**
  Grauwackenartige Sandsteine und Thonschiefer des Wairau-Districtes.

B. **Mesozoische Gruppe:**
  1. Der Serpentinzug des Dun Mountain.
  2. Kalkstein des Wooded Peak.
  3. Die rothen und grünen Maitai-Schiefer.
  4. Der Richmond-Sandstein.
  5. Der Augitporphyr des Brookstreet-Thales bei Nelson und der Syenit von Wakapuaka.

Da ich über die paläozoischen Sandsteine und Thonschiefer nach dem schon früher Angeführten keine näheren Mittheilungen zu machen habe, so wende ich mich sogleich der mesozoischen Schichtengruppe zu.

1. **Der Serpentinzug des Dun Mountain.** Von Stephen's und d'Urville's Eiland an der Cookstrasse zieht sich über den French Pass, durch den Croixelles-Hafen, über den Dun Mountain und durch das obere Wairoa-Thal (bei

Ward's Pass) ein kolossaler Serpentingang, welchen ich bis zu den Red Hills an der Nordseite des Wairau-Thales in der Nähe des Top-Hauses, also in einer fast völlig geraden Linie von Nordost nach Südwest auf eine Erstreckung von 80 englischen Meilen verfolgt habe. Der Serpentin hat auf diesem Zuge eine durchschnittliche Mächtigkeit von 1—2 englischen Meilen und liegt vollkommen parallel dem Streichen der Schichten zwischen diesen als ein mächtiger Lagergang. An der eruptiven Natur desselben lässt sich kaum zweifeln, da der Serpentin begleitet ist von Reibungsbreccien, und überdies Schollen von Thonschiefer eingeschlossen enthält, die in ein stahlhartes, kieselschieferartiges Gestein umgewandelt sind. Ob dieser Serpentinzug jenseits des Wairau-Thales in südwestlicher Richtung noch weiter fortsetzt, ist mir nicht bekannt. Jedenfalls veranlasst das Wairau-Thal beim Tophouse eine weite Unterbrechung und die südliche Fortsetzung müsste beinahe in die Richtung des oberen Wairau-Thales selbst fallen, welches gerade beim Tophouse sich mehr südlich wendet.

Die Reibungsbreccie beobachtete ich auf dem Wege vom Dun Mountain durch das Thal des Wrey-Rivers nach Nelson. Die Breccie liegt genau auf der Grenze zwischen Serpentin und Kalk und besteht aus eckigen Fragmenten von Serpentin, von Thonschiefer und von Kalk. Grosse Blöcke davon liegen zu beiden Seiten des Wrey-River. An der Südseite des Dun Mountain sieht man eine mächtige Schiefermasse gleichsam eingepresst zwischen den Serpentin des Dun Mountain und des Wooded Peak. Der Schiefer ist grau, hart, hornsteinartig, und in kleine Stücke zerklüftet; daher von ganz anderem Charakter als der Maitai-Schiefer. Eben so ragt auf der Höhe des Sattels zwischen dem Dun Mountain und Wooded Peak eine Felsklippe von grauem, kieselschieferartigem Gesteine hervor, das eine regelmässig rhomboidale Zerklüftung zeigt. Die weissgrauen Felsblöcke dieses Gesteins sind weithin sichtbar zwischen den rostgelben, serpentinischen Gesteinen. Auch diese Felsklippe kann ich für nichts anderes als für in Serpentin eingeschlossenen und veränderten Thonschiefer halten.

Das bei weitem vorherrschende Gestein des Dun Mountain-Zuges ist gemeiner Serpentin von bald lichterer, bald dunklerer grüner und grünlichschwarzer Farbe. Nur am Dun Mountain selbst tritt ein sehr auffallendes Gestein auf, für welches ein besonderer Name gerechtfertigt erscheint, und das ich desshalb als „Dunit" bezeichne. Ein weiteres Interesse bietet der Dun Mountain-District dem Geologen durch ein ausgezeichnetes Vorkommen von Hypersthenfels, und für die Stadt Nelson ist er von hervorragender Wichtigkeit geworden durch die hier auftretenden Kupfer- und Chromerzlagerstätten.

Dunit. Der Dun Mountain liegt südöstlich von Nelson, etwa 6 englische Meilen entfernt. Sein breiter, gegen 4000 Fuss hoher Gipfel ist von der Blind-Bay

Ansicht des Dun Mountain vom Abhang des Wooded Peak.

sichtbar. Er fällt unter den übrigen bewaldeten Berggipfeln durch seine Kahlheit und seine gelb- oder rostbraune Farbe auf, daher der Name „Dun Mountain", was so viel heisst, als brauner Berg. Diese „Dun"-Farbe verdankt der Berg dem Gesteine, aus welchem er besteht, und dessen verwitterte und zersetzte Oberfläche jene Farbe — ein schmutziges, rostartiges, bald mehr gelbliches, bald mehr röthliches Braun — annimmt. Unzählige Gesteinsblöcke bedecken die Gehänge, und da zwischen denselben nur sparsam niederes Gestrüppe und alpine Pflanzen wachsen, so wird die herrschende Gesteinsfarbe durch die Vegetation nur wenig verdeckt. Da dieses Gestein als ein höchst merkwürdiges Vorkommen von derbem Olivin in grossen gebirgsbildenden Massen und als ein wahres Eruptivgestein doch wohl einen eigenen Namen verdient, so mag der Name Dunit, welcher zugleich an die Localität und die gelbbraune Farbe der verwitterten Oberfläche erinnert, am passendsten sein.

Der Dunit hat auf frischem Bruch eine licht gelblichgrüne bis graugrüne Farbe, und zeigt Fettglanz bis Glasglanz. Das Gefüge ist krystallinisch-körnig. Die Bruchflächen sind uneben, eckig körnig und grobsplitterig; an den einzelnen Körnern gibt sich aber eine Theilbarkeit nach einer Richtung sehr deutlich zu erkennen in kleinen spiegelnden Flächen mit Glasglanz. Die Theilbarkeit wird unter dem Mikroskope an dünngeschliffenen durchsichtigen Blättchen bei gewisser Beleuchtung auch durch Streifung deutlich.

Härte = 5·5 (etwas geringer als Feldspath). Strich weiss. Vor dem Löthrohr werden kleine Splitter rostgelb, schmelzen aber nicht. Chromeisen ist in nadelkopfgrossen schwarzen Körnern, welche unter der Loupe als Oktaëder mit abgerundeten Kanten erscheinen, stets eingesprengt und als charakteristischer accessorischer Gemengtheil zu betrachten.

Das specifische Gewicht fand Dr. Madelung als Mittel aus zwei Bestimmungen = 3·295.

Eine im Laboratorium des k. k. polytechnischen Institutes von Herrn R. Reuter unter der Leitung des Herrn Professor Dr. A. Schrötter ausgeführte Analyse ergab:

Kieselsäure	42·80
Magnesia	47·38
Eisenoxydul	9·40
Natron, Nickel- und Kobaltoxyd	Spuren.
Wasser (ausgetrieben bei 160° C.)	0·57
	100·15.

Berechnet man obige Bestandtheile ohne das Wasser auf 100, so erhält man:

		Sauerstoff.	
Kieselsäure	42·98	22·3	22·3
Magnesia	47·58	19·0	21·1
Eisenoxydul	9·44	2·1	
	100·00		

woraus sich die Olivin-Formel $\dot{F}e^2 \ddot{S}i + 9 \dot{M}g^2 \ddot{S}i$.

oder $2RO \cdot SiO_2$ mit dem Sauerstoffverhältniss 1 : 1 ableiten lässt.

Es unterliegt also sowohl nach den physikalischen, als auch nach den chemischen Eigenschaften[1] des Dunits keinem Zweifel, dass derselbe als Mineral zur Olivingruppe gehört. Es ist krystallinisch-körniger Olivin, der hier in Verbindung mit Serpentin und Hyperit zugleich als eruptive Felsmasse auftritt, als mesozoisches Eruptivgestein: Dunitfels mit accessorischem Chromit.

---

[1] Die Analyse stimmt sehr nahe mit den Analysen des Olivins von Le Puy und von Fiumàra am Aetna. Vgl. Rammelsberg p. 438.

Die Kupfer- und Chromerzlagerstätten am Wooded Peak. Diese schon seit einer Reihe von Jahren durch eine englische Bergwerksgesellschaft (die Dun Mountain-Company) ausgebeuteten Erzlagerstätten liegen nicht am Dun Mountain, sondern diesem gegenüber am östlichen Gehänge eines Bergrückens, dessen höchster Punkt (3800— 4000 Fuss über dem Meere) den Namen Wooded Peak führt. Beide Bergrücken sind getrennt durch eine Einsattelung, welche die Wasserscheide bildet zwischen der nördlich abfliessenden Quelle des South Maitai und den in südlicher Richtung fliessenden Quellen des Wairoa-Flusses.

Ansicht des Wooded Peak mit den Kupferminen der Dun Mountain-Comp.

An den fast aller Vegetation beraubten, aus Serpentin bestehenden Gehängen des Wooded Peak treten auf einer fast genau von Nord nach Süd streichenden Linie, die sich ungefähr zwei englische Meilen weit verfolgen lässt, da und dort Spuren von Kupfererzen auf in der Form von grünem und blauem Kieselkupfer (Chrysokolla), das dünne, traubige Überzüge, Krusten und Anflüge auf dem zerbröckelten Serpentin bildet. Diesen Anzeichen ist man theils in Schurfschächten, theils in Stollen nachgegangen und hat fast überall, wo solche oberflächliche Anzeichen vorhanden waren, bei weiteren Arbeiten kleinere oder grössere Nester von Rothkupfererz und Kupferpecherz mit gediegen Kupfer, auch von geschwefelten Kupfererzen (Kupferkies, Buntkupferkies und Kupferglanz) gefunden, ohne jedoch einen anhaltenden, eigentlichen Erzgang zu entdecken.

„Duppa Lode" haben die Bergleute den südlichsten Punkt genannt, wo solche Anzeichen sich fanden. In dem kleinen Schurfschachte, der hier abgeteuft wurde, konnte ich nichts weiter beobachten, als dass der sonst compacte Serpentinfels auf 1—2 Fuss Dicke in der Richtung nach Nord 10° West ausserordentlich stark zerklüftet, zerbröckelt und zu gelben Eisenopal ähnlichen Massen zersetzt war. Schwache, grüne und blaue Anflüge von Kupfersilicat waren die einzigen Spuren von Erzen, die ich hier sah. Dagegen zeigte sich etwas tiefer am Bergabhange ganz in der Nähe der Duppa Lode ein ausserordentlicher Reichthum an Chromeisenstein. Ganze Felspartien bestehen daraus, und viele hundert Tonnen fast derben Erzes lagen in grösseren und kleineren Blöcken am Abhange zerstreut. Das Erz bildet keine Gangmasse, sondern es tritt bandförmig im Serpentin auf, und zwar in einem Serpentin von licht gelbgrüner Farbe, der eine bestimmt abgegrenzte Zone in dem vorherrschenden, dunkelgrünen Serpentin bildet, bald in derben grossen Massen, bald in einzelnen Körnern mehr oder weniger reich eingesprengt.

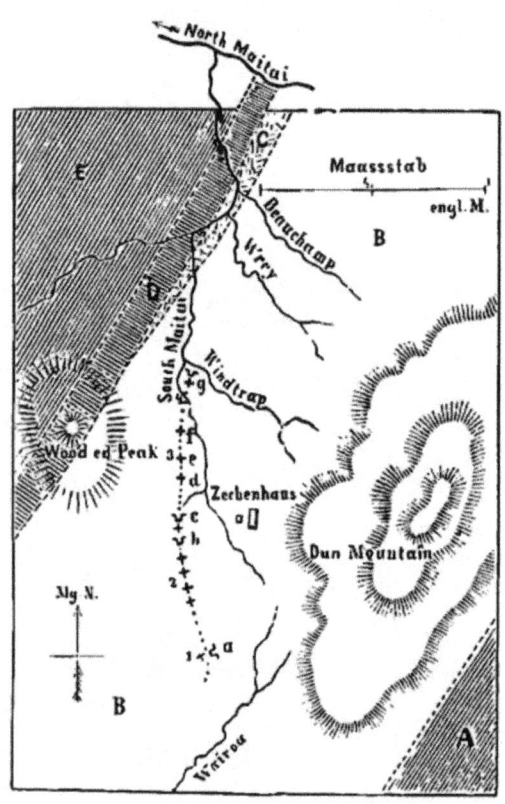

Der Kupferbergbau am Dun Mountain.

A. Thonschiefer.   *B.* Serpentin   *C.* Serpentin —
Hyperit und Dunit.   Kalkbreccie.
D. Kalkstein.   *E.* Maitai-Schiefer.

1. Duppa Lode.
2. Main Lode.
3. Sulliwan's Lode.
4. Windtrapgully Lode.

a. Deep adit tunnel.
b. Old mine tunnel.
c. Deep level tunnel.
d. Lloyds Shaft.
e. Wilson's Shaft.
f. North Shaft.
g. Windtrap Gully tunnel.

Um die sogenannte Duppa Lode und diese Chromerzlagerstätte im Innern des Gebirges anzufahren und zu untersuchen, wurde tiefer am Bergabhange ein Stollen (der „Deep adit tunnel") angelegt, der zur Zeit meines Besuches ungefähr 116 Yard weit durch Serpentin und Hyperit getrieben war, ohne jedoch bis dahin die Erzlagerstätten erreicht zu haben.

Weiter nördlich am steilen Abhange des Wooded Peak gegen die Thalschlucht des Matai-Baches hinab war in der Richtung nach Nord 15° West eine Reihe von Schurfschächten angelegt, durch welche die zu Tage tretenden Erzspuren — die „Main Lode" der Bergleute — in die Tiefe verfolgt werden sollte.

Auf dem ersten, am tiefsten gelegenen Schurfschacht war wenig mehr zu beobachten als bei der Duppa Lode. Wieder Kieselkupferanflüge auf klüftigem, halb zersetztem Serpentin und schwache Spuren von Rothkupfererz. Der zweite Schurfschacht zeigte eine Art Gangmasse $\frac{1}{2}$—1 Fuss mächtig, bestehend aus zerbröckeltem und in Eisenocher, Eisenopal und Brauneisenstein zersetztem Serpentin, abermals mit Kieselkupfer, wenig Rothkupfererz und Kupferpecherz. Aus dem dritten, am höchsten gelegenen Schurfschachte hatte man früher 12 Tonnen Erz gewonnen und dasselbe nach London geschickt. Der alte Werkschacht stand aber bei meinem Besuche ganz voll Wasser. An der einen Wand war wohl die Erze führende, von zersetzten Serpentintrümmern erfüllte Kluft ungefähr 4 Fuss breit sichtbar; aber 6 Fuss entfernt davon an der andern Seite bildete schon wieder compacter Serpentinfels die Schachtwand.

Unterhalb dieser drei Schurfschächte wurde, um die sogenannte Main Lode anzufahren, abermals ein Stollen (der Old mine tunnel) getrieben. Dieser Stollen durchschneidet auch in der That an zwei Stellen stark zerklüftete Serpentinpartien mit leichten Kupferanflügen, aber ohne eigentliche Erze zu entblössen. Da die Bergleute unsicher waren, ob die eingeschlagene Richtung die rechte sei, so wurde mehrmals von der Hauptrichtung abgewichen und in zwei Seitenstrecken weiter nachgesucht, aber ohne Erfolg.

Noch weiter nördlich und ungefähr 200 Fuss tiefer am Bergabhange, genau in der Fortsetzung der durch die Schurfschächte auf der Main Lode gegebenen Richtung der Linie dieser Erzspuren, wurde der „Deep level tunnel" begonnen. Oberhalb des Stollenmundlochs an der Bergoberfläche zeigte sich die mit mehr oder weniger Trümmergestein erfüllte Serpentinkluft 3 Fuss weit. Das Kieselkupfer kam hier in traubigen und nierenförmigen Krusten sehr häufig vor. Aber im Innern des Stollens, der genau in der durch die Kluft angezeigten Richtung geführt ist, war keine Spur von Erzen zu sehen.

Hatten mich schon diese auf der sogenannten Main Lode beobachteten Verhältnisse vollständig überzeugt, dass von einem eigentlichen Erzgange hier nirgends die Rede sein könne, sondern dass nur einzelne Erznester vorkommen, welche sich auf einer von Trümmern erfüllten Spalte oder Kluft des Serpentingebirges finden, so wurde dies auf der dritten sogenannten „Sulliwan's Lode" vollends klar. Was die Bergleute Sulliwan's Lode nannten, und was nach ihrer Voraussetzung ein besonderer Erzgang im Liegenden, d. h. östlich von der Main Lode sein sollte, war nichts als eine Reihe von weiteren Erznestern, welche in der nördlichen Fortsetzung der Serpentinkluft liegen. „Lloyds Shaft", der oberste Schurfschacht auf Sulliwan's Lode, 30 Fuss tief und mit kurzen Seitenstrecken unten, hat eine kleine Quantität von Erzen geliefert. Die Serpentinkluft, hier 7 Fuss mächtig und mit einer Richtung nach Nord 5° West, zeigt in ihrer Ausfüllungsmasse Kieselkupferanflüge und dünne Krusten von Rothkupfererz mit einem Kern von gediegen Kupfer. Von einer grösseren Quantität abbauwürdiger Erze konnte ich mich aber auch hier nicht überzeugen.

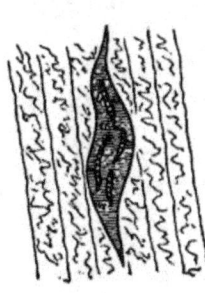

Erzlinse in Serpentin auf Sulliwan's Lode, Wilson's Schacht.
a) Eisenocher und zersetzter Serpentin.
b) Kupfererznester.

Sehr instructiv waren die Verhältnisse auf dem zweiten Schacht, „Wilson's Shaft". Die beistehende Skizze, der Schachtwand entnommen, zeigt deutlich das Vorkommen der Kupfererze in kleinen Nestern, eingeschlossen in lenticulare, nach oben und unten sich vollständig auskeilende Massen, welche ihrer Zusammensetzung nach nur als die Zersetzungsproducte von serpentinischem Trümmergestein erscheinen, das da und dort die grösseren Räume der durch das Serpentingebirge sich ziehenden Spalte erfüllt. Die auf dem Holzschnitt im Querschnitte dargestellte Linse ist 9 Fuss lang, und an der mächtigsten Stelle 2½ Fuss breit. Sie besteht zum grössten Theile aus Brauneisenstein, Eisenocher und Serpentintrümmern (a), dazwischen liegen Erzkrusten (b) mit Rothkupfererz, Kupferpecherz, Kupferkies und Eisenkies.

Die günstigsten Aufschlüsse unter allen Arbeitspunkten bot zur Zeit meines Besuches der „North-shaft". In 7 Fuss Tiefe zeigten sich feine Blätter von gediegen Kupfer zwischen schiefrigem Brauneisenstein neben Kupferkies, Kupferschwärze und Eisenkies. Es war alle Hoffnung vorhanden, dass bei einem tieferen Verfolgen der 2 Fuss mächtigen Lagerstätte sich diese Erze — namentlich Kupferkies — noch reichlicher finden werden.

Der nördlichste Punkt, an welchem auf Kupfererze gebaut wurde, liegt an der steilen, südwestlichen Thalseite des Windtrap-Baches nahe bei dessen Zusammenflusse mit dem Maitai. Herr Wrey, der eigentliche Urheber des ganzen Dun Mountain-Bergbaues, hatte hier auf der sogenannten „Windtrapgully-Lode" seine Arbeiten begonnen und aus Tagschürfen 2 Tonnen vorzüglicher Erze, Rothkupfererz (in schönen, durchscheinenden und diamantglänzenden Hexaëdern) mit unregelmässigen mehr als handgrossen und zolldicken Platten von gediegen Kupfer, gewonnen. Die Arbeiten mussten aber wegen der Gefahr, welche die am Bergabhange sich loslösenden Felsstücke brächten, eingestellt werden. Später hatte Herr Hacket, welcher zur Zeit meines Besuches den Bergbau leitete, etwa 100 Fuss über der Thalsohle einen Stollen mit zwei Querschlägen betrieben, der jedoch zu keinem Resultate führte; hauptsächlich, wie mir schien, weil die Richtung, in welcher sich an der Bergoberfläche die Anzeichen von Erzen finden — Süd 25° West genau auf den North-shaft zu — verfehlt worden war. Unstreitig war der Punkt am Windtrap-Thal unter allen bis jetzt bearbeiteten Punkten der erzreichste und auch jetzt noch halte ich die Anzeichen hier verhältnissmässig für am besten.

Fassen wir die Resultate dieser Untersuchungen zusammen, so ergibt sich, dass kein eigentlicher Erzgang existirt, noch weniger eine Reihe von parallellaufenden Erzadern, welche jene verschiedenen Namen: Duppa Lode, Main Lode, Sulliwan's Lode u. s. w. rechtfertigen würden. Der cornische Bergmann, welcher den Bergbau eingeleitet hatte, glaubte mit allzu reger Phantasie, die Verhältnisse seiner Heimat, die reichen Kupfererzgänge von Cornwallis auch in diesen Bergen wieder finden zu müssen. Allein die Kupfererze finden sich hier nur in einzelnen, im Allgemeinen wenig reichen Erznestern, welche auf einer von Gesteinstrümmern erfüllten Spalte oder Kluft des Serpentingebirges zerstreut liegen, die sich allerdings auf eine Erstreckung von circa zwei englischen Meilen verfolgen lässt.

Die grünen und blauen Kupferanflüge — vorherrschend kieselsaure, zum Theil aber auch kohlensaure Kupfersalze (Chrysokolla und etwas Malachit), — sind secundäre Bildungen. Sie finden sich nur an der Oberfläche des Gebirges, wo sie sich unter dem Einflusse der Atmosphärilien und der Tagwasser aus Rothkupfererz und gediegen Kupfer bilden. Es ist daher natürlich, dass sie sich nach der Tiefe mehr und mehr verlieren, wo Rothkupfererz und gediegen Kupfer an ihre Stelle tritt. Wenn man aus der Analogie mit anderen Kupferlagerstätten schliessen darf, so werden noch tiefer im Innern des Gebirges auch diese edlen Erze verschwinden, und statt ihrer geschwefelte Kupfererze, hauptsächlich Kupferkies in Begleitung von Eisenkies auftreten. Dem Bergmanne fehlen daher, sobald er nur wenige Fuss tief in das Gebirge eindringt, die so leicht in die Augen fallenden grünen und blauen Kupfersalze, welche an der Oberfläche seinen Arbeiten die Richtung geben; er hat in dem mehr oder weniger zerbrochenen und zersetzten Charakter des Serpentingebirges einen nur sehr unsicheren Anhaltspunkt, um der Serpentinspalte von einem Erzneste zum andern zu folgen.

Diese Verhältnisse machen klar, dass das Resultat der Bergbauunternehmung ein unsicheres sein musste. Die Chancen, auf reiche Erzlinsen zu stossen, waren zu gering, um die äusserst kostspieligen Hoffnungsbaue länger fortzuführen. Die Dun-Mountain-Compagnie hat desshalb in den letzten Jahren ihre ganze Kraft auf die Ausbeutung der reichen Chromerz-Lagerstätten gerichtet. Grosse Quantitäten dieses Erzes können schon ohne Bergbau aus den am Abhang des Wooded Peak und Dun Montain zerstreut liegenden Blöcken gewonnen werden, und es unterliegt keinem Zweifel, dass diese Erzlagerstätte sich gleichmässiger und anhaltender in das Innere des Gebirges fortsetzt, als die Kupfererze. Der Chromeisenstein vom Dun Montain steht in Qualität dem von Baltimore in Nord-Amerika, welcher in pulverförmigem Zustande in den Handel kommt und für das beste Chromerz gilt, nur wenig nach. Der Preis einer Tonne Erzes kommt in England auf 10 Pfund Sterling zu stehen. Um den bisher so ausserordentlich schwierigen und kostspieligen Transport von der Höhe des wilden Gebirges nach dem Hafen von Nelson zu erleichtern, hat die Gesellschaft eine Pferdebahn angelegt, die vom Hafen von Nelson nach der Stadt und von da durch das Brookstreet-Thal in zahlreichen Windungen auf die Höhe des Gebirges führt.

Auch in der nördlichen Fortsetzung der mächtigen Serpentin-Gangmasse des Dun Mountains wurden am Croixelles-Hafen, am Current-Basin und auf d'Urville's Eiland Spuren von Kupfererzen gefunden; allein auch an diesen Punkten blieben die bisherigen Versuchsbaue ohne Erfolg. Von d'Urville's Eiland, auf welchem Serpentin und Hornblendeschiefer auftreten, bekam ich ansehnliche, dickplattenförmige Kupfererzstufen, welche der Hauptsache nach aus Buntkupfererz (sehr untergeordnet Kupferkies) bestanden, begleitet von schwarzen Schnüren von Kupferglanz und von Anflügen von Kieselkupfer.

Das Hypersthen-Vorkommen am Wooded Peak. In dem oben erwähnten Deep adit tunnel wurde eine 10 Klafter mächtige Masse von sehr grobkörnigem Hyperit durchschnitten. Das Vorkommen ist bemerkenswerth durch die ausserordentlich grossen blättrigen Stücke von grünlichem Hypersthen, welche hier zu Tage gefördert wurden. Es fanden sich ganz frische Stücke mit glänzenden Spaltungsflächen von einem Quadratfuss Oberfläche; der feldspathige

Gemengtheil scheint in diesem grobkörnigen Hypersthenfels ganz zu fehlen. Über das gegenseitige Verhältniss des Serpentins und Hyperits gab der Stollen keinen klaren Aufschluss; dagegen kann man an den Serpentinklippen am Abhang des Wooded Peak zahlreiche Hyperitgänge und Adern im Serpentin beobachten, und zwar von sehr verschiedener Mächtigkeit: von der Dicke weniger Linien bis zu einer Mächtigkeit von 3—4 Fuss. Die Hyperitadern — gewöhnlich ein kleinkörniges Gemenge von Saussurit (d. h. einer dichten feldspathartigen Substanz) und Hypersthen, bisweilen nur Saussurit oder nur Hypersthen — widerstehen der Verwitterung mehr als der Serpentin, und ragen daher an den abgewitterten Serpentinfelsen leistenartig hervor. Von solchen Gangmassen rühren die Hyperitblöcke her, welche man an den Berggehängen zerstreut findet.

2. **Der Kalkstein des Wooded Peak.** Zunächst am Serpentin liegt eine schmale Zone von welligem Kalkstein, welcher ohne Zweifel den Serpentinzug seiner ganzen Erstreckung nach begleitet. Im Dun Montain-District zieht sich diese Kalkzone über den Wooded Peak durch das Thal des North Maitai nach dem Saddle Back. Die Grenze zwischen Kalk und Serpentin ist hier stets durch die Vegetation sehr scharf bezeichnet, da das Serpentingebirge fast aller Vegetation bar ist. Genau in der nordöstlichen Fortsetzung der Streichungsrichtung traf ich den Kalkstein wieder am Croixelles-Hafen und am Current Basin.

An der Südseite des Croixelles-Hafens liegt eine kleine Bucht, von den Eingebornen Onetea genannt. Die schroffen Felsen an der Westseite dieser Bucht bestehen aus dünngeschichtetem, in wellige Falten gepresstem Kalkschiefer von grünlicher und gelblicher Farbe. Die höheren Bänke bestehen aus weissgrauem, etwas dolomitischem Kalk. Als mittlere Streichungsrichtung der Schichten lässt sich Stunde 1—2 (N. 15° O) annehmen. Das Verflächen ist ein westliches mit 40°—50°. Die Kalkbänke sind von Kalkspath- und von Quarzadern durchsetzt. Den Hintergrund der Bay bildet ein Serpentingebirge, in welchem erfolglose Hoffnungsbaue auf Kupfer betrieben wurden, da bis jetzt nur äusserst schwache Spuren von Kupferkies sich zeigten.

Weiter nördlich im Current Basin treten an der Okure Bay dieselben Kalkschiefer abermals auf. Hier stehen sie senkrecht, zum Theile sogar etwas gegen Ost übergekippt, und unter den Kalkschiefern (scheinbar darüber) lagern mächtige Bänke eines theils röthlichen, theils grauen, halbkrystallinischen, serpentinartigen Gesteines, das nach und nach in wirklichen Serpentin übergeht. Das serpentinische Gestein (wahrscheinlich metamorphosirte Schichten) ist durchsetzt von Quarzadern, welche Spuren von Kupfererzen (Kieselkupfer, Rothkupfererz und Kupferkies) führen. Ausserdem enthält es kleine Knoten und Mandeln von radialfasrigem Epidot; an anderen Stellen ist der Fels drusig, enthält grössere, derbe Epidotmassen und ist von rothen Jaspisadern durchzogen. Am Fusse dieser Felsklippen habe ich auch ein knolliges Stück Nephrit gefunden, das wahrscheinlich diesem umgewandelten Gebirge angehört.

3. Die rothen und grünen Maitai-Schiefer. Auf die Kalkzone folgt eine sehr mächtige Zone von dünngeschichteten, theils röthlich, theils grün gefärbten Thonschiefern, welche bei weitem die Hauptmasse der Gebirgsketten bei Nelson zusammensetzen. Das tief eingeschnittene, vielfach gewundene Maitai-Thal bei Nelson durchschneidet diese mehrere englische Meilen mächtige Schieferzone und gibt gute Aufschlüsse; daher ich die Schiefer als „Maitai-Schiefer" bezeichne. Auch das Wairoa-Thal mit seinen Seitenthälern durchschneidet dieses Schiefergebirge, welches südlich die mächtigen Bergmassen von Devil's Armchair, Bennevis und Gordons Knob zusammensetzt. Auch in den Spencerbergen soll Thonschiefer eine Hauptrolle spielen, und wahrscheinlich sind es somit Thonschiefer dieser Zone, welche die höchsten Gebirgsketten der Provinz Nelson bilden. Von deutlichen organischen Resten habe ich nichts entdecken können.

Im Maitai-Thale stehen die Schiefer im Allgemeinen senkrecht bei einem mittleren Streichen nach Stunde 2—3 von SSW. nach NNO. Der Weg führt je nach der Biegung des Thales bald quer über die Schichtenköpfe, bald parallel denselben, und sehr häufig bemerkt man an den steilen Abhängen der Berge ein Überbiegen der Schichten, so dass sie dann je nach der Lage des Abhanges bald östlich, bald westlich zu verflächen scheinen. Die Farbe des Schiefers wechselt; vorherrschend sind grünliche und violettröthliche, mehr untergeordnet lichtblaugraue Schiefer. Einzelne Lagen sind so ausgezeichnet dünnschieferig und ebenflächig, dass sie sich zu Dachschiefer eignen würden. Manche Lagen sind auch etwas sandig, andere kalkig, und bisweilen sieht man Quarzadern durchziehen. Im Wairoa- und Aniceed-Thale beobachtete ich sehr häufig ein steiles südöstliches Verflächen des nach Stunde 4 streichenden Thonschiefers.

Bei Marybank nördlich von Nelson auf dem Wege nach Wakapuaka oder Drumduan treten theils dicht am Ufer auf der Schlammfläche, theils höher hinauf am Bergabhange schwarze Schiefer auf. Spaltet man diese Schiefer, so trifft man häufig die Schieferungsfläche überzogen mit einer dünnen, kohligen Kruste von eigenthümlicher netzförmiger Structur. (Vgl. Paläont. Abth. Taf. VII, Fig. 4.) Das Vorkommen erinnert an *Haliserites Dechenianus* Göpp. der devonischen Grauwacke am Rhein oder fast noch mehr an *Caulerpites selaginoides* Sternbg. auf dem Kupferschiefer von Eisleben. Vielleicht darf man diese Reste als undeutliche Fucoiden betrachten; sie sind dann das Einzige, was ich an organischen Spuren im Gebiete der Maitai-Schiefer aufgefunden habe, wenn ich nicht hieher auch noch die wurmförmigen Zeichnungen auf grauem Schiefer vom Happy Vally bei Wakapuaka rechnen soll, wovon ich ein Exemplar in der Paläont. Abth. auf Tafel VII, Fig. 5 habe abbilden lassen. Bei Wakapuaka finden sich auch Stücke mit eingesprengten Krystallen von Arsenikkies.

4. Der Richmond-Sandstein. Die äusserste am westlichen Gebirgsrande südlich von Nelson auftretende Zone bildet ein höchst merkwürdiger, petrefactenführender Sandstein, welchen ich nach dem am Fusse des Gebirges in der Waimea-Ebene liegenden Städtchen Richmond „Richmond-Sandstein" nenne.

Die tertiären Hügelreihen, welche bei Nelson dem Gebirge vorliegen, erreichen gegen Richmond zu ihr südliches Ende. Hier steigt das Gebirge steil unmittelbar aus den fruchtbaren Alluvialflächen des Waimea an und besteht an seinen westlichsten Gehängen aus einer Sandsteinformation, deren Bänke zum Theile ganz erfüllt sind von einer radial gerippten Monotis, die hier im Sandsteine eben solche Aggregate bildet, wie die *Monotis salinaria* Bronn im Triaskalke (in den Hallstätter Schichten) der österreichischen Alpen und von dieser sich so wenig unterscheidet, dass sie von Herrn Dr. Zittel als eine Varietät derselben beschrieben wurde:

Monotis salinaria var. *Richmondiana* Zitt.

Am auffallendsten aber ist, dass die Begleiterin der *Monotis salinaria* in den europäischen Alpen:

Halobia Lommeli Wissm.

sich auch bei Richmond wiederfindet, und zwar völlig identisch mit der europäischen Form, wenn auch viel seltener. Der Sandstein ist vorherrschend feinkörnig und eisenschüssig, und erinnert an devonischen Spiriferen-Sandstein. Die Muschelbänke selbst habe ich zwar nirgends anstehend gesehen, allein an den Berggehängen zerstreut liegende Blöcke sind äusserst häufig, so dass man in kurzer Zeit von den Versteinerungen so viel sammeln kann, als man nur wünscht. Die gröberen Conglomeratblöcke, welche man neben dem Monotis-Sandstein findet, enthalten keine Petrefacten.

Ich suchte diese Schichten in südlicher Richtung weiter zu verfolgen und traf sie genau in ihrer Streichungslinie anstehend an den Gehängen des Aniceed Vally, eines Seitenthales des Wairoa-Flusses, im Contact mit den Maitai-Schiefern. Neben der *Monotis* fanden sich nun hier auch Steinkerne von Brachiopoden:

Spirigera Wreyi Suess.

eine Form, welche an devonische Vorkommnisse erinnert, und mit *Spirifer subradiatus* Sow. aus angeblich oberdevonischen Schichten von Tasmanien die allergrösste Ähnlichkeit besitzt.

Zum dritten Male traf ich den petrefactenführenden Sandstein an den Gehängen des Wairoa-Thales bei Springgrove, wo der Fluss die letzte Parallelkette durchbricht und das Gebirge verlässt. An den Bergabhängen des linken Flussufers liegen zahlreiche Blöcke zerstreut, welche wieder Steinkerne der *Spirigera Wreyi* Suess, aber statt der *Monotis* hier sehr zahlreiche Steinkerne von:

Mytilus problematicus Zitt.,

weniger häufig von *Carpentaria* sp., *Astarte* sp., *Turbo* sp. enthalten, so dass wir hier statt der *Monotis*-Bänke *Mytilus*-Bänke haben.

Die Sandsteinzone scheint vom Wairoa-Durchbruch an als eine selbstständige niedere Kette, über der sich die höheren Thonschieferketten steil erheben, in südlicher Richtung noch weiter fortsetzen.

Suchen wir aus den Petrefacten des Richmond-Sandsteines einen Schluss auf das geologische Alter dieser Schichten zu ziehen, so spricht das Vorkommen von *Monotis salinaria* und *Halobia Lommeli* entschieden für triasisches Alter, und gestützt auf diese Vorkommnisse habe ich schon in meiner „Lecture on the Geology of the Province of Nelson"[1] den Richmond-Sandstein zu den Bildungen der secundären Periode gestellt und bemerkt, dass diese Schichten, wenn es jetzt schon möglich wäre, neuseeländische Schichtencomplexe mit europäischen Formationen zu parallelisiren, etwa unserem Muschelkalk entsprechen würden. Ich habe keine Veranlassung, diese erste schon an Ort und Stelle gewonnene Ansicht zu ändern, wiewohl sich auch einige Gründe für ein höheres Alter angeben liessen. Gehört aber der Richmond-Sandstein der Trias an, so müssen zur Trias auch die Maitai-Schiefer und der Kalkstein des Wooded Peak gerechnet werden, und dann spielen triasische Schichten überhaupt eine sehr grosse Rolle in den Hochgebirgen der Südinsel von Neu-Seeland, wie fortgesetzte Untersuchungen zeigen müssen. Dann liegen die paläozoischen Schichten erst jenseits der merkwürdigen Eruptionsspalte, welche durch den Serpentinzug des Dun Mountain eingenommen ist, und dieser selbst ist vielleicht am wahrscheinlichsten als ein Bildungsproduct der späteren triasischen Zeit zu betrachten.

5. **Die diabasartigen Eruptivgesteine im Brookstreet-Thale bei Nelson und der Syenit von Wakapuaka (Boulder-Bank).**

Im Brookstreet-Thale bei Nelson, und zwar an dem in der Gabelung des Thales sich erhebenden „Zuckerhut" (Sugarloaf) treten grünsteinartige Gesteine auf, welche einem zweiten, dem Serpentinzug des Dun Mountain parallelen Zug von eruptiven Bildungen im Gebiet der Maitai-Schiefer angehören. Das Gestein ist theils krystallinisch, theils als Mandelstein, theils als Breccie ausgebildet. Das am deutlichsten krystallinisch entwickelte Gestein enthält in einer kryptokrystallinischen, schwärzlichgrünen Grundmasse mehrere Mineralien eingesprengt. Zunächst

---

[1] Vgl. New-Zealand Governement Gazette. Nr. 39. 6. Dec. 1859.

fallen Körner und kleine Kryställe von lauchgrünem Augit in die Augen. Die Krystalle erscheinen als kurze Oblongsäulen mit abgestumpften Kanten und sehr deutlich blättriger Endfläche, auf den Spaltungsflächen mit lebhaftem Glasglanz: sie erinnern an den Kokkolith von Arendal. Neben diesem Augit finden sich in grosser Anzahl hirsekorngrosse schwärzliche Kugeln, die ebenflächig spalten, matten Bruch und die Härte 7 haben; viel sparsamer sind kleine tafelförmige Krystalle eines triklinischen Feldspathes, ganz vereinzelt graue Quarzkörner und wieder reichlicher sehr fein eingesprengter Pyrit. Die Mandeln des Mandelsteines sind theils von Kalkspath, theils von Zeolithsubstanz erfüllt, und die Breccie trägt den Charakter einer Thonschieferbreccie. Ich bezeichne jenes schwärzlichgrüne krystallinische Gestein als einen diabasähnlichen **Augitporphyr**.

Diabas- und schalsteinähnliche Gesteine werden auch am Ausgang des Maitai-Thales an der Suburban North road für Bauzwecke gebrochen, und bei Ellendale am Wege nach Wakapuaka als Beschotterungsmaterial.

Weiter nördlich, wo die merkwürdige Geröllbank (Boulder-Bank), welche den Hafen von Nelson bildet, an das Festland sich anschliesst, bildet am „Mackay's Knob" bei Wakapuaka **Syenit** die 6 bis 800 Fuss hohen wild zerrissenen und zerbröckelten Felswände, welche von der Brandung bespült das Material zur Bildung der Boulder-Bank geliefert haben und noch liefern. Dieser Syenit besteht aus schwärzlichgrüner Hornblende und fleischrothem Feldspath in einem mittelkörnigen Gemenge und hat etwas Eisenkies eingesprengt. Man überzeugt sich leicht, dass die von der Felswand fallenden Blöcke in der Brandung abgeschliffen, und von der Meeresströmung, welche zur Zeit der Fluth mit beträchtlicher Geschwindigkeit der Küste entlang gegen Süden setzt, nach und nach gegen Süden gewälzt und dabei mehr und mehr abgerollt werden. Verfolgt man die schmale Bank von Norden nach Süden, so bemerkt man leicht, dass die Gerölle, je weiter von ihrem Ursprung, um so kleiner und um so abgerundeter sind.

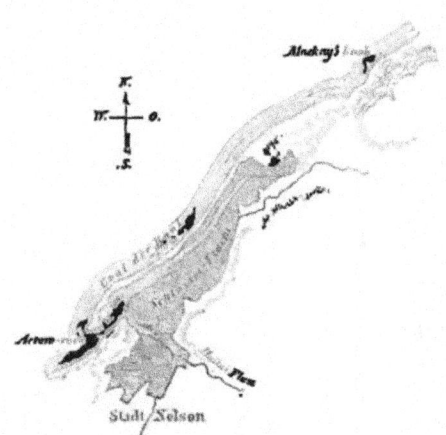

Die Geröllbank (Boulder-Bank) am Hafen von Nelson.

Der Querdurchschnitt der Bank ist folgender:

Durchschnitt der „Boulder-Bank" bei Nelson.
a) Niveau der Ebbe, *b)* Niveau der Fluth.

Nur ein kleiner Theil der Geröllbank liegt über der Hochwasserlinie. Dieser Theil fällt mit einer circa 6 Fuss hohen Terrasse gegen die Seeseite steil ab, während er nach der Hafenseite allmählich verflächt. Die grössten und schwersten Gerölle liegen nach der Seeseite zu; nach der Hafenseite nehmen die Gerölle an Grösse mehr und mehr ab.

Der Gangzug eruptiver Gesteine, welchem der Augitporphyr des Brookstreet-Thales und der Syenit von Wakapuaka angehören, ist in ähnlicher Weise wie der Serpentinzug des Dun Mountain von einer stark metamorphosirten Zone des Schiefergebirges begleitet und dieser Zone gehört ohne Zweifel auch der in der Einfahrt des Nelsonhafens sich erhebende Arrowrock an, dessen petrographischer Charakter schwer zu bezeichnen ist. Ein grünliches, bald mehr thonschiefer-, bald mehr sandsteinartiges, an manchen Stellen auch krystallinisch-körniges und dann dioritartiges Gestein, ist nach den verschiedensten Richtungen von Quarzadern durchzogen, so dass es den Charakter eines sehr groben Trümmergesteines annimmt.

Verfolgt man die Linie dieses zweiten, dem Dun Mountain parallel laufenden Zuges von eruptiven und metamorphischen Bildungen weiter gegen Süden, so stösst man am Ausfluss des Sees Rotoiti (Lake Arthur) wieder auf hornblende- und epidotführende Gesteine, auf Syenite, Diorite und Augitporphyre, die von da ab weiter südlich am See Rotorua (Lake Howick) und, wie Haast nachgewiesen hat, längs des ganzen Gebirgsrandes bis zur Cannibalen-Schlucht (Canibale George) eine grosse Rolle spielen.

Es muss künftigen Forschern überlassen bleiben, dieses in seiner Art einzige Auftreten von Serpentin, Dunit, Gabbro, und verschiedenartigen hornblende- und augithaltigen Eruptivgesteinen auf Gangzügen von solcher Erstreckung parallel dem Streichen des geschichteten Gebirges näher zu untersuchen. Ohne Zweifel hängen diese longitudinalen Eruptivmassen aufs engste zusammen mit der Bildung der longitudinalen Schiefer- und Sandsteinketten des alpinen Hochgebirges der Provinz Nelson.

3. Das Kohlenfeld von Pakawau.

Pakawau, an der Westseite der Goldenbai gelegen, ist für die Bewohner von Nelson eine sehr wichtige Localität durch das Vorkommen von Kohle in vorzüglicher Qualität. Das kohlenführende Schichtensystem lagert über den metamorphischen Schiefern der Whakamarama-Kette und ist zu beiden Seiten des Pakawau-Baches durch natürliche Aufschlüsse und durch kleine Versuchsbaue blossgelegt. Es besteht aus glimmerigen Sandsteinen, Conglomeraten und Schieferthonen, mit mehreren Kohlenflötzen.

Am linken Bachufer war ein im Niveau des Bachbettes liegendes Kohlenflötz von 4 Fuss Mächtigkeit aufgeschlossen. Das Liegende bildet brauner, weissglimmeriger Kohlensandstein voll von schlecht erhaltenen, und daher kaum bestimmbaren Pflanzenresten, das Hangende Brandschiefer. Wenige hundert Schritte weiter westlich steht am rechten Bachufer der Brandschiefer in festen, mächtigen Bänken an. Die obere Partie enthält nur sehr dünne Kohlenlager. In der unteren Partie aber zeigte sich ein etwas mächtigeres Flötz mit folgendem Durchschnitte:

Brandschiefer
Kohle . . . . . 5 Zoll
Brandschiefer . . 3½
Kohle . . . . . 4½ } Gesammtmächtigkeit der Kohle 2 Fuss.
Sandstein . . . 2
Kohle . . . 1 Fuss 2 „
Brandschiefer

Die Schichten fallen mit 20° gegen Südwest ein in der Richtung nach dem nur 4 bis 5 englische Meilen entfernten Hafen von West-Wanganui, wo dieselben kohlenführenden Schichten gleichfalls beobachtet wurden.

Es ist hauptsächlich der geringen Mächtigkeit der Kohlenflötze — das Hauptflötz ist nur 4 Fuss mächtig — und ihrer Verunreinigung durch viele Brandschiefer-Zwischenmittel zuzuschreiben, dass die hier eine englische Meile von der Meeresküste begonnenen Baue keinen Erfolg hatten, denn die Kohle selbst übertrifft an Qualität alle bisher beschriebenen neuseeländischen Kohlen.

Obwohl keine Schwarzkohle von dem geologischen Alter der echten Steinkohlen, nähert sie sich im Ansehen und durch die schwarzbraune Farbe des Strichpulvers schon so sehr den echten Steinkohlen, dass sie eher eine Schwarzkohle als eine Braunkohle genannt zu werden verdient. Die Kohle ist schwarz, stark glänzend, dicht, von unebenem Bruch. Ihre schiefrige Structur macht sie der australischen Kohle von New Castle am Hunter River ähnlich. Sie zeichnet sich den tertiären Braunkohlen gegenüber namentlich durch ihre ausserordentliche Consistenz aus. Grosse Stücke, die Jahre lang dem Regen und Sonnenschein ausgesetzt waren, zeigten noch denselben festen Zusammenhalt, wie frisch gebrochene Stücke. Diese Consistenz verdankt die Kohle ihrem hohen Bitumengehalt, der sich beim Brennen durch eine helle lange Flamme zu erkennen gibt. Die Kohle ist eine „Backkohle", sie liefert schönen Cokes und würde gewiss eine ausgezeichnete Gaskohle abgeben.

Die chemische Untersuchung stellt die Pakawau-Kohle fast auf gleiche Linie mit der australischen Kohle.

Eine in dem Laboratorium der k. k. geologischen Reichsanstalt durch Herrn Karl Ritter v. Hauer ausgeführte dokimastische Probe ergab:

Asche 8·4 Perc., Wasser 1·7 Perc., Coke 56·6 Perc., was einem Gehalte an Kohlenstoff von 66—72 Perc. entspricht; reducirte Gewichtstheile Blei 22·65, Wärmeeinheiten 5119, Äquivalent einer Klafter 30zölligen weichen Holzes 10·2 Centner, Specif. Gew. 1·31.

Die in einem glimmerigen Sandstein, welcher die Kohlenflötze begleitet, vorkommenden Pflanzenreste sind gänzlich verschieden von denen bei Drury und bei Nelson; allein die Stücke, welche ich fand, waren für eine specifische Bestimmung doch zu undeutlich. „Nur mit Mühe, sagt Prof. Unger, liessen sich in dem grobkörnigen Sandstein Reste von *Neuropteris*, *Equisetites* und einer Fiederpalme (*Phoenicites?*) erkennen".

Es ist kaum mehr als blosse Vermuthung, wenn ich hier die Ansicht ausspreche, dass die Kohlen von Pakawau einer mesozoischen Formation angehören dürften, und dass vielleicht die mächtigen Kohlenablagerungen, welche Dr. Haast 1860 in den südlicher gelegenen Districten der Westküste an den Flüssen Buller und Grey nachgewiesen hat[1], gleichen Alters mit der Kohle von Pakawau sind.

Wie weit das Pakawau-Kohlenfeld sich erstreckt, namentlich wie weit es in der Whakamarama-Kette südlich reicht, ist noch nicht festgestellt; doch lässt sich an einer grösseren Erstreckung kaum zweifeln, da in den Zuflüssen des Aorere-River, welche in dieser Kette entspringen, noch einzelne Kohlenstücke gefunden wurden.

4. Tertiäre Bildungen.

Die tertiären Bildungen, welche ich an den Küsten der Blind-Bay und Golden-Bay beobachtet habe, entsprechen den tertiären Gebilden der Nordinsel und stimmen mit diesen an mehreren Localitäten selbst petrographisch vollkommen überein. Sie erfüllen die Thäler und Niederungen, welche von den Ufern der Cook-Strasse

---

[1] Vgl. J. Haast, Report etc. p. 112. Die Pflanzenfossilien, welche auf diesen Kohlenfeldern bis jetzt aufgefunden wurden, sollen meist Blattabdrücke von dikotylen Gewächsen sein.

sich in südlicher Richtung zwischen den Gebirgsketten hineinzuziehen, und erreichen an manchen Punkten wohl eine Meereshöhe von gegen 2000 Fuss. Die in unmittelbarem Contact mit den steil aufgerichteten Schichtensystemen der Gebirge liegenden Schichten haben in ihrer Lagerung bedeutende Störungen erfahren, während die Tertiärgebilde sonst auf der Südinsel eben so horizontal lagern, wie auf der Nordinsel.[1]

Ich beschreibe die einzelnen Localitäten in ihrer Reihenfolge von Nelson bis zum Cap Farewell.

1. **Tertiärablagerungen bei Nelson und an den Ufern der Blind-Bay.** Die Hügelgruppen, welche sich bei Nelson an das höhere Thonschiefergebirge anschliessen, und zwischen dem Hafen von Nelson und den Waimea-Ebenen bei Richmond südlich von Nelson liegen, bestehen unter einer Decke von diluvialem Geröll (Driftformation) vorherrschend aus tertiären Ablagerungen, sowohl marinen als auch lacustrinen Ursprunges, welche jedoch seit ihrer Ablagerung gewaltigen Schichtenstörungen unterworfen waren.

Die „Cliffs" bei Nelson. An den Porthills zwischen der Stadt und dem Hafen von Nelson sind stellenweise mächtige Conglomeratbänke entblösst, welche nach Stunde 2 streichen und mit 45° gegen Ost verflächen. Das Conglomerat besteht aus grossen kugeligen Geröllen von krystallinischen Gesteinen aller Art, vorherrschend Hornblendegesteinen. Bei dem Customhouse treten unter dem Conglomerat bei niederem Wasserstand Sandsteinbänke zu Tage; weiter der Strasse entlang bituminöser brauner Schieferthon, und darunter blaugrauer Thonmergel. Wendet man sich dann von der Strasse rechts dem Strande zu, so gelangt man gegenüber der Hafeneinfahrt zu den Klippen „the cliffs".

Diese bestehen aus ausserordentlich regelmässig geschichteten Bänken von bald feinerem, bald gröberem, mitunter conglomeratischem Sandstein. Die Schichten streichen nach Stunde 1·10 und fallen mit 50—70° gegen Ost ein. Man geht den Klippen entlang auf den vollkommen geradlinig fortstreichenden Schichtenköpfen. Die Sandsteine enthalten mitunter kleine Kohlennester und grosse eckige Blöcke von Diorit eingeschlossen. Am „Fossil Point" sind einzelne bei Hochwasser überschwemmte Klippen, welche aus einem glaukonitreichen Conglomerat bestehen.

---

[1] In dem westlichen Theile der Provinz Nelson wurden tertiäre Inlandbecken von Dr. Haast in den Mittelebenen des Bullerflusses nachgewiesen, und neuerdings hat J. Burnett Braunkohlenablagerungen in den Quellengebieten des Mackay (Karamea), des Mokihinui und an den nördlichen Zuflüssen des Buller entdeckt.

ganz voll von Petrefacten; die weissen Kalkschalen sind jedoch äusserst zerbrechlich und nur mit viel Mühe gelang es mir eine grössere Anzahl so weit erhaltener Schalen zu sammeln, dass sie bestimmbar waren. Herr Dr. Zittel hat aus meiner Sammlung die folgenden Geschlechter und Arten bestimmt.

Anthozoa: Oculina.
Trochosmilia.
Bryozoa: Selenaria.
Celleporaria.
Acephala: Cardium.
Solenella australis Quoy.
Pectunculus laticostatus Quoy.
Limopsis insolita Sow.
Ostrea.
Gastropoda: Dentalium Mantelli Zitt.
Bulla.
Capulus.
Natica Denisoni Zitt.
Cerithium.
Voluta gracilicostata Zitt.
Murex.
Buccinum Robinsoni Zitt.
sp. ind. Zitt.

Haifischzähne.

E. Forbes[1] führt von derselben Localität aus einer Sammlung, welche Mr. Cuming 1850 dem Museum of Pract. Geol. in London übergeben hat, folgende Genera an:

Lucina.   Turbo,   Bulla
Arca,   Fusus?   Tornatella.
Cardita,   Acmaea,

ferner eine *Haliotis*-ähnliche Schale und zwei Korallenfragmente, wahrscheinlich zu *Turbinolia* und *Dendrophyllia* gehörig.

Forbes bemerkt zu der Liste, dass keines der Fossilien mit einer recenten Species identificirt werden könne, dass sie aber sehr an die eocänen Fossilien von den Bognor Beds erinnern.

Diese Ansicht stimmt wenig überein mit den Resultaten, zu welchen Herr Dr. Zittel gelangte, der unter den Fossilien weigstens drei lebende Arten nachgewiesen und demgemäss „the Cliffs" zu den jungtertiären Localitäten gestellt hat.

Der Kalksteinbruch bei Stock. An der rechten Seite von Poorman's Valley auf dem flachen westlichen Abhang der tertiären Hügel liegt etwa 100 Fuss über dem Meere ein Kalksteinbruch. Die Bänke, welche hier als Kalk gewonnen werden, sind tertiäre Muschelbänke, die jedoch nur aus Schalentrümmern bestehen,

---

[1] Quart. Journal Geolog. Soc. VI. pag. 343.

ohne dass es gelingen würde, auch nur ein einziges vollständiges Fossil aufzufinden. Echinitenstacheln, Austernschalen und Bivalven bilden die Hauptmasse. Die Schichten verflächen hier mit 40° gegen West.

Näher dem Gebirge zu liegen Jenkins Braunkohlenbaue. Mr. Jenkins hat das Verdienst durch mehrere Versuchsbaue, welche südlich von Nelson am Fusse eines steilen Thonschieferrückens auf einer etwa 200 Fuss über der Blind-Bay gelegenen Terrasse liegen, den Bewohnern von Nelson gezeigt zu haben, dass sie hier in der unmittelbaren Nähe der Stadt Kohlen besitzen. Durch einen ungefähr 42 Klafter lang in östlicher Richtung in den Bergabhang getriebenen Stollen wurden zwischen Sandsteinen, Conglomeraten und Thonmergeln mehrere 3 bis 6 Fuss mächtige Braunkohlenflötze angefahren, die sehr steil mit 50 bis 60° gegen Osten, scheinbar unter das ältere Thonschiefergebirge einfallen. Die Verhältnisse deuten aber auf gewaltige Störungen in der Lagerung der Schichten hin, in Folge eines Druckes von Osten, der die Schichten völlig umgebogen und in die verkehrte Lage gebracht hat.

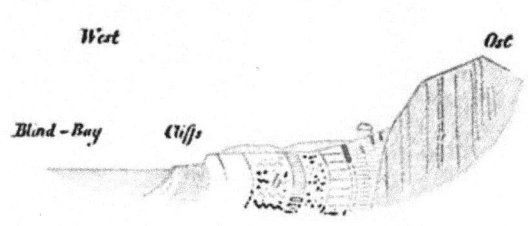

Jenkins Kohlenbergbau bei Nelson.
a. Thonschiefer.   b. Braunkohlenformation.

In Folge dieses Druckes hat auch die Kohle alle Consistenz verloren, sie ist spiegelklüftig und zerfällt in kleine stark glänzende Schuppen oder Blätter. Zwischen dieser zerdrückten Kohle liegen dann einzelne Nester einer merkwürdigen tiefschwarzen Glanzkohle mit vollkommen muscheligem Bruch und starkem Glanz, die wie Obsidian aussieht, nicht im mindesten abfärbt und schwer zu entzünden ist. Ein ähnliches Vorkommen von Glanzkohle, freilich unter ganz anderen Verhältnissen, habe ich im Sommer 1856 im Gross-Priesner Thale bei Aussig in Böhmen beobachtet. Dort kommt solche stark glänzende dichte Braunkohle unter mächtigen Basalt- und Trachytschichten vor zwischen Conglomeraten und Tuffen, welche von Basalt- und Trachytgängen durchsetzt sind. Was man hier der Einwirkung der vulcanischen Gesteine zuschreiben muss, erklärt sich bei Nelson durch Druck in Folge gewaltiger Gebirgsstörungen.

In den die Kohle begleitenden eisenschüssigen Sandsteinen kommen undeutliche Petrefacte vor, Blätter dikotyler Pflanzen, ähnlich wie bei Drury. Herr Prof. Dr. Unger hat die sehr unvollständigen Exemplare dieser Pflanzenreste, welche meine Sammlung enthielt, als *Phyllites Nelsonianus*, *Ph. Brosinoides*, *Ph. quercoides*, *Ph. eucalyptroides* und *Ph. leguminosites* bestimmt. Die gestörten Lagerungsverhältnisse und der zerbröckelte Zustand der Kohle waren dem Bergbauunternehmen, das bald wieder aufgegeben wurde, wenig günstig. Verschiedene Anzeichen sprechen aber dafür, dass weiter südlich am Rande der Waimea-Ebene gegen Richmond zu gleichfalls Kohlen liegen. Bohrungen könnten am leichtesten darüber Aufschluss geben. Auch weiter südlich am Wangapeka-Flusse sollen Kohlenflötze aufgefunden worden sein.

Wenn meine Ansicht von der übergekippten Lage der braunkohlenführenden Schichten sowohl, als auch der marinen Schichten an den „cliffs" die richtige ist, so bilden die marinen Schichten der Cliffs das ursprünglich höher liegende, also jüngere Glied der Tertiärformation bei Nelson. Wenn wir die Lagerungsverhältnisse so auffassen, stehen dieselben auch vollkommen in Einklange mit dem Resultate der paläontologischen Untersuchung, welche ergab, dass die Localität „the Cliffs" zu der jüngeren Abtheilung der tertiären Bildungen gehöre.

In den Waimea-Ebenen, den Waiiti und Mutere Hills sind die Tertiärablagerungen bedeckt von jüngeren diluvialen und alluvialen Gebilden; zu Tage treten dieselben erst wieder am jenseitigen Gebirgsrande im Wangapeka-Districte, in den Hügelketten zwischen dem Motueka und Wangapeka als weisser, körniger Quarzsandstein, oft hohe Felswände bildend, im Bette des Sherry-River (Zufluss des Wangapeka) als blauer Thonmergel mit vielen wohlerhaltenen Fossilien und mit Knollen von Ambrit, am Batten-River (Zufluss des Motueka) als braunkohlenführendes Schichtensystem.

2. Tertiäre Bildungen an den Ufern der Golden-Bay (Massacre-Bay). Jenseits Separation Point trifft man tertiäre Bildungen zuerst wieder bei den Tata-Inseln, welche aus horizontal geschichtetem, plattigem Kalkstein mit zahlreichen Fossilien bestehen. Dieser Kalkstein entspricht petrographisch und stratigraphisch dem plattigen Kalkstein der Nordinsel bei Whaingaroa, Aotea u. s. f., und bildet an der Küste zwischen den Tata-Inseln und Motupipi ähnliche Felsscenerien, wie am Rakaunui-Flusse (vgl. S. 46). Die Tertiärformation zieht sich von der flachen Küste bei der Mündung des Takaka-Flusses weit thalaufwärts.

Bei Motupipi, dicht am Meeresufer liegen Kohlengruben, die unter Mr. James Burnett's Leitung mit viel Sachkenntniss und Geschick begonnen wurden, aber durch ein Zusammentreffen ungünstiger Umstände wieder in Verfall gerathen sind.

Es kommen hier, wie beistehender Durchschnitt zeigt, mehrere Kohlenflötze über einander vor, von verschiedener Mächtigkeit.

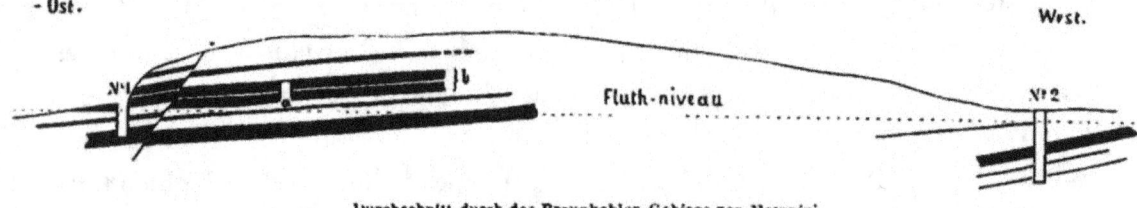

Durchschnitt durch das Braunkohlen-Gebirge von Motupipi.
a. Stollen.   *b.* Kohlenflötz im Abbau.   Nr. 1. Schacht.   Nr. 2. Schacht.

Mr. Burnett verdanke ich über die Schichtenfolge in den beiden Schächten folgende nähere Angaben:

Durchschnitt im Schachte Nr. 1.

An der Oberfläche sandiges und lehmiges Diluvium.

Kohle			1 Fuss	9 Zoll.
Sandiger Schieferthon			2	0
Kohle	2 Fuss	4 Zoll		
Zwischenmittel	0	5	1	(wird abgebaut).
Kohle	2	4		
Sandiger Schieferthon			3	
Kohle			1	
Mürber Sandstein			7	0
Schieferthon			2	0
Kohle			4	7
Schieferthon			1	0
			28 Fuss	1 Zoll

Durchschnitt im Schachte Nr. 2.

Sand vom Meeresstrande	4 Fuss	6 Zoll.
Thon	1	0
Mürber Sandstein	10	8
Fester Sandstein	1	0
Schieferthon	4	7
Kohle	4	4
Mürber Sandstein	5	0
Schwarzer Schieferthon	1	0
Weicher Sandstein	8	6
Sehr harter Sandstein	0	6
Sandiger Schieferthon	2	8
Dunkler Schieferthon	1	4
Schieferthon mit Kohle	1	2
Weicher Sandstein	3	6
	49 Fuss	9 Zoll

Das Flötz, welches abgebaut wurde, ist 5 Fuss 1 Zoll mächtig, hat aber ein 5 Zoll dickes Zwischenmittel von Brandschiefer. Es liegt nur wenig über dem Niveau der Hochwasserlinie und nahezu horizontal. Die tieferen Flötze liegen unter der Hochwasserlinie.

Die Motupipi-Kohle steht der Drury-Kohle am nächsten, sie enthält dasselbe fossile Harz, den Ambrit, hat jedoch mehr den Charakter einer Pechkohle als einer Glanzkohle, der Bruch ist splitterig und hat wenig Glanz. Die Kohle zerbröckelt an der Luft und brennt sehr leicht mit gelbrother Flamme. Der starke bituminöse Geruch beim Brennen hat vielfach abgeschreckt die Kohle zu häuslichem Bedarfe zu benützen. Sie wurde jedoch, wie mir Mr. Burnett mittheilte, ein Jahr hindurch (1854—1855) auf dem an den Küsten der Provinz Nelson verkehrenden Dampfer „Nelson" theils als ausschliessliches Feuerungsmaterial, theils mit australischer Kohle gemengt mit gutem Erfolge verwendet.

Eine im Laboraterium der k. k. geologischen Reichsanstalt von Herrn Karl Ritter v. Hauer ausgeführte dokimastische Probe ergab: Asche 5·3 Perc., Wasser 23·1, Kohlenstoff 55·0 Perc. Reducirte Gewichtstheile Blei 18·80, Wärmeeinheiten 42·48. Äquivalent einer Klafter 30zölligen weichen Holzes 12·3 Centner, specifisches Gewicht 1·37.

Ohne Zweifel hätte die Kohle besseren Absatz gefunden, wenn die Verschiffung derselben leichter möglich und ihre Erzeugung wohlfeiler gewesen wäre. Allein an dem seichten Ufer können nur kleine Fahrzeuge, höchstens von 10 Tonnen Gehalt, anlegen, und bei den hohen Arbeitslöhnen kam der Erzeugungspreis dem Preise der englischen Steinkohle so nahe, dass an einen grösseren Absatz nicht zu denken war.

Die Ausdehnung des Kohlenfeldes bei Motupipi ist eine beträchtliche. Es erstreckt sich über den ganzen unteren Theil des Takaka-Thales, wo man an verschiedenen Punkten bis zu Mr. Skeet's Farm flussaufwärts die Kohle nachgewiesen hat. Andererseits kann man bei Ebbe die Kohlenflötze bis weit hinaus in's Meer auf dem seichten, schlammigen Grunde verfolgen.

Der in der Umgegend von Motupipi auftretende Kalkstein gehört einem höheren Niveau an als die Braunkohlenformation und entspricht, eben so wie der Kalkstein der Tata-Inseln, dem zur älteren Gruppe der Tertiärbildungen gehörigen Kalkstein der Provinz Auckland. Vgl. S. 44—48.

Dem Public house von Motupipi gegenüber, am sogenannten Fossil Point erscheinen die Bänke auf den Kopf gestellt, und sind sehr reich an Versteinerungen.

Grosse Austern
Pecten athleta Zitt.
„ *Burnetti* Zitt.
Waldheimia lenticularis Desh.
Brissus eximius Zitt.

und viele andere Fossilien kommen in grosser Anzahl vor und können in den hier angelegten Kalksteinbrüchen leicht gesammelt werden. Der Kalkstein ist im frischen Bruche blau, an der verwitterten Oberfläche rostgelb. Charakteristisch sind die zahlreich eingebetteten Quarzfragmente und Quarzgerölle.

Den besten Aufschluss über das gegenseitige Lagerungsverhältniss der Kalkstein- und der Braunkohlenformation geben die Felsklippen des Rangiheta Point, einige Meilen westlich von Motupipi. Es ist dies der einzige Punkt, an welchem ich die Überlagerung der Braunkohlenformation durch Kalkstein direct beobachten konnte. Wie bei Motupipi liegen die Kohlenflötze auch hier im tiefsten sichtbaren Niveau theils unter, theils wenig über der höchsten Fluthlinie. Die Kohle enthält zahlreiche Stücke von Ambrit (vgl. S. 37) eingeschlossen. Die höheren Schichten bestehen aus Brandschiefer, Sandstein, Quarzconglomerat und festen Quarziten. Die oberste Decke aber bilden plattige Kalksteine, deren Bänke in grossen Felsplatten, dem Einsturz drohend, oben an den 100—120 Fuss hohen Klippen hervorragen.

Vielleicht gehören die weissen Quarzite des Waitap-Hill zwischen Motupipi und Rangiheta gleichfalls der Braunkohlenformation an.

Zwischen dem Takaka- und Aorere-Thale sind die Uferklippen von grauem Thonmergel gebildet, in welchem einzelne Fossilien vorkommen. Bei Collingwood fand ich in dem Mergel ein wohlerhaltenes Exemplar von *Schizaster rotundatus* Zitt. Im Aorere-Thale selbst sind die tertiären Bildungen repräsentirt einerseits durch das schon früher erwähnte goldführende Conglomerat (vgl. S. 211), andererseits durch grössere und kleinere Massen von sandigem Kalkstein, welche als Reste einer früher über die ganze Thalmulde zwischen der Anatoki- und Whakamarama-Kette ausgebreiteten tertiären Gesteinsdecke zu betrachten sind und jetzt isolirte, sehr mannigfaltig gestaltete Felsmassen bilden. Diese Kalkfelsen oder Kalksteinschollen sind sehr häufig von Höhlen durchzogen. Einige dieser Höhlen sind sehr berühmte Fundstätten von Moa-Resten.

Bei meinem Besuche der Goldfelder im Aorere-Thale hörte ich durch die Golddigger zufällig von diesen neu entdeckten Höhlen und von den grossen Knochen, welche in denselben gefunden worden waren — Knochen, so gross und stark, dass dieselben, wie die Digger sagten, nur mit grosser Mühe zerbrochen werden konnten. Ich war keinen Augenblick im Zweifel darüber, dass es sich hier um Moa-Knochen, um die Überreste der ausgestorbenen Riesenvögel Neu-Seelands handle, und ergriff die erste Gelegenheit, die sich mir darbot, diese Höhlen zu besuchen.

Die Höhlen liegen bei Washbourne-Flat, einer Goldgräbercolonie am rechten Ufer des Aorere-Flusses, etwa acht englische Meilen von dessen Einmündung in die Golden-Bay entfernt. Steigt man die Terrassen hinter Washburne-Flat hinan, so erreicht man etwa 600—800 Fuss über dem Flusse eine Art Plateau, über welchem gegen Ost die Anatoki-Kette mit ihren steilen Felsgipfeln sich erhebt. Auf diesem flachwelligen, von Quarzgeröllen bedeckten Plateau liegen gewaltige Schollen von tertiärem Kalksandstein. Einzelne Schichten dieses dünngeschichteten, sandigen Kalksteines sind voll von Versteinerungen; namentlich glatte Pectines (*Pecten Hochstetteri* Zitt.) kommen vor.

Derselbe kalkige Sandstein findet sich am Cap Farewell, und enthält dort sehr zahlreiche Echinodermen:

Hemipatagus formosus Zitt. (sehr häufig).
     tuberculatus Zitt. (sehr häufig).
Schizaster rotundatus Zitt. (seltener).
Nucleolites sp.

Ausserdem *Ostrea Nelsoniana* Zitt.
Lima sp.
Venus sp.
Pecten Hochstetteri Zitt.
Struthiolaria (Steinkerne).

Schon aus der Entfernung erkennt man diese Schollen, weil sie als markirte Hügel hervorragen und mit ihrer üppigen Waldbedeckung in der nur mit Manuka *(Leptospermum)* und Farnkraut *(Pteris)* bewachsenen Plateaufläche gleichsam Oasen oder Waldinseln bilden.

Fast alle diese Kalksteinschollen sind von Höhlen durchzogen, deren Eingang rückwärts gegen Osten liegt, indem die kleinen vom Gebirge kommenden Bäche ihren Weg unterirdisch auf der Grenze des Kalksteines und des Grundgebirges nehmen. Vier solcher Waldhügel liegen oberhalb Washbourne-Flat nahe bei einander in einer nordsüdlichen Linie. Der zweite, von Norden gerechnet, ist der bedeutendste und in ihm liegen drei kleine Höhlen, die mir von den Goldgräbern als Fundstellen von Knochen bezeichnet wurden.

In einer derselben, in welcher oberflächliche Nachgrabungen stattgefunden hatten, fand ich schon nach kurzem Suchen einzelne Knochenfragmente. Ich ordnete alsbald umfassendere Nachgrabungen an und bestimmte drei Mann aus meiner Begleitung zum Graben. Leider konnte ich mir selbst nicht die Zeit und die Freude gönnen, dabei zu bleiben, da ich noch weitere Untersuchungen auf den Gold- und Kohlenfeldern auszuführen hatte. Ich überliess daher die Leitung der Ausgrabungen meinem Freunde und Reisebegleiter J. Haast und einem jungen englischen Feldmesser Herrn Ch. Maling, die dieselben auch mit aller Umsicht und mit glänzendem Erfolge ausführten.

Haast hatte die Freundlichkeit, mir einen ausführlichen Bericht über die Ausgrabungen zu geben, welcher von einigen durch Herrn Maling gezeichneten Skizzen begleitet war. Ich erlaube mir, den wesentlichen Inhalt dieses Berichtes hier einzuschalten.

Ausgrabungen von Moa-Resten in den Knochenhöhlen des Aorere-Thales.
Von Julius Haast.

1. **Stafford's Höhle**[1], die nördlichste der drei Höhlen. Der Eingang liegt im Gebüsche verborgen, ist aber sonst offen und weit. Ein steiler Schuttkegel führt etwa 80 Fuss tief hinab auf den Boden der Höhle; unten liegt zwischen die beiden Wände eingezwängt ein grosser Kalksteinblock, unter welchem ein Bach hervorströmt, der die von Ost nach West sich erstreckende Höhle durchfliesst, in der Höhle einen kleinen Zufluss bekommt und unter dem Namen Doctor's Creek die Höhle verlässt, um sich in den Aorere zu ergiessen. An der nördlichen Eingangswand beobachtet man zu unterst mächtige Bänke von gelbem, sandigem Kalkstein, der sehr leicht zerreiblich ist; darüber 4—8 Fuss dick eine feste Bank von Conglomerat (Quarz-, Phyllit- und Gneissgerölle mit kalkigem Bindemittel); die Decke der Höhle bildet feinkörniger, sandiger Kalkstein mit Versteinerungen, den Boden aber steil aufgerichtete Phyllit- (Urthonschiefer-) Schichten

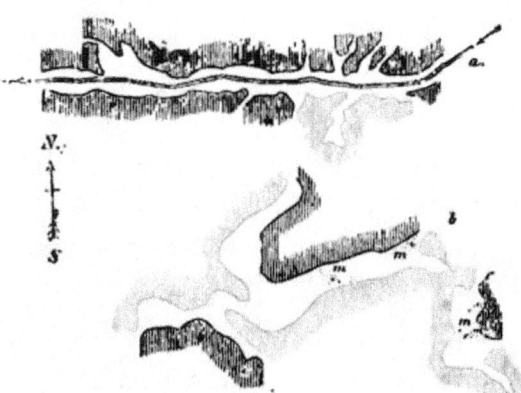

Höhlen mit Moa-Knochen im Aorere-Thale (Provinz Nelson).
a. Stafford's Höhle.
b. Hochstetter's Höhle.
c. Moa-Höhle.
m. Orte, wo Moa-Knochen gefunden wurden.

---

[1] Die Golddigger nannten die Höhle so, weil ein früherer Besucher derselben, Mr. Stafford, darin den Fuss gebrochen.

welche mit 45° gegen West einfallen. Die tief herabhängenden Stalaktiten und der beinahe 10 Fuss hohe, senkrechte Fall des Baches verhinderten mich die Höhle bis zum Ausgange zu untersuchen. Das durchfliessende Wasser hat in dieser Höhle keine Lehmablagerungen gestattet, und nachdem ich mich überzeugt, dass nirgendwo günstiges Terrain vorhanden sei, um Nachgrabungen anzustellen, verfügte ich mich nach der zweiten mittleren Höhle.[1] Zuvor aber untersuchte ich noch das Bächlein, ob in ihm nicht eigenthümliche Höhlenbewohner aufzufinden wären. Es war indessen keine Spur von animalischem Leben zu entdecken. Nur schwach leuchtende Glühwürmer sassen oben an der feuchten Decke.

2. **Hochstetter's Höhle.** Der Eingang der zweiten grösseren Höhle, welche ich Hochstetter's Höhle nenne, liegt wenige hundert Schritte südlich von Stafford's Höhle und 50—60 Fuss höher. Von üppiger Vegetation umgeben bildet hier der Kalkstein ein hohes, luftiges Portal, theilweise von Farnkräutern und Moosen überwuchert, zwischen welchen zierlich gestaltete, blendend weisse Stalaktiten herabhängen. Auch hier hat man circa 100 Fuss über einen steil abschüssigen, lehmigen Schuttkegel hinabzusteigen, bis man in die eigentliche Höhle gelangt. Unten liegen noch grosse Felsblöcke über einander, und erst nachdem man auch über diese geklettert, befindet man sich auf dem ebenen Höhlenboden. Dieser besteht theils aus Kalksinterkrusten, mitunter mit den prachtvollsten, zierlichsten Bildungen, theils aus Sand und Lehm. Die Höhle erstreckt sich gleichfalls von Osten nach Westen und hat mehrere Arme, welche sich nach Süden und Norden abzweigen. An einzelnen Stellen erhebt sich die Decke zu beträchtlicher Höhe und bildet eine Kuppel von imposanter Schönheit, die das Licht von zwölf Kerzen nicht deutlich zu erleuchten vermochte. Die Breite wechselt zwischen 30 und 80 Fuss; nachdem man aber ungefähr 500 Schritte vorgedrungen, wird die Höhle so enge, dass es nicht möglich ist weiter zu kommen. Auch hier beobachtete ich den Höhlenglühwurm und entdeckte noch einen zweiten Höhlenbewohner, ein zu den *Homopteren* gehöriges, der Weta (*Deinacrida heteracantha*) ähnliches Insect mit sehr langen Fühlern, das sich meinen Nachstellungen durch weite Sprünge zu entziehen suchte.

Ich begann die Nachgrabungen etwa 200 Schritte vom Eingange an einer Stelle, wo das theilweise aufgewühlte Erdreich bewies, dass hier bereits früher Jemand gegraben, und wo Dr. Hochstetter selbst einzelne Knochenfragmente gefunden hatte. Obgleich wir 10 Fuss im Durchmesser nach allen Seiten hin den Boden umarbeiteten und zwei Fuss tief eindrangen, so war doch ausser einigen beinahe an der Oberfläche liegenden Wirbeln, Rippenfragmenten und einer Schnabelspitze, wahrscheinlich zu *Dinornis didiformis* gehörend, nichts zu finden.

Weitere Nachgrabungen 100, 150 und 250 Schritte vom Eingange, welche ich bis zu einer Tiefe von 4 Fuss vornehmen liess, gaben kein Resultat. Der lehmige Boden war bis zu einer Tiefe von 2 Fuss mit einzelnen Tropfsteinstücken gemengt; tiefer unten fanden sich weissliche, leicht zerreibliche grusige Stücke in weichem, nassem Schlamme. So gruben wir denn den ersten Tag vergeblich! Eine hehre Stille herrschte in der Höhle, nur von dem Fallen einzelner Wassertropfen unterbrochen, und es gewährte einen eigenthümlich schauerlichen Anblick, wenn man zurücktrat in das tiefe Dunkel und die Gestalten der kräftigen Männer — ein Jeder bis zur Brust

---

[1] Es ist nicht unwahrscheinlich, dass beide Höhlen durch Seitenarme mit einander in Verbindung stehen.

in einer von zwei Kerzen beleuchteten Grube stehend — schweigsam arbeiten sah. Schien es doch, als grübe Jeder ein Grab an dieser stillen Stätte! Die wohl hundert Fuss hohe Kuppel wurde kaum von dem Lichtschein berührt, welcher sich geisterhaft flackernd an den glänzenden Seitenwänden abspiegelte. Bei klarem Mondeslichte traten wir hinaus in's Freie, die frische Abendluft mit Wonne einathmend. Die westlich liegende Whakamarama-Kette zeigte ihre nackten Felswände hell erleuchtet zwischen den Kalksteinhügeln.

Der zweite Tag (13. August) begann mit neuen Versuchen in derselben Höhle. Indem ich einen Mann an der alten Stelle entfernt vom Eingange arbeiten liess, machte ich es mir selbst zur Aufgabe, den am Eingange aufgehäuften Schuttkegel zu untersuchen. Hier war ich bald so glücklich, etwa 15 Fuss über dem Höhlenboden auf ein sehr wohl erhaltenes *cranium* zu stossen. Nur der Unterkiefer und Oberschnabel fehlten und waren trotz aller Mühe, die wir uns gaben, nicht zu finden. Auch keine weiteren zugehörigen Knochen wurden gefunden. Der auffallend frische und gute Erhaltungszustand[1] dieses Schädels, — die Quadratknochen befanden sich noch in Articulation; eben so sass die zarte *columella* noch fest im Labyrinthfenster und die papierdünnen Nasenmuscheln waren unversehrt — seine Grösse und Verschiedenheit von anderen später aufgefundenen Schädelfragmenten bestimmen mich anzunehmen, dass dieser Schädel keinem Individuum von *Dinornis* angehöre, sondern einer vielleicht jetzt noch lebenden, oder doch nur ganz kürzlich ausgestorbenen Art.[2] Darin bestärkt mich auch die Thatsache, dass ich wenige Fuss unter dem Schädel nur von zwei Zoll Erde bedeckt den grössten Theil eines Kiwi-Skeletes *(Apteryx)*, also einer noch lebenden Art, fand, welche in einem weniger erhaltenen Zustande sich befanden. Unter den grossen Steinen am Fusse des Schuttkegels fand ich einzelne Phalangen, verschiedene Bruchstücke von *tarsus*, *femur* und *tibia*, einen Wirbel und eine vollständige 15 Zoll lange *tibia* von *Dinornis didiformis*. Alle diese Knochen hatten jedoch, was ihren Erhaltungszustand anbelangt, ein anderes Ansehen als obiger Schädel.

Es war inzwischen Mittag geworden, und ich war noch immer weit von dem geträumten Erfolge entfernt. Tags zuvor hatte ich indess südöstlich von Hochstetter's Höhle, etwa 200 Schritte entfernt und 50 Fuss höher den Eingang zu einer dritten Höhle aufgefunden, nach welcher ich mich jetzt begab, um meine Nachforschungen fortzusetzen.

3. Moa-Höhle. Der Zugang führt schachtartig hinunter und ist 3—4 Fuss weit. Hervorragende Steine machen das Hinabsteigen sehr leicht. Auch ein grösserer Vogel konnte leicht da hinabkommen. Dann beginnt ein abschüssiger, aus eingeschwemmtem Erdreiche bestehender Kegel, auf welchem man nach weiteren 15 Fuss in die Höhle gelangt. Diese erstreckt sich von Nord nach Süd, ist 8—15 Fuss hoch, 20—40 Fuss breit und 80 Fuss lang. Eine zweite dem Eingange ähnliche Öffnung führt am Ende der Höhle nach oben in den Wald. Zahlreiche Stalaktiten, die beinahe bis zum Boden herabhängen, und Stalagmiten-Säulen verengen an vielen Stellen das Innere. In dieser Höhle, welche ich der vielen Moa-Knochen halber, die wir dort fanden, die Moa-Höhle nannte, zeigten uns schon gleich beim Eintritte die zerstreut umherlie-

---

[1] Die Elasticität sämmtlicher Knochen, insbesondere der sehr zarten Jochbeine beweist, dass die Leim gebende Substanz noch nicht der Zerstörung anheimgefallen ist.

[2] Dieser Schädel ist unter allen bis jetzt aufgefundenen Moa-Schädeln bei weitem der best erhaltene und gehört ohne Zweifel der Species *Palapteryx ingens* Ow. an. Vgl. die Beschreibung in der paläontolog. Abth. dieses Werkes.

genden, theilweise zerbrochenen Knochen, dass vor uns Andere hier gewesen; in dieser Höhle hauptsächlich war es, wo Golddigger nach den Knochen gegraben hatten, und wo das vollständige Skelet gefunden worden war, von welchem man uns erzählt hatte.

Da, wo am Eingange der Boden eben wird, fingen wir in dem weichen Erdreiche mit unseren Nachgrabungen an. Nachdem wir vier Zoll tief gegraben, kamen wir auf den ersten Knochen, es war ein Laufknochen von *Dinornis didiformis*. Ich liess nun mit grosser Vorsicht weitergraben und hatte bald die Freude, die beiden Beine vollständig blossgelegt zu sehen. Die *tibiae* waren aber in der Mitte zerbrochen; ein schwerer Stein, der wahrscheinlich von der Decke der Höhle herabgefallen, als die Knochen noch nicht mit Erde bedeckt waren, lag über denselben. Andere herabgefallene Steine hatten leider die *pelvis* zertrümmert, so dass ich nur deren Bruchstücke sammeln konnte. So viel ich sehen konnte, lag das Skelet mit dem Kopfe an die Höhlenwand angelehnt und mit ausgestreckten Beinen da. Die Phalangen lagen an einem der Höhlenwand parallel liegenden grossen Felsblocke in ihrer natürlichen Ordnung. Bei dem Herausnehmen der Knochen fanden wir in derselben Schichte die Skelettheile von drei weiteren, wahrscheinlich zu derselben Species gehörigen Individuen, die, wie sich noch deutlich wahrnehmen liess, ursprünglich gleichfalls in der richtigen Lage beisammen gelegen und nur durch die Goldgräber, die hier ihr Unwesen getrieben, zertrümmert und zerstreut worden waren. Die folgenden Theile konnte ich von den vier hier begraben gewesenen Individuen, die wahrscheinlich der Species *Dinornis didiformis* Ow. angehören, noch erhalten:

	Länge	kleinster Umfang der Schaftes
	in englischem Maasse	
1. Individuum:		
2 *tarsi*	6" 10'''	3" 0'''
2 *tibiae*	14" 1'''	3"
die zugehörigen *fibulae*		
2 *femora*	9" 2'''	3" 10'''
sternum, *pelvis* und *cranium* nur in Fragmenten.		
2. Individuum:		
2 *tarsi* zerbrochen.		
1 *tibia*	13" 0'''	3" 1'''
die zweite zerbrochen.		
2 *femora*	8" 2'''	3" 6'''
ein Bruchstück des *cranium*.		
3. Individuum:		
tarsi in Bruchstücken.		
tibiae „		
2 *femora*	7" 9'''	2" 10'''
4. Individuum:		
1 *femur* und ein *cranium*-Fragment.		

An kleineren Knochen, welche diesen vier Individuen angehörten, fand ich:
12 Klauen, 26 Phalangen, 39 Wirbel, Bruchstücke von Rippen, vom *sternum*, *sacrum*, der *pelvis* und eine grosse Menge kleinerer Fragmente.

Da manche dieser Knochen ziemlich mürbe waren, so dass ich befürchten musste, dieselben zu zerbrechen, falls ich sie aus der Erde herausziehen würde, so untergrub ich sie und kam dabei in 6 Zoll Tiefe unter dem zuerst gefundenen Skelete auf grössere Knochenreste, zunächst auf eine grosse *tibia*.

Eine nähere Prüfung am 14. August ergab, dass der Felsblock, an welchem obige Phalangen von *Dinornis didiformis* gefunden worden waren, die Füsse dieser grösseren Art bedeckt und wahrscheinlich zertrümmert hatte. Dieser Block musste also herabgestürzt sein, nach dem Tode des grösseren Vogels und vor dem Tode des zuerst ausgegrabenen Individuums von *Dinornis didiformis*. Da, wo die *pelvis* des grösseren Vogels liegen musste, hatte sich eine Stalagmitensäule gebildet, welche diesen Theil des Individuums bedeckte.

Es gelang mir daher blos, die folgenden Theile von diesem grösseren Vogel, einem alten Individuum, das, wie spätere Vergleiche ergaben, zu der Species *Palapteryx ingens* Ow. zu stellen ist, zu erhalten:

1 *tibia* (an beiden Enden verletzt), 28" lang, Umfang des Schaftes in der Mitte 5" 9"'.

1 *fibula*.

2 *femora*[1] 14" lang, Umfang 6" 9"'

verschiedene Rippenstücke.

4 Wirbel.

1 Schnabelspitze.

Bruchstücke des *sacrum* und der *pelvis*.

Weitere Nachgrabungen an dieser Stelle wurden theils durch dicke Kalkincrustationen, theils durch schwere von der Decke der Höhle herabgefallene Steine verhindert. Ich sah mich nach einem anderen Platze um, und fand denselben in der Mitte der Höhle zwischen mehreren Säulen von Stalagmiten, welche aus dem lehmigen Boden hervorragten.

Bei 8 Zoll Tiefe stiessen wir auf ein Gerippe von *Dinornis didiformis*. Dasselbe lag auf einer Kalksinterplatte, das rechte Bein ausgestreckt, das linke eingezogen; offenbar war der Vogel durch eine jener Säulen am Ausstrecken dieses Beines verhindert gewesen. Die *pelvis* war ganz zusammengedrückt. Da, wo sich der Kopf befunden haben musste, hörte die Kalksinterplatte auf und der Kopf selbst war nicht aufzufinden. Ich darf daher wohl annehmen, dass, als der Vogel auf der Kalkplatte starb, der Kopf über die Platte hinabhing und später sich ablösend auf den damaligen Boden der Höhle hinabfiel. Neuer Kalksinter hatte einen Theil der Zehen incrustirt, so dass ich die Phalangen gleichfalls nicht herausarbeiten konnte. Die *vertebrae* befanden sich alle in ihrer natürlichen Lage und waren in Lehm eingehüllt, auf der etwas abschüssigen Platte nur wenig aus einander geschoben. Selbst die Luftröhrenringe lagen noch an ihrer Stelle.

Ein anderes, wahrscheinlich jüngeres Individuum derselben Art lag etwas nach aufwärts. Die Knochen desselben waren mehr zerstreut, zum Theile unter die Knochen des ersten Individuums verschwemmt, hie und da auch von Kalksinter bedeckt, aber doch im Allgemeinen gut erhalten.

---

[1] Diese *Femora* wurden bei der Herstellung des Gyps-Skeletes von *Pal. ingens* als Modell benützt.

Moa-Höhle.

Nachdem wir Alles ausgegraben, fand sich, dass wir folgende Reste hatten:

	Länge	Umfang des Schaftes in der Mitte
Vom 1. Individuum:		
2 *tarsi*	7" 2'''	3" 0'''
2 *tibiae*	15" 0'''	3" 6'''
2 *femora*	10" 0'''	3" 7'''

Verschiedene Theile der *pelvis*, des *sternum*, *sacrum* und *ilium*, Luftröhrenringe und Rippen.

Vom 2. Individuum:		
2 *tarsi*	6" 6'''	2" 10'''
2 *tibiae*	13" 3'''	3" 3'''
2 *femora*	8" 6'''	3" 6'''

theils dem ersten, theils dem zweiten Individuum angehörig: 43 Wirbel, 9 Phalangen, 3 Klauen.

Beim Weitersuchen an derselben Stelle fanden wir, dass die Kalksinterplatte in der Mitte einen weiten Spalt hatte, und bei näherer Prüfung ergab sich die erfreuliche Thatsache, dass unter derselben gleichfalls Knochen im Lehm eingebettet lagen, aber Knochen von weit grösseren Dimensionen, als wir irgendwo bisher gefunden hatten. Wir brachen die Platte los und kamen auf ein Skelet von wahrhaft pachydermalem Typus, das mit ausgestreckten Beinen da lag, mit dem Schädel bis zu einer schräge abfallenden Stalagmitensäule reichend. Die Knochen waren von späthigem Kalksinter zum Theile so dick incrustirt, dass wir dieselben mit Meissel und Hammer herausarbeiten mussten. Dies ist auch der Grund, warum ich nur die Phalangen von einem Fusse vollständig auffinden konnte. Der bei dem Tode des Vogels nur bis zu dessen Kopf reichende Stalagmiten-Pfeiler war im Laufe der Zeiten so angewachsen, dass er nicht allein Schädel, Wirbelsäule und *pelvis* bedeckte, sondern selbst den oberen Theil der *femora* einschloss. Wir arbeiteten einen halben Tag unverdrossen, um dieses Hinderniss hinwegzuschaffen und hatten dabei bis zu drei Fuss Höhe die sehr späthige Kalksintermasse loszuschlagen. Es gelang uns, die *pelvis*, wiewohl sehr beschädigt, da die Knochen ausserordentlich mürbe waren, herauszuarbeiten. Kopf und Hals waren aber so tief versteckt, dass ich zu meinem grossen Leidwesen von meinem Bemühen, sie aufzufinden, abstehen musste. Ein Stück des incrustirten Bodens, wo der Inhalt des Magens — kleine, runde Chalcedongeschiebe, die sogenannten „Moasteine" — zu liegen schien, habe ich gleichfalls mitgenommen. Im Ganzen war es uns gelungen, die folgenden Theile von diesem Gerippe, das, wie spätere Vergleichungen ergaben, der Species *Dinornis elephantopus* angehört, zu erhalten:

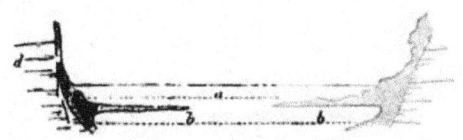

Durchschnitt durch die Moa-Höhle.
a. Lager von *Dinornis didiformis*.
b.   "   "   *elephantopus*.
c. Kalksinter.
d. Kalkstein.

	Länge	Umfang des Schaftes
2 *tarsi*	9" 6'''	6" 9'''

einer ganz vollständig erhalten, der andere musste aus der späthigen Masse herausgearbeitet werden, wesshalb zwei *trochleen* fehlen.

| 2 *tibiae* | 22" 0''' | 6" 6''' |

	Länge	Umfang des Schaftes.
dazu 2 *fibulae*.		
2 *femora*	13″ 0‴	8″ 0‴

einer vollständig, der andere zerbrochen, und zum Theile incrustirt.

11 Phalangen, 5 Klauen, der grösste Theil der *pelvis*, 12 Wirbel, viele Rippen und Bruchstücke verschiedener Theile.

In derselben Höhle (Moa-Höhle) hatte an der Seitenwand in einer Art natürlicher Nische ein Skelet gelegen, welches bereits von anderen Moa-Besuchern weggenommen worden war. Ich fand den Lehm aus der Nische fortgeschafft und den Boden vor derselben aufgewühlt. Die Grabenden hatten aber, nur nach grösseren Knochen suchend, eine grosse Anzahl kleinerer Knochen unbeachtet gelassen, welche daher auf dem Boden zerstreut umherlagen oder noch im Lehm steckten. Es befanden sich darunter Knochen von *Dinornis didiformis* und von *Palapteryx ingens*. Wie sich später zeigte, passten die letzteren zu obigem früher von Anderen fortgeschafften Skelete, über dessen Fund ich von einem der Herren, welcher dabei zugegen war, Folgendes erfuhr, was mit meinen Beobachtungen an Ort und Stelle vollkommen übereinstimmt. Der Fundort liegt in einer vor dem Ansatze von Kalksinter geschützten Seitennische ein wenig über dem Boden der Höhle. Die ersten Besucher der Höhle sahen hier ein kleines Gerippe (von *Dinornis didiformis*), kaum mit etwas Erde bedeckt, in der Nische liegen. Zwischen den Knochen desselben aber ragte der obere Theil einer grossen *tibia* hervor. Nachdem sie die Knochen des kleinen Individuums, welches weiter keinen Werth für sie hatte, fortgeschafft, fanden sie, nur mit ein paar Zoll weichen Lehmes überdeckt, ein vollständiges Skelet von *Palapteryx ingens* Ow. Nach der Lage des Skeletes ist anzunehmen, dass der Vogel hier in der Nische hockend gestorben. Der Kopf lag an der Wand, der Hals — die meisten Wirbel sogar noch in einander greifend — daneben. Es ist dem glücklichen Umstande der geschützten, trockenen Lage zuzuschreiben, dass das Skelet so gut erhalten blieb. Allein leider sind die Finder nicht mit gehöriger Vorsicht zu Werke gegangen, und so kam es, dass das Skelet, obwohl dasselbe in der Höhle bis auf den kleinsten Knochen vollständig beisammen lag, doch nicht ganz und unbeschädigt ist. Die *pelvis* ging beim Herausnehmen in Stücke und die starken *femora* waren von einem Goldgräber, der seine Kraft daran zeigen wollte, aus Muthwillen zerbrochen worden.

So weit der Bericht meines Freundes Haast.

Die Sammlung der ausgegrabenen Moa-Reste, welche meine Freunde am 15. August triumphirend auf bekränzten Ochsen, die damit schwer beladen waren, unter dem Zusammenströmen der ganzen Bevölkerung nach Collingwood brachten und mir übergaben, enthielt also nach dem eben Mitgetheilten ausser vielen vereinzelten Knochen mehr oder weniger vollständige Skelete von 8 Individuen: 1 *Dinornis elephantopus* Owen, 1 *Palapteryx ingens* Owen, und 6 kleinere Skelete, die ich vorderhand, bis eine genaue Untersuchung durchgeführt sein wird, als *Dinornis didiformis* Owen bezeichnen muss. Ich darf diese Sammlung, welche die Novara-Expedition hauptsächlich dem Eifer und den Anstrengungen meines Freundes Haast verdankt, gewiss eine der reichsten und schönsten Sammlungen dieser seltenen Überreste der ausgestorbenen Riesenvögel Neu-Seelands nennen. Dazu kam noch jenes zuletzt erwähnte Skelet von *Palapteryx ingens*.

Dasselbe war von den Findern dem Nelson-Museum übergeben worden; die Trustees dieses Museums aber hatten die Freundlichkeit, es zu einem Geschenke für die k. k. geologische Reichsanstalt in Wien zu bestimmen, und so war ich so glücklich, auch dieses Skelet unter meinen Sammlungen mitzubringen. Da dasselbe trotz der fehlenden Theile unter den in der Moa-Höhle aufgefundenen Skeleten vergleichsweise immer noch das best und vollständigst erhaltene war, und überdies einer Art angehörte, von der man bisher nur Rudimente kannte, so unternahm es mein Freund Dr. G. Jaeger in Wien, dasselbe zu restauriren und in Gypsabgüssen zu vervielfältigen. Das hohe k. k. Marine-Obercommando hat zur Ausführung dieser Arbeit in liberalster Weise die nöthigen Geldmittel bewilligt und so kamen die schönen Gypsabgüsse zu Stande, welche in den letzten Jahren von vielen Museen des In- und Auslandes acquirirt wurden.[1]

Nach meiner Abreise von Neu-Seeland hat die Provinzialregierung von Nelson für die Zwecke des Nelson-Museums durch Herrn Chr. Maling neue Ausgrabungen in den Knochenhöhlen des Aorere-Thales anstellen lassen, die abermals eine sehr reiche Ausbeute geliefert haben. Über die Verhältnisse, welche bei diesen Ausgrabungen beobachtet wurden, ist mir nichts Näheres bekannt geworden; allein schon Haast's Beobachtungen lassen Schlüsse ziehen, die über manche Frage, welche sich an die Überreste der merkwürdigen Riesenvögel Neu-Seelands knüpft, ein neues Licht verbreiten.

Das Vorkommen der *Dinornis*- und *Palapteryx*-Knochen in den Höhlen des Aorere-Thales ist völlig analog der diluvialen und alluvialen Ausfüllung europäischer Knochenhöhlen. Die Thiere, deren Reste man in unseren Knochenhöhlen findet, wie *Ursus spelaeus*, *Hyaena spelaea* etc. haben in diesen Höhlen gelebt und sind darin gestorben. Ihre Knochen wurden nicht durch Fluthen hineingeschwemmt und einzeln zusammengetragen. Eben so findet man in den Höhlen des Aorere-Thales nicht einzelne zerstreut liegende Knochen verschiedener Individuen; Haast's Ausgrabungen haben vielmehr bewiesen, dass vollständige Skelete im Lehm begraben liegen, an denen nichts fehlt, auch nicht der kleinste Knochen, der

---

[1] Vgl. über die Restauration und Aufstellung dieses Skeletes den paläontologischen Theil.

erhalten bleiben konnte. Sogar die runden Kieselsteine, welche die Vögel nach Art der straussenartigen Vögel verschluckten, waren in der Nähe der Pelvis an der Magenstelle stets in kleinen Häufchen noch zu finden. Die Skelete wurden überdies in Lagen angetroffen, die zu der Annahme berechtigen, dass das Individuum, welchem das Skelet angehörte, in dieser Nische, auf dieser Felsplatte, an diesem Felsblocke, da, wo die Knochen lagen, verendet ist. Diese grossen Vögel müssen also, wenigstens zeitweise, in diesen Höhlen gelebt haben oder in besonderen Fällen darin ihre Zuflucht gesucht haben. Wenn man annehmen darf, dass *Dinornis* und *Palapteryx* auch in ihren Gewohnheiten und in ihrer Lebensweise einige Ähnlichkeit mit dem jetzt noch auf Neu-Seeland lebenden stammverwandten *Apteryx* hatten, so wäre es nichts Gewagtes, von höhlenbewohnenden Riesenvögeln zu sprechen; denn der *Apteryx* ist ein Nachtthier, das den Tag über in Erdlöchern, am liebsten in hohlen Bäumen und unter den Wurzelstöcken grosser Waldbäume sich versteckt hält. In seinen Gewohnheiten, in seiner Lebensweise, und zu einem grossen Theile auch im äusseren Aussehen — ich erinnere nur an das rattenartige Auge, an das braune oder graue, haarartige Gefieder, an die Schnelligkeit, mit der der merkwürdige Vogel läuft, an die Art und Weise wie er, den Kopf zwischen die Beine gesteckt und zusammengekauert, schläft — gleicht der *Apteryx* mehr einem Vierfüssler als einem Vogel. Ich wurde durch zwei Exemplare von *Apteryx Owenii*, welche ich in Nelson einige Tage lebend in meinem Zimmer hatte, stets an Ratten erinnert. Mit der Geschwindigkeit einer Ratte liefen sie, wenn man sie aus ihrem Neste nahm, stets der dunkelsten Stelle im Zimmer zu und verkrochen sich wie Mäuse und Ratten in die hintersten Ecken und Winkel. Allein es ist kaum anzunehmen, dass *Dinornis* und *Palapteryx* solche nächtliche Gewohnheiten hatten wie der *Apteryx*, da sie sich nicht wie diese von Insecten und Würmern nährten, sondern wahrscheinlich auf den offenen Farnhaiden mit ihren gewaltigen Zehen und Klauen Farnwurzeln aus dem Boden scharrten und Beeren frassen. Die zahlreichen Skelete, welche man in anderen Gegenden Neu-Seelands auf offenen Haiden, in Sümpfen und Flussalluvionen findet, beweisen, dass diese Vögel nicht nothwendig in Höhlen ihre Standquartiere hatten, sondern in ihrer Lebensweise wohl am meisten dem australischen Strauss *(Dromäus Emu)* glichen.[1] Immerhin aber mögen sie, wo

---

[1] Dabei muss ich freilich erinnern, dass die auf Ebenen und in Sümpfen gefundenen Knochen zum grossen Theile anderen Arten angehören, als die in den Höhlen gefundenen. Bei den Ausgrabungen in den Knochenhöhlen des Aorere-Thales wurde nicht ein Knochen von *Din. giganteus* oder *robustus*, den beiden grössten Arten, gefunden, während diese auf der Nordinsel und in den Canterbury-Ebenen so gewöhnlich sind.

solche Höhlen vorhanden waren, diese vorzugsweise gerne als Schlupfwinkel, zumal wenn sie krank waren, aufgesucht haben, und zwar Alt und Jung; denn in meiner Sammlung aus der Moa-Höhle befinden sich Knochen von ganz jungen und von sehr alten Individuen.

Eine andere Frage ist, ob gleichzeitig verschiedene Species in diesen Höhlen sich zusammengefunden haben, oder ob überhaupt die verschiedenen Species, deren Reste in den Höhlen gefunden werden, gleichzeitig zusammengelebt haben?

In dieser Beziehung, scheint mir, geht aus Haast's Befunden unzweifelhaft hervor, dass wir in den Höhlen des Aorere-Thales ältere und jüngere Ablagerungen zu unterscheiden haben, in welchen verschiedene Arten der neuseeländischen Riesenvögel und in sehr verschiedenem Erhaltungszustande begraben liegen. Das am tiefsten unten und unter einer drei Fuss dicken Sinterkruste aufgefundene Skelet von *Dinornis elephantopus* ist in einem halb fossilen Zustande, ganz wie unsere Mammuthknochen, während die mehr an der Oberfläche gefundenen Skelete von *Dinornis didiformis* und *Palapteryx ingens* zum grössten Theile so frisch sind als würden sie lebenden Arten angehören. *Dinornis elephantopus* scheint einer älteren Periode anzugehören als die beiden anderen Arten, und diese, am meisten von jetzt lebenden Riesenvögeln abweichende, pachydermale Form war wahrscheinlich längst ausgestorben, als die schlankeren emeu-artigen Formen *Dinornis didiformis* und *Palapteryx ingens* die Inseln bevölkerten. Haast vermuthet, dass auch die letzteren beiden Arten nicht gleichzeitig gelebt haben, sondern dass *Dinornis didiformis* wieder jünger sei als *Palapteryx ingens*. Leider liegen für die Beantwortung dieser Fragen noch keine weiteren Erfahrungen vor, als die bei obigen Ausgrabungen gewonnenen, und es muss späteren Beobachtungen überlassen bleiben, die Reihenfolge, in welcher die verschiedenen Arten neuseeländischer Riesenvögel, welche bis jetzt unterschieden wurden, aufgetreten und vom Schauplatze des Lebens wieder abgetreten sind, festzustellen.

Eben so ist es noch eine offene Frage, ob alle Arten der Südinsel von denen der Nordinsel verschieden gewesen, oder ob beide Inseln mehrere Arten gemeinschaftlich gehabt haben. Ich habe für die jetzt lebenden *Apteryx*-Arten, wenn man von der etwas zweifelhaften Art *Apteryx australis* Shaw. absieht, nachgewiesen, dass sie auf beiden Inseln verschieden sind. *Apteryx Mantelli* Bartl. kommt nach den bisherigen Erfahrungen nur auf der Nordinsel vor, *Apteryx Owenii* Gould ist der Südinsel eigenthümlich. Es wäre von geologischem Interesse — in so ferne darin ein Beweis für die frühe Trennung beider einst zweifelsohne in Zusammenhang gestandenen Inseln läge — nachweisen zu können, dass auch für die ausgestorbenen Arten der flügellosen Vögel dieser Unterschied gilt, dass die Arten der Nordinsel verschieden waren von denen der Südinsel. Oder vielleicht wird sich, wenn gleichzeitig die erste Frage gelöst ist, das Resultat ergeben, dass die älteren Arten beiden Inseln gemeinschaftlich waren, die jüngeren aber verschieden sind, so dass also die ursprünglich identischen Arten nach Trennung beider Inseln im Laufe der Zeiten sich bis zu den jetzigen Unterschieden veränderten, oder dass eine alte über beide Inseln verbreitete Species sich im Laufe der Zeiten zu mehreren Abarten differenzirte. Die Cooks-Strasse, welche beide Inseln heut zu Tage trennt, war für die Moas, die weder fliegen noch schwimmen konnten, ein eben so unüberwindliches Hinderniss, von einer Insel nach der andern zu wandern, wie für die Kiwis. Professor R. Owen, mit welchem ich 1860 das Vergnügen hatte diese Frage zu besprechen, theilte mir mit, dass nach dem Materiale, welches ihm zur Vergleichung vorliege, ein Unterschied zwischen den Arten der Nordinsel allerdings wahrscheinlich sei, dass nämlich die Vögel der Südinsel im Allgemeinen stärkere Proportionen und einen massigeren Knochenbau zeigen, während die der Nordinsel sich durch schlankere, gestrecktere Formen auszeichnen. Die nahe verwandten, durch gedrungenen, massigen Knochenbau sich vor allen andern auszeichnenden Arten *Dinornis elephantopus* und *Dinornis crassus* wurden bis jetzt nur auf der Südinsel gefunden. *Dinornis giganteus*, die hohe Riesenform der Nordinsel, ist auf der Südinsel durch die etwas gedrungenere Form von *Dinornis robustus* vertreten; *Dinornis gracilis* gehört der Nordinsel, *Palapteryx ingens* und wahrscheinlich auch *Dinornis didiformis* der Südinsel an.

Das Interesse, welches die angedeuteten Fragen haben, wird künftige Forscher veranlassen, genau alle Umstände, unter welchen die Reste der Riesenvögel gefunden werden, zu beobachten und zu verzeichnen, und in den Sammlungen die Funde von verschiedenen Localitäten nicht zu vermengen.

Meine Ansichten über die Ursachen des Aussterbens der neuseeländischen Riesenvögel, so wie über die Frage, ob einige Arten vielleicht heute noch leben, habe ich an einem anderen Orte[1] ausführlich entwickelt.

---

[1] Neu-Seeland, Cap. XXI. S. 455—463.

5. Drift, Terrassen und alte Gletscherspuren.

Drift. Zwischen den östlichen und westlichen Gebirgsketten der Provinz Nelson, deren Zusammensetzung aus metamorphischen Schiefern, aus paläozoischen und mesozoischen Schichten ich im Vorhergehenden beschrieben habe, bildet die Blind-Bay eine tief gegen Süden einschneidende Meeresbucht, die von den fruchtbaren Alluvialflächen des Waimea-Districtes begrenzt ist, und von einem niederen Hügelland, welches gegen Süden allmählich ansteigt und an den malerischen Gebirgsseen Rotoiti und Rotoroa in der Gegend, wo die in ihrer Streichungsrichtung convergirenden Ost- und Westketten zusammentreffen, eine Meereshöhe von 2000—2500 Fuss erreicht. Westlich von Nelson führt dieses Hügelland den Namen der Moutere Hills.

Dieses Hügelland ist gebildet — ich möchte sagen — von einem grossartigen flachen Schuttkegel, dessen ursprüngliche Oberfläche freilich durch die Erosionsthätigkeit der denselben durchströmenden Flüsse und Bäche vielfach verändert ist. Die östlichen Gebirgsketten und eben so die westlichen erheben sich mit scharf gleichsam wie nach dem Lineal abgeschnittenem Steilrand an beiden Seiten des Hügellandes, wie eine Mauer oder wie eine steile Felsenküste am Ufer des Meeres.

Jener Schuttkegel besteht jedoch nicht aus unordentlich angehäuftem Gebirgsdetritus in eckigen oder scharfkantigen Gesteinsfragmenten, sondern aus unvollkommen geschichteten Ablagerungen von Gerölle, Sand und Lehm mit erratischen Blöcken. Das Material zu diesen Ablagerungen, welche die gegen Süden sich mehr und mehr verengende Lücke zwischen beiden Gebirgssystemen ausfüllen, haben die einschliessenden Gebirgsketten geliefert. Auf der Seite der Ostketten sind Gerölle von grauwackenartigem, von Quarzadern durchzogenem Sandstein, Thonschiefer und Quarz vorherrschend; daneben finden sich Gerölle von Hornblendegesteinen, Serpentin, Porphyr u. s. w. Diese Ablagerungen gehören der posttertiären Periode an; sie bedecken tertiäre Bildungen, welche an den Ufern der Blind-Bay und in den tiefer eingeschnittenen Thälern da und dort zu Tage treten, und sind ein Theil der weit verbreiteten Driftformation,[1] welche alle Hauptthäler und Ebenen der Südinsel bedeckt.

---

[1] Unter Drift verstehe ich die posttertiären Block-, Geröll-, Sand- und Schlamm-Ablagerungen, gleichviel ob dieselben durch Gletscher, oder unter dem Einflusse des Meeres oder durch Flüsse gebildet wurden. Es gibt Gletscher-Drift, marinen Drift und fluviatilen Drift, die sehr schwer zu trennen sind. Sie bilden zusammen die Driftformation etwa gleichbedeutend mit Diluvium.

Die geologische Übersichtskarte der Provinz Nelson (Taf. 6) gibt ein deutliches Bild von der weiten Verbreitung der Driftformation. Der „Big Bush Road" entlang, auf einem die östliche Gebirgskette unterbrechenden plateauförmigen Sattel, hängen die Geröllablagerungen der Moutere Hills zusammen mit denen des Wairau-Thales, in südwestlicher Richtung aber am See Rotoroa und am Mount Murchison vorbei mit der Driftformation der Matakitaki- und Maruia-Ebenen; und diese hängen wieder mit den ausgedehnten Ebenen des Grey-Flusses und des Inangahua zusammen. Auch das Takaka- und Aorere-Thal sind mehr oder weniger von Driftablagerungen erfüllt. So kann man von der Blind-Bay nach der Ostküste und nach der Westküste kommen, mitten durch 6000 bis 7000 Fuss hohe, gewaltige Gebirgsketten hindurch, fort und fort über Geröllstufen und Geröllplateaus hinweg, ohne den Fuss nur einmal auf anstehendes Gestein zu setzen.

Was für die Provinz Nelson die Waimea-Ebenen mit den Moutere Hills und die Grey-Ebenen sind, das sind für die Provinz Canterbury die Canterbury-Ebenen. Sie stellen einen mächtigen „Schotterkegel" dar, der vom Meeresufer flach gegen das Gebirge ansteigt, sich dann in den Alpenthälern in zahlreiche Arme zertheilt, von Thal zu Thal über die niederen Gebirgssättel reicht und in den höchsten Gebirgstheilen in etwa 5000 Fuss Meereshöhe seine oberste Grenze erreicht. So spielt die Driftformation auch innerhalb der gewaltigen Gebirgsketten der südlichen Alpen eine ausserordentliche Rolle. Sie erfüllt mit Ablagerungen von mehr als 1000 Fuss Mächtigkeit die breiten Thalbecken aller Hauptflüsse, sie bildet innerhalb des Gebirges ausgedehnte Plateaus von 2000 bis 4000 Fuss Meereshöhe mit kleinen Hochseen und mit Hochmooren, welche die gleich einer Mauer ansteigenden Gebirgsketten unterbrechen, Thal mit Thal verbinden und es so möglich machen, der Hauptgebirgskette entlang von einem Querthal in das andere zu gelangen, ohne jedesmal von der Küste oder wenigstens von dem Gebirgsrande ausgehen zu müssen.

So führt vom Rangitata-Thale 6 Meilen unterhalb des Zusammenflusses des Clyde und des Havelock ein mit Geröllablagerungen erfüllter Sattel nach den oberen Ashburton-Ebenen, in welchen die kleinen Seen Tripp, Acland und Howard ungefähr 2300 Fuss über dem Meere liegen. Da diese Ebenen auch östlich mit dem Rangitata zusammenhängen, so ist dadurch Mount Harper an der Nordseite des Rangitata-Thalbeckens inselartig von Drift umgeben. Die Driftebenen des oberen Ashburton hängen aber weiter nördlich mit der grossen Ebene zusammen, in welcher der Heron-See (2297 Fuss hoch) liegt, dessen Ausfluss den südlichsten Arm des Rakaia bildet. Von diesen Hochebenen steigt die Driftformation an den von der Centralkette auslaufenden Bergketten bis zu einer Höhe von 5000 Fuss an. Erst mit 5160 Fuss Meereshöhe erreichte Haast, als er vom Lake Heron über die vom Mount Arrowsmith auslaufende Ribbonwood-Kette nach dem Thale des Ashburton stieg, die letzten obersten Geröllablagerungen.

Auch im Süden der Insel, in den Provinzen Otago und Southland ist die Driftformation nach den Berichten des Chief-Surveyors J. T. Thomson über die Verhältnisse am Clutha, Mataura und Waiau, den drei Hauptflüssen des Südens, und nach Dr. Hector's Beobachtungen mächtig entwickelt. In der Provinz Otago knüpft sich an die Driftformation noch ein besonderes Interesse, da ihr die reichen Goldfelder dieser Provinz[1] angehören.

Terrassen. Die Ablagerungen der Driftformation sind das Material, an welches das höchst merkwürdige Phänomen der Terrassenbildung, welches auf der Südinsel noch in weit grossartigerem Massstabe entwickelt ist, als auf der Nordinsel (vgl. S. 58), gebunden erscheint. Der Drift tritt hier an die Stelle des Bimssteingeschüttes der Nordinsel, und die die Driftablagerungen durchströmenden Flüsse zeigen ohne Ausnahme eine vielfache Terrassenbildung an ihren Ufern und in ihren Thälern, so regelmässig und so vollkommen erhalten, als wären die Terrassen eben erst gebildet worden. Die Thäler des Waimea- und des Motueka-Flusses bei Nelson sind tief in die Moutere Hills eingerissene Terrassenthäler und am Bullerfluss, wo er zwischen dem See Rotoiti und den Westketten das Geröllplateau durchströmt, zählte ich fünf über einander liegende Terrassen. Auch der Takaka- und Aorere-Fluss, die sich in die Golden-Bay ergiessen, haben ihre Terrassen, nicht weniger die Längenthäler des Wairau und des Awatere in den Ostketten.

Noch grossartiger zeigt sich die Erscheinung nach Haast's Berichten bei den zahlreichen Flüssen, welche, aus den tiefen Querthälern der südlichen Alpen kommend, die Canterbury-Ebenen durchströmen, wie am Waimakariri, Rakaia, Ashburton, Rangitata und Waitangi. Es sind wilde Gebirgswasser, welche alle das gemein haben, dass sie von ihrem Ursprung bis zur Mündung in breiten Kiesbetten (shingle beds) vielfach zu schmalen, ihren Lauf häufig ändernden Armen zertheilt dahinströmen, mit reissendem Laufe, aber ohne eigentliche Stromschnellen oder Wasserfälle zu bilden. Nach heftigen Regengüssen und zur Zeit des Schneeganges im Gebirge wachsen die Flüsse zu reissenden Strömen an, die in ihren trüben Fluthen ungeheure Massen von Schlamm, Sand und Gerölle dem Meere zuwälzen. Sie sind nur bei niedrigem Wasserstande im Herbst und Winter nach anhaltend schönem und trockenem Wetter mit kalten Nächten zu passiren. Fast auf dem

---

[1] Vgl. Neu-Seeland, Cap. XVIII. p. 399.

ganzen Laufe ist das Flussbett tief eingerissen in mächtige Ablagerungen von Gerölle und Sand mit Terrassenbildungen an beiden Ufern, und nur da, wo in engen Felsschluchten Bergketten, welche quer zur Thalrichtung streichen, durchbrochen werden, haben die Flüsse ihr Bett in die Felsmassen des Gebirges selbst eingegraben. Oft wiederholen sich solche Thalengen mehrmals, aber stets erweitert sich das Thal wieder zu offenen Thalbecken, deren Breite und Ausdehnung in keinem Verhältniss steht zu den durchströmenden Flüssen und deren Bildung um so weniger der Erosionsthätigkeit dieser Flüsse zugeschrieben werden kann, als diese innerhalb der Thalbecken nirgends die Thalwände und das Grundgebirge selbst bearbeiten, sondern nur die Geröllmassen, welche oft mehr als 1000 Fuss mächtig jene Becken erfüllen; die mächtigen Geröllstufen der Hauptthäler stehen in Zusammenhang mit den Geröllablagerungen der die einzelnen Thäler verbindenden Plateaus, und wo von den angrenzenden Berggehängen, wenn auch noch so kleine Gebirgsbäche nach der einen oder der andern Thalseite über diese Hochebenen fliessen, da beginnt auch in den Seitenthälern alsbald eine Terrassenbildung, ähnlich der des Hauptthales. Ihrer Natur nach sind alle jene Flüsse mehr oder weniger gleich, und das Beispiel des Rangitata, dem wir von der Mündung bis zum Ursprung folgen wollen, mag auch für die übrigen gelten.

Für mehrere Meilen von der Küste fliesst der Rangitata, ähnlich dem Po und der Etsch in Ober-Italien auf einer Art Damm mehrere Fuss hoch über der Ebene. Dieser Damm ist oft zwei Meilen breit. Der Fluss hat ihn aufgebaut aus dem Gerölle, welches er mitführt Acht Meilen aufwärts von der Mündung aber ändert sich dieses Verhältniss. Der Fluss, anstatt wie bisher sein Bette aufzufüllen, beginnt dasselbe auszugraben, und schneidet sich tiefer und tiefer in die Kiesbänke der Ebene ein in demselben Masse, als diese ansteigt. Gleichzeitig beginnt die Terrassenbildung an den Ufern. Die Terrassen entsprechen sich an beiden Seiten und werden höher und zahlreicher, je näher man dem Gebirgsrande kommt. Hat man den Rand der Ebene am Fusse der ersten Bergreihe erreicht, so sieht man über zahlreiche Stufen tief hinab auf das am Boden des Terrassenthales liegende Flussbett. Die steilen Seitenwände der Terrassen, die bei starken Biegungen, wo der Fluss mehrere Stufen durchschneidet, oft 200—300 Fuss hoch werden, zeigen lehrreiche Durchschnitte durch die Driftformation der Ebene. Dünne Sand- und Thonschichten zwischen der massenhaften Anhäufung von Geschieben jeder Grösse und Form lassen eine Art roher Schichtung erkennen, und am Rande der Ebene, am Fusse der Berge liegen gewaltige, oft eckige Blöcke halb in Gebirgsschutt und Geröll begraben.

Wo der Fluss in das Gebirge eintritt — eigentlich austritt — verengt sich sein Bett plötzlich; er fliesst vier Meilen weit durch eine tiefe Erosionsschlucht, in welcher er sich in das harte Gestein des Gebirges eingefressen hat. Die Schlucht ist so enge, dass man dem Laufe des Flusses nicht weiter folgen kann. Nachdem man aber diese erste Gebirgskette auf einem

2208 Fuss hohen Pass überstiegen hat, gelangt man an ihrer westlichen Seite von neuem auf breite, flache Uferbänke und hier beginnt nun der merkwürdigste Theil des Thales.

Hinter der Barrière, welche der Fluss in jener tiefen Schlucht durchbrochen hat, erweitert sich das Thal zu einem mehrere Meilen breiten und gegen 20 Meilen langen Becken, dessen Grund bis zu einer Tiefe von mehr als 1000 Fuss erfüllt ist mit ungeheuren Massen von Gerölle, Sand und Schlamm in unregelmässiger unvollkommener Schichtung, und an dessen Seiten sich das Gebirge mit steilen glatten Wänden erhebt, über welchen die zackigen Hochgebirgsgipfel Spitze neben Spitze, Pyramide neben Pyramide majestätisch in die Luft ragen. Einen grossen Theil der das Thalbecken erfüllenden Geröllformation hat aber der Fluss, der sich sein Bett tief eingegraben hat in die lockeren Massen, wieder entfernt, und die merkwürdige Terrassenbildung an beiden Ufern beginnt von neuem, nur viel grossartiger als in der an den äusseren Fuss des Gebirges angelagerten Geröllformation. Die Regelmässigkeit und grosse Anzahl dieser Terrassen, die sich in gleicher Höhe an beiden Ufern entsprechen, ist wahrhaft staunenerregend. Sie steigen in der Mitte des Thalbeckens, 28 an der Zahl, zu einer Gesammthöhe von 1500—2000 Fuss über dem Flussbette an. Wo der Fluss an der Bergwand fliesst, sind die untersten Stufen zerstört, aber der oberste Stufenrand in einer Meereshöhe von 3300—4300 Fuss bleibt stets so scharf, dass man an seiner fortlaufenden Linie den Winkel messen kann, mit welchem der obere Thalboden allmählich ansteigt. Dieser Winkel beträgt 1—2$\frac{1}{2}$°, wird aber grösser und grösser gegen das obere Ende des Thalbeckens. In der That, kein grösserer Gegensatz lässt sich denken, als die langen Horizontallinien der Terrassen an den Thalseiten, ihre ebenen Stufen, die sich wie breite künstlich angelegte Strassen thalaufwärts ziehen, und die gebrochenen Linien der wilden, zackigen Felsgipfel über dem Thale. Das Flussbett selbst hat auch hier noch die ansehnliche Breite von 1—2 Meilen. Am oberen Ende des 20 Meilen langen Thalbeckens spaltet sich dasselbe in zwei enge Thalschluchten, die sich höher und höher zu den mit ewigem Schnee und Eis bedeckten Gebirgsstöcken hinaufziehen und den Charakter wilder Hochgebirgsthäler tragen. Die Trümmermassen, welche diese Thäler (die Thäler des Clyde und des Havelock) erfüllen, nehmen mehr und mehr den Charakter von gewöhnlichem Gebirgsschutte an, welchen die steil ansteigenden Gehänge der Thalwände in scharfkantigen Gesteinsfragmenten liefern und die wilden Gebirgsströme weiter bearbeiten. Die Flussbette behalten zwar noch weit hinauf eine Breite von nahezu einer Meile, aber massenhafter Gebirgsschutt aller Art, wie ihn Lawinen mit sich bringen, und riesige Felsblöcke, welche das Thal oft ganz abzudämmen scheinen, machen den Weg äusserst beschwerlich. Zehn bis fünfzehn Meilen von jener Gabelung lösen sich beide Arme auf in einzelne Bäche, die, aus den schimmernden Eisporten gewaltiger Gletscher entspringend, mit wildem Gebrause über ein Chaos von Felsblöcken stürzen.

Alte Gletscherspuren. Dr. Haast's kühne und ausdauernde Forschungsreisen in den südlichen Alpen haben uns zuerst mit den gewaltigen Gletschern dieses Hochgebirges bekannt gemacht, welche an Grossartigkeit mit den Gletschern der europäischen Alpen wetteifern. Der Forbes-, Havelock-, Clyde-, Ashburton-, Tasman-, Hooker-, Müller-, Hochstetter-, Murchison-Gletscher und viele andere sind gewaltige Eisströme, welche in einer südlichen Breite von 43° bis 44° von kolossalen Firnfeldern, deren Grenze in 7500—7800 Fuss Meereshöhe liegt, in die Thäler herabsteigen bis zu Meereshöhen von 4000, ja von 3000 und selbst von 2800 Fuss (Tasman- und Müller-Gletscher)[1] und mit Recht hat Haast hervorgehoben, dass diese neuseeländischen Gletscher im Verhältniss zu den Berghöhen und zu der geographischen Breite, in welcher sie liegen, viel bedeutender sind, als die Gletscher der europäischen Alpen, und dies dem feuchten oceanischen Klima Neu-Seelands und seiner niedrigen Sommertemperatur zugeschrieben.[2]

Neu-Seeland gleicht in dieser Beziehung der südlichsten Spitze von Amerika, wo nicht blos auf Süd-Georgien im 54° Breite, auf dem Feuerland und an der Magelhaens-Strasse zwischen 56° und 52° südlicher Breite, also in Breiten, die dem nördlichen Deutschland, Holland, Dänemark und England entsprechen, die Gletscher bis ins Meer reichen, sondern, wie Darwin erzählt, sogar noch in 48½° Breite am Eyre's Sund und im Golf von Penas in 46° 40′ Breite in einer Gegend, die nur 9 Grade entfernt ist von einer Breite, wo Palmen wachsen, weniger als 2½ Grade von baumartigen Gräsern, und wenn man in derselben Hemisphäre auf Neu-Seeland blickt, weniger als 2 Grade von parasitischen Orchideen und weniger als 1 Grad von Baumfarnen.

---

[1] Neuesten Nachrichten zu Folge hat Mr. A. Dobson an der westlichen Abdachung der südlichen Alpen einen Gletscher entdeckt, den Waiau-Gletscher vom Mount Cook kommend, welcher sogar bis zu einer Meereshöhe von 500 Fuss herabsteigt, und an dessen Rande Farnbäume wachsen.

Auf der südlichen Hemisphäre ist der Winter sehr mässig, der Sommer nicht sehr warm, die Temperatur ist Jahr aus Jahr ein eine mehr gleichmässige. Zugleich ist in Folge der überwiegenden Wasserbedeckung die Luft sehr feucht, die Niederschläge sind häufig und stark. Daraus erklärt es sich, dass eine Vegetation, welche zu ihrem Gedeihen nicht sowohl grosse Wärme braucht, als vielmehr nur eine gleichmässige Temperatur ohne Frost, der Linie des ewigen Frostes auf der südlichen Halbkugel viel näher kommt, als auf der nördlichen, und dass z. B. auf Neu-Seeland Palmen und Farnbäume in Gegenden üppig gedeihen, in welchen die Weintraube, die einen warmen Sommer verlangt, kaum zur Reife gelangt. Gerade ein solches Klima ist es aber auch, welches die Gletscherbildung ausserordentlich begünstigt, da eine niedrige Höhe der Schneelinie und grosse Entwickelung der Gletscher weniger durch eine niedere mittlere Jahrestemperatur, als vielmehr durch reichliche Niederschläge und eine geringe Sommer-Temperatur bedingt sind. Daher darf es uns nicht wundern, dass eine üppige Vegetation mit fast tropischem Charakter so weit in die gemässigte Zone hineinreicht unter demselben Klima, das eine Grenze des ewigen Schnees bei geringer Höhe und ein Herabsteigen der Gletscher bis in das Meer zulässt. In kommenden Jahrtausenden und in einem Klima, das durch die physischen Veränderungen, wie sie jetzt auf der südlichen Hemisphäre durch saculare Hebungen und Senkungen vor sich gehen, wesentlich modificirt wäre, müssten die Wirkungen, welche diese Gletscher hervorgebracht, neben den fossilen Resten der heutigen Flora für jeden unerklärlich sein, der aus geologischen Thatsachen nicht auf frühere Zustände der Erdoberfläche zurückzuschliessen vermöchte, oder die Möglichkeit grossartiger Niveau-Veränderungen an der Erdoberfläche bezweifelte. Er würde vielleicht annehmen zu müssen glauben, dass eine durch kosmische Ereignisse veranlasste Temperaturkatastrophe jene subtropische Vegetation vernichtet und eine Eiszeit herbeigeführt habe, und würde damit in denselben Irrthum verfallen, wie diejenigen, welche die Eiszeit Europa's durch kosmische Einflüsse erklären wollen.

Man könnte, wenn man diese gegenwärtigen Verhältnisse auf der südlichen Hemisphäre mit denen auf der nördlichen Hemisphäre vergleicht, und an die sogenannte „Eiszeit" der nordeuropäischen Länder denkt, daher mit Recht sagen, dass eine ähnliche Eiszeit auf der südlichen Hemisphäre heute noch fortdauere.[1]

Allein in demselben Gebirge, dessen gewaltige Gletscher uns an die grossen Diluvialgletscher der europäischen Alpen erinnern, zeigen sich in „Gletscherschliffen" und „Rundhöckern" allenthalben an den Thalwänden unverkennbare Spuren, dass einst Gletscher von noch weit riesigeren Dimensionen diese Thäler erfüllt und die Felswände polirt haben. Auch die End- und Seitenmoränen dieser alten Gletscher sind noch erhalten. Ihre Steinwälle sind es, durch welche in den Alpenthälern schmale aber lange Gebirgsseen aufgestaut sind, Seen von 10 bis 20 engl. Meilen Länge und 4 bis 5 Meilen Breite, welche an die berühmten Alpenseen Oberitaliens erinnern, an den Lago Maggiore, Lago di Como u. s. w.

Mit nicht geringem Erstaunen erfüllte mich diese Thatsache, als ich sie zum ersten Male an dem malerischen Rotoiti-See in der Provinz Nelson erkannte. An seinem nordwestlichen Ende, wo der Buller abfliesst, ist dieser See von einem mächtigen

---

[1] Wir sind so viel besser mit der Lage von Orten in unserem eigenen Welttheile bekannt, dass ich nicht umhin kann, zur Bekräftigung des Gesagten hier den geistreichen Betrachtungen Darwin's Platz zu geben, der uns, was wirklich in der südlichen Hemisphäre stattfindet, dadurch noch anschaulicher zu machen sucht, dass er in Gedanken die Orte der anderen Erdhälfte in eine entsprechende Breite im Norden versetzt.

„Nach dieser Voraussetzung, sagt Darwin, würden in den südlichen Provinzen von Frankreich prachtvolle Wälder mit baumartigen Gräsern vermischt, und die Bäume mit Schmarotzerpflanzen überladen, das Land bedecken. In der Breite des Montblanc, aber so weit nach Osten wie Central-Sibirien, würden baumartige Farne und parasitische Orchideen zwischen dicken Wäldern gedeihen. Kolibris würde man so weit nördlich wie das Innere von Dänemark um zierliche Blumen herumflattern sehen, Papageien würden sich ihre Nahrung in immergrünen Wäldern suchen, mit denen die Berge bis zum Rande des Wassers bedeckt wären. Nichtsdestoweniger würde der Süden von Schottland eine Insel bilden, die fast ganz mit ewigem Schnee bedeckt wäre, wo sich jede Bucht in Eisklippen endigte, von denen jährlich grosse Massen sich ablösten und die Felsentrümmer mit sich führen würden. Eine Bergkette, die wir die Cordilleren nennen wollen, und die nördlich und südlich durch die Alpen liefe, aber von einer viel geringeren Höhe als die letzteren, würde jene Insel mit dem centralen Theile von Danemark verbinden. Längs dieser ganzen Linie würde fast jeder tiefe Sund in kühne und erstaunliche Gletscher endigen. In den Alpen selbst, mit ihrer Höhe zur Hälfte reducirt, würden wir Beweisen von neuen Erhebungen begegnen, und gelegentlich würden schreckliche Erdbeben solche Massen von Eis in das Meer stürzen, dass Alles mit sich fortreissende Wellen ungeheure Trümmer zusammenhäufen und in die Winkel der Thäler absetzen würden. Andere Male würden Eisberge mit Granitblöcken beladen von den Seiten des Mont blanc sich loslösen und dann auf den benachbarten Inseln des Jura stranden. Im Norden von unserem neuen Cap Horn würden wir nur unvollkommene Kenntniss von einigen wenigen Inselgruppen haben, die in der Breite des südlichen Theiles von Norwegen liegen und von anderen in der Breite der Faröer. Diese würden in der Mitte des Sommers unter Schnee begraben und von Eiswällen umgeben sein, so dass kaum ein lebendes Wesen irgend einer Art auf dem Lande bestehen könnte. Würde irgend ein kühner Seefahrer über diese Inseln hinaus nach dem Pole zu dringen versuchen, so würde er Tausende von Gefahren zu überwinden haben und nur einen mit Bergmassen von Eis überstreuten Ocean finden".

Gesteinswall, der aus eckigen Sandsteinblöcken mitunter von immenser Grösse besteht, abgedämmt. Diese alte Gletschermoräne, wiewohl jetzt halb unter dem Gerölle und Sand der Driftformation begraben, ragt doch noch als ein charakteristischer Hügelrücken über die Driftebene hervor und ist auf's bestimmteste charakterisirt durch die eckige scharfkantige Form und die immense Grösse der Gesteinsblöcke.

Dr. Haast hatte Gelegenheit, solche alte Gletschermoränen noch in weit grossartigerem Massstabe an den Seen Tekapo (2468 Fuss über dem Meere) und Pukaki (1746 Fuss) am südöstlichen Fusse des Mount Cook zu beobachten.

Lake Tekapo ist nach Haast's Mittheilungen umgeben von unregelmässig terrassirten Hügeln, an deren Oberfläche kolossale erratische Blöcke liegen. Diese Hügel sind die Reste der Seiten- und der Endmoräne eines alten Gletschers. An zwei Seiten des Sees liessen sich Durchschnitte beobachten. Die untersten Schichten, circa 20—30 Fuss über dem jetzigen Seespiegel, bestehen aus feingeschichtetem Gletscherschlamm (Till) ohne Gesteinseinschlüsse, erst allmählich stellen sich in den höheren Schichten Gesteinsblöcke ein, zuerst kleinere, dann immer grössere erratische Blöcke, die endlich von Gerölle bedeckt sind. Am Pukaki-See beobachtete Haast drei halbkreisförmige hinter einander liegende alte Endmoränen, von welchen die oberste, welche das südliche Ufer des Sees abdämmt, die höchste ist, und sich circa 250 Fuss über den Spiegel des See's erhebt.

Eben so hat Dr. Hector in den Fjords und Thälern der Westküste der Provinz Otago die Spuren alter Gletscheraction nachgewiesen. Milford Sound z. B. schildert er als den Canal eines enormen Gletschers einer früheren Periode. Drei englische Meilen vom Eingange verengt sich dieser Sund bis auf $\frac{1}{2}$ Meile Breite. Die Felswände zu beiden Seiten erheben sich senkrecht oft bis zu 2000 Fuss Meereshöhe über den Wasserspiegel. Diese Abstürze tragen alle Spuren der Eisaction und reichen noch 800—1200 Fuss unter den Spiegel des Meeres. Die Seitenthäler vereinigen sich mit dem Hauptthal in verschiedener Höhe, sind aber an den senkrechten Wänden des Sundes scharf abgeschnitten, so dass die Erosion des Hauptthales durch den grossen centralen Gletscher fortgedauert haben muss, lange nachdem die untergeordneten Gletscher der Seitenthäler zu existiren aufgehört hatten. Am oberen Ende breitet sich der Sund mehr aus und steht mit weiten Thälern in Verbindung, die sich nach den höchsten Gebirgsketten hinziehen und einst alle von einem Gletschermeer bedeckt waren.[1]

In den Driftablagerungen, in den Thalterrassen, in den alten Gletscherspuren der Südinsel haben wir jetzt eine Reihe von Erscheinungen kennen gelernt, ganz

---

[1] Resume of Dr. Hector's Exploration of the Westcoast; from the Otago Witness.

analog den Erscheinungen, welche auf der nördlichen Hemisphäre im nördlichen Europa und Amerika diejenige Periode in der geologischen Entwickelungsgeschichte dieser Länder charakterisiren, welche man gewöhnlich mit dem Namen „Eiszeit" bezeichnet. Ohne allen Zweifel also — auch auf der südlichen Hemisphäre hat es eine Eiszeit, d. h. eine Gletscherperiode gegeben, und die Südinsel von Neu-Seeland trägt die Spuren dieser Eiszeit im grossartigsten und ausgezeichnetsten Massstabe. Allein dieses Resultat soll keineswegs jene abenteuerliche Hypothese unterstützen, welche eine durch kosmische Ursachen herbeigeführte Temperaturkatastrophe annimmt, durch welche die Erdoberfläche von den Polen bis an die Grenzen der heissen Zone mit Eis bedeckt wurde. Vielmehr wenn wir die einzelnen Fragen, um deren Beantwortung es sich zur Erklärung jener Erscheinungen handelt, aus einander halten, so werden wir leicht zu einer naturgemässeren Erklärung der neuseeländischen Eiszeit gelangen.

Wenn wir beobachten, dass die Thäler, welche die Spuren der früheren Gletscheraction an sich tragen, jetzt von mächtigen Geröllablagerungen erfüllt sind, oder dass, wie bei den Fjords, das Meer in dieselben eingedrungen ist, wenn wir weiter wahrnehmen, dass die Breite und Ausdehnung dieser Thäler in keinem Verhältniss steht zu den dieselben jetzt durchströmenden Flüssen, und dass deren Bildung keineswegs der Erosionsthätigkeit dieser Flüsse zugeschrieben werden kann, da dieselben trotz der ungeheueren Mengen, welche sie von der Ausfüllungsmasse der Thäler wieder entfernt haben, die Thäler dennoch weder bis auf den Boden des Grundgebirges, noch bis an den Rand der steil ansteigenden Bergketten ausgewaschen haben, so ist die erste Frage, welche beantwortet werden muss, die: **unter welchen Verhältnissen und durch welche Kräfte wurden die tiefen und weiten Thäler der Alpen gebildet?**

Die Antwort lautet: die Agentien, durch welche in einer früheren Erdperiode die Thäler gebildet wurden, können ihrer Natur nach keine anderen gewesen sein als die thalbildenden Agentien heut zu Tage, d. h. strömendes Wasser von Flüssen und Bächen hat die Thalfurchen in das harte Gestein eingegraben, und Gletscherströme haben in den höheren Gebirgstheilen dieselben vertieft und ausgeschliffen. Die grossartige Wirkung dieser Agentien können wir aber nur dann verstehen, wenn wir eine ehemalige viel bedeutendere Erhebung des Landes annehmen, als heut zu Tage. Es ist eine directe Folgerung aus den beobachteten Thatsachen, wenn wir sagen, dass die südlichen Alpen beim Beginne der posttertiären Periode als ein weit höheres Gebirge, denn jetzt, und vielleicht im Zusammenhange mit viel ausgedehnteren Landmassen bereits bestanden hatten, dass damals gewaltige Eismeere die Hochgipfel bedeckten, und jene Riesengletscher in die Thäler niederstiegen, deren Spuren wir in den polirten und geschliffenen Felsen, in gewaltigen Endmoränen mit kolossalen eckigen Blöcken noch heute wahrnehmen. Die damaligen Flüsse und Bergströme waren es, welche jene tiefen Thäler ausfurchten, deren Boden die Flüsse heut zu Tage gar nicht mehr erreichen.

Ich bezeichne diese Periode als die **Gletscherperiode Neu-Seelands**, und die Annahme, dass das Gebirge um 5000 oder 6000 Fuss höher gewesen sei, als jetzt, ist eben so wahrscheinlich, als dass der Höhenunterschied des Gebirges „Einst und Jetzt" nur eben so viele hundert Fuss betrage.

Der Periode einer bedeutenden Bodenerhebung folgte eine Senkungsperiode. Als das Land allmählich sank, drang das Meer in die Thäler ein, und weitete dieselben aus, so dass sie zu tief einschneidenden Buchten und Fjorden wurden; die Eismeere und die Gletscher schmolzen ab in demselben Maasse, als die Temperatur bei der Senkung zunahm, und liessen den Schutt ihrer Moränen zurück — **Gletscherdrift**. Erst nach einer langen Periode der Senkung begann jene letzte Hebung, in Folge deren die Thäler von neuem trocken gelegt wurden, aber nun hoch ausgefüllt von den unter dem Einflusse des Meeres sowohl während der Senkung als auch während der Hebung abgelagerten Massen von Sand und Gerölle — **mariner Drift**. Bei dieser Hebung bedeckten sich die Gipfel von neuem mit ewigem Schnee und die jetzigen Gletscher nahmen ihren Anfang. Ich nenne diese zweite Periode der Senkung und abermaligen Hebung des Landes die **Driftperiode**, und in den Vorgängen dieser Periode liegt die Beantwortung der zweiten Frage: auf welche Art die ungeheueren Massen von Gerölle in den während der Gletscherperiode gebildeten Thälern abgelagert wurden.

Denken wir uns auf der Südinsel an der Stelle aller Driftablagerungen an der Küste, in den Thälern und auf den Hochebenen das Meer, so zerfällt die jetzt zusammenhängende Landmasse der Insel in einen Archipel von unzähligen Inseln mit tiefeinschneidenden fjordähnlichen Buchten, wie wir solche heute noch an der Südwestküste der Insel und im Norden an der Cooks-Strasse sehen, oder ähnlich dem Archipel an der West- und Südküste von Patagonien. Lassen wir nun in allen diesen Meeresarmen aus dem Moränenschutt der abgeschmolzenen Gletscher, aus dem Gebirgs-Detritus, welchen Flüsse und Bäche in Form von Geröllen, Sand und Schlamm zuführen, und aus dem Material, welches durch die zerstörende Einwirkung des aus- und einfluthenden Meeres auf die steilen Küstenwände geliefert wird, Ablagerungen sich bilden — Ablagerungen ähnlich denen, welche vor unsern Augen an den Ufern der Cooks-Strasse vor sich gehen¹ — so wird das Resultat hinsichtlich der Verbreitung dieser Ablagerungen, wenn wie das Meer bis zu seinen jetzigen Grenzen wieder ablaufen lassen, dasjenige sein, wie es heute in den Driftablagerungen der Beobachtung vorliegt. Es wäre jedoch unrichtig, sich vorzustellen, dass diese Ablagerungen überall, wo sie sich jetzt finden, gleichzeitig gebildet wurden, oder dass jener Archipel mit seinen Buchten, Sunden und Strassen, so wie ihn obige Voraussetzung annahm, zu irgend einer früheren Periode wirklich bestanden habe. Diese Annahme wäre nur dann gerechtfertigt, wenn jene Ablagerungen sich alle in gleichem Meeresniveau befänden. In Wirklichkeit aber steigen sie von der Küste allmählich an bis zu 5000 Fuss Meereshöhe im Innern der Gebirge, und wir dürfen auch nicht annehmen, dass im seichten Meere an der Küste und im tiefen Meere ferne von derselben dieselben Ablagerungen sich gebildet haben; vielmehr da diese Ablagerungen, so weit sie marinen Ursprungs sind, ihrer Natur nach hauptsächlich Ufer-, Delta- und Aestuarien-Bildungen sein müssen, so haben wir uns die Sache so vorzustellen, dass sich dieselben während der Senkungsperiode stets den Uferlinien entlang, also allmälich in immer höherem Niveau mit Bezug auf die ursprüngliche Configuration des Landes bildeten, bis die ganze Südinsel um volle 5000 Fuss in's Meer versenkt war. Damals ragten nur die höchsten Gebirgskämme als trockenes Land hervor, und an ihren Ufern bildeten sich jene Ablagerungen, die wir jetzt hoch im Innern des Gebirges finden. Als dann das Land sich allmählich wieder hob, dauerten die Ablagerungen in gleicher Weise, wie während der Senkungsperiode an den neu hervortretenden Uferlinien gleichmässig fort, setzten sich so nach und nach bis zu den heutigen Uferlinien des Landes fort, und bilden jetzt eine zusammenhängende Formation, gebildet während einer vielleicht durch Jahrtausende fortdauernden Senkungs- und Hebungperiode des Landes. Die Ablagerungen in den Thälern müssen somit eigentlich aus zwei Schichtencomplexen bestehen; der erste, tiefere Schichtencomplex wurde während der Senkungs-, der zweite, höhere während der Hebungsperiode gebildet. In Bezug auf die Natur all' der verschiedenen Ablagerungen aber, welche die Driftformation bilden, wird man Gletscherdrift, marinen Drift und fluviatilen Drift zu unterscheiden haben. Es wird die Aufgabe der Forscher in jenen Gegenden sein, dies im Detail nachzuweisen. Wenn man indess trotz der Bildung der Hauptmasse der Driftformation durch das Meer nur wenig Spuren von marinen Resten, wie Muschelschalen u. dgl. in derselben findet, so darf dies nicht befremden, da Geröllbänke ungleich weniger als Sand- und Schlammbänke für die Einbettung und Erhaltung solcher Reste günstig sind.

Der Senkung des Landes während der Driftperiode schreibe ich die Bildung der Cooks- und Foveaux-Strasse zu, die beide während der Gletscherperiode noch nicht bestanden haben. Dass diese beiden Strassen bei der darauf folgenden Hebung, die, wie man aus der Höhe der Geröllablagerungen in manchen Gebirgstheilen schliessen muss, volle 5000 Fuss betrug,² nicht wieder trocken gelegt wurden,

---

¹ Ich erinnere an die kolossale Geröllablagerung, die sogenannte Boulder-Bank bei Nelson. S. 230.

² Darwin, Geolog. Observations on the elevation of the Eastern coast of South America p. 67 schloss aus ähnlichen Beobachtungen in den südamerikanischen Cordilleren, dass diese sich in der jüngsten Erdperiode um 7000 bis 9000 Fuss gehoben haben.

ist ein Beweis, dass die der Hebung vorausgegangene Senkung viel beträchtlicher gewesen ist, oder dass die Hebung nicht in allen Theilen in gleichem Maasse stattgefunden hat. Dafür sprechen auch die Sunde an der Cooks-Strasse und die zahlreichen Fjorde an der Südwestküste der Insel.

Mit der Hebung in der zweiten Hälfte der Driftperiode begann aber auch schon die Erosionsthätigkeit der Flüsse. In demselben Maasse, als sich das Land wieder erhob, mussten auch die Flüsse ihr Bett in die lockeren, bereits trocken gelegten Massen der Gerölle eingraben, bis sie dem jedesmaligen Meeresniveau entsprechend ein natürliches Gefälle erreicht hatten. Das Product dieser in gleichem Maasse mit der Hebung des Landes durch Jahrtausende fortdauernden Erosionsthätigkeit der Flüsse ist aber jene merkwürdige Stufenreihe regelmässiger Terrassen, welche jetzt das natürliche Weideland für die Schafheerden der Colonisten bilden und die geebnete Naturstrasse, auf welcher der Reisende einzudringen vermag in die einsame Wildniss eines Hochgebirges, das früher noch nie von einem menschlichen Fusse betreten war.

Dabei ist es keineswegs nothwendig, für jede einzelne Terrasse eine Periode der Hebung und eine darauf folgende Zeit der Ruhe anzunehmen. Allerdings mögen vielleicht grosse, an beiden Thalseiten weithin fortlaufende Hauptterrassen kaum ohne eine solche Periodicität erklärbar sein, aber kleinere Zwischenstufen müssen sich auch bei fortdauernder langsamer Hebung bilden, da der Fluss sich tiefer und tiefer einfrisst, oftmals seinen Lauf ändert oder durch temporäre Fluthen und locale Wasseraufstauungen das Alluvium auseben und neue Terrassenwände bildet. Die Gesammthöhe der Terrassen gibt das Maass der Hebung, und es ist einerseits der längeren Zeitdauer der supramarinen Hebung in den höheren Gebirgstheilen, andererseits der geringeren Wassermenge der Flüsse in der Nähe ihres Ursprunges entsprechend, dass höher im Gebirge die Anzahl der gebildeten Terrassen eine grössere ist, und dass die Terrassenwände höher, dagegen die Terrassenflächen schmäler sind, während in den Ebenen ausserhalb des Gebirges die Terrassen niedriger, der Anzahl nach weniger, aber die Uferbänke viel breiter sind. Die Terrassenbildung darf indess als noch immer fortdauernd angesehen werden, gleichviel ob die Beobachtungen zu der Annahme berechtigen, dass auch die Hebung noch heut zu Tage fortdauert oder nicht.[1] Diese dritte Periode, deren Anfang mit dem Ende der Driftperiode zusammenfällt, können wir desshalb mit Recht als

---

[1] Ich werde auf diese Frage am Schlusse dieses Abschnittes zurückkommen.

Terrassenperiode bezeichnen. Sie leitete den gegenwärtigen Zustand der Dinge ein.

Vergleichen wir diese Resultate mit den Schlussfolgerungen, zu welchen die analogen Bildungen und Phänomene auf der nördlichen Hemisphäre geführt haben, so müssen wir bekennen, dass die völlig übereinstimmende Reihenfolge von Hebungen und Senkungen, wie sie sich aus den Beobachtungen diesseits und jenseits des atlantischen Oceans ergeben hat, mit den posttertiären Bodenbewegungen auf Neu-Seeland eine der auffallendsten und überraschendsten Thatsachen ist, die zu mannigfaltigen Speculationen Veranlassung geben kann.

In den europäischen Alpen glaubt nämlich Morlot vier verschiedene Phasen der Entwickelungsgeschichte der Gletscher nachweisen zu können: eine erste Periode der allergrössten Entwickelung zu einer Zeit, in welcher die Alpen um mehrere tausend Fuss höher gewesen seien als jetzt, eine zweite Periode des Rückzuges, verbunden mit einer allgemeinen Senkung der Gegend um wenigstens 1000 Fuss, eine dritte Periode erneuerten Anwachsens, jedoch nicht zur ursprünglichen Grösse, und eine vierte Periode des Rückzuges, auf ihr heutiges bescheidenes Maass.

Im Norden von Europa haben uns die skandinavischen Gelehrten Kjerulf, Sars und Lovén hauptsächlich mit der Reihe von Thatsachen bekannt gemacht, welche beweisen, dass die skandinavische Eiszeit — eine Zeit, in welcher Skandinavien ein Bild dargeboten haben mag, wie wir es gegenwärtig in dem benachbarten Grönland sehen — mit einer viel bedeutenderen Bodenerhebung verbunden war, als sie das skandinavische Festland jetzt zeigt, dass dann in einer zweiten Periode Skandinavien sich allmählich senkte, und zwar so tief, dass die schwedischen Binnenseen (der Wetter-, Wenersee u. s. w.), welche jetzt 300 Fuss über dem Spiegel der Ostsee liegen, mit dem Meere zusammenhingen und marine Ablagerungen sich bilden konnten, welche jetzt 500 Fuss über dem Meere gefunden werden, und dass endlich eine neue Hebung, die langsam noch jetzt fortdauert, den gegenwärtigen Zustand der Dinge angebahnt hat.

In Bezug auf die Veränderungen der physikalischen Geographie der britischen Inseln während der postpliocenen Periode unterscheidet Sir Charles Lyell[1] vier Perioden: 1. eine continentale Periode einer bedeutenden Erhebung des Landes, in welcher die britischen Inseln vereinigt einerseits mit Frankreich, andererseits mit Skandinavien im Zusammenhange standen. Dies der Anfang der Eiszeit mit grösster Ausdehnung der Gletscher; 2. eine Periode der Senkung, während welcher nur das südliche England mit Frankreich vereinigt als Festland hervorragte, die übrigen Theile der britischen Inseln aber zu einem Archipel kleiner Inseln aufgelöst waren, schwimmende Eisberge den Moränenschutt verbreiteten und unterseeischer Drift sich bildete; 3. eine zweite continentale Periode, in welcher das Land durch allmähliche Hebung wieder nahezu den Umfang, wie in der ersten Periode erreicht haben mag, die früher mehr allgemeine Eisdecke aber zu einzelnen Gletschern sich spaltete; 4. eine zweite Periode allmählicher Senkung; während derselben durch Bildung des St. Georges Canals und

---

[1] Antiquity of Man. p. 265.

darauf folgende Öffnung der Strasse von Dover der allmähliche Übergang zu dem jetzigen Zustande der Dinge. Lyell hebt ausdrücklich hervor, dass diese Veränderungen keineswegs Katastrophen, grösser, als die deren Zeuge der Mensch selbst ist, voraussetzen, sondern dass sie so allmählich und so langsam in einem Zeitraume von Hunderten von Jahrtausenden vor sich gegangen sein müssen, dass Pflanzen und Thiere dieselben überleben konnten.

Wenden wir uns nach Nord-Amerika, so unterscheiden die amerikanischen Geologen (Dana,[1] Hitchcock und Andere) in der posttertiären Periode drei Epochen: 1. eine Gletscher-Epoche (Glacial Epoch), d. h. eine Epoche der grössten Erhebung des nördlichen Theiles des nordamerikanischen Continentes, während welcher derselbe von einer zusammenhängenden Schnee- und Eisdecke überzogen war; 2. eine Champlain-Epoche, während welcher der nordamerikanische Continent eine bedeutende Depression erlitt, so dass der Champlain-See (nördlich von New-York), der St. Lorenzo und viele canadische Seen zu Meeresarmen wurden, und an den Ufern jenes Sees und über ein weit ausgedehntes Gebiet Meeresablagerungen sich bildeten, die jetzt 400—1000 Fuss über dem Meere angetroffen werden; 3. eine Terrassen-Epoche, eine Epoche der Hebung, während welcher die Flüsse eine Stufenfolge von regelmässigen Terrassen im Alluvium der Champlain-Epoche auswuschen, die in den meisten nordamerikanischen Flussthälern noch jetzt sehr deutlich erhalten sind. Diese Hebung scheint in den nördlichen Regionen bedeutender gewesen zu sein als in den südlichen und gab dem Continente seine jetzige Gestalt.

Diesseits und jenseits des atlantischen Oceans auf der nördlichen und auf der südlichen Hemisphäre folgte also während der posttertiären Zeit auf eine Periode der grössten Massenerhebung des Landes eine Periode der Senkung und dieser eine Periode erneuerter Hebung, welche den gegenwärtigen Zustand der Dinge einleitete. Nur allzusehr verlockt diese Übereinstimmung auch zur Parallelisirung. Wollen wir uns jedoch nicht einer allzu gewagten und allzu raschen Schlussfolgerung schuldig machen, so müssen wir gestehen, dass bei dem gegenwärtigen Zustande unserer Kenntniss es ganz im Bereiche der Hypothese liegen würde, anzunehmen, dass das vergletscherte nordeuropäische Hochlandsmassiv gleichzeitig mit dem vereisten nordamerikanischen Festlande bestanden habe, noch mehr, dass die „Eiszeit" der nördlichen und südlichen Hemisphäre und eben so die Perioden der Senkung und abermaligen Hebung correspondirt haben. Im Gegentheile, es lassen sich mancherlei Gründe anführen, die es wahrscheinlich machen, dass während der posttertiären oder postpliocenen Periode ein rauhes, kaltes Klima auf der einen Seite des atlantischen Oceans durch ein mildes auf der anderen Seite ausgeglichen wurde in ganz ähnlicher Weise wie heut zu Tage. Dana ist der Ansicht, dass die Gletscherzeit der Alpen in die Terrassenepoche Amerika's

---

[1] Dana, Manual of Geology 1863. p. 535.

falle, weil nach Guyot in der Schweiz die erratischen Blöcke und der Gletscherdrift über alten Diluvialschichten liegen, während jene in Nord-Amerika stets das tiefste Glied der posttertiären Ablagerungen bilden. Lyell führt aus, wie zu allen Zeiten Meeresströmungen existirt haben müssen, welche einerseits das kalte Wasser der Polargegenden nach niederen Breiten, andererseits das warme Wasser der Äquatorialzone nach den Polen führten, und dass während der europäischen Eiszeit, als kalte Polarströmungen die Küsten Skandinavien's, Schottland's und Irland's bespülten, der mächtige Strom warmen Wassers, welcher den jetzigen Golfstrom bildet, statt den atlantischen Ocean zu durchkreuzen, vom Golf von Mexico seinen Weg nach den arktischen Regionen, vielleicht durch die Gegend, welche jetzt das Mississippi-Thal bildet, genommen und so damals Gegenden erwärmt habe, welche jetzt im Wechsel der Dinge wieder den kalten Polarströmungen ausgesetzt sind. Unter solchen Umständen kann die amerikanische und europäische Eiszeit unmöglich gleichzeitig gewesen sein, sondern die eine ist der andern vielleicht um tausend oder mehr als tausend Jahrhunderte vorangegangen oder nachgefolgt. Nur so, meint Lyell, lasse sich auch verstehen, warum in polaren und gemässigten Zonen so viele Pflanzen- und Molluskenarten der vor- und nachglacialen Periode gemeinschaftlich sind, und dass durch die Eiszeit die Fauna und Flora nicht gänzlich vernichtet wurde. Alles das sind Gründe, welche die Nichtgleichzeitigkeit der amerikanischen und europäischen Gletscherperiode wahrscheinlicher machen, als das Gegentheil. Noch weit weniger sind wir aber berechtigt, eine Gleichzeitigkeit der analogen Vorgänge auf der nördlichen und südlichen Hemisphäre anzunehmen. Die Beobachtung der noch jetzt an der Erdoberfläche stattfindenden seculären Oscillationen des Bodens hat ja erwiesen, dass diese Oscillationen keineswegs überall gleichzeitig in derselben Richtung stattfinden. Darwin hat z. B. an den Korralleninseln der Südsee bewiesen, dass im grossen Ocean abwechselnde Gebiete „in linienförmigen und parallelen Streifen" neben einander bestehen, welche innerhalb einer modernen Epoche die entgegengesetzten Bewegungen von Erhebung und Senkung erlitten haben, als wenn, wie Darwin sagt, eine Flüssigkeit von einem Theile unter der festen Erdrinde zu einem anderen sehr allmählich vorwärts getrieben würde.

Dass auch gegenwärtig an den Küsten Neu-Seelands noch Niveauveränderungen vor sich gehen, sowohl instantane von localer Natur, als auch säculäre, welche auf ausgedehnteren Strecken sich bemerkbar machen, dafür sprechen mancherlei

Thatsachen. Ich erinnere an die plötzlichen Hebungen, welche am Port Nicholson bei Wellington mit Erdbeben verbunden waren. Am Port Lyttleton (Bank's Peninsula) an der Ostküste der Südinsel soll die Hebung des Landes in den letzten 20 Jahren gegen 3 Fuss betragen haben, so dass Stellen, wo vor 20 Jahren Kutter liegen konnten, jetzt kaum mehr mit Booten befahren werden können, und früher sumpfige Stellen jetzt vortreffliches Acker- und Wiesenland geworden. Auch im Hafen von Auckland will man die Beobachtung machen, dass Felsriffe und Sandbänke, welche man früher nicht beachtete, durch Hebung der Schifffahrt mehr und mehr gefährlich werden. Andererseits hat man an der Westküste der Nordinsel sogenannte untermeerische Wälder beobachtet. Am Motu Kariki-Flusse zwischen dem Waitara- und Urinui-Flusse nördlich von New Plymouth sieht man am Strande eine grosse Anzahl aufrecht stehender Baumstämme aus dem Sande ragen, und was einst Wald war, liegt jetzt unter der Hochwasserlinie. Dürfte man aus diesen wenigen Thatsachen Schlüsse ziehen, so müsste man zu der Ansicht kommen, dass gegenwärtig die Ostküste der Inseln in langsamer Hebung, die Westküste aber in langsamer Senkung begriffen ist.

ANHANG.

Maori-Wörter zur Bezeichnung von Gesteinen, Mineralien, Erdarten, heissen Quellen u. s. w.

Während meiner Reisen in Neu-Seeland war ich stets bemüht, die Worte kennen zu lernen und zu sammeln, mit welchen die Eingebornen verschiedene Gesteine, Mineralien, Erdarten und auffallendere geologische Phänomene bezeichnen. Veranlassung dazu gab mir insbesondere die sehr verdienstvolle Wortsammlung von Rev. R. Taylor,[1] in welcher S. 35—37 auch Maori-Bezeichnungen von Erd- und Steinarten, jedoch meist ohne nähere Erklärung aufgeführt sind. Meine Wortsammlung kann nun freilich entfernt keinen Anspruch auf Vollständigkeit machen, allein ich bin wenigstens in der Lage, für die meisten der gesammelten Worte die richtige petrographische oder mineralogische Deutung geben zu können, die Rev. Taylor ohne specielle Kenntniss der Gesteine und Mineralien in den meisten Fällen nicht geben konnte, und so mag denn das Wenige hier zum Schlusse noch seinen Platz finden.

    hamoamoa, Thon (Taylor).

    hepaoa oder hipaoa, aufsteigender Dampf. Localname für die Fumarolen am südlichen Taupo-Ufer in der Nähe von Te Rapa.

    hohanga, Sandstein, Syn. mit Onetai (Taylor).

    horete, Stein, Syn. mit ngahu (Taylor).

    ihio, Schlamm, besonders der Schlamm in einem Sumpf oder Torfmoor (Taylor).

    kamaka, allgemeiner Name für Felsmasse.

    kapiti kowatu, Felsklippe, Felsabsturz (Taylor).

---

[1] A Leaf from the Natural History of New Zealand, Wellington 1848.

kapowai, versteinertes Holz (Taylor).

kara, ein Wort, welches in verschiedenen Gegenden Neu-Seelands für sehr verschiedenartige Gesteine gebraucht wird; hauptsächlich jedoch für dunkel blaugraue oder blauschwarze Gesteine, am Whaingaroa-Hafen, z. B. für Basalt, am Tarawera-See für gewisse sehr compacte trachytische und phonolithische Gebirgsarten, am Waikato-Flusse für den blauschwarzen, quarzigen Thonschiefer des Taupiri-Berges, und eben so am oberen Mokau-Flusse bei den grossen Wairere-Fällen für den Thonschiefer, welcher die Felsklippen und Felswände bildet, über welche der Fluss in den grossen Wairere-Fällen stürzt.

karakatau, kleines rundes Gerölle, zum Schiessen von Tauben verwendet.

keretu, Thon (Taylor).

kerewenua, gelber Thon, Lehm (Taylor).

kirikiri (kerikeri, Taylor), kleines Gerölle von Walnussgrösse und darunter, wie man es in Flussbetten und am Meeresstrande findet. Mit demselben Worte bezeichnen die Eingebornen kleine Kartoffeln, mit welchen sie ihre Schweine füttern.

kiripaka, Feuerstein, Hornstein, Kieselschiefer, Jaspis, Achat, Chalcedon, Carneol, gleichbedeutend etwa mit unserem deutschen „Kiesel". Wird hauptsächlich für kryptokrystallinische und amorphe Varietäten der Quarzfamilie gebraucht, für harte Gesteine, welche die Eigenschaft haben, beim Schlage in scharfe Splitter zu zerspringen. Mit scharfen Kiripaka-Bruchstücken wurde in früheren Zeiten das Fleisch zerschnitten.

kokowai, rothe Erde, rother Eisenocher, Röthel, wie ihn die Eingebornen zum Schminken, dann als Farbe zum Anstrich ihrer Kanoes u. dgl. benützen; allgemeiner aber auch alle intensiv rothen Bergarten überhaupt, ob sandig oder thonig. Ein Punkt im Waiuku Creek am Manukau, wo Röthelschichten vorkommen, führt diesen Namen. Auch am Taranaki-Berg kommt kokowai vor.

koma, Basalt (Taylor).

kotore, weisser Thon, Speckstein, von den Eingebornen bisweilen gegessen, wenn sie der Hunger zwingt.

koura, Gold, dem englischen gold nachgebildet.

kowhatu in den nördlichen Theilen der Nordinsel, **powhatu** in den südöstlichen Theilen der Nordinsel z. B. am Ostcap = Stein, Fels. Die Wurzel ist **whatu**, ein Wort, das zur Bezeichnung der verschiedenartigsten Gegenstände angewendet wird, die rund oder oval sind, z. B. der Augapfel, das Hagelkorn. Da Gerölle in Flüssen, Bächen diese Form haben, so ist die Generalisirung des Wortes mit dem Präfix **ko** oder **po** für Stein eine natürliche, um so mehr als die Maoris runde Steine, Gerölle, beim Kochen benützten und die Farnwurzel mit länglich runden Steinen zu Mehl zerstampften.

kowhatu kura, wörtlich rother Stein, z. B. der Jaspis, wie er an den Ufern von Waiheki im Hauraki-Golf vorkommt.

kupápapa oder **kukapapapa**, Localname für Schwefel am Rotomahana. Vgl. auch whanariki und punga wera wera.

kupapahi, Schwefelkies oder Eisenkies, Pyrit und Markasit (Taylor).

kurupakara, Kieselschiefer. Die Eingebornen benützten dieses harte Gestein auf der Südinsel zum Schleifen und zum Durchbohren des Nephrits.

makowa, verhärteter Sand (Taylor).

mata, Obsidian. Vgl. tuhua. (Taylor).

moa, eine Gesteinslage, Schwefelkies, Eisenstein, Taylor.

mokehu, ein weisser Stein (Taylor).

nehu, Staub (Taylor).

ngahu, Sandstein, Mergel; besonders weiche Sandsteine und sandige Mergel von gelblicher Farbe. Die weichen Sandsteine und Thonmergel an den Ufern des Waitemata bei Auckland und am Waihou-Flusse werden so genannt.

ngawha, Solfatare, Schwefelquelle; in der Rotorua- und Rotomahana-Gegend aber für alle heissen Quellen überhaupt gebraucht, ob sie Schwefel absetzen oder nicht.

okehu, Pfeifenthon (Taylor.)

one, Sand, und zwar hauptsächlich weisser Quarz- oder Kalksand, zum Unterschiede von onepu, schwarzer Magneteisensand.

one-one, Erde, Ackererde, erdiger Boden überhaupt, Boden, Land.

onebaruru, guter Boden (Taylor).

onekeretu, steifer Thonboden (Taylor).

onekotai, sumpfiger Boden (Taylor).

onekura, zusammengesetzt aus one Boden und kura roth = rother vulcanischer Boden, z. B. am Fusse mancher Schlackenkegel auf dem Isthmus von Auckland, eben so der reiche vulcanische Boden am Fusse der Waimate Hills unweit der Bay of Islands.

onematua, angeschwemmter Boden, Alluvium, z. B. der fruchtbare Alluvialboden in Flussthälern.

onetea, gelber magerer Thonboden, z. B. in der Gegend von Auckland der Boden, aus welchem die Eingebornen das Kauriharz ausgraben.

onepu, sandiger Boden, Meeressand; mit diesem Worte bezeichnen die Eingebornen vorzugsweise den schwarzen, aus titanhaltigem Magneteisen bestehenden Sand, der längs der Westküste der nördlichen Insel und besonders an der Küste der Provinz Taranaki in grosser Menge vorkommt. Das Wort ist zusammengesetzt aus one, Sand und pu. Die Bedeutung der angehängten Sylbe pu wird verschieden erklärt. Pu an ein Wort angehängt dient in der Maori-Sprache zur Bestätigung, Bekräftigung und Verstärkung des Wortsinnes. Z. B. mau = entdecken, ertappen; maupu einen auf der That selbst ertappen; kawau der Kormoran, ein Seevogel, kawaupu der grosse, der echte Kormoran, die grösste Art; kaka eine Papageiart, kakapu, der alte, dunkelgefärbte Vogel im Unterschiede vom jungen, rothgefärbten, der wohl auch kakakura genannt wird. In diesem Sinne würde onepu den wahren, den echten Sand bedeuten. Die zweite Erklärung der Bedeutung des angehängten pu ist aber weit interessanter. Die Eingebornen sollen das Schiesspulver, als sie dasselbe zum ersten Male sahen und dessen mit einem Knalle verbundene explodirende Eigenschaft kennen lernten, mit dem Worte pu bezeichnet haben, im Klange des

Wortes das Geräusch beim Verpuffen nachahmend. Jener Magneteisensand ist nun aber täuschend schiesspulverähnlich, daher onepu der Sand, der aussieht wie Schiesspulver.

onetai, Sandstein (Taylor).

onetaipu, sandiger Boden an den Flussufern (Taylor).

oneware, fetter Boden (Taylor).

onoke, Pfeifenthon (Taylor).

pakeho oder pakehu, allgemeiner Name für die wohlgeschichteten, weissen, plattenförmigen Kalksteine an den Ufern des Whaingaroa-, Aotea- und Kawhia-Hafens, eben so in der Mokau- und Wanganui-Gegend.

papapuia, von papa = ebene Oberfläche und puia = heisse Quelle; in der Taupo-Gegend für die ebenen, flachen Kieselsinterabsätze der heissen Quellen gebraucht, Kieselsinterplatte.

paru, Schlamm, auch allgemeiner im Sinne der Worte: Schmutz, Dreck, Koth.

piaronga, Eisen (Taylor).

piauau, Eisen (Taylor).

puia, heisser Wasserdampf, wie er in Solfataren und Fumarolen oder in thätigen Kratern der Vulcane der Erde entströmt. In diesem Sinne wird das Wort gebraucht zur Bezeichnung der weissen Dampfwolken, welche von dem thätigen Krater von Whakari (White Island an der Ostküste der Nordinsel) oder von den Tongariro-Kratern aufsteigen, dann aber auch in der Taupo-Gegend allgemeiner zur Bezeichnung der heissen Quellen und kochenden Sprudel selbst, von welchen solche Wasserdämpfe aufsteigen. In der Rotorua- und Rotomahana-Gegend ist das Wort beschränkt auf seine engere Bedeutung, da die kochenden Quellen mit einem besonderen Worte ngawha bezeichnet werden. In der Gegend von Auckland aber bezeichnen die Eingebornen die erloschenen vulcanischen Kegel auf dem Isthmus von Auckland mit puia, daher auch allgemein = Vulcan.

Die gewöhnlichen Worte für Dampf, wo er nicht mit vulcanischen Erscheinungen zusammenhängt, sind mamaoa und mamahu.

pukepoto, Blaueisenerde oder phosphorsaures Eisen; kommt bei den Sugar Loaf Inseln unweit New Plymouth vor und wurde von den Eingebornen als blaue Farbe benützt. (Dieffenbach).

punamu, Nephrit, Grünstein (greenstone der Colonisten), wie er an der Westküste der Südinsel gefunden und von den Eingebornen zu Werkzeugen, Waffen, Ohrgehängen, Amulets verarbeitet wird; ein von den Eingebornen sehr hoch geschätzter Stein, von welchem viele Varietäten unterschieden werden:

tangiwai auch koko-tangiwai, eine sehr geschätzte durchscheinende Abart von lebhaft grüner Farbe;

kawakawa, eine harte dunkelgrüne Abart;

kawakawa-au moana
kawakawa-rewa
kawakawa-tonga rerewa
kawakawa-watuma
} sind wieder verschiedene Varietäten von kawakawa;

kahurangi, trübe, geflammte Varietät;
inanga oder hinanga, lichte, milchig trübe Abart;
- hinanga-kore,
- hinanga-rewa,
- hinanga-tuhi,

verschiedene Abänderungen von inanga.

pungaeke, in der Taupo- und oberen Wanganui-Gegend der specifische Name für Trachyt; am Ongaruhe im Tuhua-Districte für Sanidin führenden Trachyttuff.

pungapunga, Bimsstein. Das Wort bedeutet eigentlich porös, schwammig und wird in manchen Gegenden für Schwamm gebraucht. Früher bezeichneten die Eingebornen damit auch eine Art Brot, welches sie aus dem Pollen der Raupo-Pflanze (*Typha angustifolia*) bereiteten; dann auch den europäischen Schiffszwieback (biscuits). koropungapunga ist dasselbe Wort in derselben Bedeutung, nur mit einem Präfix.

pungarehu, vulcanische Asche (Taylor).

pungatara, poröse, vulcanische Schlacke; Localname für die vulcanischen Schlacken am Aschenkegel des Tongariro-Systems.

punga werawera, Schwefel; Localname für Schwefel im Wanganui-Districte, bedeutet so viel als ein Stein, der brennt. Vgl. auch whanariki und kupapapa.

rangitoto, Lava, die dichte, schwarze Basaltlava und die porösen vulcanischen Schlacken der Auckland-Vulcane; dann ein öfters wiederkehrender Localname für vulcanische Kegelberge, z. B. der ausgezeichnete, erloschene Vulcankegel am Eingange des Waitemata-Hafens bei Auckland, eine höhere Bergkuppe in der oberen Waipa-Gegend u. s. w. Das Wort ist zusammengesetzt aus rangi = Himmel, Firmament, und toto blutig, also = blutiger Himmel. Man will daraus, dass die Eingebornen diesen Namen dem Vulcankegel am Waitemata-Hafen gegeben haben, schliessen, dass sie diesen Berg noch in voller Thätigkeit kannten, als der Wiederschein seiner glühenden Lavaströme bei Nacht den Himmel blutig röthete, dass also der Rangitoto bei Auckland noch vor nicht zu langer Zeit thätig war.

reretu, lehmiges Alluvialland an Flussufern.

rino, Eisen (Taylor).

tahoata, Localname für Bimsstein an der Ostküste.

taipu, fruchtbarer Alluvialboden.

tuapapa, die Kieselsinter-Absätze an den heissen Quellen des Rotomahana, welche dort die merkwürdigen Terrassen bilden.

tuhua, Obsidian, vulcanisches Glas; in dieser Bedeutung ist das Wort im südpacifischen Ocean bei den Südsee-Insulanern weit verbreitet. In der Bai des Überflusses (Bay of Plenty) an der Ostküste der Nordinsel von Neu-Seeland führt eine kleine Insel, auf welcher Obsidian in grosser Menge vorkommt, diesen Namen, das „Mayor Island" der Seekarten. Vgl. auch mata.

tunaeke, Name für einen sandigen Kalkstein am oberen Wanganui, der als Schleifstein verwendet wird.

uku, Thon und zwar werden mit diesem Worte vorherrschend weisse oder gelblich-weisse Thone und Erdarten bezeichnet, wie sie in der Gegend von Auckland so vielfach vorkommen. In Zusammensetzung mit anderen Worten Localnamen bildend, z. B. Wai-uku = weisser Thon, Localität an einem Seitenarme des Manukau-Hafens, an dessen Ufer verschiedenfarbige Thonschichten zu Tage treten, mauku gleichfalls in der Nähe von waiuku. Die Eingebornen sollen gewisse kieselguhrähnliche weisse Erden, wie sie in den Drury und Papakura-Flächen ganze Schichten bilden, bisweilen essen.

uku-puia, Fumarolenthon; der Thonschlamm der heissen Schlammquellen, auch zur Bezeichnung der Schlammpfuhle selbst, im Gegensatze zu den klaren, kochenden Quellen.

waiariki, ein natürliches warmes Bad, warme schwefelhaltige Quellen.

whanariki, Schwefel, hauptsächlich an der Ostküste der Nordinsel im Gebrauche zur Bezeichnung des Schwefels, wie er auf Whakari (White Island) gefunden wird. Vgl. auch kupapapa punga werawera.

wharo, Kohle; mit diesem Worte bezeichnen die Eingebornen fossile Kohle, welche in Neu-Seeland als Braunkohle hauptsächlich an vielen Orten vorkommt, und Holzkohle. „Ngarahu", welches für Holzkohle gleichfalls gebraucht wird, dient mehr zur Bezeichnung von schwarzem Kohlenstaub, um die schwarz abfärbende Eigenschaft der Holzkohle hervorzuheben, wird niemals für fossile Kohle gebraucht.

NEU-SEELAND

IM MAASSSTABE 1:5.000.000
zur Übersicht der Mineral-Befunde

NORD INSEL

SÜD INSEL

DER ISTHMUS VON AUCKLAND

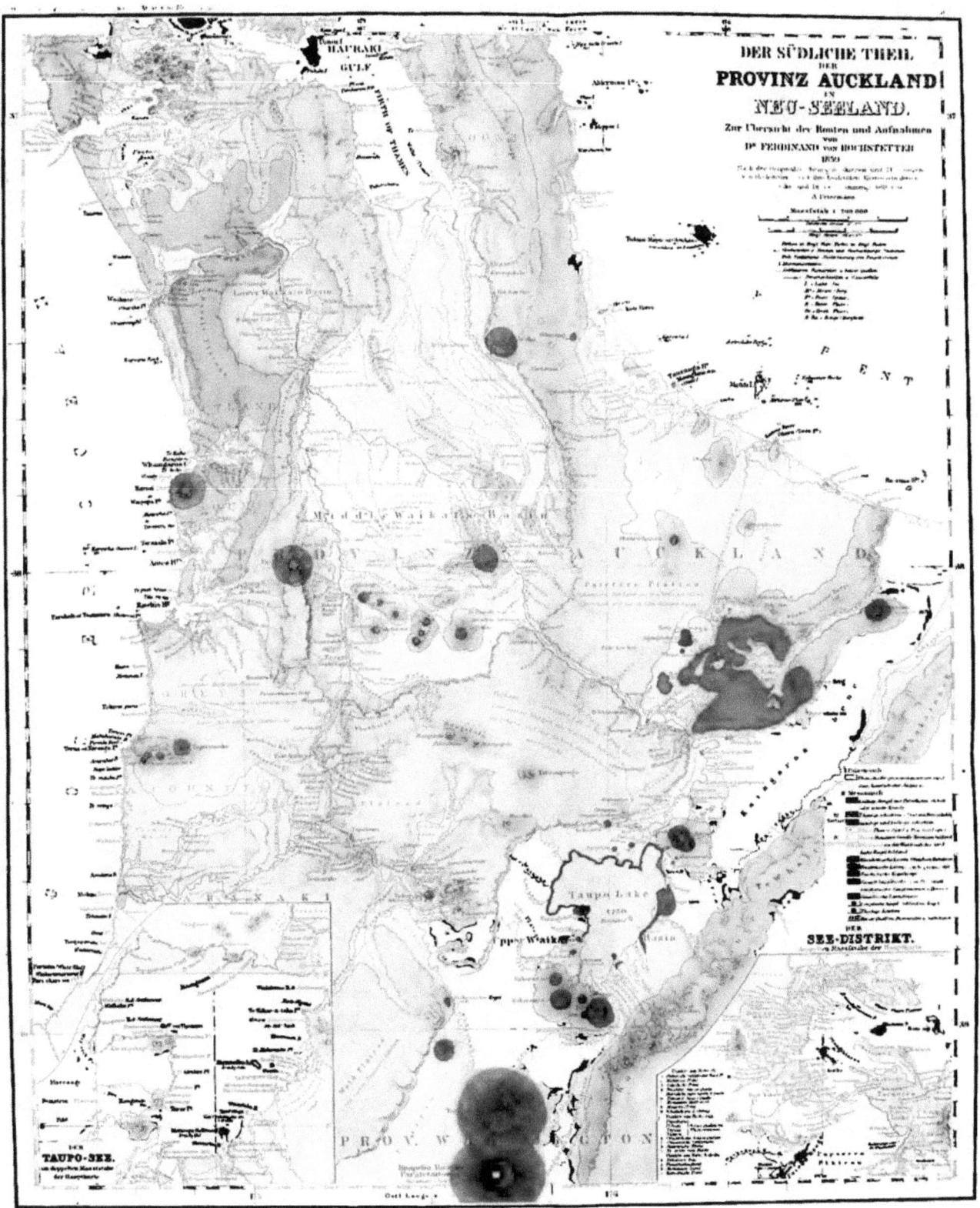

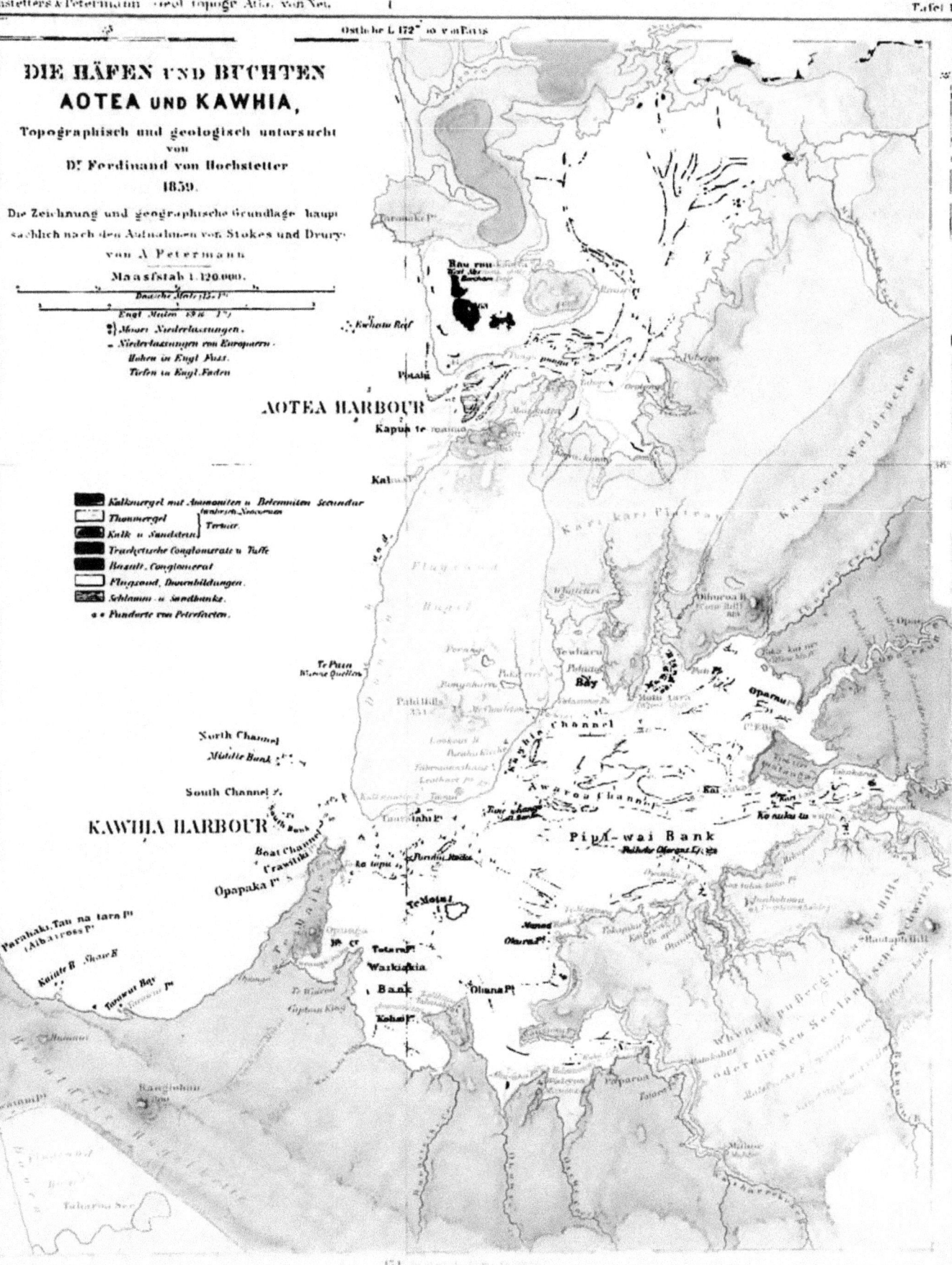

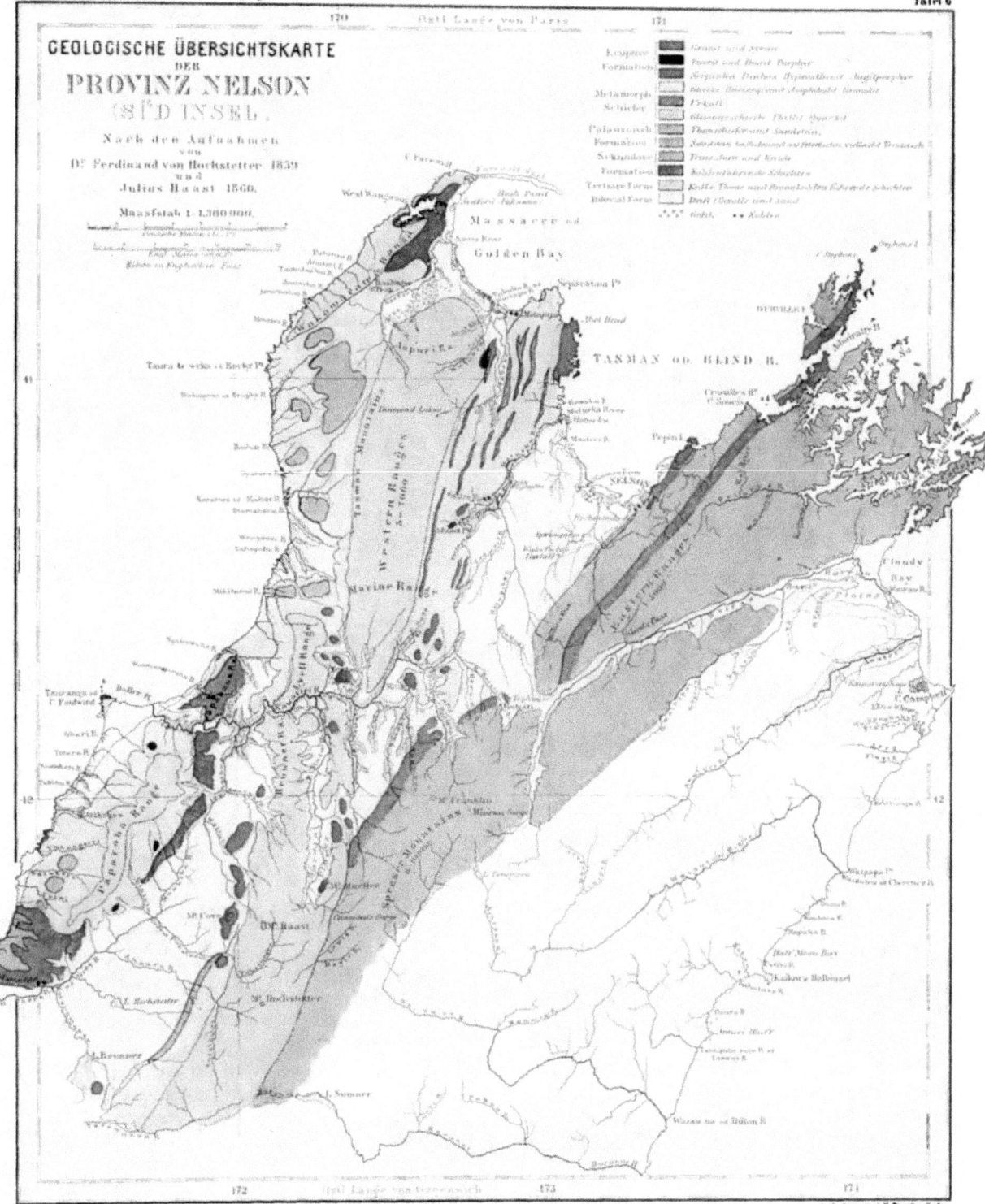

Novara Exp. Geolog. Theil 1 Bd. Neu Seeland, Nordinsel. Taf. I No. 1

Novara Exp. Geolog Theil, I Bd. Neu Seeland, Nordinsel

Taf. 8 Kroll

Thätige Vulkane

Tonga und Ruapahu
vom Berge Südost gesehen

Neu W

Ansicht der Insel, S. 9 W. 860 engl. Fuss hoch

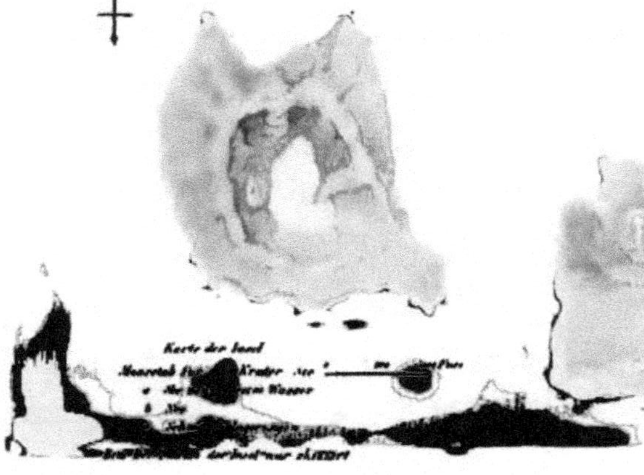

Ansicht des Kraters vom Kratermal S.O. gesehen

Karte der Insel

Te Tarata   Ngahapu   Insel Pukura u. Puai

Rotomahana oder der Warme

vom nördlichen Ufer gesehen

Nro VI.

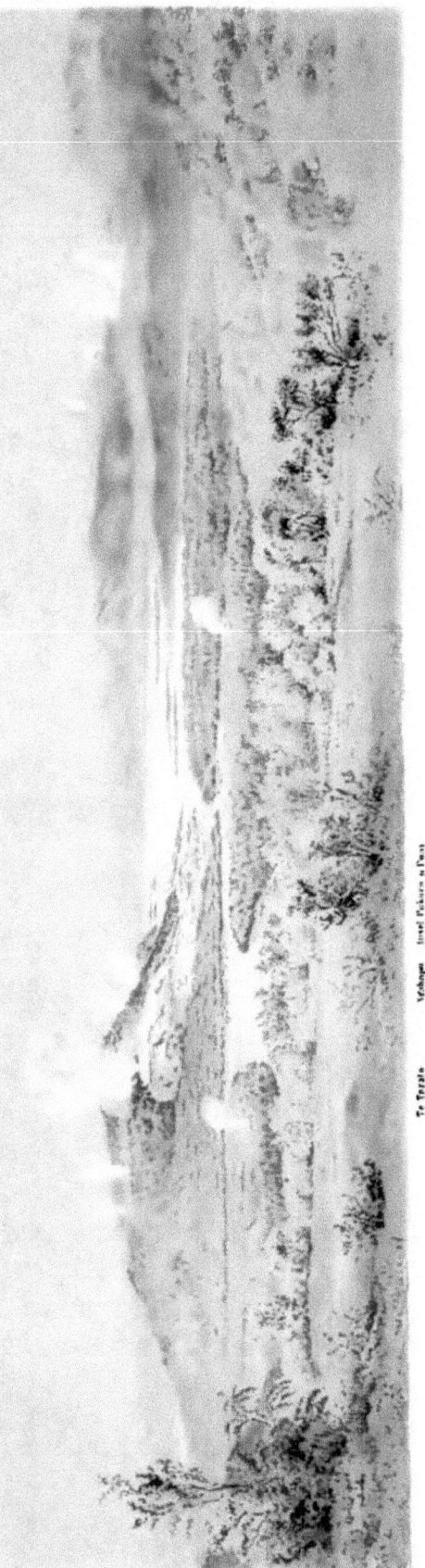

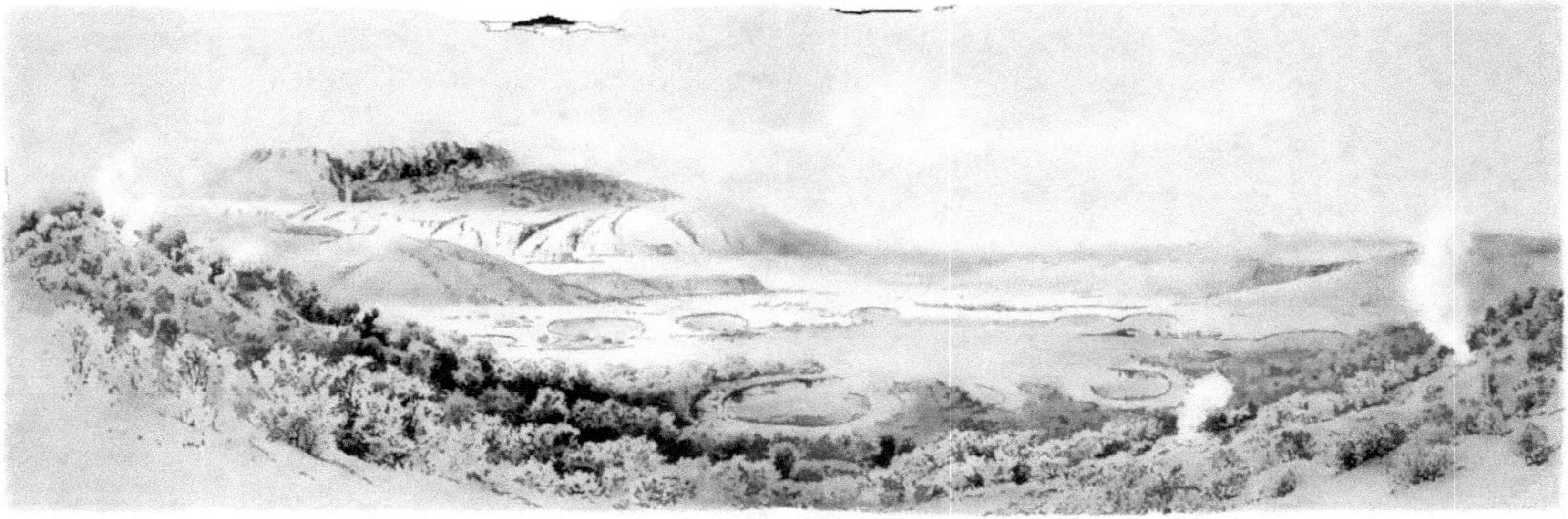

Rotomakariri oder der Kalte

vom Südwest gesehen

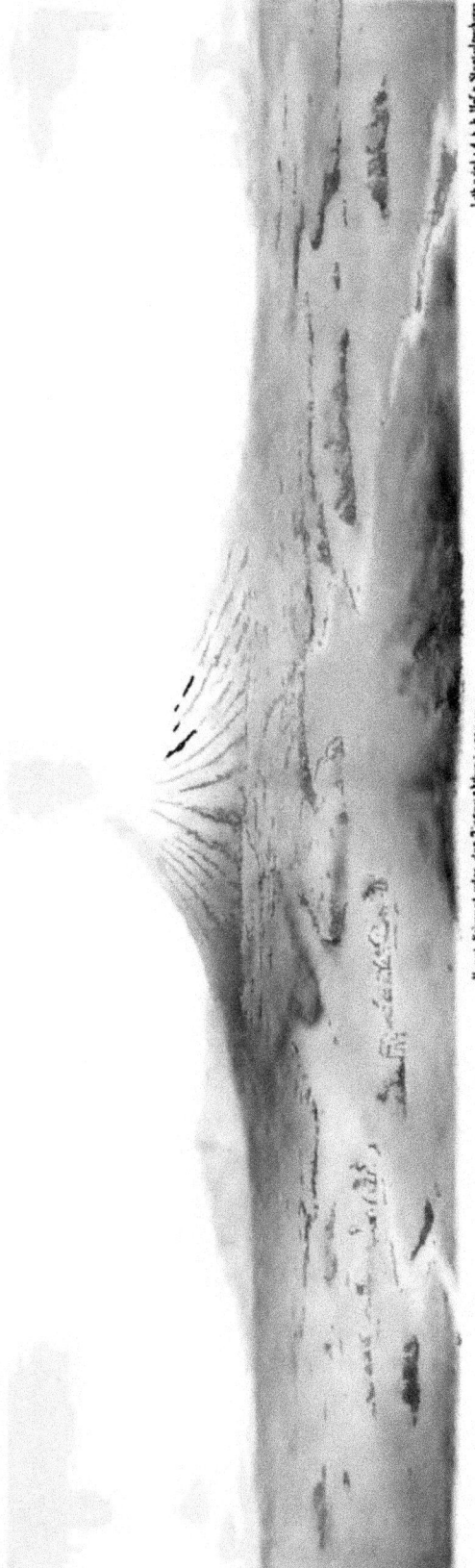

Taf 10 XVIII

Erloschene Vulkane

Novara Exp Geolog Theil I Bd. Neu Seeland Nordinsel

a Rangitoto 920'
b. Insel von Auckland
c. Tiritiri

B Sattelinsel (Tahapuna)

Ansichten aus der Bucht von Auckland

XVIII

Mount Egmont oder der Taranakiberg 8330 Fuss
vom Oamaru Point aus gesehen

Lithogr v d k.k. Hof u Staatsdruckerei

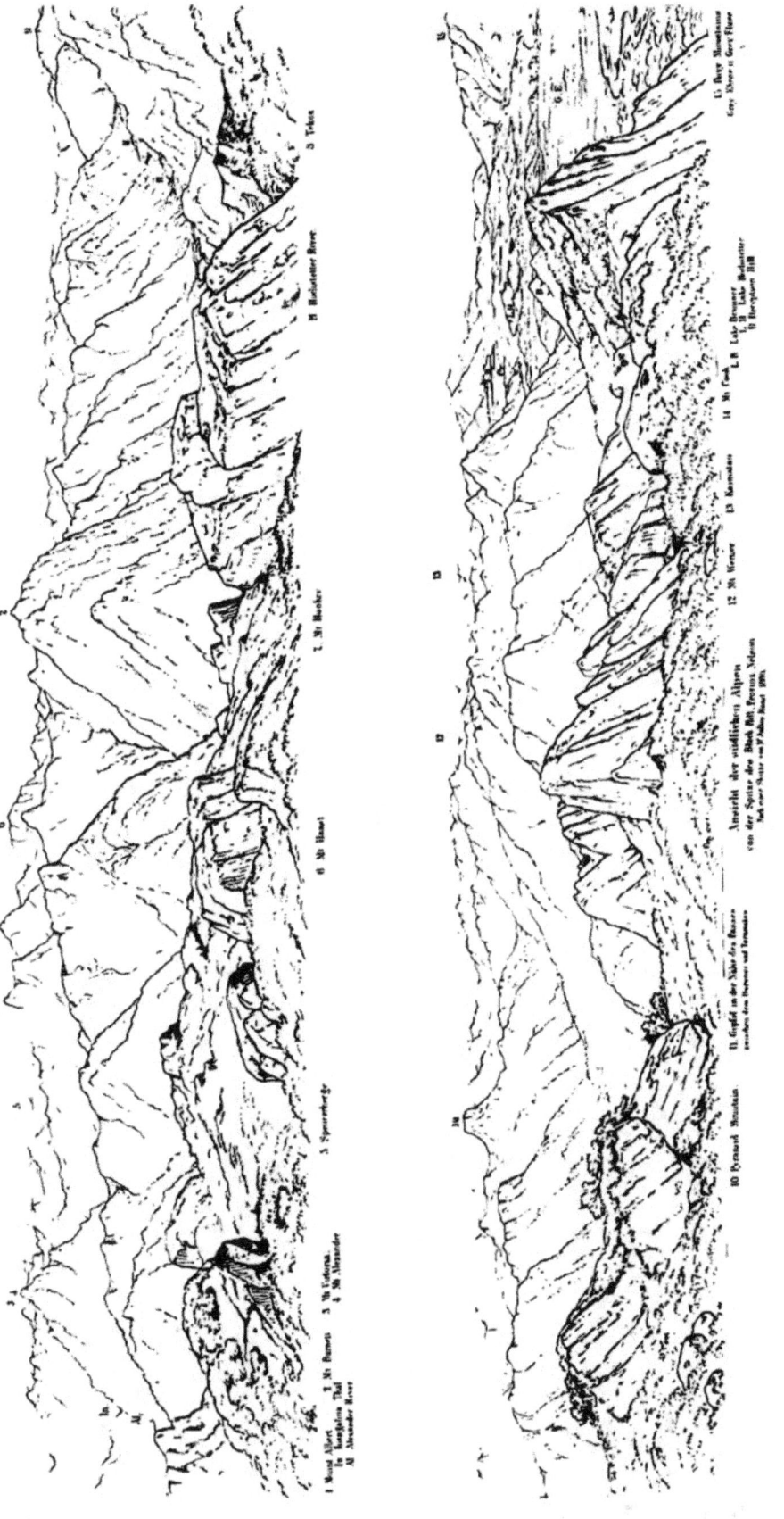

www.ingramcontent.com/pod-product-compliance
Lightning Source LLC
Chambersburg PA
CBHW082201220526
45470CB00010B/3011